“十二五”国家重点出版规划项目

雷达与探测前沿技术丛书

太赫兹雷达

Terahertz Band Radar

杨晓波　皮亦鸣　等著

国防工業出版社

·北京·

内容简介

太赫兹波是极具研究和开发价值的新频率资源。太赫兹技术已成为国际学术界公认的前沿技术。由于太赫兹波波长远小于现有微波、毫米波，因此更易于实现大带宽窄波束，从而获得极高分辨力的探测与成像。这就使得太赫兹雷达更适于微小目标探测、极高分辨力的成像与识别，是雷达探测技术的重要发展方向。

目前，太赫兹雷达技术正处于快速发展阶段，本书正是为了满足广大太赫兹雷达科研工作者的需求而编写的。本书从系统基本理论出发，以信号处理和成像处理为主要内容。全书内容可分为两部分：第一部分涉及太赫兹雷达信号处理，包括太赫兹雷达系统组成和特点、太赫兹雷达目标检测及微动目标检测技术；第二部分涉及太赫兹雷达成像处理，包括太赫兹雷达 ISAR 与 SAR 成像技术。

本书内容既涵盖太赫兹雷达系统的基础知识，也包括太赫兹雷达领域的最新研究进展，不仅可以促进相关领域科研人员之间的技术交流，而且对于相关科学研究工作的开展有一定的借鉴和指导作用。

图书在版编目(CIP)数据

太赫兹雷达／杨晓波等著．—北京：国防工业出版社，2017.12
(雷达与探测前沿技术丛书)
ISBN 978-7-118-11389-1

Ⅰ．①太… Ⅱ．①杨… Ⅲ．①电磁辐射-雷达
Ⅳ．①TN958

中国版本图书馆 CIP 数据核字(2018)第 008070 号

※

国防工业出版社出版发行
(北京市海淀区紫竹院南路 23 号　邮政编码 100048)
天津嘉恒印务有限公司印刷
新华书店经售

*

开本 710×1000　1/16　**印张** 19¾　**字数** 335 千字
2017 年 12 月第 1 版第 1 次印刷　**印数** 1—3000 册　**定价** 88.00 元

(本书如有印装错误，我社负责调换)

国防书店：(010)88540777　　发行邮购：(010)88540776
发行传真：(010)88540755　　发行业务：(010)88540717

“雷达与探测前沿技术丛书”
编审委员会

编辑委员会

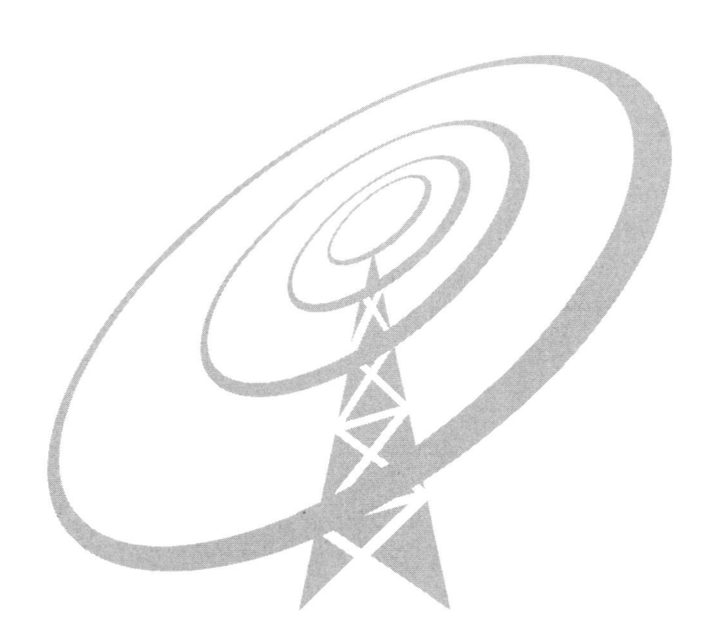

总　序

雷达在第二次世界大战中初露头角。战后，美国麻省理工学院辐射实验室集合各方面的专家，总结战争期间的经验，于1950年前后出版了一套雷达丛书，共28个分册，对雷达技术做了全面总结，几乎成为当时雷达设计者的必备读物。我国的雷达研制也从那时开始，经过几十年的发展，到21世纪初，我国雷达技术在很多方面已进入国际先进行列。为总结这一时期的经验，中国电子科技集团公司曾经组织老一代专家撰著了“雷达技术丛书”，全面总结他们的工作经验，给雷达领域的工程技术人员留下了宝贵的知识财富。

电子技术的迅猛发展，促使雷达在内涵、技术和形态上快速更新，应用不断扩展。为了探索雷达领域前沿技术，我们又组织编写了本套“雷达与探测前沿技术丛书”。与以往雷达相关丛书显著不同的是，本套丛书并不完全是作者成熟的经验总结，大部分是专家根据国内外技术发展，对雷达前沿技术的探索性研究。内容主要依托雷达与探测一线专业技术人员的最新研究成果、发明专利、学术论文等，对现代雷达与探测技术的国内外进展、相关理论、工程应用等进行了广泛深入研究和总结，展示近十年来我国在雷达前沿技术方面的研制成果。本套丛书的出版力求能促进从事雷达与探测相关领域研究的科研人员及相关产品的使用人员更好地进行学术探索和创新实践。

本套丛书保持了每一个分册的相对独立性和完整性，重点是对前沿技术的介绍，读者可选择感兴趣的分册阅读。丛书共41个分册，内容包括频率扩展、协同探测、新技术体制、合成孔径雷达、新雷达应用、目标与环境、数字技术、微电子技术八个方面。

（一） 雷达频率迅速扩展是近年来表现出的明显趋势，新频段的开发、带宽的剧增使雷达的应用更加广泛。本套丛书遴选的频率扩展内容的著作共4个分册：

(1)《毫米波辐射无源探测技术》分册中没有讨论传统的毫米波雷达技术，而是着重介绍毫米波热辐射效应的无源成像技术。该书特别采用了平方千米阵的技术概念，这一概念在用干涉式阵列基线的测量结果来获得等效大口径阵列效果的孔径综合技术方面具有重要的意义。

(2)《太赫兹雷达》分册是一本较全面介绍太赫兹雷达的著作,主要包括太赫兹雷达系统的基本组成和技术特点、太赫兹雷达目标检测以及微动目标检测技术,同时也讨论了太赫兹雷达成像处理。

(3)《机载远程红外预警雷达系统》分册考虑到红外成像和告警是红外探测的传统应用,但是能否作为全空域远距离的搜索监视雷达,尚有诸多争议。该书主要讨论用监视雷达的概念如何解决红外极窄波束、全空域、远距离和数据率的矛盾,并介绍组成红外监视雷达的工程问题。

(4)《多脉冲激光雷达》分册从实际工程应用角度出发,较详细地阐述了多脉冲激光测距及单光子测距两种体制下的系统组成、工作原理、测距方程、激光目标信号模型、回波信号处理技术及目标探测算法等关键技术,通过对两种远程激光目标探测体制的探讨,力争让读者对基于脉冲测距的激光雷达探测有直观的认识和理解。

(二) 传输带宽的急剧提高,赋予雷达协同探测新的使命。协同探测会导致雷达形态和应用发生巨大的变化,是当前雷达研究的热点。本套丛书遴选出协同探测内容的著作共10个分册:

(1)《雷达组网技术》分册从雷达组网使用的效能出发,重点讨论点迹融合、资源管控、预案设计、闭环控制、参数调整、建模仿真、试验评估等雷达组网新技术的工程化,是把多传感器统一为系统的开始。

(2)《多传感器分布式信号检测理论与方法》分册主要介绍检测级、位置级(点迹和航迹)、属性级、态势评估与威胁估计五个层次中的检测级融合技术,是雷达组网的基础。该书主要给出各类分布式信号检测的最优化理论和算法,介绍考虑到网络和通信质量时的联合分布式信号检测准则和方法,并研究多输入多输出雷达目标检测的若干优化问题。

(3)《分布孔径雷达》分册所描述的雷达实现了多个单元孔径的射频相参合成,获得等效于大孔径天线雷达的探测性能。该书在概述分布孔径雷达基本原理的基础上,分别从系统设计、波形设计与处理、合成参数估计与控制、稀疏孔径布阵与测角、时频相同步等方面做了较为系统和全面的论述。

(4)《MIMO雷达》分册所介绍的雷达相对于相控阵雷达,可以同时获得波形分集和空域分集,有更加灵活的信号形式,单元间距不受$\lambda/2$的限制,间距拉开后,可组成各类分布式雷达。该书比较系统地描述多输入多输出(MIMO)雷达。详细分析了波形设计、积累补偿、目标检测、参数估计等关键技术。

(5)《MIMO 雷达参数估计技术》分册更加侧重讨论各类 MIMO 雷达的算法。从 MIMO 雷达的基本知识出发,介绍均匀线阵,非圆信号,快速估计,相干目标,分布式目标,基于高阶累计量的、基于张量的、基于阵列误差的、特殊阵列结构的 MIMO 雷达目标参数估计的算法。

(6)《机载分布式相参射频探测系统》分册介绍的是 MIMO 技术的一种工程应用。该书针对分布式孔径采用正交信号接收相参的体制,分析和描述系统处理架构及性能、运动目标回波信号建模技术,并更加深入地分析和描述实现分布式相参雷达杂波抑制、能量积累、布阵等关键技术的解决方法。

(7)《机会阵雷达》分册介绍的是分布式雷达体制在移动平台上的典型应用。机会阵雷达强调根据平台的外形,天线单元共形随遇而布。该书详尽地描述系统设计、天线波束形成方法和算法、传输同步与单元定位等关键技术,分析了美国海军提出的用于弹道导弹防御和反隐身的机会阵雷达的工程应用问题。

(8)《无源探测定位技术》分册探讨的技术是基于现代雷达对抗的需求应运而生,并在实战应用需求越来越大的背景下快速拓展。随着知识层面上认知能力的提升以及技术层面上带宽和传输能力的增加,无源侦察已从单一的测向技术逐步转向多维定位。该书通过充分利用时间、空间、频移、相移等多维度信息,寻求无源定位的解,对雷达向无源发展有着重要的参考价值。

(9)《多波束凝视雷达》分册介绍的是通过多波束技术提高雷达发射信号能量利用效率以及在空、时、频域中减小处理损失,提高雷达探测性能;同时,运用相位中心凝视方法改进杂波中目标检测概率。分册还涉及短基线雷达如何利用多阵面提高发射信号能量利用效率的方法;针对长基线,阐述了多站雷达发射信号可形成凝视探测网格,提高雷达发射信号能量的使用效率;而合成孔径雷达(SAR)系统应用多波束凝视可降低发射功率,缓解宽幅成像与高分辨之间的矛盾。

(10)《外辐射源雷达》分册重点讨论以电视和广播信号为辐射源的无源雷达。详细描述调频广播模拟电视和各种数字电视的信号,减弱直达波的对消和滤波的技术;同时介绍了利用 GPS(全球定位系统)卫星信号和 GSM/CDMA(两种手机制式)移动电话作为辐射源的探测方法。各种外辐射源雷达,要得到定位参数和形成所需的空域,必须多站协同。

（三） 以新技术为牵引，产生出新的雷达系统概念，这对雷达的发展具有里程碑的意义。本套丛书遴选了涉及新技术体制雷达内容的6个分册：

(1)《宽带雷达》分册介绍的雷达打破了经典雷达5MHz带宽的极限，同时雷达分辨力的提高带来了高识别率和低杂波的优点。该书详尽地讨论宽带信号的设计、产生和检测方法。特别是对极窄脉冲检测进行有益的探索，为雷达的进一步发展提供了良好的开端。

(2)《数字阵列雷达》分册介绍的雷达是用数字处理的方法来控制空间波束，并能形成同时多波束，比用移相器灵活多变，已得到了广泛应用。该书全面系统地描述数字阵列雷达的系统和各分系统的组成。对总体设计、波束校准和补偿、收/发模块、信号处理等关键技术都进行了详细描述，是一本工程性较强的著作。

(3)《雷达数字波束形成技术》分册更加深入地描述数字阵列雷达中的波束形成技术，给出数字波束形成的理论基础、方法和实现技术。对灵巧干扰抑制、非均匀杂波抑制、波束保形等进行了深入的讨论，是一本理论性较强的专著。

(4)《电磁矢量传感器阵列信号处理》分册讨论在同一空间位置具有三个磁场和三个电场分量的电磁矢量传感器，比传统只用一个分量的标量阵列处理能获得更多的信息，六分量可完备地表征电磁波的极化特性。该书从几何代数、张量等数学基础到阵列分析、综合、参数估计、波束形成、布阵和校正等问题进行详细讨论，为进一步应用奠定了基础。

(5)《认知雷达导论》分册介绍的雷达可根据环境、目标和任务的感知，选择最优化的参数和处理方法。它使得雷达数据处理及反馈从粗犷到精细，彰显了新体制雷达的智能化。

(6)《量子雷达》分册的作者团队搜集了大量的国外资料，经探索和研究，介绍从基本理论到传输、散射、检测、发射、接收的完整内容。量子雷达探测具有极高的灵敏度，更高的信息维度，在反隐身和抗干扰方面优势明显。经典和非经典的量子雷达，很可能走在各种量子技术应用的前列。

（四） 合成孔径雷达(SAR)技术发展较快，已有大量的著作。本套丛书遴选了有一定特点和前景的5个分册：

(1)《数字阵列合成孔径雷达》分册系统阐述数字阵列技术在SAR中的应用，由于数字阵列天线具有灵活性并能在空间产生同时多波束，雷达采集的同一组回波数据，可处理出不同模式的成像结果，比常规SAR具备更多的新能力。该书着重研究基于数字阵列SAR的高分辨力宽测绘带SAR成像、极化层析SAR三维成像和前视SAR成像技术三种新能力。

(2)《双基合成孔径雷达》分册介绍的雷达配置灵活,具有隐蔽性好、抗干扰能力强、能够实现前视成像等优点,是SAR技术的热点之一。该书较为系统地描述了双基SAR理论方法、回波模型、成像算法、运动补偿、同步技术、试验验证等诸多方面,形成了实现技术和试验验证的研究成果。

(3)《三维合成孔径雷达》分册描述曲线合成孔径雷达、层析合成孔径雷达和线阵合成孔径雷达等三维成像技术。重点讨论各种三维成像处理算法,包括距离多普勒、变尺度、后向投影成像、线阵成像、自聚焦成像等算法。最后介绍三维MIMO-SAR系统。

(4)《雷达图像解译技术》分册介绍的技术是指从大量的SAR图像中提取与挖掘有用的目标信息,实现图像的自动解译。该书描述高分辨SAR和极化SAR的成像机理及相应的相干斑抑制、噪声抑制、地物分割与分类等技术,并介绍舰船、飞机等目标的SAR图像检测方法。

(5)《极化合成孔径雷达图像解译技术》分册对极化合成孔径雷达图像统计建模和参数估计方法及其在目标检测中的应用进行了深入研究。该书研究内容为统计建模和参数估计及其国防科技应用三大部分。

(五) 雷达的应用也在扩展和变化,不同的领域对雷达有不同的要求,本套丛书在雷达前沿应用方面遴选了6个分册:

(1)《天基预警雷达》分册介绍的雷达不同于星载SAR,它主要观测陆海空天中的各种运动目标,获取这些目标的位置信息和运动趋势,是难度更大、更为复杂的天基雷达。该书介绍天基预警雷达的星星、星空、MIMO、卫星编队等双/多基地体制。重点描述了轨道覆盖、杂波与目标特性、系统设计、天线设计、接收处理、信号处理技术。

(2)《战略预警雷达信号处理新技术》分册系统地阐述相关信号处理技术的理论和算法,并有仿真和试验数据验证。主要包括反导和飞机目标的分类识别、低截获波形、高速高机动和低速慢机动小目标检测、检测识别一体化、机动目标成像、反投影成像、分布式和多波段雷达的联合检测等新技术。

(3)《空间目标监视和测量雷达技术》分册论述雷达探测空间轨道目标的特色技术。首先涉及空间编目批量目标监视探测技术,包括空间目标监视相控阵雷达技术及空间目标监视伪码连续波雷达信号处理技术。其次涉及空间目标精密测量、增程信号处理和成像技术,包括空间目标雷达精密测量技术、中高轨目标雷达探测技术、空间目标雷达成像技术等。

(4)《平流层预警探测飞艇》分册讲述在海拔约20km的平流层，由于相对风速低、风向稳定，从而适合大型飞艇的长期驻空，定点飞行，并进行空中预警探测，可对半径500km区域内的地面目标进行长时间凝视观察。该书主要介绍预警飞艇的空间环境、总体设计、空气动力、飞行载荷、载荷强度、动力推进、能源与配电以及飞艇雷达等技术，特别介绍了几种飞艇结构载荷一体化的形式。

(5)《现代气象雷达》分册分析了非均匀大气对电磁波的折射、散射、吸收和衰减等气象雷达的基础，重点介绍了常规天气雷达、多普勒天气雷达、双偏振全相参多普勒天气雷达、高空气象探测雷达、风廓线雷达等现代气象雷达，同时还介绍了气象雷达新技术、相控阵天气雷达、双/多基地天气雷达、声波雷达、中频探测雷达、毫米波测云雷达、激光测风雷达。

(6)《空管监视技术》分册阐述了一次雷达、二次雷达、应答机编码分配、S模式、多雷达监视的原理。重点讨论广播式自动相关监视(ADS-B)数据链技术、飞机通信寻址报告系统(ACARS)、多点定位技术(MLAT)、先进场面监视设备(A-SMGCS)、空管多源协同监视技术、低空空域监视技术、空管技术。介绍空管监视技术的发展趋势和民航大国的前瞻性规划。

(六) 目标和环境特性，是雷达设计的基础。该方向的研究对雷达匹配目标和环境的智能设计有重要的参考价值。本套丛书对此专题遴选了4个分册：

(1)《雷达目标散射特性测量与处理新技术》分册全面介绍有关雷达散射截面积(RCS)测量的各个方面，包括RCS的基本概念、测试场地与雷达、低散射目标支架、目标RCS定标、背景提取与抵消、高分辨力RCS诊断成像与图像理解、极化测量与校准、RCS数据的处理等技术，对其他微波测量也具有参考价值。

(2)《雷达地海杂波测量与建模》分册首先介绍国内外地海面环境的分类和特征，给出地海杂波的基本理论，然后介绍测量、定标和建库的方法。该书用较大的篇幅，重点阐述地海杂波特性与建模。杂波是雷达的重要环境，随着地形、地貌、海况、风力等条件而不同。雷达的杂波抑制，正根据实时的变化，从粗犷走向精细的匹配，该书是现代雷达设计师的重要参考文献。

(3)《雷达目标识别理论》分册是一本理论性较强的专著。以特征、规律及知识的识别认知为指引，奠定该书的知识体系。首先介绍雷达目标识别的物理与数学基础，较为详细地阐述雷达目标特征提取与分类识别、知识辅助的雷达目标识别、基于压缩感知的目标识别等技术。

(4)《雷达目标识别原理与实验技术》分册是一本工程性较强的专著。该书主要针对目标特征提取与分类识别的模式,从工程上阐述了目标识别的方法。重点讨论特征提取技术、空中目标识别技术、地面目标识别技术、舰船目标识别及弹道导弹识别技术。

(七) 数字技术的发展,使雷达的设计和评估更加方便,该技术涉及雷达系统设计和使用等。本套丛书遴选了3个分册:

(1)《雷达系统建模与仿真》分册所介绍的是现代雷达设计不可缺少的工具和方法。随着雷达的复杂度增加,用数字仿真的方法来检验设计的效果,可收到事半功倍的效果。该书首先介绍最基本的随机数的产生、统计实验、抽样技术等与雷达仿真有关的基本概念和方法,然后给出雷达目标与杂波模型、雷达系统仿真模型和仿真对系统的性能评价。

(2)《雷达标校技术》分册所介绍的内容是实现雷达精度指标的基础。该书重点介绍常规标校、微光电视角度标校、球载BD/GPS(BD为北斗导航简称)标校、射电星角度标校、基于民航机的雷达精度标校、卫星标校、三角交会标校、雷达自动化标校等技术。

(3)《雷达电子战系统建模与仿真》分册以工程实践为取材背景,介绍雷达电子战系统建模的主要方法、仿真模型设计、仿真系统设计和典型仿真应用实例。该书从雷达电子战系统数学建模和仿真系统设计的实用性出发,着重论述雷达电子战系统基于信号/数据流处理的细粒度建模仿真的核心思想和技术实现途径。

(八) 微电子的发展使得现代雷达的接收、发射和处理都发生了巨大的变化。本套丛书遴选出涉及微电子技术与雷达关联最紧密的3个分册:

(1)《雷达信号处理芯片技术》分册主要讲述一款自主架构的数字信号处理(DSP)器件,详细介绍该款雷达信号处理器的架构、存储器、寄存器、指令系统、I/O资源以及相应的开发工具、硬件设计,给雷达设计师使用该处理器提供有益的参考。

(2)《雷达收发组件芯片技术》分册以雷达收发组件用芯片套片的形式,系统介绍发射芯片、接收芯片、幅相控制芯片、波速控制驱动器芯片、电源管理芯片的设计和测试技术及与之相关的平台技术、实验技术和应用技术。

(3)《宽禁带半导体高频及微波功率器件与电路》分册的背景是,宽禁带材料可使微波毫米波功率器件的功率密度比Si和GaAs等同类产品高10倍,可产生开关频率更高、关断电压更高的新一代电力电子器件,将对雷达产生更新换代的影响。分册首先介绍第三代半导体的应用和基本知识,然后详细介绍两大类各种器件的原理、类别特征、进展和应用:SiC 器件有功率二极管、MOSFET、JFET、BJT、IBJT、GTO 等;GaN 器件有 HEMT、MMIC、E 模 HEMT、N 极化 HEMT、功率开关器件与微功率变换等。最后展望固态太赫兹、金刚石等新兴材料器件。

本套丛书是国内众多相关研究领域的大专院校、科研院所专家集体智慧的结晶。具体参与单位包括中国电子科技集团公司、中国航天科工集团公司、中国电子科学研究院、南京电子技术研究所、华东电子工程研究所、北京无线电测量研究所、电子科技大学、西安电子科技大学、国防科技大学、北京理工大学、北京航空航天大学、哈尔滨工业大学、西北工业大学等近 30 家。在此对参与编写及审校工作的各单位专家和领导的大力支持表示衷心感谢。

王小谟

2017 年 9 月

前　言

太赫兹波泛指频率在0.1～10THz 波段范围内的电磁波。太赫兹频段电磁波波长远小于现有微波、毫米波，更易于实现极大信号带宽和极窄天线波束，从而可以实现目标的极高分辨探测与成像。因此，基于上述技术特点，相比传统的微波和毫米波频段，基于太赫兹频段的雷达探测系统更加适用于微小目标探测和目标精细成像与识别，是雷达系统的重要发展方向。

太赫兹技术研究起源于19世纪末。早在1896年和1897年，德国科学家Rubens和Nichols就开展了对该波段的先期探索研究。在之后的近百年间，太赫兹科学与技术不断发展进步，许多重要理论和技术成果相继问世。在太赫兹基础理论与元器件技术的推动下，太赫兹探测技术得以迅速发展。1990年，美国马萨诸塞州立大学首次研制成功0.225THz 非相参极化雷达测量系统，可实现对1km 范围内点目标和分布式目标的细微感知，充分体现了太赫兹雷达探测系统在军事领域的潜在应用价值。2000年，美国陆军国家地面智能中心和马萨诸塞州立大学亚毫米波技术实验室联合研制了1.56THz 逆合成孔径雷达成像系统，首次验证了太赫兹雷达的极高分辨成像能力。2007年，德国应用科学研究所研制成功了0.22THz 成像雷达系统，可以实现转台目标的远距离高分辨力ISAR 成像，进一步提高了太赫兹雷达的成像能力。2006年以来，美国喷气推进实验室研制了一系列0.6THz 高分辨雷达探测系统，可用于三维成像、隐匿物品探测，太赫兹雷达探测系统的应用范围得到进一步扩展。尽管目前太赫兹雷达探测技术还处于理论研究与试验验证阶段，但是其重要的理论价值和广泛的应用前景已经引起了学术界的普遍关注和极大兴趣，太赫兹雷达探测技术已经成为21世纪科学研究最前沿的领域之一。

到目前为止，全面介绍太赫兹雷达探测系统的书籍并不多见，对该领域的了解仅限于期刊会议论文以及专利。为了满足太赫兹雷达技术研究的迫切需求，本书作者在多年从事太赫兹雷达探测技术研究的基础上，将已有研究成果和多方资料相结合汇集成书，意在总结太赫兹雷达探测技术的最新理论成果与研究经验，与各界交流太赫兹雷达探测技术的研究心得，起到抛砖引玉、交流共享、互相促进的作用。

全书共分为7章。第1章概述，对太赫兹雷达技术发展现状以及国内外现有的太赫兹雷达系统进行简要分析介绍。第2章太赫兹雷达系统组成，从系统总体的角度分析了不同结构的太赫兹雷达系统、系统组成部件的技术指标,并对太赫兹雷达接收机系统进行了详细的描述。第3章太赫兹雷达信号特点,对超高分辨力信号、大多普勒带宽信号和时频信号的模型、特征及目标特性通过回波信号进行分析,并对太赫兹雷达窄波束天线现状、典型天线与太赫兹频段天线的特点进行了简要介绍。第4章太赫兹雷达目标检测,主要介绍太赫兹雷达目标探测的理论模型、雷达系统的探测性能、杂波的测量与建模以及太赫兹雷达探测技术的几种常用算法。第5章太赫兹雷达微动目标检测,主要介绍太赫兹波段目标的微多普勒模型,讨论了微动目标检测算法,分析了微动现象对目标检测性能的影响。第6章对太赫兹雷达ISAR成像理论进行了介绍,对几种不同的成像算法进行了分析讨论。第7章着重介绍了太赫兹雷达SAR成像基本理论与实现方法。全部内容涵盖整个太赫兹雷达技术基础领域,同时对太赫兹雷达技术领域的最新发展状况也有兼顾。本书的特点是力求具有理论性、实用性、系统性和方向性,密切结合当前研究生教学和雷达工作者的需求。本书可作为高等院校雷达专业领域的研究生教学用书,也可供雷达技术领域的工程技术人员和科研人员阅读参考。

本书得以出版,首先感谢中国电子科技集团、电子科技大学等单位的大力支持,在本书撰写过程中曹宗杰、闵锐、李晋、徐政五老师和张彪、喻洋、冯籍澜、刘通等博士研究生提供了丰富的素材,并完成了本书的仿真、绘图和校对工作,在此一并表示衷心的感谢。

太赫兹雷达探测技术仍处于初步发展阶段,尚未形成完善的理论和技术体系。本书涉及学科较多,内容较为广泛,加上作者学识有限,写作时间仓促,书中不妥之处在所难免,敬请读者批评指正。

作者

2017年2月

目　录

第1章 概论

1.1 太赫兹频段的定义

太赫兹(Terahertz,1THz = 10^{12}Hz)波泛指频率在0.1~10THz波段内的电磁波,位于红外线和微波之间,处于宏观电子学向微观光子学的过渡阶段;在某些特定的场合,太赫兹频率范围特指0.3~3THz[1-3]。早期太赫兹在不同的领域有不同的名称,在光学领域称为远红外波,而在电子学领域,则称为亚毫米波、超微波等[4-11]。在20世纪80年代中期之前,太赫兹波段两侧的红外和微波技术发展相对比较成熟,但是人们对太赫兹波段的认识却非常有限,形成了所谓的“THz间隙”。

从太赫兹辐射研究的历史上看,早期人们对太赫兹辐射研究的兴趣主要来源于大气对太赫兹波的强吸收,因此太赫兹光谱技术主要被化学家和天文学家用于研究一些简单分子的转动和振动的光谱性质以及热发射线。但是在过去的20年中,太赫兹技术发生了深刻的变革。随着新的材料技术提供了新的更高功率的发射源,太赫兹技术已经被证明在更加深入的物理研究以及实际应用中有着广阔的应用前景[12-20]。由于与半导体、制药、加工、空间以及国防工业密切相关,因此太赫兹技术成为一个非常有吸引力的研究领域。近来一些新的进展更加扩展了太赫兹技术的应用前景。这些新的进展包括量子级联太赫兹激光、利用太赫兹波检测飞摩尔含量的DNA的单碱基对的差异以及对多粒子电荷与太赫兹光谱相互作用等的研究。

太赫兹频段的波长远小于微波、毫米波,更适合于极大信号带宽和极窄天线波束的实现,有利于获得目标的精细成像;物体运动引起的多普勒效应更为显著,利于低速运动目标检测、高分辨力合成孔径与逆合成孔径成像;避开了传统的隐身材料吸波频率,有利于隐身目标探测;另外,金属目标雷达截面积显著增大,时域频谱信噪比更高,有利于目标的探测。这些特点使得太赫兹波非常适用于微小目标和隐身目标探测、极高分辨力的目标成像识别,以及应用于空间平台对接交汇、空间目标观测与编目等方面。

但是相对于微波、红外和可见光,大气中的水分对太赫兹频段的电磁波有比较大的衰减,特别是在1THz附近,大气衰减达到100dB/km以上,该缺点却十分适合于星间的高保密通信。此外,在太赫兹的低频段,存在多个大气窗口,其衰减相对较小,大功率的太赫兹探测系统在隐蔽武器探测、反低空运动目标突防方面能有效发挥作用。

太赫兹频段兼有微波毫米波与红外可见光两个区域的特性,因而融合了微波和红外可见光的优点,特别是适中的波束宽度、宽的系统带宽和大的多普勒频移特性,十分有利于目标的探测识别处理和干扰对抗。这些特点为太赫兹在军事上的应用,尤其是空间目标信息获取和信息对抗提供了巨大潜力[21-26]。

1.2 太赫兹技术的应用现状

从20世纪开始,太赫兹技术重要的理论价值和广泛的应用前景就引起了学术界的普遍关注和极大兴趣[27-31]。20世纪50年代,美国军方开始关注太赫兹频段资源。随着科学技术的进步,从20世纪90年代开始,美国逐步加大对太赫兹频段的投入力度。21世纪初美国陆军研究室、国防高级研究计划局(Defense Advanced Research Projects Agency,DARPA)及美国国防部等一些重要部门开始大力支持太赫兹技术的研究。2004年,美国麻省理工学院(Massachusetts Institute of Technology,MIT)《技术评论》杂志列举了全球九大新兴科技领域,将太赫兹技术排在第四位。目前,几乎美国所有国家实验室及著名大学都在开展太赫兹技术的研究。2004年,日本政府组织了关于太赫兹技术的现状及应用前景的研讨会,50名日本专家和15名在国际科学界各领域著名的其他国家专家参加讨论,他们讨论了太赫兹技术的发展现状、太赫兹波的工程化、太赫兹光子学、太赫兹电子学及太赫兹技术其他的应用领域,经过近100小时的讨论,确定了日本太赫兹技术的发展规划,目标是在未来5年内,重点发展太赫兹源、检测器件及测试系统,为太赫兹技术在不同领域的应用奠定技术基础。2005年1月8日,日本政府公布了未来十年的科技发展规划,将太赫兹技术列在首位。欧洲及俄罗斯等一些技术先进国家近年来纷纷启动了太赫兹研究计划。总之,太赫兹技术已成为当前国内外科研机构重点关注的对象,具有重要的科学价值和广泛的应用空间。

目前,国内外研究机构正努力实现太赫兹频段的各种应用系统,如太赫兹通信系统、太赫兹无源探测系统及太赫兹雷达系统等[1,32],并且在相关领域已出现原理性试验系统[28,33,34]。

人们对太赫兹成像技术有着极大的兴趣,这是由于太赫兹波的波长相对于微波及毫米波足够短,能用适当的孔径产生较高的分辨力,同时波长又足够长,因此能穿透布、纸板等材料,获得透视状态下的高分辨力目标成像。最近,太赫兹频段技术的发展,以及新的侦察能力的需要,都推动了太赫兹技术的发展,尤其是针对隐藏在衣服或包裹中的隐蔽武器的探测,该技术有望被广泛应用于反恐及重点区域布防等关键场合。俄罗斯应用物理科学技术中心(Applied Physics Science and Technology Center,APSTEC)于 2006 年提出了人员秘密遥控监测微波系统(Microwave System for Secret Remote Inspection of People,MS - SRIP),该系统为有源主动探测系统,可实时监控移动人员随身携带的金属或非金属隐藏物品。

美国国防高级研究计划局是美国专门负责组织、管理国防预先研究计划项目的机构。它主要负责为美军研发先进武器系统、积累科技资源储备以及引领军民高技术研发的潮流。2007 年,美国 DARPA 立项资助了太赫兹成像与安全监控技术研究,该计划重点研究了太赫兹隐蔽目标探测技术及太赫兹焦平面成像应用概念设计。

然而,当前的太赫兹成像技术还不能完全满足实际需要,探测范围、轻便性、实时性、穿透能力和杂波背景下的成像能力对系统的要求往往是相互矛盾的。例如,使用高功率相干源和低噪声外差检波技术的有源太赫兹成像系统有较大潜力,然而在实际应用中它也存在着一些缺点,例如要求低温检波器或体积庞大的激光源。更重大的困难在于单频有源相干成像系统和目标识别依赖于目标的对比度和亮度,然而它们对雷达入射角、前景或背景的杂波信号和相干斑很敏感。进一步研究小型化、轻便化的高分辨力太赫兹成像系统及其信号处理算法具有广阔的应用前景[35-38]。

室温下的有源太赫兹成像设备能应用于调频连续波雷达模式对目标进行三维成像,在距离和方位向获得具有厘米级分辨力的雷达目标成像结果。这种雷达可作为有源太赫兹成像设备的关键组件。

同时,太赫兹成像技术在生物学领域也有很大潜力,例如对牙齿空洞的成像、对癌细胞的成像等。太赫兹传感器的另一应用领域是等离子体诊断学和气体波谱。

1.3　国外的太赫兹雷达系统

由于太赫兹波固有的优势,太赫兹雷达的空间分辨力和距离分辨力都很高,这使得它在目标成像、环境监测、安全检查、反恐探测,尤其是在卫星通信和成像雷达等领域具有重大的科学价值和广阔的应用前景,如高空飞艇探测、中段弹道导弹成像等方面[39-42]。

相对于微波雷达,太赫兹雷达系统具有下列技术优势:

(1) 太赫兹雷达可以获得更高的分辨力。太赫兹频段的波长远小于现有微波、毫米波，太赫兹频段更适合于实现极大信号带宽，从而有利于获得目标的高分辨成像，更有利于获取目标的丰富信息。

（2）太赫兹雷达可以获得更好的角分辨力。太赫兹频段波长更短，更容易实现极窄的天线波束，对于一个固定的天线孔径，在 X 波段工作的雷达比在太赫兹低端频段上工作的雷达发射天线的波数宽度大 20 倍以上[43]。

（3）太赫兹雷达系统具有突出的抗干扰能力。现有的电子战干扰手段主要集中在微波频段及红外段，对太赫兹频段难以进行有效的干扰。同时，太赫兹频段提供的极窄天线波束，可以减少干扰机注入雷达主瓣波束的机会，降低雷达对干扰的灵敏度。此外，极高的天线增益也抑制了旁瓣干扰。

（4）太赫兹雷达系统具有独特的反隐身能力。现有的隐身手段主要集中在微波频段，对太赫兹频段难以进行有效的隐身。

与激光雷达相比，太赫兹雷达具有以下技术优势：

（1）视场范围宽，搜索能力好。对于同样尺寸的天线，太赫兹雷达的波束宽度显然比激光雷达的波束宽，因此，太赫兹雷达能实现比激光雷达更宽的探测视场范围。对于同样的视场范围，太赫兹雷达能更快地完成整个视场的扫描，因此也具有更好的搜索能力。

（2）大气穿透能力好，适用于恶劣气象条件。对于雾、雨等恶劣天气条件，特别是在有雾天气下太赫兹波的衰减比光波小，因此，太赫兹雷达相对于激光雷达具有更好的雾穿透能力，即太赫兹雷达比激光雷达在恶劣气象条件下具有更好的性能。所以太赫兹探测器在恶劣气象条件下比光电探测器更有效。

总的来说，相对于微波和激光等其他波段，太赫兹雷达探测系统具有适中的搜索能力和覆盖范围，较好的空间分辨力和角分辨能力，并且具有良好的抗干扰能力，是目前国内外太赫兹技术研究的重点课题。目前，国际上已有的太赫兹雷达实验系统有美国喷气推进实验室（Jet Propulsion Laboratory，JPL）的 0.6THz 成像雷达系统[44-48]、德国应用科学研究所（Forschungsgesellschaft fur Angewandte Naturwissenschaften，FGAN）、德国高频物理学和雷达技术弗劳恩霍夫研究所（Fraunhofer Institute for High Frequency Physics and Radar Techniques，FHR）的 0.22THz COBRA 逆合成孔径雷达（Inverse Synthetic Aperture Radar，ISAR）成像系统等[49-51]。

1.3.1 美国的太赫兹雷达系统

美国陆军国家地面智能中心和马萨诸塞州立大学亚毫米波技术实验室在 2000 年报道了研制的 1.56THz 紧凑雷达系统。其研制 THz 雷达系统的目的是测试典型战术目标的缩比模型，包括 T80 坦克、F16 飞机、BMP-2 步兵战车、米格-29 飞机等。测试系统框图和 T80 坦克缩比模型成像结果分别如图 1.1 与图 1.2 所示，由缩比模型的测试结果给出了实际目标在 W 波段的雷达截面积

(Radar Cross Section,RCS)。其试验证明了利用 THz 雷达系统测试的 RCS 以及成像结果和实际测试是相吻合的。从而说明可以利用 THz 雷达对毫米波及亚毫米波波段的战术目标缩比模型进行测试,并且利用 THz 雷达可以实现对目标的探测与成像。

图 1.1　1.56THz 雷达系统框图及接收机系统

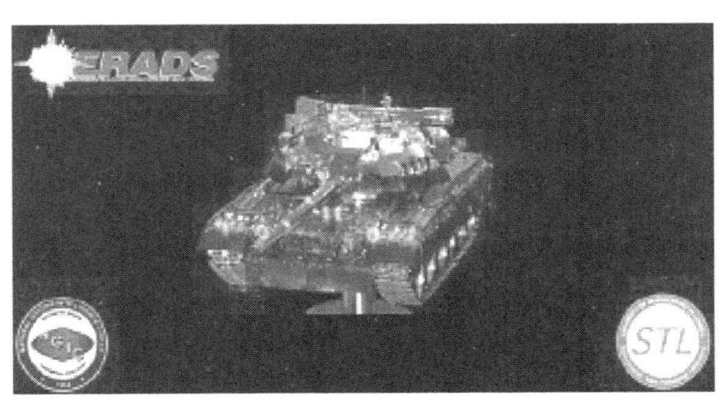

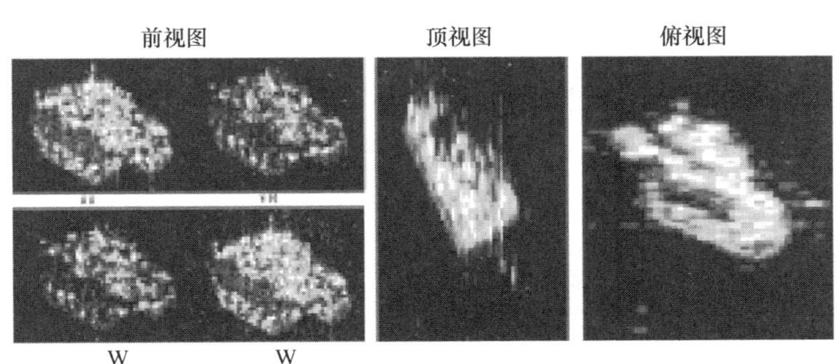

图 1.2　目标模型及成像照片

美国喷气推进实验室 2006 年报道了研制的 0.6THz 高分辨力雷达探测系统,这是世界第一部具有高分辨力雷达测距能力的太赫兹成像系统[52-54]。该成像系统工作频率为560～635GHz，动态范围为60dB。它将K波段的频率综合器调制到630GHz，再在信号处理中采用了补偿手段，成功地获得了在4m距离上大约2cm的一维距离分辨力。

该系统的信号源为一个36X的倍频系统，采用谐波混频器进行信号下变频。当下变频到大约66kHz时，恢复去斜信号，然后用LabView或者Matlab来实现对中频信号的数字信号处理，如用快速傅里叶变换（Fast Fourier Transform，FFT）算法实现距离压缩。

2008年，美国JPL实验室通过进一步的改进，在0.6THz的高分辨力雷达探测系统的基础上，研制成功了0.58THz的三维成像探测系统[55-57]（图1.3）。由于所采用的混频器略有差别，该系统的工作频率略低于前面所提到的探测系统，为585GHz。被测物体图像的获得验证了在室温下采用电晶体是可以实现目标的三维成像的。如图1.4所示为探测系统对一本书的三维成像。

从图1.5对人和隐藏物体的三维成像结果中可以清楚地看到，无论物体在衣服里边还是衣服外边，它都能获得几乎相同的成像结果。这就有可能会在将来的安全检查和反恐方面得到广泛的应用。

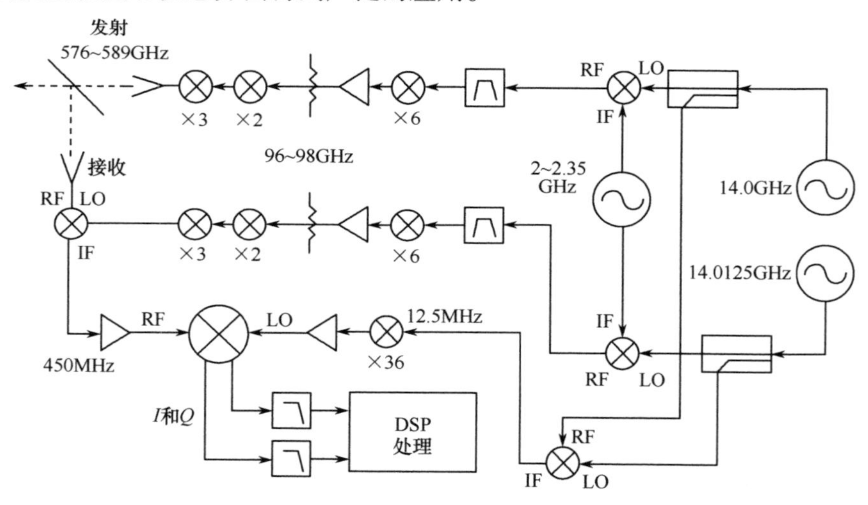

图1.3　0.58THz成像雷达系统框图

2010年，美国喷气推进实验室在其太赫兹雷达成像试验系统的基础上，通过一系列的改进，获得了太赫兹频段快速高分辨雷达成像能力，这种雷达用于对个人携带的隐藏武器进行检测，实现了在5s内对25m外隐藏武器的有效探测[45]。相比于第一代系统，这里的0.2Hz的成像速率提高了不止一个数量级，并且成像距离也由原先的4m扩大至25m。为实现这些进步，采用了新的扫描结构和光学几何，加上一个快速微波调频信号发生器，以及流水线式的信号处

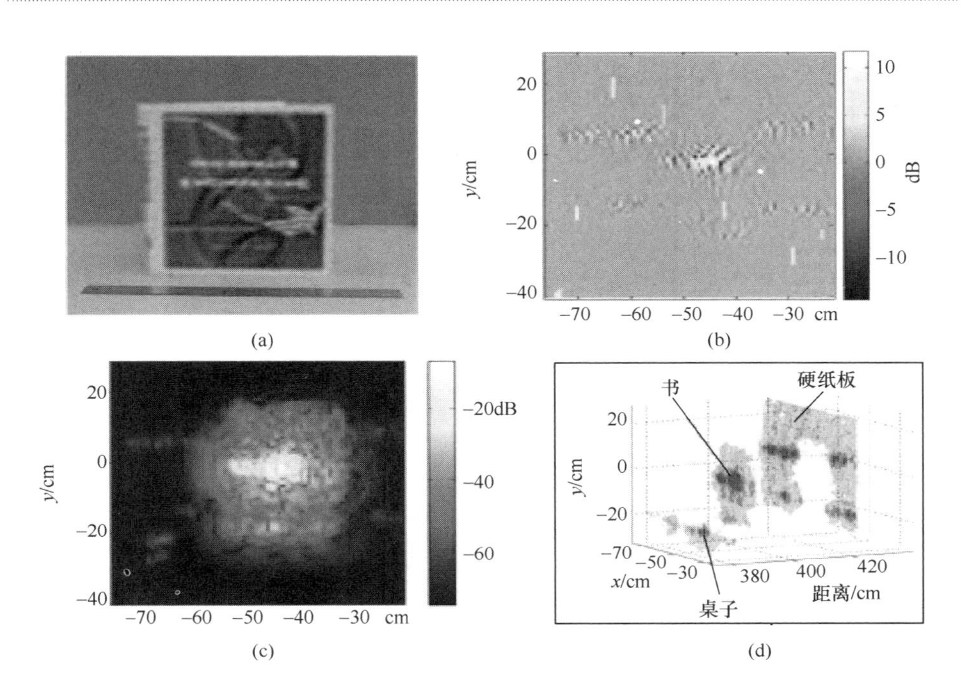

图 1.4　对一本书的三维成像

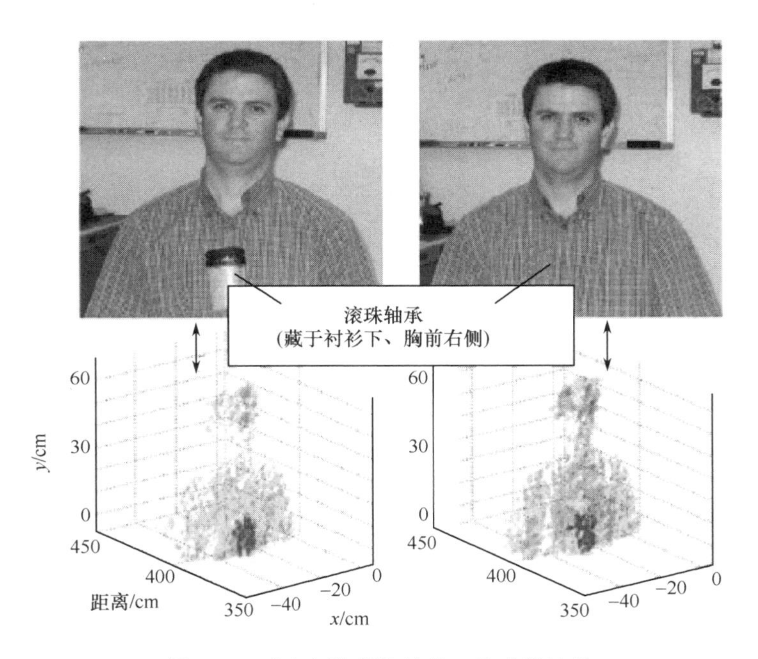

图 1.5　对人和隐藏物体的三维成像结果

理。这些子系统还可以被进一步优化,以获得更高的速度和更优的光束轮廓质量。为了对限制成像速度的因素做更多的估计,该实验室还有目的地采用了信噪比衰减的测量方法。实验结果证实了使用单太赫兹接收机,可以实现大于1Hz 的帧率,且仅通过使用一个元素较少的太赫兹外差阵列,极可能实现近视频的成像率。

如图 1.6 所示,图 1.6(a)为 25m 对峙距离、0.67THz 的成像雷达,图 1.6(b)为其简化的电子模块示意图,而图 1.6(c)为快速波束扫描光学几何图。

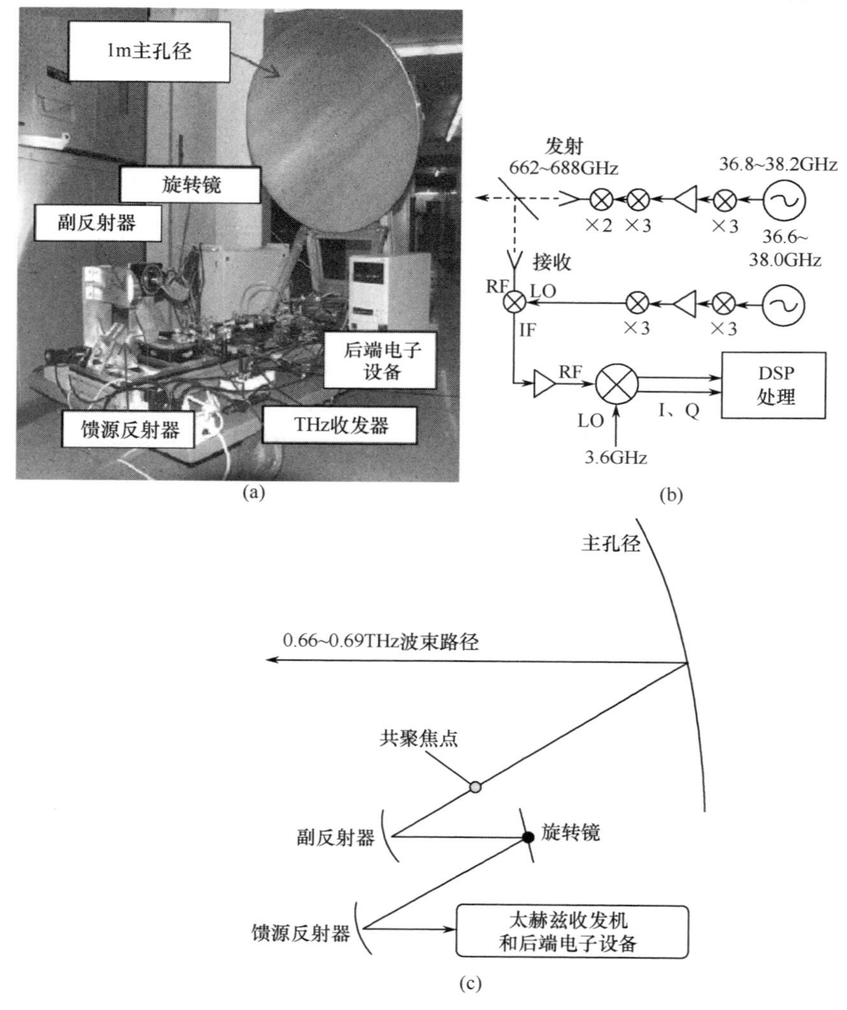

图 1.6　JPL 快扫描远距离成像雷达

图 1.7 为实验结果。图 1.7(a)为一个利用后表面雷达成像技术进行快速穿透衣物探测威胁所得的图像,仪器与探测物的距离为 25m。在这个例子中,威

胁品是一个模拟的管炸弹，由一对 1 英尺①长且缀着钉子的聚氯乙烯管子组成，总的直径大概是 1.75 英寸②。另外，图 1.7（a）还显示了这个模拟引爆装置如何隐藏于羊毛外套之下，以及一个 5s 时间所生成的分辨力为 69 像素 ×65 像素的后表面图像，此图像大小为 38cm×38cm。这些数据的调频时间是 0.44ms，快速旋转镜的加速度大小为 $3600°/s^2$，扫描幅度为 ±2.5°。尽管光束轮廓被稍微扩大了，太赫兹成像雷达还是可以轻易地探测到隐藏管子的凸起。以这样的方式，太赫兹成像仪就能够对人进行远距离拍摄，以探测衣物下面的固态物体。

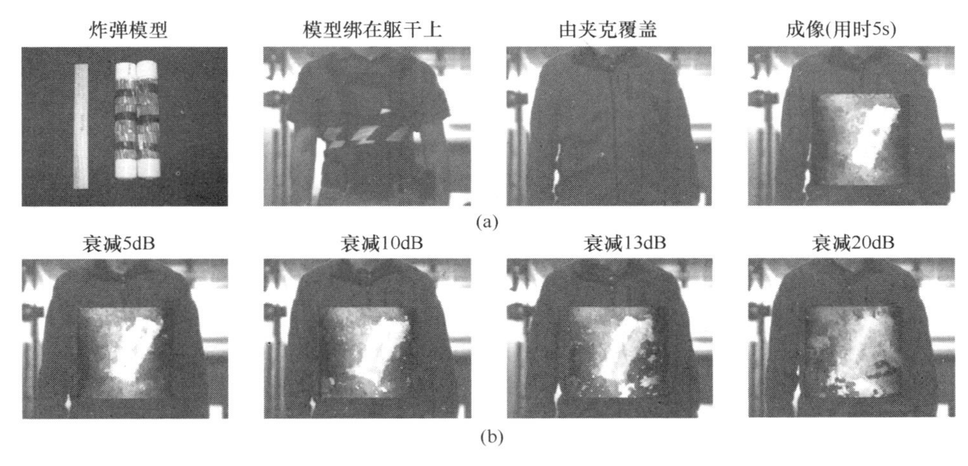

图 1.7　透过外套探测模拟管炸弹的后表面图像

2011 年美国 JPL 实验室针对人体隐匿物品的监测，开展了太赫兹雷达试验系统成像实验以及穿透性实验。该雷达采用调频连续波体制，带宽为 28.8GHz，中心频率为 676.7GHz，峰值发射功率为 1mW。该雷达在 1s 内可获得一幅 40cm×40cm 的图像，雷达作用距离为（25±1）m。在该频率下，可对诸如金属手枪、炸药带等物品实现穿透检测[48]。系统结构框图及射频前端如图 1.8 所示。

系统中两个点频分别为 35GHz 和 34.8GHz 的锁相振荡器与频率为 1.8～3.4GHz 的扫频源进行混频后分别驱动收发链路。之后发射链路通过 18 倍频后将发射信号变频至 662～691GHz，接收链路通过 9 倍频后产生 331～346GHz 的本振信号来驱动接收谐波混频器。本振信号与接收信号混频率产生中频为 3.6GHz 的回波信号，之后该信号与 3.6GHz 本振信号混频进而获得基带信号。系统通过对目标的快速扫描进行高分辨成像，其波束扫描光学几何图如图 1.9 所示。

① 1 英尺≈30.48cm。
② 1 英寸≈2.54cm。

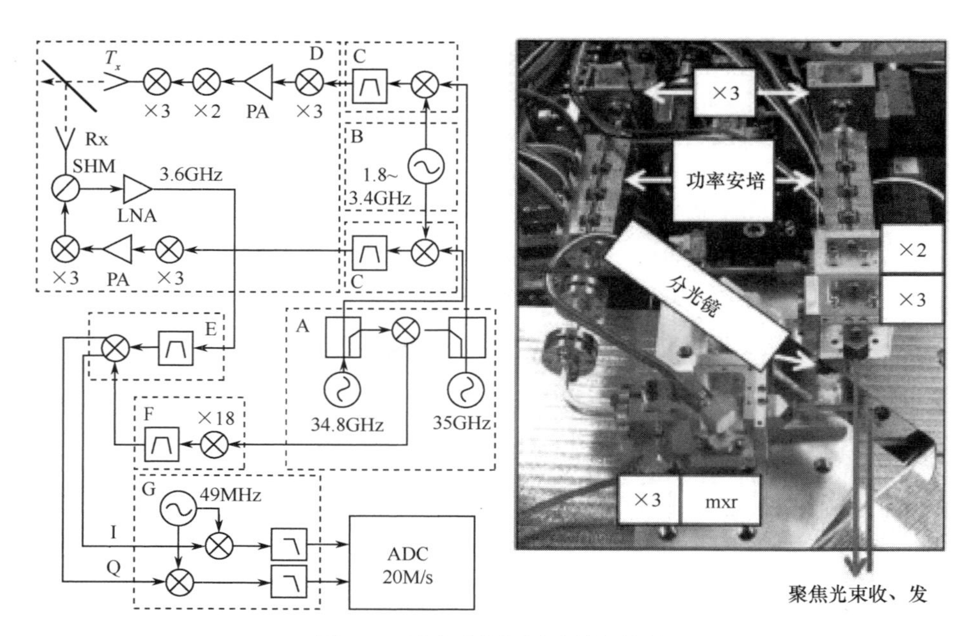

图 1.8　雷达系统框图及射频前端

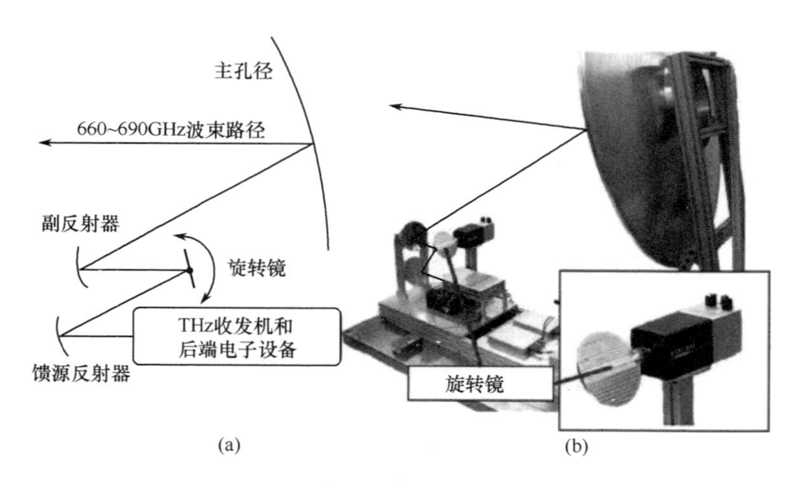

图 1.9　快速波束扫描光学几何图

图 1.10(a)和图 1.10(b)为隐藏物品探测图像与信号反射的强度对比图，从中可以发现，由于人体所含水分较多，其反射的雷达回波比隐藏的物品要弱，因此在雷达的图像中，可以方便地辨认隐藏物品的形状。图 1.10(c)和图 1.10(d)为对隐藏枪支与炸药带的探测结果。可以发现，这两种物品与身体背景颜色之间的差别有助于识别。

太平洋西北国家实验室(Pacific Northwest National Laboratory，PNNL)的研究

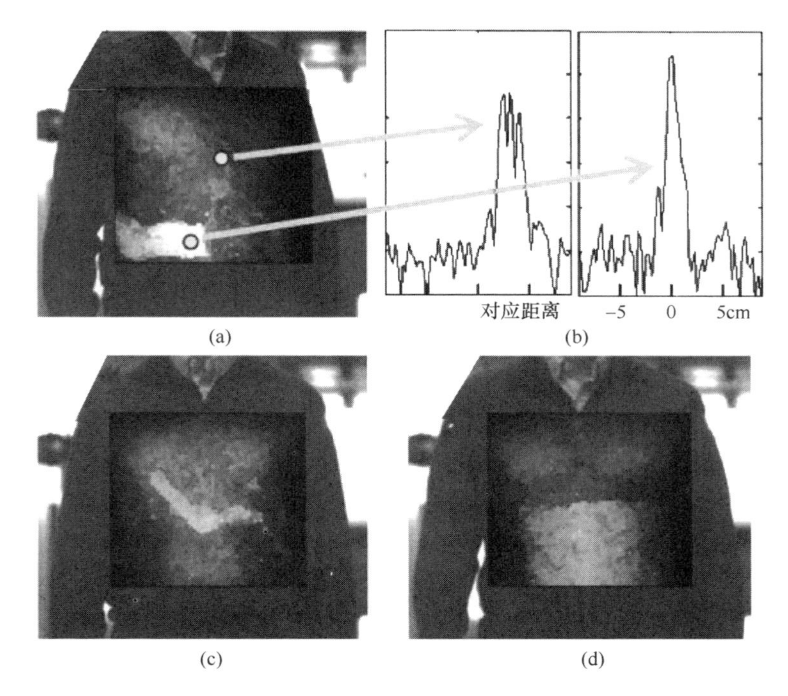

(a) (b)
(c) (d)

图1.10 隐藏物品探测图像

人员在对太赫兹波成像技术的各种潜在性能做出初步评估的前提下,确定了未来成像系统的体系结构。研制的样机包括了许多的子系统,有收发机、准光学聚焦系统、扫描仪和数据采集系统,其最初性能目标是在距离为10m时每隔10s获得1帧图像,并且分辨力达到1~2cm。为了达到这样的分辨力,系统选取的孔径大小为50cm。经过权衡系统分辨力、衣物穿透性和发射机性能,选用中心频率为350GHz的太赫兹波[58-61]。

在收发机中,频率源产生的信号中心频率约为14.58GHz,信号带宽为400MHz。此信号经过倍频后成为中心频率为350GHz、带宽为9.6GHz的信号。样机如图1.11所示。

图1.11 试验用成像系统实际模型图片

本套系统是具有超高分辨力的武器检测系统，甚至可对目标进行精确的成像。图 1.12 显示了一系列对携带仿制炸药的人员的成像，图中的人穿着厚重的使用合成材料制成的曲棍球运动服。在图片中隐匿的武器清晰可见，对衣物的成像同样清晰可见。

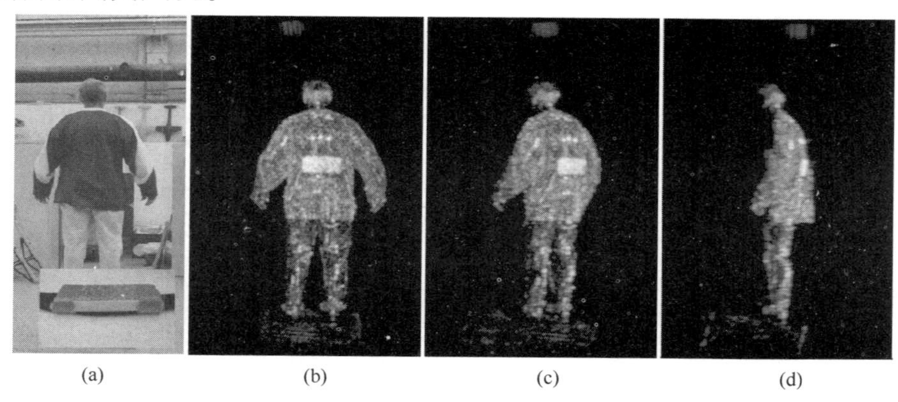

图 1.12 对距离扫描器 5m 处藏匿武器成像，图(a)为光学图片，图(b)～图(d)为从三种不同角度获得的 3D 图像

1.3.2 德国的太赫兹雷达系统

最初，德国应用科学研究所 FGAN 研制了分辨力为 3.5cm 的 94GHz 的高分辨力毫米波成像雷达，对于近距离隐藏武器的探测，自卫性的高分辨力毫米波成像雷达具有极大的发展潜力。但是由于大气传播中存在严重的衰减现象，因此只有部分大气窗口的毫米波或者亚毫米波（太赫兹）频段才可以实现雷达探测。

2007 年，德国应用科学研究所 FGAN 研制了一部工作频率 220GHz 的太赫兹成像雷达 COBRA－220。COBRA－220 实现了 8GHz 的大带宽，使得高分辨力 ISAR 成像更为容易实现[49－51]。

图 1.13 给出了 COBRA－220 系统的简单原理框图。经过倍频、放大和滤波等处理，形成 95.4GHz 的本振频率，与 9.6GHz 的线性调频信号混频产生 100.4GHz 的发射信号。最后通过二倍频得到输出功率为 10mW 的 220GHz 的太赫兹发射信号。在接收通路，同样采用 HEMT 低噪声功率放大器，实现高灵敏度，下变频采用谐波混频器来实现。

COBRA－220 雷达系统用于实现转台目标的高分辨力 ISAR 成像，同时与 94GHz 的 COBRA－94 雷达系统进行了性能比较。两部雷达采用相同的天线，目标距离为 150m。图 1.14 给出了两部雷达分别测出的自行车目标的高分辨力 ISAR 成像，在 94GHz 分辨力为 3.5cm，在 220GHz 分辨力为 1.8cm，显然太赫兹雷达能够获得更高的成像分辨力，同时获取更多的目标图像细节信息。

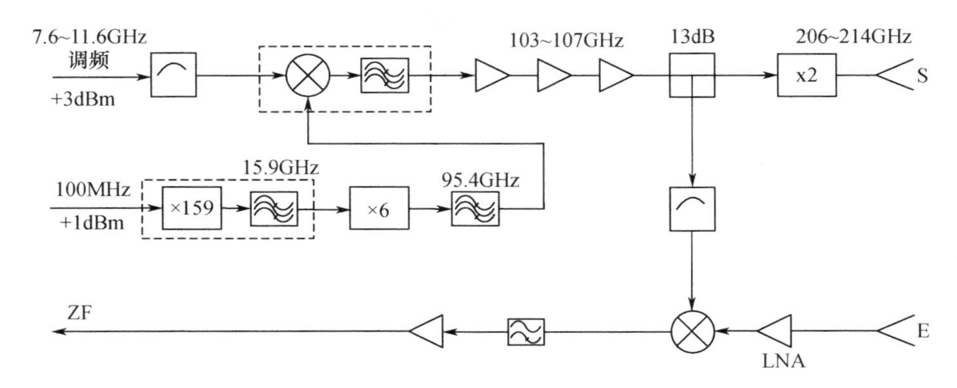

图 1.13 COBRA－220 雷达系统的简化框图

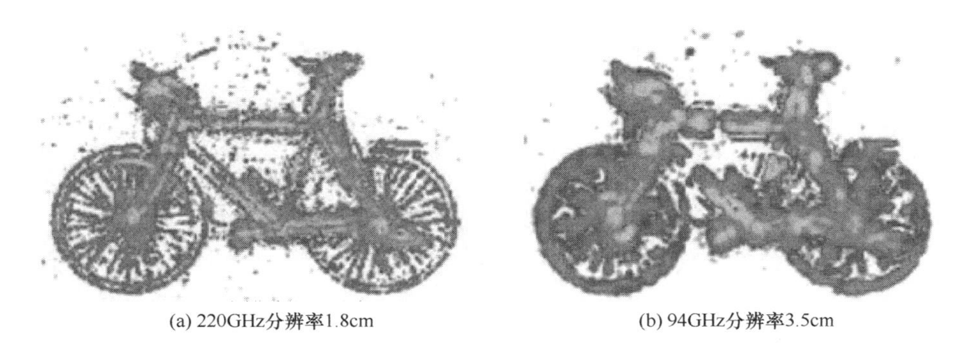

图 1.14 两部雷达系统对自行车目标的高分辨力成像

如上所述,太赫兹雷达主要作为自卫性的高分辨力成像雷达,用于近距离隐藏武器的探测。图 1.15 给出了 COBRA－220 雷达系统对隐蔽目标的高分辨力成像结果,即便是 150m 距离外的目标,在高分辨力雷达图像中能够清晰地分辨人体是否携带了隐蔽武器。

2009 年,德国研究了两种有源太赫兹成像系统的实现方案,它们都工作于室温下,但是具有不同的频率(分别为 645GHz 和 300GHz)。利用主动照射和发射调频连续波(Frequency Modulated Continuous Ware,FMCW)的方法,可以获得独特的优点,如相敏的检测、伪反射的抑制以及高分辨力的测距。在太赫兹频段,可以使用子波长测量相位,并且能够得到被测物体的完整深度照片,距离的准确度可以达到毫米级别。利用这两个系统,可以在 9s 的时间内获得大于 55000 像素(相位和振幅)的图像,而且动态范围超过了 35dB。典型的物体距离为 75 ~ 150cm,而图像的尺寸是几百平方厘米,适用于对隐蔽武器的探测,645GHz 系统的结构如图 1.16 所示[62,63]。

如图 1.17(a)所示为一个铜质星状目标的图像。利用这个图像粗略估计横向分辨力为 4mm,恰与预先仿真的结果相吻合。对于镜面反射和散射效应的区

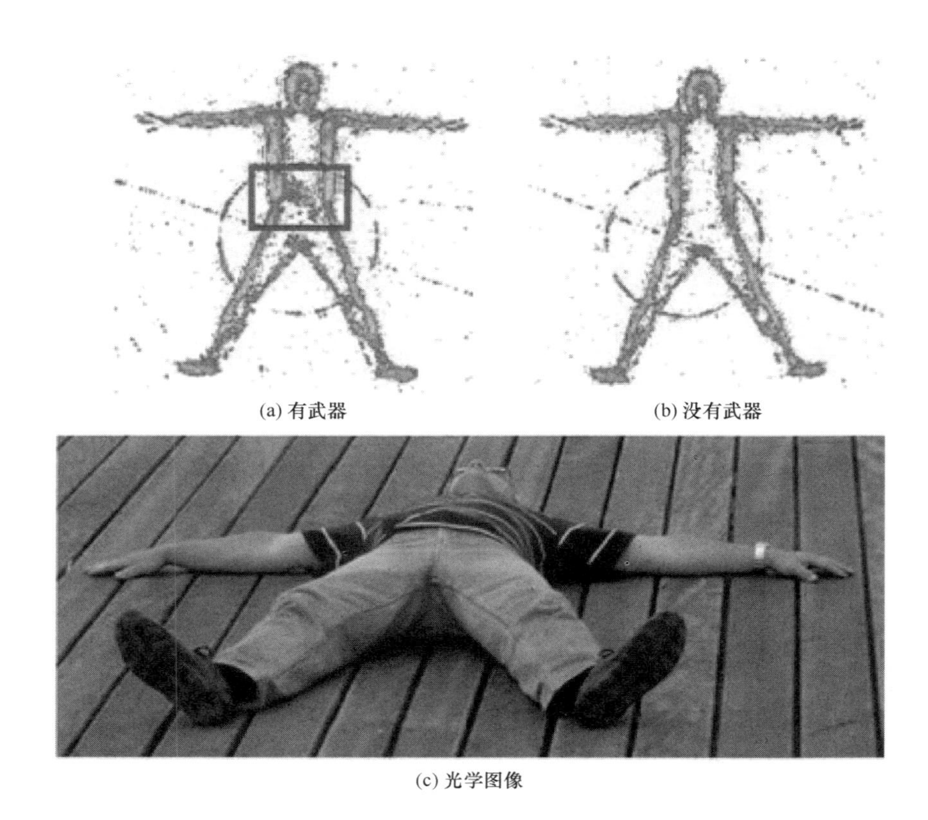

图 1.15　COBRA－220 雷达系统对隐蔽目标的高分辨力成像

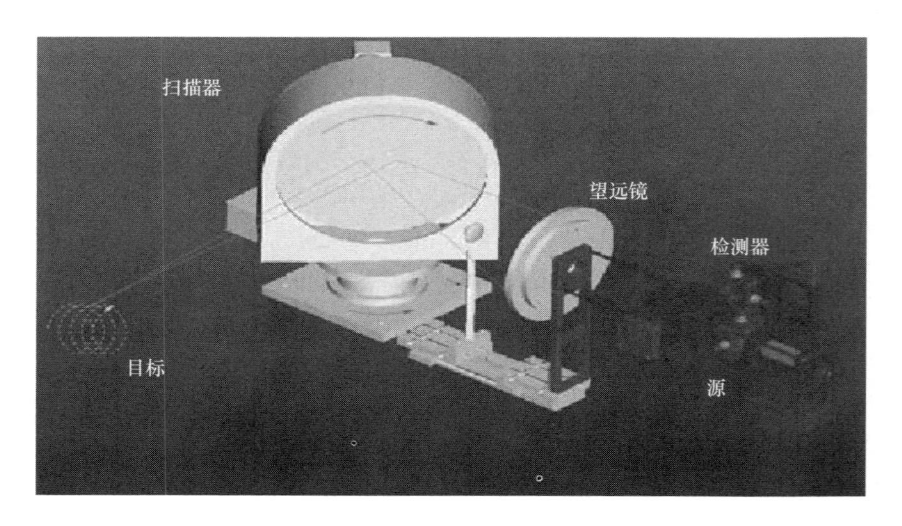

图 1.16　645GHz 收发系统的 CAD 视图

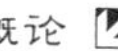

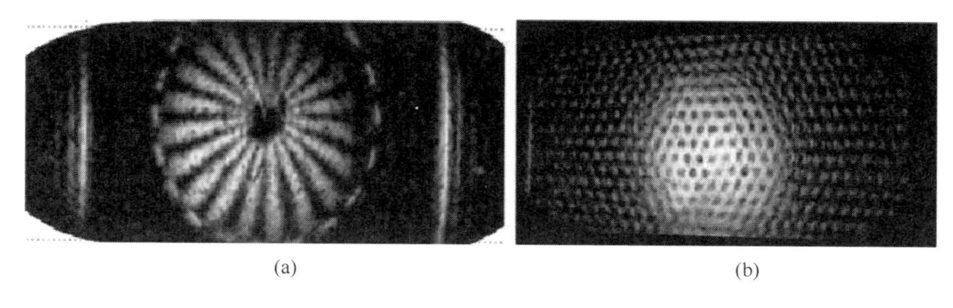

(a) (b)

图 1.17 有源 645GHz 成像图像横向分辨力对比

别，很容易从图 1.17(b)中分辨出来。它显示的是由六方形小孔组成的金属网格。图中，位于视场(Field of View，FOV)中间区域的亮信号是由金属表面的直接反射引起的，而外围区域中的亮点则是由形成网格的那些小孔的散射造成的。

图 1.18 是一把藏于人衣服下的左轮手枪成像图。由两幅产生自不同透视方向的单一图像合成，频率为 300GHz，成像结果如图 1.18(b)所示。值得一提的是，图 1.18(b)的太赫兹图像同样是由两幅从不同视角拍摄的图像的组合，所以，总共的测量时间是单一扫描的两倍。在仪器扫描的过程中，人物一直站着不动，均匀呼吸。

(a) (b)

图 1.18 人物隐藏武器的检测

德国科学基金会(Deutsche Forschung Sgemei Nschaft，DFG)研制的 540GHz 雷达成像系统是一种主动线性调频连续波系统。该系统工作频率在 514 ~ 565GHz，可以对距离在 16cm 处的目标完成三维成像。系统结构如图 1.19 所示。

雷达孔径合成方式采用二维扫描架结构，纵向距离分辨力由雷达系统带宽决定，高度向和方位向分辨力由其各自方向的扫描孔径提供。雷达天线在 $X-Y$ 平面内逐行逐高度进行扫描照射接收[64]。

从图 1.20 中可以看到，雷达图像得到了良好的聚焦效果。图像中，相邻图像之间的距离向间隔为 0.3mm。图像的峰值旁瓣比为 -16.8dB，3dB 主瓣宽度为 2.72mm，比理论分辨力还要好。这主要得益于其系统的解线频调后实际可利用的带宽为 55GHz。

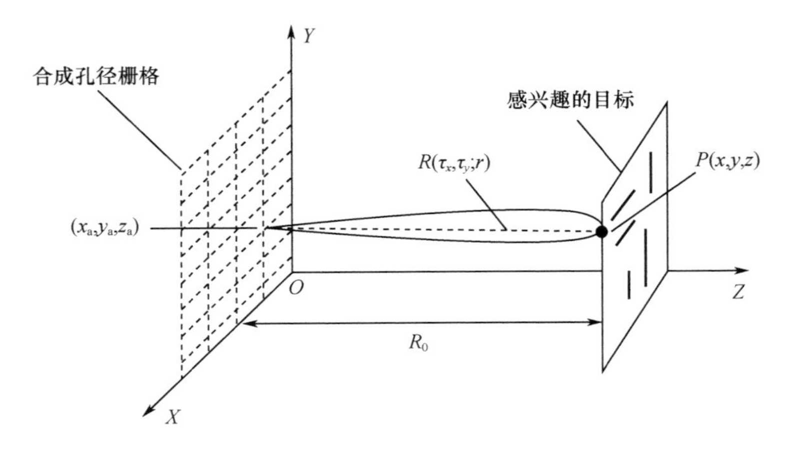

图 1.19　二维孔径合成的 540GHz 雷达系统结构示意图

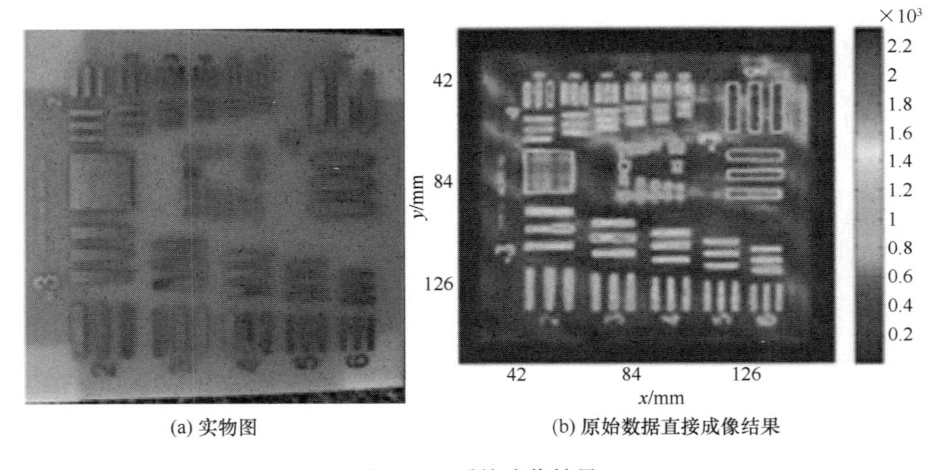

(a) 实物图　　(b) 原始数据直接成像结果

图 1.20　系统成像结果

1.3.3　其他

为了验证基于太赫兹体制的雷达的目标分辨性能，以色列的 Boris Kapilevich 和 Yosef Pinhasi 等人研制了基于 330GHz 的 FMCW 体制的图像传感器[65,66]。该系统可用于侦查在 40m 范围内的隐藏目标，远距离测量分辨力能达到 1cm，可实现对目标的二维和三维成像，并且能在室内和室外工作。

在实验中使用的开发传感器的功能框图如图 1.21 所示。该传感器提供在 330GHz 附近的调频连续波辐射，输出功率约为 10mW。

实验装置如图 1.22 所示，固态部件由弗吉尼亚二极管有限公司（www.vadiodes.com）、Spaceks 公司（www.spaceklabs.com）和 Millitech 公司（www.mil-

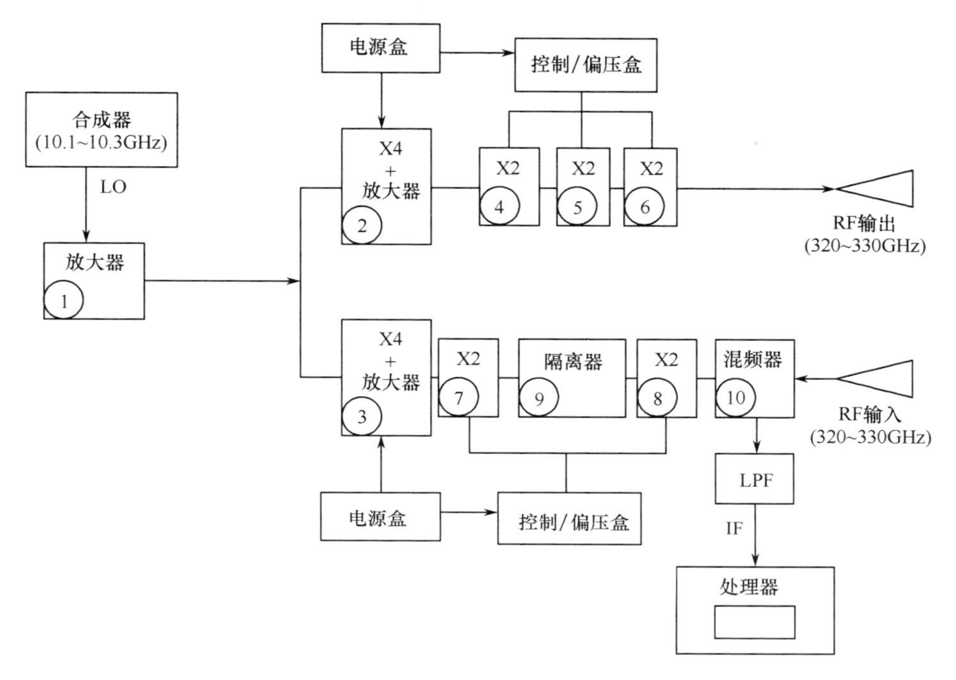

图 1.21　实验装置结构图

图 1.22　太赫兹波雷达实验装置

litech. com)联合提供。

探测放置在吸波材料背景上的距离约 1m 的枪支形状的平板金属箔,相应的光学和 330GHz 雷达成像图像如图 1.23 所示。

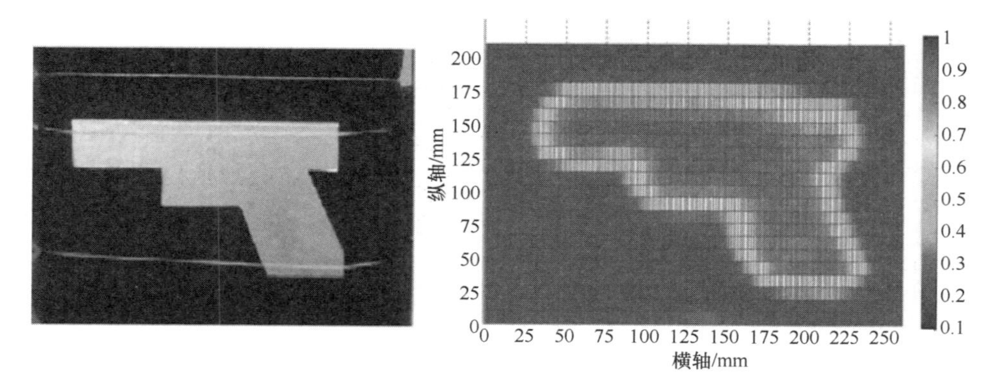

图 1.23　枪状金属箔片放置在吸收背景上的太赫兹图像

一个标准 CD 盘的室外太赫兹成像结果如图 1.24 所示，这个实验探测距离约为 8m。

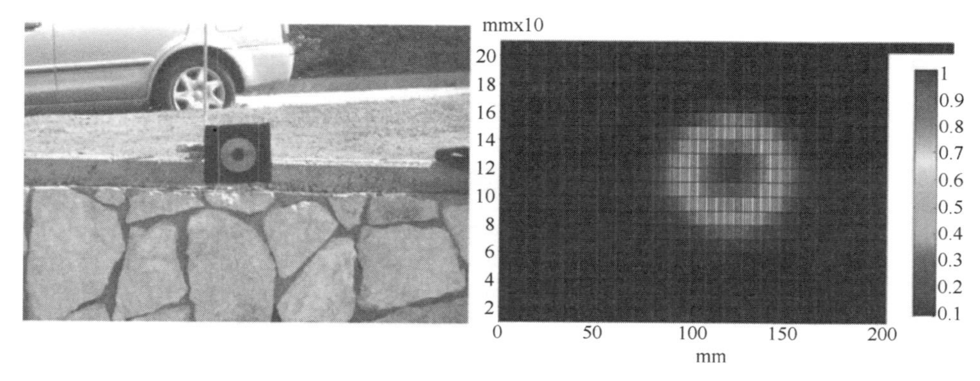

图 1.24　5 英寸 CD 盘的光学和亚毫米图像

2005 年英国弹道导弹防御的主要研究单位——导弹防御中心开始了一项研究：有云层覆盖等不利天气情况下利用太赫兹技术探测弹道导弹推进状态的可行性的研究。早期的传统预警技术是对高海拔系统中导弹排气尾焰的探测，工作在红外、紫外光电波段。这项技术很容易受到云量、大雾和雨的牵制。在云量多的情况下，太赫兹波谱的大气衰减比光电波谱小，并且无源太赫兹技术的进步使弹道导弹探测传感器的发展具有潜在的可行性[27]。

该单位首先应用一套模拟工具对弹道导弹产生的太赫兹尾焰信号进行了预测。然后研究了无源太赫兹成像仪发射探测系统的两种类型的平台：高空平台（High Altitude Platform Station，HAPS）和在三个不同高度轨道运行的卫星平台。假设工作于整个频率范围内的太赫兹成像仪具有相似的性能，用发射位置的因子变量、大气状况和传感器特性对设想的导弹尾焰的光学要求进行了估计。

基于 HAPS，透过垂直高度为 500 英尺的云层时，4.5m 孔径、20mK 灵敏度的成像仪的最佳工作频率是 35GHz。对于垂直观测的基于卫星平台的成像仪,透过垂直高度为 500 英尺的云层,最佳频率是 220GHz。在 320km 的低地轨道、20mK 的灵敏度的系统,29cm 的孔径是有效的,在这个高度上 40 ~ 50 个成像仪的探测范围可以覆盖整个地球。要达到与低地轨道卫星系统相同的性能,在中地轨道(海拔 6000km)和地球同步轨道(35800km)上的孔径尺寸也要相应地变大。但是,全球发射探测系统会需要更少的卫星。工作于 94 ~ 140GHz 中较低频率的基于卫星的探测系统要想达到相同的工作性能,需要比在 220GHz 时更大的孔径。但是由于通过大气的光学厚度变小了,这些较低频率系统的可视区域可能会更大。对于 HAPS 和卫星平台,导弹发射位置对传感器性能(探测器性能)的影响都很小。

将商业化的 8 像素 250GHz 外差探测阵列加入到 T4000 安检仪内,可以在室内环境中对违禁品和威胁项进行探测,这种可靠“照相”平台的使用,让 1.2mm 波长有可能应用于更广泛的领域。针对将这样一个相机用于室外大范围环境条件下的要求,英国 ThruVision 公司于 2009 年开发了新产品——T5000 无源探测系统。T5000 无源探测系统已经在移动的小车平台上进行了实验,图 1.25 所示为该小车的部署。

图 1.25 安装于卡车后厢内的 T5000 探测系统

这是 250GHz 实时成像系统第一次应用于室外成像,相当于开发了一种新的独特观测平台。同时,实时成像仪具有实验室无法比拟的优势,即在短暂的时间内,可以考察一些瞬时变化的影响。这些影响可以包括天气的变化、场景位置的变化或者场景内物体热量的变化。其中的最后一点被证明是十分重要的,因为与红外成像不同,物体的内在温度比外表温度更稳定,所以不易受光照或者刮风条件的影响而改变。在 250GHz 下,由于大气吸收增加,空气温度显著地升高了。在较高的湿度以及炎热的条件下,天空的日光照射可以被完全消除。

T5000 的光学望远镜片能够在超过 100m 远的距离处成像，这超出了现在运用于军事领域的红外相机。如图 1.26 和图 1.27 所示的是五月份拍摄于英国，温度为 20℃时的静止图像。在这样的天气里，汽车被很清楚地显示出来。当时有效的空气温度范围是 200 ~ 250K，而玻璃表面和轮胎的温度为 270 ~ 290K。因此，接收信号与典型的室内环境情况相比，要大 5 ~ 10 倍。

在图像中，有一些有趣的现象。对光学图片（图 1.26（b））中蓝色方框内的部分，利用太赫兹组件进行成像（图 1.26（a））。首先，尽管与 94GHz 的频率相比，这里所使用的波长几乎小三倍，但路面仍呈现出一些合理的高光反射。这暗示了，在一个炎热的干爽天气中，路面的物理温度可能是 320K，而同时它的有效温度，由于冷空气的反射，实际上可能相当的凉爽。这一点在实际应用中有重要意义，例如，在直升机上可以根据天空反射率角度的不同来确定着陆地点。

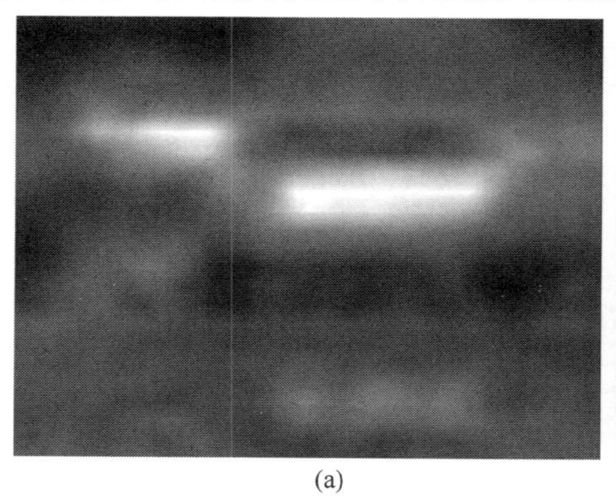

(a)

(b)

图 1.26　实际静止目标在 250GHz 的黑白成像结果

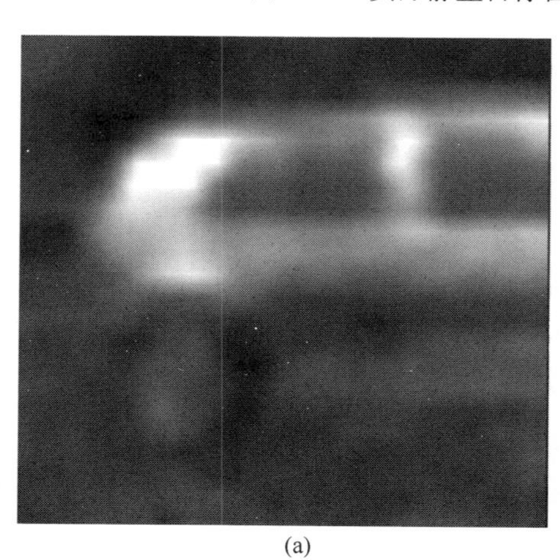

(a)

(b)

图 1.27　距离 15m 的大众高尔夫车图像

第2章 太赫兹雷达系统组成

2.1 太赫兹雷达系统结构

2.1.1 常规雷达系统结构

雷达系统通常由天线、发射机、接收机、信号处理系统和显示系统等几部分组成。由于现代常规雷达,如脉冲多普勒雷达、合成孔径雷达(Synthetic Aperture Radar,SAR)及逆合成孔径雷达(ISAR)等,均采用了信号相干(或相参)技术,利用回波信号的相位变化获得多普勒信息;进而进行速度测量或成像等处理。因此,相干信号的获得是现代雷达技术中重要的环节之一。常规雷达系统结构框图如图2.1所示[67,68]。

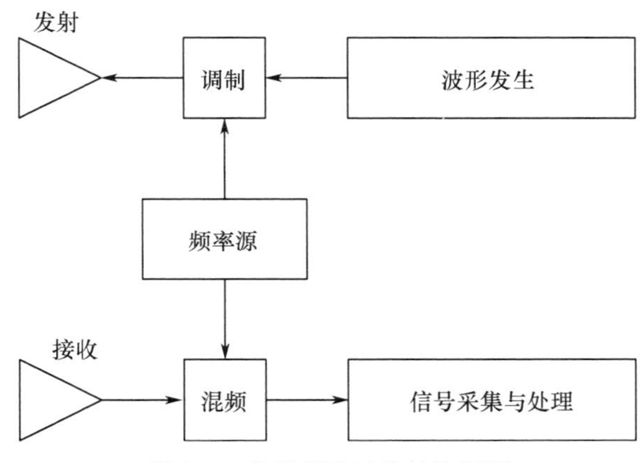

图2.1 常规雷达系统结构框图

频率源产生高稳定度的高频信号,由波形发生器产生的调制波形进行调制,通过天线辐射出去。携带目标信息的电磁波通过反射或散射回到雷达接收机中,通过混频下变频至中频,通过正交双通道处理获得 I 路和 Q 路信号,然后将 I/Q 两路信号送入数字信号处理系统中进行信号后处理。常规的雷达系统一般都是采用同一个频率源对发射信号进行调制(上变频)和对接收信号进行混频

(下变频),以保证发射信号与接收信号的相干性。

2.1.2　双频率源驱动的系统结构

考虑到太赫兹频段器件的现状,即在现有技术水平情况下得到太赫兹频率源通常功率较低,没有低噪声放大器且混频器件损耗较大,单个频率源产生的信号难以同时驱动发送链路和接收链路。如采用两个频率源各自驱动,则会带来相位不同步的问题,导致系统非相参。

同时基于双频率源驱动及相干雷达系统的考虑,太赫兹雷达系统信号流程采取了如图 2.2 所示的结构。

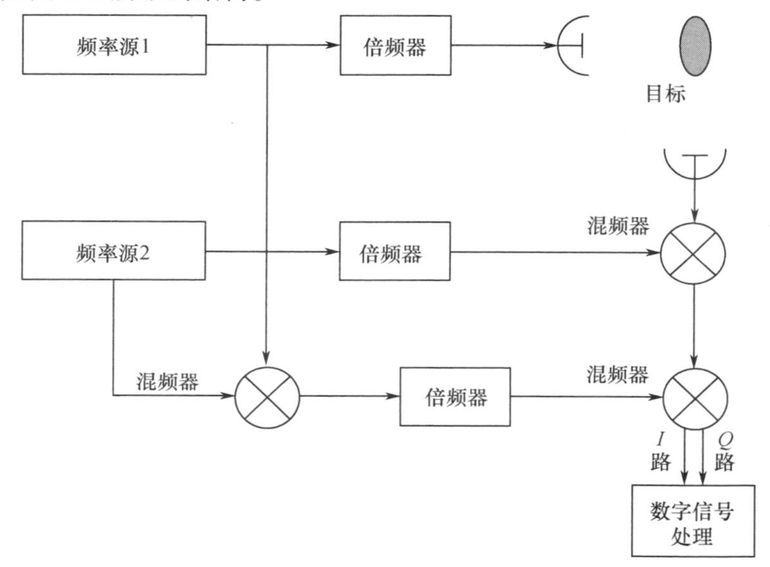

图 2.2　双频率源实现相干探测信号示意图

这里采用两个独立信号源分别作为发射信号源和本振信号源,以减少信号分路产生的影响,降低对信号源功率的要求。

设频率源 1、2 产生的信号分别为

$$\begin{cases} s_1 = A\cos(\omega_1 t + \theta_1) \\ s_2 = A\cos(\omega_2 t + \theta_2) \end{cases} \tag{2.1}$$

式中:A 为信号振幅;ω_1、ω_2 为信号频率;θ_1、θ_2 为相位,相位通常为常数。将它们分别通过 N 倍频的倍频器之后,信号变为

$$\begin{cases} s_1' = A\cos(N\omega_1 t + N\theta_1) \\ s_2' = A\cos(N\omega_2 t + N\theta_2) \end{cases} \tag{2.2}$$

将信号 s_1' 通过天线发射出去，在照射到被测物体之后，接收回波信号中，有相位为 φ 的延迟，信号变为

$$s_r = A'\cos(N\omega_1 t + N\theta_1 - \varphi) \tag{2.3}$$

将支路 2 中的本地信号作为本振与接收信号进行混频，得到中频信号为

$$s_{IF} = A\cos[N(\omega_2 - \omega_1)t + N(\theta_2 - \theta_1) + \varphi] \tag{2.4}$$

这里没有考虑幅度的变化，仅考虑相位变化。

与此同时，从频率综合器 1、2 中直接引出信号 s_1 和 s_2，将它们进行混频，可得中频信号

$$\tilde{s}_{IF} = A\cos[(\omega_2 - \omega_1)t + (\theta_2 - \theta_1)] \tag{2.5}$$

将其通过 N 倍频的倍频器后变为

$$s'_{IF} = A\cos[N(\omega_2 - \omega_1)t + N(\theta_2 - \theta_1)] \tag{2.6}$$

再利用信号 s'_{IF} 作为本振信号，对信号 s_{IF} 进行正交双通道处理后，可以得到零中频基带信号，再对其 I/Q 两路分别进行 AD 采样，送入数字信号处理子系统中进行信号处理。

从图 2.2 的处理流程可以看出，先将两个频率源引出的非相干信号进行混频，取得两个独立信号源之间的相位差（$\theta_2 - \theta_1$）后，将其与回波信号的中频再进行混频就能把由两个独立信号源引入的非相干相位噪声抵消掉，从而实现相干雷达系统。

2.2　太赫兹雷达系统的技术指标

2.2.1　发射机系统指标

发射机是雷达系统的基本组成单元之一。发射机的主要功能是产生由天线辐射和被目标散射的射频信号，其中，朝雷达方向散射回的射频信号被天线截取并传送到接收机以进行目标检测。雷达发射机的基本部件是天线、射频功率源、调制器和电源。发射信号的功率由所需探测的距离、天线性能及目标特性等共同确定，发射机产生的射频信号形式可以是连续波或脉冲波，其幅度和频率的设计需满足雷达系统的特定要求。

1. 雷达工作频率

作为探测系统，从目前技术的可实现性角度考虑，应选择太赫兹低端频段，不论是频率源还是系统的其他的关键组件，技术上都相对成熟。

在太赫兹频段，水蒸气和氧气的衰减影响比较严重，极化分子与入射波作用

会产生强烈的吸收,同时空中的水分凝结物(如雨、雾、雪、霜、云等)会引起附加的衰减。大气中的水分对太赫兹频段的电磁波的衰减,最严重的可达到100dB/km以上。

从图2.3中可以看出,在太赫兹低端的大气窗口处,衰减相对较小,每千米的单程衰减约为5~6dB,且随着海拔高度的增加大气中水分含量迅速降低,太赫兹波段的大气衰减也快速下降,如太赫兹低端的电磁波,在海拔0.1km处,太赫兹波段的衰减系数为4.80dB/km,在7km的高空,太赫兹波段的衰减系数降为0.06dB/km,在7km以上的高空,大气对太赫兹频段电磁波衰减更小,可以忽略不计。

根据太赫兹波的吸收特性,太赫兹雷达系统工作频率应选定为太赫兹低端,使得系统在达到基本探测和成像要求的基础上,尽可能地降低对发射机功率的要求。

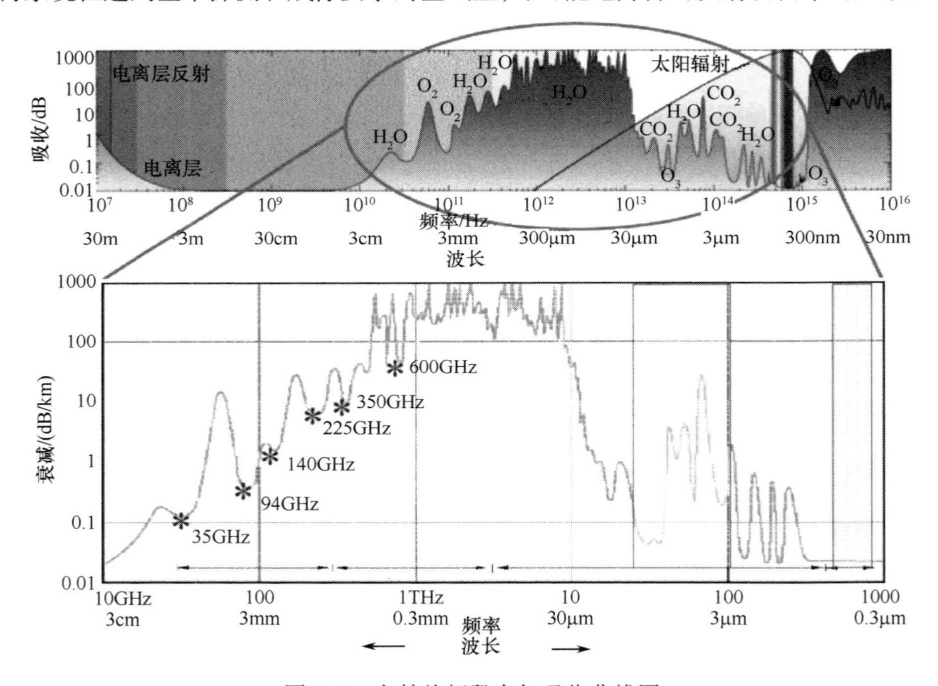

图2.3　太赫兹频段大气吸收曲线图

2. 雷达信号体制

调频连续波(Frequency Modulated Continuous Wave,FMCW)雷达是一种通过对连续波进行频率调制来获得距离与速度信息的雷达体制。雷达调频可以采用多种方式,线性和正弦调制在过去都已经得到广泛的运用。其中线性调频是最多样化的,在采用FFT处理时它也是最适合于在大的范围内得到距离信息的。鉴于此原因,有关调频连续波的焦点问题基本上都集中在线性调频连续波(Linear Frequency Modulated Continuous Wave,LFMCW)雷达上[69,70]。

线性调频连续波雷达具有高距离分辨力、低发射功率、高接收灵敏度、结构简单等优点，不存在距离盲区，具有比脉冲雷达更好的反隐身、抗背景杂波及抗干扰能力的特点，且特别适用于近距离应用，近年来在军事和民用方面都得到了较快的发展。主要优点可归结为以下三方面：

（1）LFMCW 最大的优点是其调制很容易通过固态发射机实现。

（2）要从 LFMCW 系统中提取出距离信息，必须对频率信息进行处理，而现在这一步可以通过基于 FFT 的处理器来完成。

（3）LFMCW 的信号很难用传统的对抗手段检测到。

雷达发射与接收时序如图 2.4 所示。

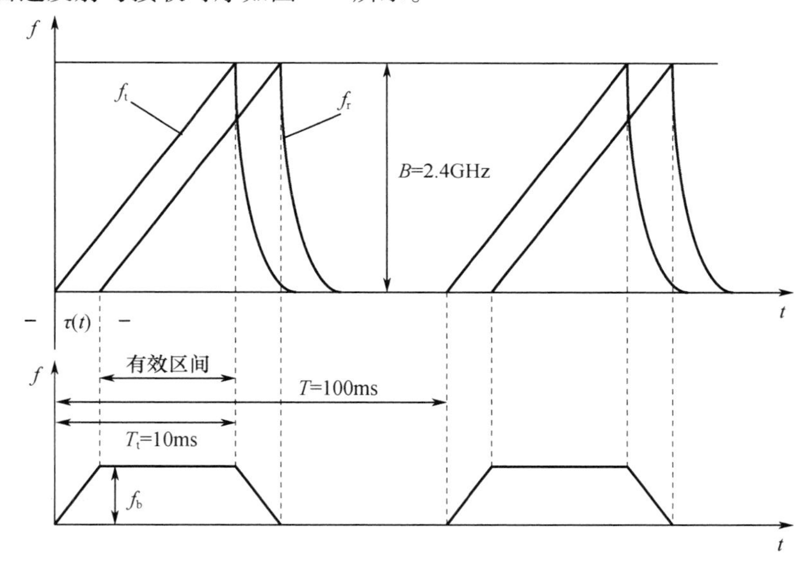

图 2.4　发射信号与接收信号时序图

线性调频连续波雷达利用对发射信号的频率调制，通过测量发射信号与接收信号之间的差拍频率来测量距离，通常称为差拍 - 傅里叶体制。差拍 - 傅里叶体制可以在一个较小的区间上进行采样，只采集所关心的距离范围对应的信号频率，可以大大降低采样带宽，降低接收机信号采集与处理的难度。

线性调频连续波雷达混频器输出的差拍信号是包含目标信息的唯一信号，因此，为获得差拍信号，调制后的发射信号分为两路，一路由天线向空间辐射，一路则通过频率合成器或功放耦合到混频器作为本振信号。这样，回波信号可看成本振信号的延迟，回波信号与本振信号混频后得到差拍信号。

3. 天线增益与信号源发射功率

雷达发射机的能量经传输线传送到天线。发射时，天线的功能是把能量集中于确定的波束内并将波束指向预定的方向；接收时，又由天线特定的方向形成波束，有选择地收集各个目标反射的发射能量，并将接收到的能量经传输线传送到接收机。对于一定的探测距离和特定的目标，信号源所需发射功率的大小与天线增益性能的好坏密切相关。

目前常见的雷达天线种类有喇叭天线、反射面天线和透镜天线等。对于不同体制的雷达系统，天线有收发共用和单收单发两种。

太赫兹频段接收机天线除了要具备天线的常规要求以外，还要求重量轻、尺寸小，具有工作效率高、耗电省、成本低、环境适应性好等特性。对于太赫兹雷达系统，为了提高系统的探测性能，则要求天线尺寸尽量大，重量尽量轻，以减轻对发射功率和能耗的要求。但是，由于高频段对天线的加工精度要求较高，天线增益越高，天线面积越大，加工难度也就越高。目前国内的加工水平和加工工艺对制造高增益的太赫兹天线还略显不足。如图 2.5 和图 2.6 所示分别为探测 100m 距离处 0.1m^2 目标时发射功率与天线增益的关系，以及发射功率 5mW 时探测距离与天线增益的关系。

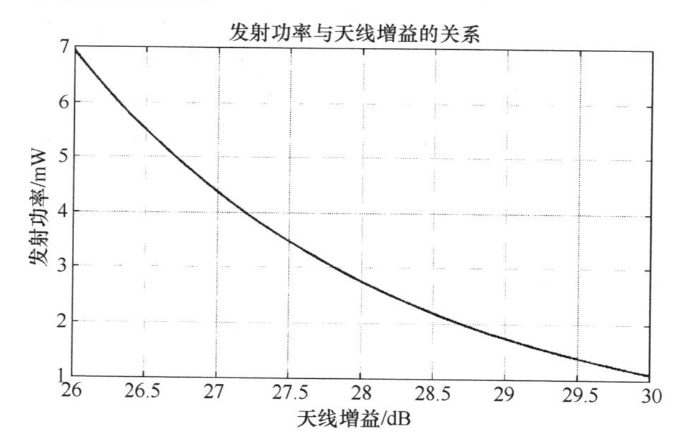

图 2.5　发射功率与天线增益的关系

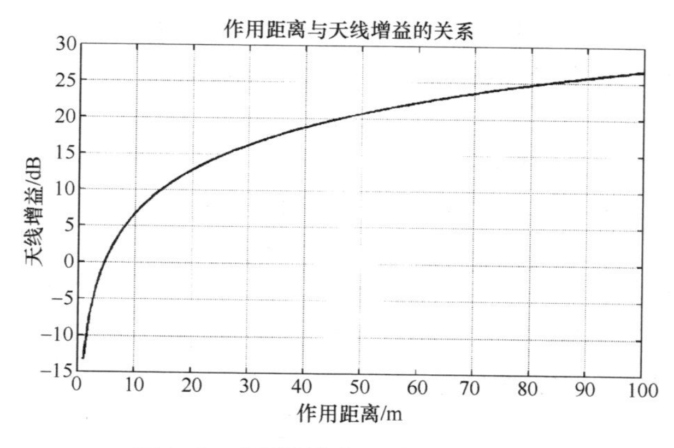

图 2.6　作用距离与天线增益的关系

从图 2.6 中可以看出，在作用距离 100m 时，增益为 26dB 的天线需要发射功率 6.93mW，增益 28dB 的天线需要发射功率 2.76mW，而 30dB 的天线仅需 1.1mW 的发射功率。在假设发射功率为 5mW 的前提下，探测 100m 处的目标需要天线增益 26.7dB。30dB 的天线增益虽然能使发射机功率需求降低，但是其加工难度和尺寸均难以满足要求。

2.2.2　接收机系统指标

接收机的灵敏度、噪声系数、线性度、增益分配以及输出 *I/Q* 两路信号的幅相一致性和带内平坦度都必须经过严格的数学计算，才能知道所选择的结构体系和具体的电路器件结合起来，能否达到所需要求。

1. 接收机的工作频带宽度

接收机的工作频带宽度表示接收机的瞬时工作频率范围。接收机的工作频带宽度主要决定于高频部件（馈线系统、高频放大器和本机振荡器）的性能。需要指出的是，接收机的工作频带较宽时，必须选择较高的中频，以减少混频器输出的寄生响应对接收机性能的影响。但是过宽的工作频段会降低接收机灵敏度，且对后端信号采集提出较高要求。

2. 接收机的中频选择

接收机中频的选择是接收机的重要质量指标之一。中频的选择与发射波形的特性、接收机的工作带宽以及所能提供的高频部件和中频部件的性能有关。在现代雷达接收机中，中频的选择可以为 30MHz ~ 4GHz。对于宽频带工作的接收机，应选择较高的中频，以使虚假的寄生响应减至最小。

3. 接收机的工作稳定性和频率稳定度

一般来说，工作稳定度是指当环境条件（例如温度、湿度、机械振动等）和电源电压发生变化时，接收机的性能参数（振幅特性、频率特性和相位特性等）受到影响的程度，希望影响越小越好。

大多数现代雷达系统需要对一串回波进行相参处理，对本机振荡器的短期频率稳定度有极高的要求。因此，必须采用频率稳定度和相位稳定度极高的本机振荡器，即简称的“稳定本振”。

因为倍频使调频噪声显著增加，所以它使输入信号的相位噪声恶化 $20\lg N$，这里 N 是倍频次数。

4. 接收机的灵敏度和噪声系数

灵敏度与噪声系数都是衡量接收机接收和检测微弱信号能力的指标。可以这么认为，灵敏度是从正的方面，即可靠通信所需的最小接收信号角度来说明的。而噪声系数则是从相反的方面，即接收系统的噪声对于已接收的信号会产生多大的影响方面来说明的。因此，这两个指标是相互关联的。对于一个确定的系统，灵敏度高则意味着噪声系数低，反之亦然。但是，它们也并不完全等价。接收机的灵敏度不仅仅与噪声系数有关，还要依赖一些其他的参数，如中频带宽、调制类型等才能最终确定。

1）接收机噪声系数

噪声系数是定量描述一个元件或系统所产生噪声程度的指数，系统的噪声系数受许多因素影响，如电路损耗、偏压、放大倍数等。信号发生器和天线传来的信号能量经过二端网络，由输入端到输出端时被放大或衰减，且噪声伴随着输入信号。通常一个系统包含着许多级联的二端口网络，由此构成整个二端网络将信号放大到足够的功率水平。

考虑图 2.7 中 n 级网络级联的接收机系统。图中 F_1、F_2、F_{n-1}、F_n 分别为第 1、第 2、第 $n-1$、第 n 级网络的噪声系数，G_1、G_2、G_{n-1}、G_n 分别为第 1、第 2、第 $n-1$、第 n 级网络的功率增益。

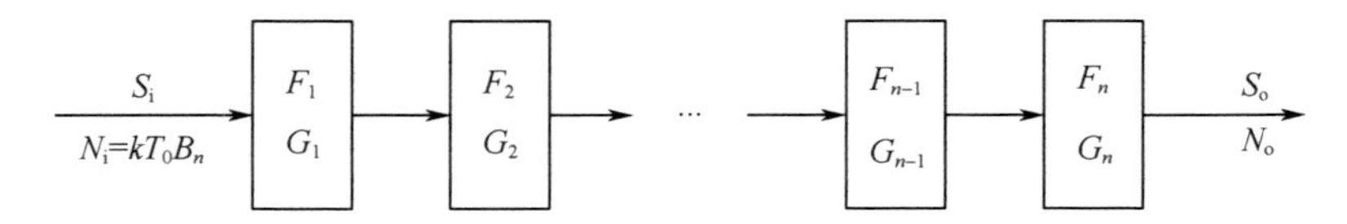

图 2.7　N 级网络级联

经过简单的推导可得，n 级网络级联时系统的总噪声系数为

$$F_0 = F_1 + \frac{F_2 - 1}{G_1} + \frac{F_3 - 1}{G_1 G_2} + \cdots + \frac{F_n - 1}{G_1 G_2 \cdots G_{n-1}} \tag{2.7}$$

由上式可得，为了使接收机的总噪声系数最小，要求各级的噪声系数小、功率增益高，而各级内部噪声的影响并不相同，级数越靠前，对总噪声系数的影响越大。所以总噪声系数主要取决于最前面的几级，一般情况下取前两级即可大致计算出接收机系统的噪声系数。

2）接收机灵敏度

接收机的灵敏度是表征接收机接收微弱信号的能力，是接收机性能的重要指标之一。

噪声总是伴随着信号同时出现，要检测信号，则信号的功率应大于噪声功率或者可以和噪声功率相比。雷达接收机的灵敏度通常用输入端的最小可检测信号功率 S_{imin} 来表示。如果信号功率低于此值，信号将被淹没在噪声干扰中，不能被可靠地检测出来。

由于雷达接收机的灵敏度受噪声电平的限制，因此要想提高其灵敏度，必须尽量减小噪声电平，同时还应使接收机有足够大的增益。雷达接收机的灵敏度以额定功率表示，并常以相对 1mW 的分贝数计值。通常，雷达接收机灵敏度可

由下式计算

$$
\begin{aligned}
S_{\text{imin}}(\text{dBm}) &= 10\lg S_{\text{imin}}(\text{W}) + 30 \\
&= 10\lg(kT_0) + 10\lg(B_n) + 10\lg F + 10\lg M \\
&\approx -174\text{dBm} + 10\lg(B_n) + NF + M(\text{dB})
\end{aligned}
\tag{2.8}
$$

假如中频信号带宽为 200kHz，接收机噪声系数为 16dB，M 为接收机输入信号功率为最小可检测信号功率，此处取 M 为设计值 13dB。由此可计算出雷达接收机灵敏度为 -92dBm。

5. 接收机的动态范围

动态范围表示接收机能够正常工作所容许的输入信号强度变化的范围，它定义了一个系统处理各种功率水平信号的能力。一般有增益受控动态范围和无杂散动态范围两种定义方式。

增益受控动态范围（又称为非瞬态动态范围）对于所能接收信号的下端，是由接收机的噪声性能决定的，对于所能接收信号的上端，则表示的是接收机的非线性特性。信号上下限之差就是增益受控动态范围。

无杂散动态范围又称为瞬态动态范围，是接收机常用的技术参数，主要描述了接收机在存在大的干扰信号的情况下，对小的有用信号的处理能力。通常用最小可检测信号（Minimum Detectable Signal，MDS）来定义接收机动态范围的下限功率（或电平）。接收机的噪声系数低、中频带宽窄、三阶截断点高，则接收机无杂散动态范围就大。

在固定增益系统中，一般指的是无杂散动态范围（Sparious Free Dynamic Range，SFDR）。而在接收系统中，通常动态范围就是指增益受控动态范围。对于接收机系统来说，为了保证信号不论强弱都能正常接收，就要求接收机的动态范围要大。在实际的接收机设计中，采用对数放大器、大动态范围的 AD 采样和 STC 动态压缩技术都有助于提高接收机的动态范围。另外，增益及其分配也与动态范围有直接关系。

假如雷达系统的作用距离为 2～100m。根据雷达方程，回波信号的功率与距离的四次方成正比。在最大距离与最小距离相差 50 倍的情况下，回波信号的最大功率与最小功率相差约 68dB。因此，接收机系统提供的动态范围需不小于 68dB。

6. I/Q 幅相不平衡度

现代雷达信号处理通常利用目标回波的相位信息来进行多普勒处理，要获得相位信息就必须采用正交双通道处理。正交双通道处理需要对中频回波信号进行双通道采样。实际中，由于两路通道不可能完全一致，最后采样得到的 I/Q 两路信号的幅度和相位会有一定的差别。正交双通道处理所导致的幅相不平衡如图 2.8 所示。

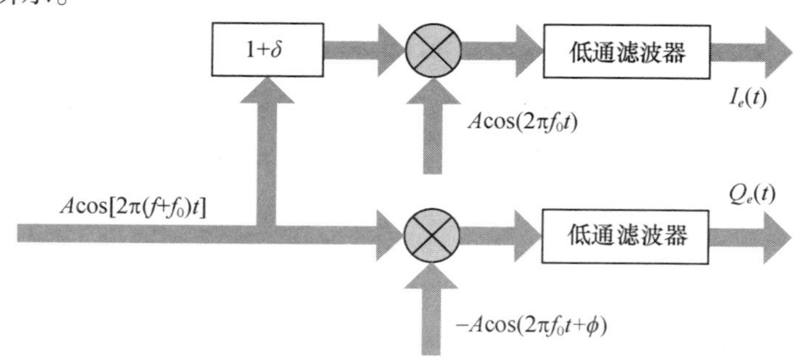

图 2.8　正交双通道幅相不平衡原理图

有幅相误差的输出信号可表示为

$$y(t)=I_1(t)+\mathrm{j}Q_1(t) \tag{2.9}$$

$$I_e(t)=(1+\delta)A\cos(2\pi ft+\theta) \tag{2.10}$$

$$Q_e(t)=A\sin(2\pi ft+\theta+\varphi) \tag{2.11}$$

式中：$y(t)$为输出信号的复数形式；$I_e(t)$、$Q_e(t)$为存在幅相不平衡误差时 I、Q 通道的输出；δ 为幅度不平衡误差；φ 为相位不平衡误差；f_0 为载波频率；f 为信号频率；θ 为随机相位。I/Q 输出信号也可以写作

$$I_e(t)=(1+\delta)\cos(2\pi ft+\theta)=(1+\delta)I(t) \tag{2.12}$$

$$\begin{aligned}Q_e(t)&=A\sin(2\pi ft+\theta+\varphi)\\&=\sqrt{I^2(t)+Q^2(t)}\cdot\sin\left(\arcsin\left(\frac{Q(t)}{\sqrt{I^2(t)+Q^2(t)}}\right)+\varphi\right)\end{aligned} \tag{2.13}$$

对于正交双通道处理之后的视频检波来说，幅度、相位不平衡引入的误差表现为镜像频率的产生，即在目标频率关于零频对称处出现一个假频，如该假频幅度过高，会产生误判。

假设目标与雷达距离为 10m，发射信号调频斜率为 240GHz/s，则目标回波频率为 16kHz，引入的镜像频率位于 -16kHz 处。

根据 $I_e(t)$、$Q_e(t)$模型，主频与镜频的功率比值为

$$R\approx10\lg\frac{1+2(1+\delta)\cos\varphi+(1+\delta)^2}{1-2(1+\delta)\cos\varphi+(1+\delta)^2} \tag{2.14}$$

常规雷达系统中，通常要保证镜频比主频低 30dB 以上，这样才能保证在绝大多数情况下，能够正常检测目标，即要求幅度误差小于 0.5dB，正交相位精度高于 1.25°。

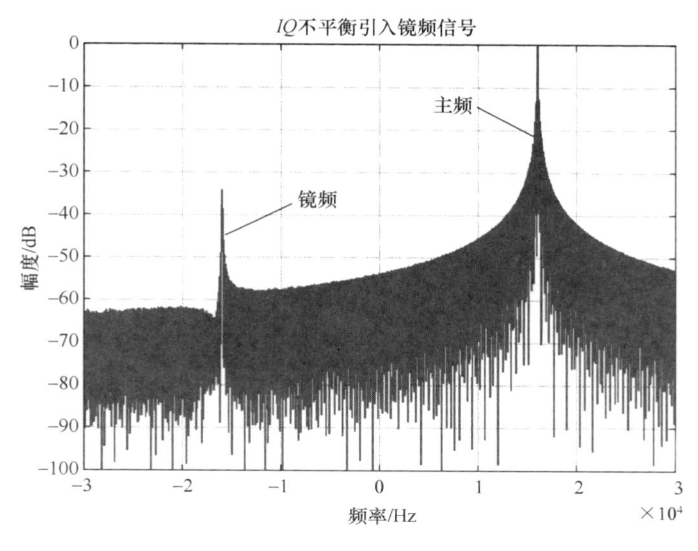

图 2.9　幅相不平衡引入的镜像频率

2.2.3　频率源

发射机系统的关键问题是太赫兹源的选择。目前可产生大功率太赫兹辐射的源主要有扩展互作用振荡器(Extended Interaction Oscillator,EIO 或 EIK)、太赫兹回旋管、自由电子激光器(Free Electromic Laser,FEL)、相对论返波振荡器及光学太赫兹源。

固态太赫兹元部件研究目前主要集中在辐射源、检测器、传输系统和谐振系统等方向。将毫米波固态源技术向太赫兹频段拓展是实现 1THz 以下高性能信号源的有效途径。半导体固态源产生的太赫兹信号的最大特点是:信号相干性好,频谱质量高,具有良好的电调谐特性。太赫兹固态源还易于通过准光技术实现功率合成,可用来研制较大功率连续波的相干发射源。

20 世纪 90 年代初以来,美国、德国、英国和日本等国家一直高度重视 THz 固态振荡器及其与倍频器相结合的 THz 固态源的研究,目前已取得丰富的成果。主要进展包括:

(1) InP Gunn 振荡器。

(2) 谐振隧道二极管(RTD)振荡器。

(3) GaAs TUNNETT 振荡器。

(4) 空间功率合成。

(5) 倍频器。

目前主要采用变容二极管、阶跃恢复二极管和雪崩二极管的非线性电抗特性实现低频率倍频，也有采用其他一些类型的二极管如 HBV、SRD、IMPATT 等器件，而国外多采用异质结（Heterostracture Barrier Varactor，HBV）结构的二极管和肖特基二极管来实现频率高端倍频。在太赫兹频段倍频器多使用悬置微带结构或者石英基片来搭建电路。

图 2.10 为其等效电路图。利用了四个平面肖特基二极管，悬制微带电路制作在 12μm 厚的框架上。在室温下，输入功率为 22 ~ 25mW，输出功率为 0.9 ~ 1.8mW，效率在 4.5% ~9%。在低温下（120K），输入功率为 22 ~ 25mW，输出功率为 2 ~ 4.2mW。

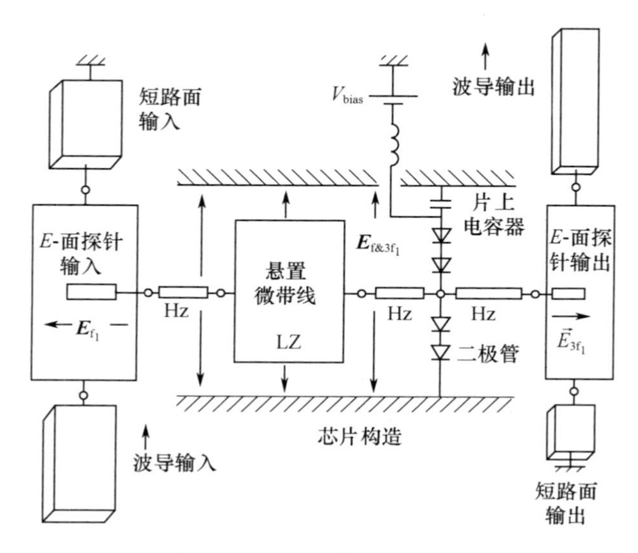

图 2.10　倍频器的等效电路图

在 2007 年由 VDI 实验室的 Qun Xiao，Jeffrey L. Hesler，Thomas W. Crowe 等人提出的一种使用 HBV 变容二极管的 270GHz 的三倍频器，电路结构如图 2.11 所示。

图 2.12 为该倍频器在 220 ~ 280GHz 的测试结果，由图中可以看出在频率 271.5GHz 时，90mW 的输入功率驱动下得到了最大的输出功率 6.5mW，倍频效率达到 7.2%。在输入功率从 30 ~ 90mW，三倍频器回波损耗优于 10dB。在输入功率为 80mW 时，3dB 带宽有 15GHz。此种倍频器采用背靠背结构，不需要调谐结构，直接使用异质结（Virginia Diodes，Inc.，VDI）HBV 二极管，没有偏置电路。

如图 2.13 所示的是 2008 年 JPL 实验室设计的一种结构非常新颖的采用功率合成的倍频器，工作在 300GHz，此种倍频器有两路输入信号在输出端进行功率合成。采用两路倍频的方案，接着进行功率合成，使倍频功率接近单个倍频器

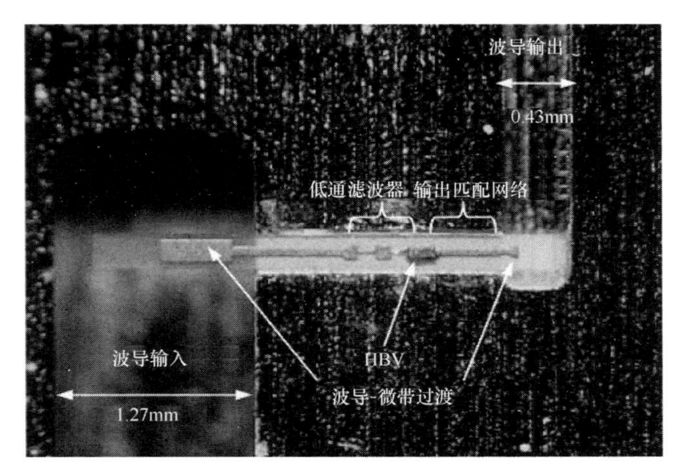

图2.11 异质结结构的270G三倍频器

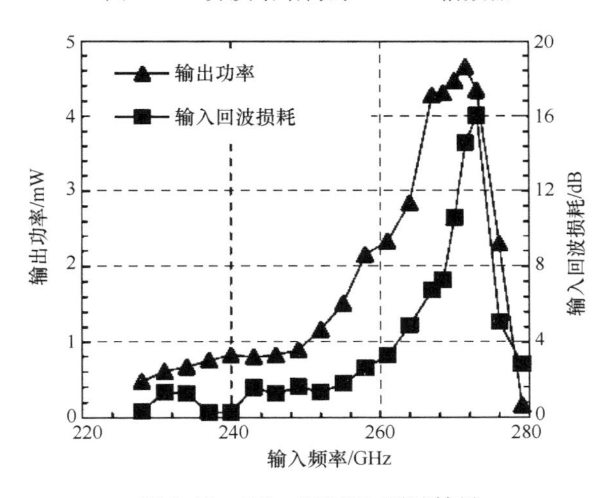

图2.12 220~280GHz测试结果

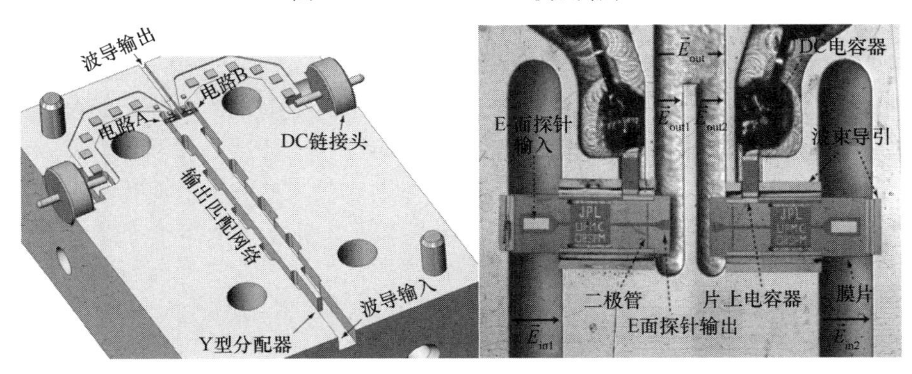

图2.13 300GHz同相功率合成倍频器

的两倍。尽管频率很高、带宽很宽,但是两个倍频器具有相同的带宽,功率合成趋近于理想状态。

如图2.14所示,在265~330GHz,当输入功率为50~250mW时,倍频效率为5%~13%。

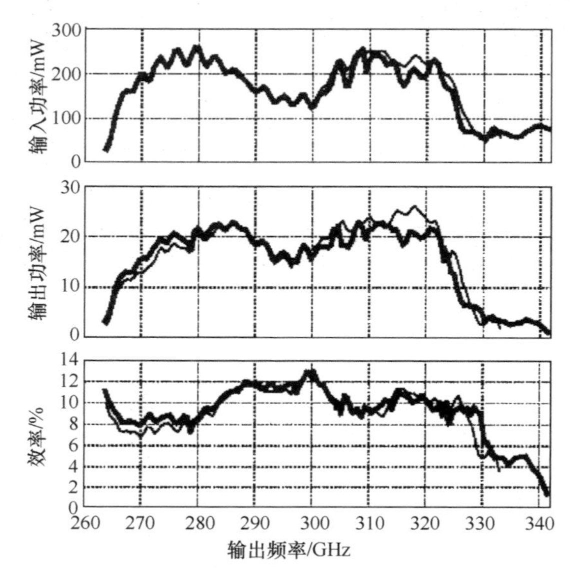

图2.14 测试结果

国内倍频器研究的频段高端主要集中在毫米波频段,而对太赫兹频段的倍频研究基本还处于空白。目前国内的频率高端的倍频器,电子科技大学于2007年研制的一个180GHz的二倍频器,输入功率为1.44mW,输出功率为0.006mW,变频损耗为23.8dB。

国外由于太赫兹起步较早,研究机构也较多,日本、法国、美国和英国均处于太赫兹技术的领先地位,倍频器倍频损耗多在10dB以下,个别可以做到5dB,倍频效率在太赫兹低端可以做到20%以上,个别可以达到30%以上。在太赫兹频率高端可以做到10%以上,在1THz以上目前只能做到0.3%,峰值效率可以做到0.9%。

对于中心频率为太赫兹低端频率的固态源有两种可能的实现方式:

(1)采用较为成熟的W波段可调谐半导体振荡器二倍频至太赫兹频段。其原理框图如图2.15所示。

W频段的驱动源拟采用W频段的可调谐半导体振荡器模块实现,国内外对这部分电路都进行了深入的研究,已有比较成熟的电路形式可以借鉴,同时已有商用的MMIC单片开始使用。比如,电子科技大学已经研制出W频段VCO,其

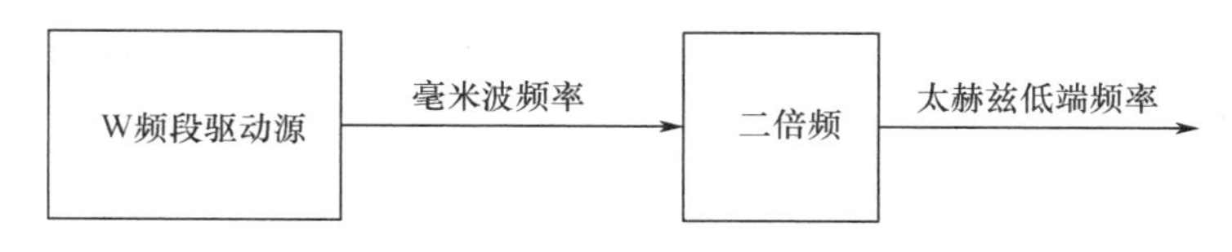

图 2.15　太赫兹低端固态源原理框图

输出功率可以达到 20mW，再加上注入锁定放大电路，可以进一步提高输出功率，但是该频段倍频器效率较低，如需在太赫兹低端附近提供大于 5mW 输出功率，则该二倍频器所需倍频效率需大于 25%，因此该方案难度较高。

（2）采用毫米波频段的倍频链路或 Gunn 振荡器驱动三倍频器，输出太赫兹低端信号。此方案较前一种成熟，目前电子科技大学实验室已有丰富的经验产生毫米波信号，重点是太赫兹低端三倍频器的研制。目前，在毫米波商用的 MMIC 放大器，其输出功率的 1dB 压缩点可以达到 20dBm，而且此频段的 GaAs Gunn 管，输出功率也可达到 50mW。采用变容管三倍频器的倍频效率理论值为 $1/N$（N 为倍频次数），目前 VDI 和 FARRAN 的变容管倍频器，效率可以达到 15% 左右，带宽为 5%。在保证输入功率的同时，提高倍频效率，完全可以保证太赫兹低端输出信号大于 5mW。

2.2.4　混频器

目前，太赫兹频段的混频器主要有两种。一是常温谐波混频器[37]，该类混频器是利用混频器件的非线性，使本振产生的高次谐波分量与射频信号混频，获得差频输出。它产生的谐波不限于奇次或偶次。谐波混频器一般采用的本振源的频率在 100GHz 以下，通过 2～8 倍频，可以检测 100～600GHz 的信号。该类混频器的噪声系数通常较高，需要较高的本振功率推动。同时，对雷达的作用距离也有影响。二是低温超导混频器，该类混频器一般结构为超导体－绝缘体－超导体（SIS）结混频器与热电子测热电阻（HEB）混频器组合，它直接用高频本振基波与射频信号混频，因此具有更低的噪声系数，现已被广泛应用于天文、环境监测等方面。采用超导混频器，可以降低对发射机功率源的要求，提高雷达作用距离。

虽然低温超导混频器具有良好的热噪声性能，但是它需要庞大的低温制冷设备保证其正常工作。

目前，在国外的研究机构，利用高温超导技术，基于 SIS（Superconductor Insulator Superconductor）结的分谐波混频器已可工作在 1～2THz 的频率上。固态电路技术方面，基于肖特基势垒二极管的混合集成电路形式的分谐波混频技术在理论上和工程应用上都取得了很大的进展，目前的研究热点集中在如何减小变频损耗、降低噪声系数、简化电路等方面。

2005 年，英国卢瑟福阿普莱顿实验室（RAL）的学者 B. Thomas 等研制了 300～360GHz 基于肖特基二极管的低噪声分谐波混频器。该混频器采用石英基片悬置微带电路形式，电路结构和前文提到的 1978 年 Carlson 设计的混频器结构基本一致，但本振和射频端口过渡改成了固定调谐的波导短路面，从而大大减小了电路体积。电路结构如图 2.16 所示。

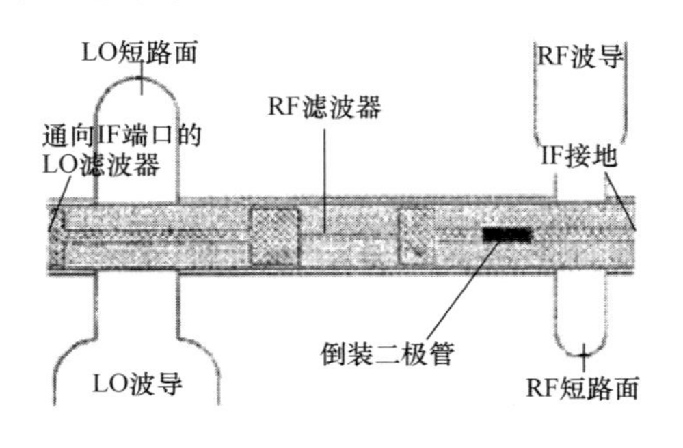

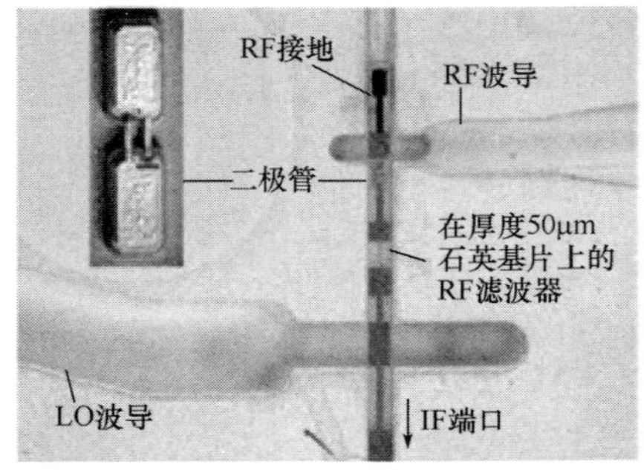

图 2.16　300～360GHz 分谐波混频器结构示意图

测试结果如图 2.17 所示。

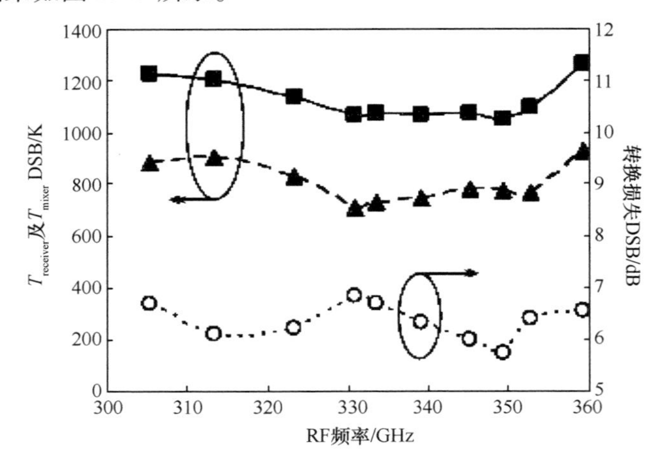

图 2.17　300～360GHz 分谐波混频器测试结果

等效噪声温度低于 900K，在 2～4.5mW 的本振输入功率下，工作相对带宽优于 18%。室温下，工作频率为 330GHz 时，最小等效噪声温度为 700K，此时变频损耗为 6.3dB。

2007 年，英国 RAL 的学者 S. Marsh，B. Alderman 等研制了 183GHz 的石英基片悬置微带分谐波混频器。二极管采用 UMS 公司的 GaAs 肖特基二极管 DBES105a。电路结构如图 2.18 所示。

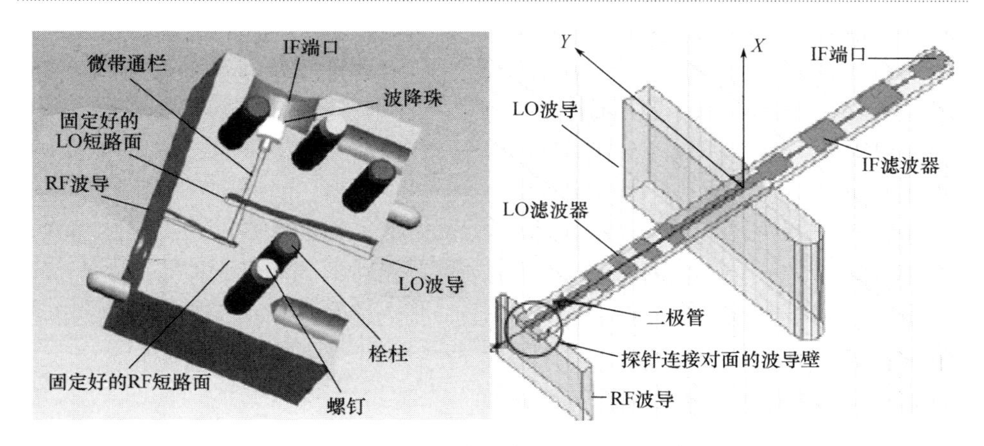

图 2.18　183GHz 分谐波混频器结构示意图

测试结果如图 2.19 所示。

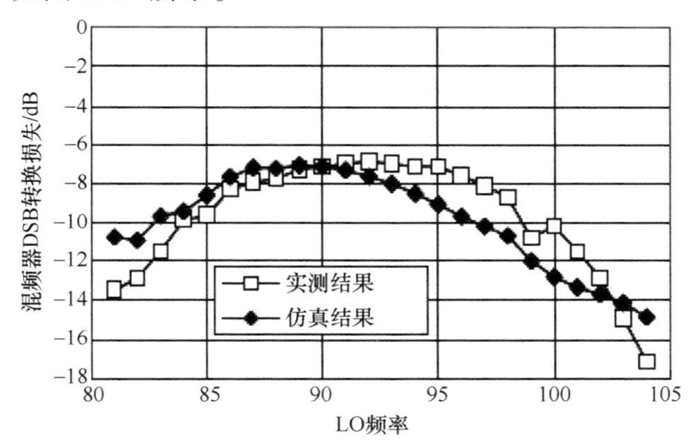

图 2.19　183GHz 分谐波混频器变频损耗测试曲线

测试结果最优值:使用 5mW 的工作频率为 92GHz 本振源时,双边带噪声温度为 988K,变频损耗为 6.85dB。

2009 年,爱尔兰学者L. Floyd等研制了 380GHz 分谐波混频器。该混频器将作为混频器件的二极管和无源电路用类似 MMIC 的形式直接制作在 GaAs 基片上,中频信号再用石英基片微带引出。同时,此电路的肖特基二极管为减小传统梁式引线所带来的寄生参数而采用了本书提到的侧面肖特基接触的结构,具体如图 2.20 所示。

电路结构如图 2.21 所示。

射频过渡和本振过渡间两段支节线起匹配和信号短路的作用。本振为 188GHz,功率为 10mW 时,变频损耗为 10.8dB。

在近十年里,伴随平面肖特基二极管技术的逐渐成熟,尤其是平面技术的引

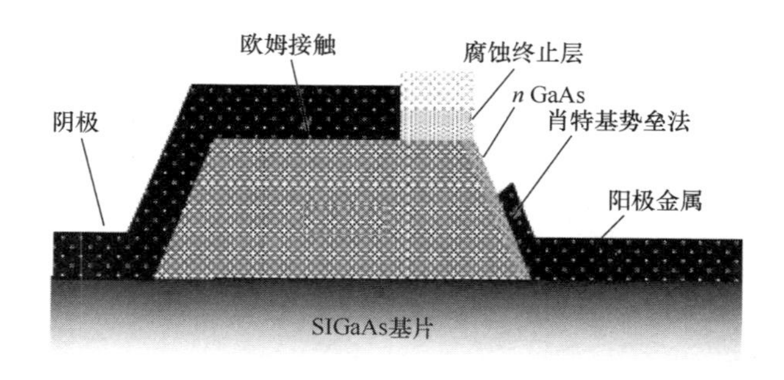

图 2.20 侧面肖特基接触结构示意图

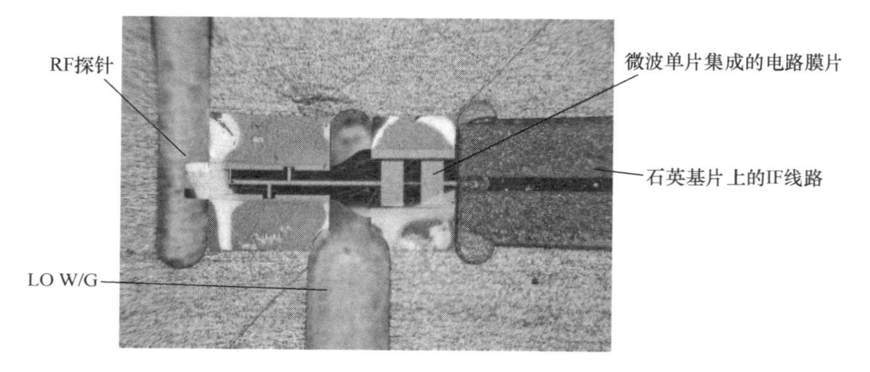

图 2.21 380GHz 分谐波混频器结构示意图

入，使得分谐波混频器表现出诸多显著优点，甚至在某些特性上优于传统的基波混频器，因此，分谐波混频器在许多场合被采用，甚至不惜牺牲接收器灵敏度。太赫兹分谐波混频器得到了快速发展并已尝试实际应用，如应用于星间通信、星地通信及地面短距离通信系统等。分谐波混频器较基波混频器相比的核心优点在于其所需本振 LO 频率约为射频信号 RF 频率的一半，可大幅度降低接收机系统的本振链路技术难度，并降低系统造价。

混频器的工作原理是利用变阻二极管或变容二极管等非线性器件，将射频信号 f_{RF} 及本振信号 f_{LO} 两个不同频率的信号变换成频率为其差频信号的微波电路。在接收机前端系统中，输入信号 f_{RF} 为小信号，由天线接收，而本振信号 f_{LO} 为大信号，通过本地振荡泵源或倍频链路实现。

混频器中最早出现，也是应用最为广泛的是基波混频器。基波混频器可实现双边带工作，即可同时实现上边带 $f_{RF}(USB)=f_{LO}+f_{IF}$ 和下边带 $f_{RF}(LSB)=f_{LO}-f_{IF}$ 的射频信号检测。当混频器用于太赫兹信号超外差接收机时，根据接收信号为单边带（SSB）信号或双边带（DSB）信号，可分别计算其噪声系数。基波混频原理如图 2.22 所示。

当频率为 f_{LO} 的本振大信号加到二极管上时，将产生其各阶次谐波频率的信

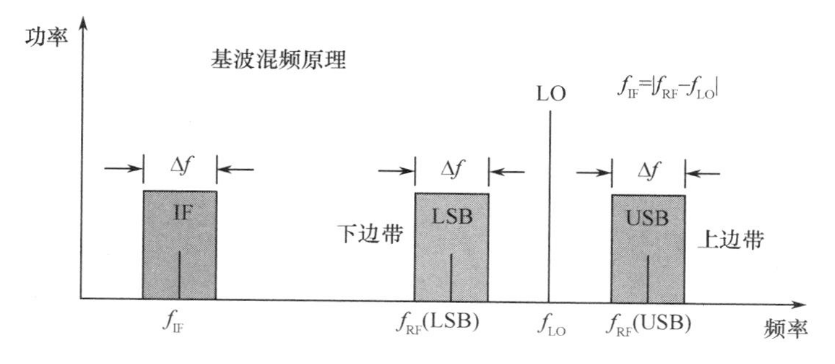

图 2.22　基波混频原理

号；同样，频率为 f_{RF} 的射频小信号加到二极管上时，亦会产生其各阶次谐波的频率信号；同时，本振信号和射频信号各阶次谐波频率将重新组合，产生新的混合频率 $mf_{LO}+nf_{RF}$，其中 m 和 n 为正整数。分谐波混频原理如图 2.23 所示。

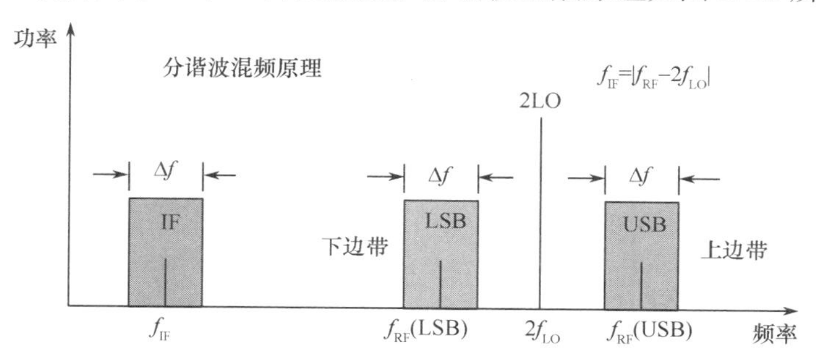

图 2.23　分谐波混频原理

谐波混频器作为实现频率变换的混频器的分支之一，其首先通过肖特基二极管的非线性效应产生不同混频频率，而后利用具有频率选择性的电路把射频小信号与本振大信号的某个谐波之差的频率进行分离选择。当混频器的中频输出信号为射频信号与二倍本振信号的差频，即 $m=1, n=2, f_{IF}=|f_{RF}-2f_{LO}|$ 时，称为分谐波混频器或亚谐波混频器（Subharmonic Mixer，SM）。

毫米波及太赫兹频段的混频器多采用肖特基势垒二极管，原因是其具有较好高频特性，且具有噪声低、工作稳定和动态范围大等优点。肖特基二极管反向并联管对易于实现太赫兹波分谐波混频。

相对于单管混频，反向并联二极管管对结构使得分谐波混频器具有以下优点。

（1）管对总电流只含偶次本振谐波混频项，且幅度为单管的两倍。

（2）变频损耗降低，因本振的奇次谐波混频项仅存在于管对环路内，使得管对电路输出的干扰频率减少。

（3）电路结构简化，因为通路外部电流中无直流分量，混频器无需直流偏置。

(4) 噪声较小,因本振引入噪声仅在 $2f_{LO}\pm f_{IF}$附近的噪声才会经混频而输出,使得混频时无基波混频输出,因此可大幅度降低混频器噪声。

2.2.5 雷达作用距离分析

雷达的最基本任务是探测目标并测量其坐标,因此,作用距离是雷达的重要性能指标之一,它决定了雷达能在多远距离上发现目标。作用距离的大小取决于雷达本身的性能,其中有发射机、接收系统、天线等分机的参数,同时又和目标的性质及环境因素有关。由于无法精确知道目标特性以及工作时的环境因素,因此对作用距离的计算只能是一种估算和预测。雷达作用距离的估算一般采用雷达方程实现。

在太赫兹雷达系统中,为获得高距离分辨能力,对回波信号需进行脉冲压缩。因此,其雷达方程较常规雷达方程有稍许变化,即

$$P_{\mathrm{T}}=\frac{(4\pi)^{3}R^{4}F_{\mathrm{n}}L_{\mathrm{s}}L_{\mathrm{a}}KT_{\mathrm{s}}B_{\mathrm{n}}\mathrm{SNR}}{G_{\mathrm{T}}G_{\mathrm{R}}\lambda^{2}\sigma\eta} \tag{2.15}$$

式中:P_{T} 为峰值发射功率;R 为雷达与反射体的距离;F_{n} 为接收机噪声;L_{s} 为雷达系统各部分损耗因子;L_{a} 为大气损耗因子;K 为玻尔兹曼常数;T_{s} 为接收系统噪声温度;B_{n} 为接收机检波前滤波器的噪声带宽;SNR 为雷达接收机输出端信噪比;G_{t} 为发射天线增益;G_{r} 为接收天线增益;λ 为雷达波长;σ 为目标雷达反射截面积;η 为距离向脉冲压缩比。

利用式(2.15),根据雷达相关指标,可以实现对雷达作用距离的估算。

2.3 太赫兹雷达接收机系统

2.3.1 差拍-傅里叶结构信号采集

线性调频连续波雷达利用对发射信号的调制,通过测量差拍频率来测量距离称为差拍-傅里叶体制[123]。通常简单的线性调频波形为三角波调制和锯齿波调制。三角调制波形比锯齿波调制波形更容易获得目标的距离和速度信息,同时解决了距离、多普勒耦合现象。对称三角线性调频连续波波形即顺序发射正调频和负调频两种信号,如图 2.24 所示。

线性调频连续波雷达混频器输出的差拍信号是包含目标信息的唯一信号,因此,为获得差拍信号,调制后的发射信号分为两路,一路由天线向空间辐射,另一路则通过频率合成器或功放耦合到混频器作为本振信号,这样,回波信号可看成本振信号的延迟,回波信号与本振信号混频后得到差拍信号。

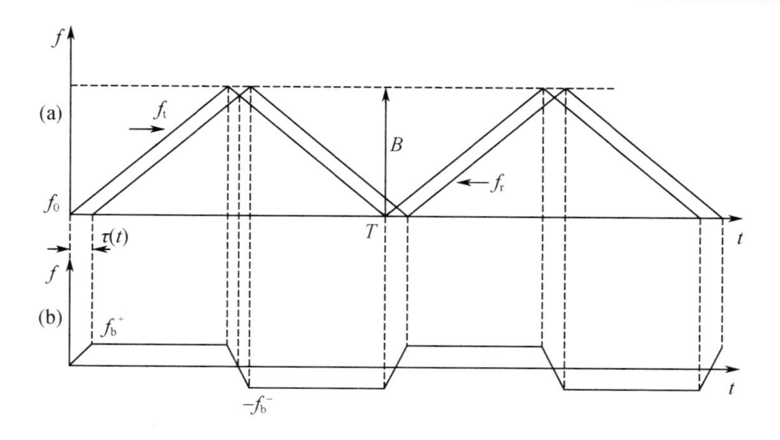

图 2.24　发射信号和接收信号频率与时间的关系

不考虑多普勒频移，即速度为 0 时，$f_b = f_b^+ = f_b^-$，根据三角关系，可以得出其差拍信号频率为

$$f_b = \mu\tau(t) = \frac{2B}{T}\tau(t) = \frac{4B}{Tc}R \tag{2.16}$$

式中：T 为调制三角波周期；B 为调频带宽；μ 为调频斜率。所以，测得差频便可以计算出距离 R。

假设系统发射信号为对称三角 LFMCW 信号。对称三角线性调频连续波波形即顺序发射正调频和负调频两种信号，发射信号和接收信号频率与时间的关系已经给出，这里对第一个周期进行分析。正扫频段的发射信号频率与时间关系为

$$f = f_0 + \mu t \tag{2.17}$$

式中：$\mu = 2B/T$ 为调频斜率。由式(2.17)可得正扫频段的发射信号相位与时间关系为

$$\varphi(t) = 2\pi\left(f_0 t + \frac{1}{2}\mu t^2\right) \tag{2.18}$$

从而得正扫频段的发射信号表达式为

$$S_t(t) = a(t)\exp\mathrm{j}[\varphi(t) + \varphi_0] = \exp\mathrm{j}[2\pi(f_0 t + \mu t^2) + \varphi_0] \tag{2.19}$$

式中：$a(t)$信号的包络函数设为 1；φ_0 为发射信号的初始相位。

同理可得，负扫频段发射信号频率与时间关系为

$$f = f_0 + 2B - \mu t \tag{2.20}$$

负扫频段的发射信号表达式为

$$S_t(t)=\exp j\left\{2\pi\left[(f_0+2B)t-\frac{1}{2}\mu t^2\right]+\varphi_0\right\} \tag{2.21}$$

由于 $B \ll f_0$,故上式可化为

$$S_t(t)=\exp j\left[2\pi\left(f_0 t-\frac{1}{2}\mu t^2\right)+\varphi_0\right] \tag{2.22}$$

从固定点反射回来的信号用 $S_r(t)$ 来表示,当目标运动速度 $v \ll c$,忽略目标速度引起的包络变化时,可以认为目标速度仅仅对载频产生影响,即多普勒效应仅是多普勒频移,通常 $f_d \ll f_0$,代入点目标回波信号模型可以写成以下形式。

(1) 正扫频段,即

$$\begin{aligned}S_r(t)&=K\cdot S_t[t-\tau(t)]\\&=K\cdot \exp j\left\{2\pi\left[(f_0+f_d)(t-\tau(t))+\frac{1}{2}\mu(t-\tau(t))^2\right]+\varphi_0\right\}\end{aligned} \tag{2.23}$$

(2) 负扫频段,即

$$\begin{aligned}S_r(t)&=K\cdot S_t[t-\tau(t)]\\&=K\cdot \exp j\left\{2\pi\left[(f_0+f_d)(t-\tau(t))-\frac{1}{2}\mu(t-\tau(t))^2\right]+\varphi_0\right\}\end{aligned} \tag{2.24}$$

通过上面的一定条件下点目标射频回波信号模型表达式,可以得出点目标散射特性的描述使用三个参数 K、$\tau(t)$ 和 f_d 就足够了。

其中,$\tau(t)$ 为回波信号相对于发射信号的瞬时回波延时,设 $t=(n-1)T$ 时刻散射点与雷达的径向距离为 R_0,相对径向速度为 v,远离雷达方向为正,光速为 c,则延时为

$$\tau(t)=\frac{2r(t)}{c}=\frac{2(R_0-vt)}{c} \tag{2.25}$$

多普勒频率为

$$f_d=2v/\lambda=f_0\frac{2v}{c} \tag{2.26}$$

设对称三角 LFMCW 雷达的扫频带宽为 B,调制周期为 T,且设 $t\in[0,T]$,则在第 1 个调频周期正扫频频段内回波信号可表示为

$$S_r(t)=K\cdot \exp j\left\{2\pi\left[(f_0+f_d)(t-\tau(t))+\frac{1}{2}\mu(t-\tau(t))^2\right]+\varphi_0\right\},t\in(0,T/2) \tag{2.27}$$

在第1个调频周期负扫频频段内回波信号可表示为

$$S_r(t)=K\cdot\exp\mathrm{j}\left\{2\pi\left[(f_0+f_d)(t-\tau(t))-\frac{1}{2}\mu(t-\tau(t))^2\right]+\varphi_0\right\},t\in(T/2,T) \tag{2.28}$$

式中：f_0为调频信号的起始频率；T为调制周期。

由上两式可得，正扫频段内差拍信号可表示为

$$S_b(t)=\frac{1}{2}K\exp\{\mathrm{j}2\pi[-(f_0+f_d)\tau(t)+B\tau^2(t)/T-2B\tau(t)t/T]\},\quad t\in(0,T/2) \tag{2.29}$$

负扫频段内差拍信号可表示为

$$S_b(t)=\frac{1}{2}K\exp\{\mathrm{j}2\pi[-(f_0+f_d)\tau(t)-B\tau^2(t)/T+2B\tau(t)t/T]\},\quad t\in(T/2,T) \tag{2.30}$$

$\tau(t)$与目标距离R的关系可表示为

$$\tau(t)=\frac{2r(t)}{c}=\frac{2R_0}{c}-\frac{2v}{c}t \tag{2.31}$$

$$\frac{2R_0}{c}=\tau_0 \tag{2.32}$$

令$\frac{2v}{c}=k$，则

$$f_d=\frac{2v}{c}f_0=kf_0 \tag{2.33}$$

通过代换可得，第1个调频周期正扫频段内差拍信号可表示为

$$S_b^+(t)=\frac{1}{2}K\cdot\exp\left\{\mathrm{j}2\pi\left[-((1+k)\mu\tau_0-(1+k)kf_0)t+\left(\mu k+\frac{1}{2}\mu k^2\right)t^2+\left(\frac{1}{2}\mu\tau_0^2-(1+k)f_0\tau_0\right)\right]\right\} \tag{2.34}$$

同理可得，第1个调频周期负扫频段内差拍信号可表示为

$$S_b^-(t)=\frac{1}{2}K\cdot\exp\left\{\mathrm{j}2\pi\left[((1+k)\mu\tau_0+(1+k)kf_0)t-\left(\mu k+\frac{1}{2}\mu k^2\right)t^2-\left((1+k)f_0\tau_0+\frac{1}{2}\mu\tau_0^2\right)\right]\right\} \tag{2.35}$$

由调频连续波雷达测距原理可知，对混频后得到的差拍信号进行A/D采样得到数字信号，然后进行数字信号处理可以得到需要的距离速度信息。下面讨

论信号采集的相关问题。

1. 采样区间选择

差拍信号可看作正弦信号,其实部可简化为

$$\begin{cases} S_{b}^{+}(t)=\dfrac{1}{2}K\cdot\cos\left(2\pi\mu\dfrac{2R}{c}t+\varphi_{+}\right) \\ S_{b}^{-}(t)=\dfrac{1}{2}K\cdot\cos\left(-2\pi\mu\dfrac{2R}{c}t+\varphi_{-}\right) \end{cases} \tag{2.36}$$

式中:R 为目标距离;φ_{+}、φ_{-} 为信号的相位。

根据差拍信号频率与时间的关系图可知,所需要的差拍信号在$[nT_{p},nT_{p}+\tau(t)]$,$n\geqslant 0$ 内是不成立的。若在整个扫频时宽 T_{p} 内进行采样,相当于在$[0,2r/c]$内补零,这样会产生频谱泄漏现象,加重目标展宽现象。因此需要正确选择采样区间来避免频谱泄漏。对位于 $R\leqslant R_{max}$ 的任何目标式都成立的区间为

$$TG=[nT_{p}+\tau_{max},(n+1)T_{p}],\quad n=0,1,2,\cdots \tag{2.37}$$

这对应于 LFMCW 雷达差拍信号正确的采样区间。

假设 $R_{max}=100\text{m}$,$T_{p}=10\text{ms}$,则 $\tau_{max}=667\text{ns}$。正确的采样区间为

$$TG=[10n+667\times10^{-6},10(n+1)]\text{ms},\quad n=0,1,2,\cdots \tag{2.38}$$

2. 采样频率选择

采样的作用是将时间连续信号转换为时间离散的信号。理论上,采样频率越高,所采得的数字信号更能精确地复原其模拟信号。但是,受实际的模数转换器件的限制,采样率不宜选择过高。而且,在一定的时间内所采得的数据量越大,对数字信号处理机的存储和处理的要求就越高。同时,为了防止采样后的信号频谱产生混叠,其采样频率的选择必须满足采样定理的要求。

根据采样定理以及前面关于差拍信号的分析,对于本系统应采用低通采样定理,即当采样频率大于信号最高频率的二倍时,从所获得的数字信号就可以完全恢复其模拟信号。考虑到实际系统的一些非理想特性,工程应用一般选取采样频率 f_{s} 为最高频率的 3~5 倍。

LFMCW 雷达差拍中频信号的频率为

$$f_{b}=\mu\tau_{0}=\frac{2\mu R_{0}}{c} \tag{2.39}$$

中频频率 f_{b} 与目标距离 R 成正比。假设雷达最大作用距离为 R_{max},则中频信号的最高频率 f_{bmax} 为

$$f_{bmax}=\frac{2\mu R_{max}}{c} \tag{2.40}$$

假设 LFMCW 雷达系统，最大探测距离 $R_{max} = 100m$，发射信号调频斜率 $\mu = 240GHz/s$，则

$$f_{bmax} = \frac{2\mu R_{max}}{c} = \frac{2 \times 240 \times 10^9 \times 100}{3 \times 10^8} = 160kHz \tag{2.41}$$

因此，在二次混频之后，先将信号通过一个截止频率为 200kHz 的低通数字滤波器，滤去多余的频率成分，再进行信号采集。选择的采样频率为 1MHz 的采集系统，能够满足系统需求。

3. 采样位数选择

采样位数决定了采样的精度，而采样精度表征了在某一时刻所获取的数字信号对模拟信号的逼近程度。采样位数越高，其逼近程度也越高，但采样的位数的增加要受到 ADC 的实际工艺水平和器件成本的限制。在模数转换器中，采样精度一般用量化电平 Q 来表示，即

$$Q = \frac{V_{FSR}}{2^N} \tag{2.42}$$

式中：V_{FSR} 为满量程电压；N 为采样位数。

采样位数也称为 ADC 的分辨力，它同时决定了在雷达信号处理中对中频信号处理的动态范围，即

$$\frac{V_{FSR}}{2^N} \sim V_{FSR} \tag{2.43}$$

因此要选择合理的采样位数，需确定系统差拍信号的动态范围。根据信号模拟理论可知，信号的动态范围与距离电压系数 K 有关。假设太赫兹雷达系统的作用距离为 2 ~ 100m，回波信号的最大功率与最小功率相差约为 68dB，根据上式可知，系统的采样位数应满足 $N > \log_2(2.5 \times 10^3) \approx 11.288$。因此，取采样位数为 $N = 14$，可满足采样精度要求。

2.3.2 信号预处理技术

在开始讨论调频非线性度对 LFMCW 雷达距离分辨力的影响前，先来定义两个函数。首先假定理想的线性调频信号的时频关系表示为 $f_p(t)$，而调频线性度受到干扰的线性调频信号的时频关系表示为 $f_e(t)$，那么称两个时频关系函数的差值为频率偏离函数，即

$$F(t) = f_p(t) - f_e(t) \tag{2.44}$$

因此，可以定义线性度为

$$\delta = \frac{|F(t)|_{max}}{B} \tag{2.45}$$

式中：B 为 LFMCW 信号的扫频带宽；$|F(t)|_{\max}$ 为频率偏离函数 $F(t)$ 的最大绝对值。δ 就被用来衡量一个 LFMCW 信号的线性度。

调频线性度受到干扰的 LFMCW 发射信号可以表示为

$$s_t(t) = p(t)\cos\left\{2\pi\left[f_0(t) + \frac{1}{2}\mu t^2 + \int_0^t F(t')\mathrm{d}t'\right]\right\} \tag{2.46}$$

式中：$p(t)=\begin{cases}1, 0\leqslant t\leqslant T\\ 0, \text{其他}\end{cases}$；$T$ 为脉冲宽度；μ 为扫频斜率，表示为 $\mu = B/T$，B 为扫频带宽；$F(t')$ 为上面所定义的频率偏移函数。那么，当雷达信号遇到距离雷达 R 处的目标反射后，进入接收机的接收信号可以表示为

$$s_r(t) = \rho\cdot p(t-\tau)\cos\left\{2\pi\left[f_0(t-\tau) + \frac{1}{2}\mu(t-\tau)^2 + \int_0^{t-\tau} F(t')\mathrm{d}t'\right]\right\} \tag{2.47}$$

式中：$\tau = \dfrac{2R}{c}$为雷达回波延时；c 为光速。

发射信号与回波信号之间的时间频率关系如图 2.25 所示。

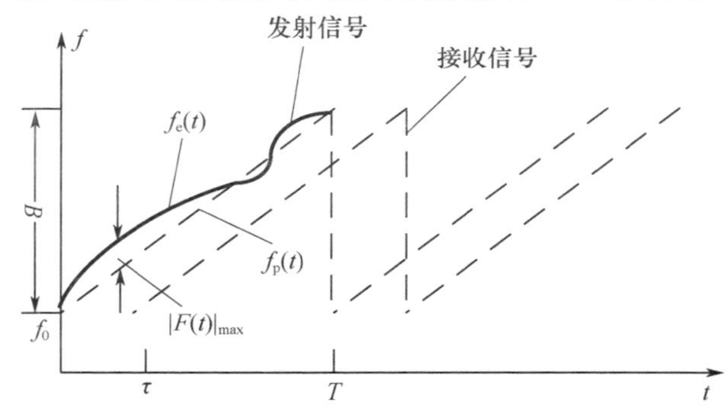

图 2.25　非线性 LFMCW 信号的发射信号、接收信号时间频率关系

图 2.25 中，虚线是理想的调频线性度发射信号与接收信号，而实线则是调频线性度受到干扰的 LFMCW 信号。

将发射信号与接收信号经过混频并通过低通滤波器滤除高频分量后得到的差拍信号表示为

$$s_{\mathrm{IF}}(t) = \frac{1}{2}\cdot\rho\cdot p(t-\tau)\cos\left\{2\pi\left[\mu\tau t O + \int_{t-\tau}^{t} F(t')\mathrm{d}t'\right] + (2\pi f_0\tau - \pi\mu\tau^2)\right\} \tag{2.48}$$

由式(2.48)中提取出相位信息

$$\varphi = 2\pi f_n t + 2\pi\int_{t-\tau}^{t} F(t')\mathrm{d}t' + \varphi \tag{2.49}$$

将相位 φ 进行对时间的微分，可以获得差拍信号的频率信息

$$f_{\mathrm{b}}=\frac{1}{2\pi}\frac{\mathrm{d}\varphi}{\mathrm{d}t}=\mu\pi+F(t)-F(t-\tau) \tag{2.50}$$

从式(2.50)中，看到对于一个静止的目标，调频非线性的差拍信号的差拍频率已经不是一个常量，而是随时间发生变化的时变函数。

因为在太赫兹 ISAR 成像系统中，发射的 LFMCW 脉冲信号是相参的，同时系统各个器件的参数也是相参的，那么有理由将 $F(t)$ 认为是一个可重复性的周期性的函数，其周期为 T，那么可以使用傅里叶级数的方式将 $F(t)$ 展开为一系列正弦信号的和，从而为后续的分析提供方便。

$$F(t)=\frac{F_0}{2}+\sum_{k=1}^{\infty}F_k\sin(\omega_k t+\theta_k) \tag{2.51}$$

式中：$\omega_1=\frac{2\pi}{T}$；$\omega_k=k\omega_1$。

由式(2.50)和式(2.51)从而可以得到以下的展开式：

$$\begin{aligned}f_{\mathrm{b}}(t)&=\mu\pi+\left\{\frac{F_0}{2}+\sum_{k=1}^{\infty}F_k\sin(\omega_k t+\theta_k)\right\}-\left\{\frac{F_0}{2}+\sum_{k=1}^{\infty}F_k\sin[\omega_k(t-\tau)+\theta_k]\right\}\\&=\mu\pi+\sum_{k=1}^{\infty}F_k\{[1-\cos(\omega_k\tau)]\sin(\omega_k t+\theta_k)+\sin(\omega_k\tau)\cos(\omega_k t+\theta_k)\}\end{aligned} \tag{2.52}$$

因为在实际的太赫兹雷达系统中满足 $\tau\ll T$ 的条件，所以可以得到以下的几个近似等式：

$$\omega_k\tau\ll 1 \tag{2.53}$$

$$\sin(\omega_k\tau)\approx\omega_k\tau \tag{2.54}$$

$$\cos(\omega_k\tau)\approx 1 \tag{2.55}$$

因此，可以将 $f_{\mathrm{b}}(t)$ 简化为

$$f_{\mathrm{b}}(t)\approx\mu\tau+\tau\cdot F_k\omega_k\cos(\omega_k\tau+\theta_k)=\mu\tau+\tau\cdot\varepsilon(t) \tag{2.56}$$

式中：$\varepsilon(t)=\sum_{k=1}^{\infty}F_k\omega_k\cos(\omega_k t+\theta_k)$。从式(2.56)可以看到，在非理想线性的条件下，即 $\varepsilon(t)\neq 0$ 的情况下，差拍信号已经不是一个理想的正弦信号了，即差频不是一个单频了。差拍信号 $s_{\mathrm{IF}}(t)$ 是一个以 $f=\mu\tau$ 为中心频率的调角信号，其现在的频谱带宽 B_{d} 决定了现在 LFMCW 雷达距离分辨力，即

$$\Delta R=\frac{c}{2\mu}B_{\mathrm{d}}=\frac{cT}{2B}B_{\mathrm{d}} \tag{2.57}$$

式中：B 为 LFMCW 信号的扫频带宽；T 为 LFMCW 雷达的脉冲宽度；c 为光速。

从式(2.57)可以得到，扫频非线性的情况下为了得到雷达的距离分辨力

ΔR,就必须首先得到 B_d。而根据 $f_b(t)$ 的简化式,可知 B_d 的大小既是由频偏函数的绝对值最大值 $|F(t)|_{\max}$ 和雷达回波延时 τ 所决定,同时又取决于 $F(t)$ 的剧烈程度。所以,在调频源的线性度和雷达回波延时已知的条件下,依然无法正确的获得扫频非线性雷达的差拍信号的带宽,因而无法准确地获得如今雷达的距离分辨力 ΔR。

但是,为了适应工程中只知道 $|F(t)|_{\max}$ 和雷达回波延时 τ,而对于其他信息未知的情况下,由式 $f_b(t)$ 的简化式和实际结合的条件下使用下面的近似公式来估计雷达的距离分辨力,即

$$\begin{cases} B_d \approx \alpha \cdot \dfrac{4\pi\tau}{T}|F(t)|_{\max} \\ \Delta R \approx \dfrac{cT}{2B} \cdot \alpha \cdot \dfrac{4\pi\tau}{T}|F(t)|_{\max} \end{cases} \tag{2.58}$$

式中:α 为工程中所使用的一个经验值。但是 α 的取值是由 $F(t)$ 的形状和 B_d 的具体定义来共同决定的。比如,令 $\alpha = 3.5$,那么就可以只取 $F(t)$ 中的前五次谐波分量,从而得到的 B_d 被认为是差拍信号 $s_{IF}(t)$ 频谱最大值下降到 10dB 出的频谱带宽。但是,要真正精确地分析扫频非线性信号的距离分辨力是相当困难的。然而,还是可以从以上的分析中得到一些关于扫频非线性雷达的重要结论。

(1) 距离分辨力 ΔR 与 $|F(t)|_{\max}$ 成正比,当 LFMCW 雷达发射信号的非线性度增大的时候,相应的距离分辨力将会下降。

(2) 距离分辨力 ΔR 与雷达回波延时 τ 成正比,对于同一部 LFMCW 雷达,照射同样的目标,但是当目标与雷达距离逐渐增大的时候,得到的雷达距离分辨力将会下降。

以上讨论了 LFMCW 雷达的距离分辨力和频率偏移函数的关系。接下来需要对 LFMCW 信号中的非线性进行校正[69,70],使得被频率偏移函数所恶化的距离分辨力能够得到校正,能够提高信号的质量。

LFMCW 信号在低频段(<100GHz)具有较好的线性度。但是在信号经过 W 波段的放大器和毫米波倍频器后信号会受到相位调制 $\delta\varphi(t)$ 和幅度调制 $A(t)$,这是因为在雷达带宽内转换效率在上述器件中不是平坦的,并且在系统带宽内会有和频率相关的延时,使得发射信号主要在 W 波段的功率放大器和毫米波倍频器上(频率在 100GHz 以上的器件中)会产生相位调制和幅度调制。

由于雷达系统采用了非相干双路信号源实现相干接收的结构,因此,在发射链路和本振链路(LO)中由器件所带来的相位调制和幅度调制,在经过接收机第一级谐波混频器后会体现在中频信号(IF)中,该中频信号为

$$S_{\mathrm{IF}}(t,R)=\exp(4\pi iKRt/c)A_{\mathrm{IF}}(t,R)\exp(2\pi i\cdot\delta\varphi_{\mathrm{IF}}(t,R)) \tag{2.59}$$

上式中,幅度和相位调制信息是由于雷达回波信号和接收机本振信号混频所带来的,即

$$\begin{cases}A_{\mathrm{IF}}(t,R)=A_{\mathrm{LO}}(t,R)\cdot A_{\mathrm{T}}(t-2R/c)\\ \delta\varphi_{\mathrm{IF}}(t,R)=\delta\varphi_{\mathrm{LO}}(t,R)-\delta\varphi_{\mathrm{T}}(t-2R/c)\end{cases} \tag{2.60}$$

消除上述幅度相位误差的方法:距成像系统作用距离为 R_0 处放置一个理想的点目标,接收其反射的雷达回波作为参考信号。其中,该参考信号(IF)可表示为

$$S_0(t,R)=\exp(4\pi iKR_0t/c)A_0(t,R)\exp(2\pi i\cdot\delta\varphi_0(t,R)) \tag{2.61}$$

将接收到的雷达回波与该参考信号进行共轭相乘,获得校正后的信号。其幅度和相位可以表示为

$$\begin{cases}A_{\mathrm{IF}}(t,R)\rightarrow\dfrac{A_{\mathrm{IF}}(t,R)}{A_0(t,R)}\\ \delta\varphi_{\mathrm{IF}}(t,R)\rightarrow\delta\varphi_{\mathrm{IF}}(t,R)-\delta\varphi_0(t,R)\end{cases} \tag{2.62}$$

由此,便完成了调频信号的非线性校正。

2.3.3 接收机设计

1. 常规雷达接收机系统结构

雷达信号由接收通道进入接收机内部,直接与射频本振源提供的本振信号进行混频,将射频信号下变频至中频。此时,将中频信号通过带通滤波器,进行正交双通道处理,得到零中频基带信号。

在太赫兹雷达接收机中,雷达信号由接收通道进入接收机内部,通过二次谐波混频器与射频本振源提供的本振信号进行混频,将射频信号下变频至中频。将中频信号通过中频放大器放大到所需功率之后,再通过带通滤波器进行滤波,得到所需的中频信号,再将信号送入正交双通道处理系统进行零中频处理,得到零中频基带信号。此时,通过对 I/Q 两路进行 AD 采样,并将所得到的数字信号送入数字信号处理子系统进行信号处理。太赫兹雷达接收机系统原理框图如图 2.26 所示。

前面给出的系统方案是接收前端一次变频的原理方框图。在实际的雷达接收机中,大多数采用了二次变频的方案,如图 2.27 所示。这是因为具有一定的射频带宽的接收机一次变频的镜像频率一般都落在信号频率带宽之内。只有通过提高中频才能使镜像频率落在信号频率带宽之外。镜像频率的信号或噪声是不需要的,必须通过滤波器滤除。在某些体制的雷达系统中,仍然采用了一次变

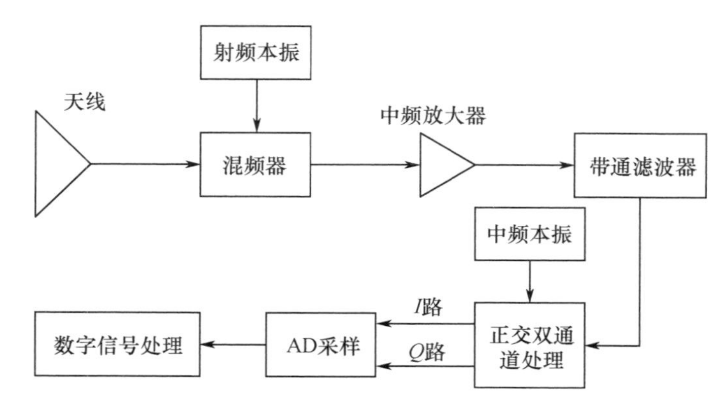

图 2.26　太赫兹雷达接收机系统原理框图

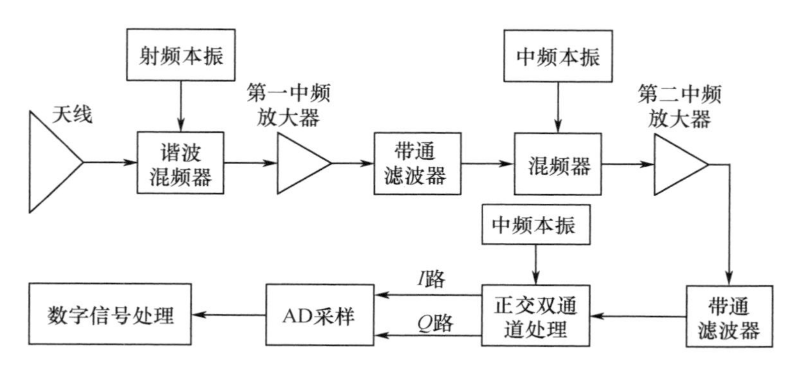

图 2.27　二次变频的太赫兹雷达接收机系统框图

频的方案，为了抑制镜像频率，混频器一般要采用镜像抑制混频器。

如图 2.27 给出的系统框图所示，该系统方案为常见的零中频鉴相，即将中频信号送入正交解调器中，与外部送入的中频参考信号进行混频，将信号下变频到基带，并将其解调成 I/Q 两路通道信号。再将输出信号送入到模数转换单元进行 AD 采样，最后将所得的数字信号送入到信号处理子系统，实现系统功能。这种方案是常规雷达采用较多的模拟混频接收机系统，随着数字技术的迅速发展，采用直接中频采样方案的中频数字接收机越来越多，该类接收机系统框图如图 2.28 所示。

采用中频采样的数字接收机可以减少模拟电路的温度漂移、增益变化、直流电平漂移和非线性失真等影响，采用数字混频的方式实现正交解调获得的正交特性优于模拟混频，并避免了模拟混频产生的寄生信号和交调失真，I/Q 两路的正交度可以做得很高，使所得到的 I/Q 两路信号优于模拟混频产生的结果，以达到更好的数字信号处理效果。但是，中频直接采样接收机对 AD 采样系统的性能要求较高，数字接收系统较模拟接收系统更为复杂，成本较高。因此应该根据

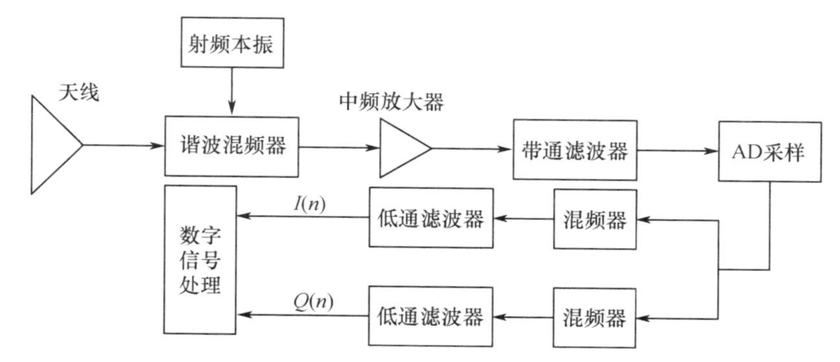

图 2. 28 中频直接采样接收机系统框图

系统指标综合考虑，以选择更优的解决方案。

2. 太赫兹雷达接收机系统结构

根据太赫兹雷达实验系统方案论证结果，考虑到国内太赫兹元部件加工及研制水平，本节设计的太赫兹雷达接收机系统主要有两个关键的技术组成：①相干中频本振产生技术；②谐波混频与超外差结合的接收技术。该方案既能保证太赫兹雷达发射系统与接收系统的相干性，又能够使接收机获得较高的灵敏度和较大的动态范围，使得该太赫兹雷达接收机系统具有良好的接收性能与较高的可实现性。太赫兹雷达接收机系统原理框图如图 2. 29 所示。

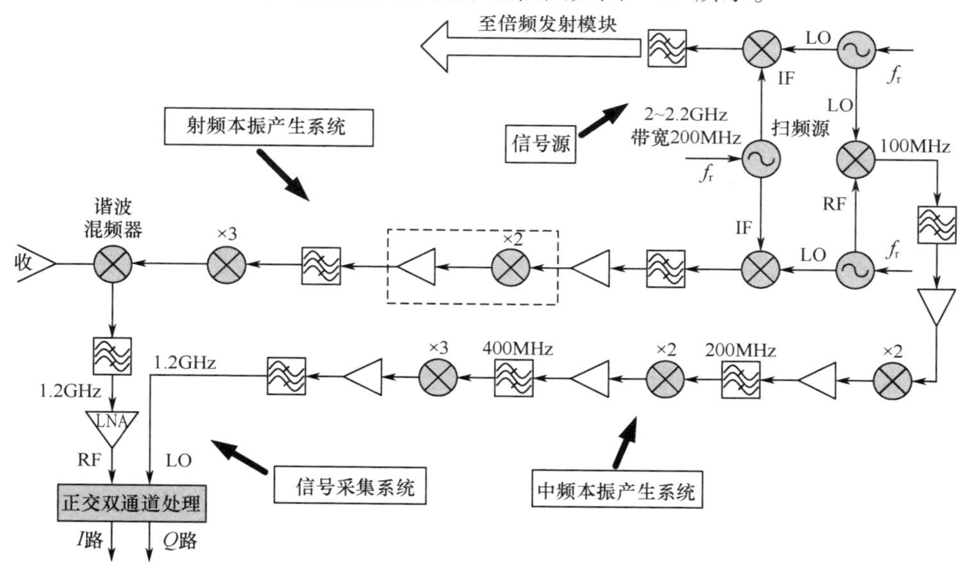

图 2. 29 太赫兹雷达接收机系统原理框图

从图 2. 29 中可以看出，接收机支路将回波信号直接输入谐波混频器下变频至 1. 2GHz 附近进行二次变频，并在此基础上进行正交双通道处理。其中，二次中频相干本振信号由两个频率源直接混频得到的100MHz差频信号进行倍频得到，该方法消去了非相干双源引入的相位不同步，间接实现了相干雷达系统。

在雷达接收机前端采用接收信号与本振信号混频的方式，而后端对中频信号进行正交双通道处理的方案，其主要优点表现为如下几方面。

（1）能够最大限度地利用固态源有限的功率输出，获得最大的作用距离。如采用常规结构，固态源需通过功率分配模块推动收发双路系统，难度较大，且性能较差。

（2）有效地避免了太赫兹频段功率分配器研制的难点，提高了系统的可实现性。太赫兹频段功率分配器研制较难，目前市场上该频段尚无现成可用的功率分配器，需自行研发，且难度较大，加工工艺无法保证。

（3）实现了系统收发双路的相干性，保证了雷达系统诸多功能的实现，如速度测量和ISAR成像等需要目标回波相位信息的功能，使该系统获得更为广阔的应用前景。

（4）采用二次谐波混频与超外差接收技术，既保证了接收机具有相对较低的噪声系数，又能降低混频器的研制难度，同时还保留了超外差接收机的良好特性，如高灵敏度、宽动态范围及低噪声特性等，使该雷达系统具有良好的接收性能。

2.4 小 结

本章介绍了太赫兹雷达系统的基本结构，概述了雷达系统技术指标的分析估算方法。在论述常规雷达系统结构的基础上，对双频率源驱动实现相干接收的雷达系统结构进行了详细分析。同时，对太赫兹雷达系统中的雷达工作频率、信号形式、频率源、混频器、作用距离、接收机噪声系数、灵敏度等指标进行了分析。本章还介绍了太赫兹雷达接收机系统的结构，信号采集中的采样位宽、采样频率、采样区间以及预处理技术中调频非线性校正等内容。

第3章 太赫兹雷达信号特点

太赫兹波易实现大带宽信号,形成超高的距离分辨能力;对微多普勒特征敏感,利于微动目标的多普勒特征分析;能提供极窄天线波束,可获得更高天线增益和更好的角分辨力。

3.1 超高分辨力信号

3.1.1 太赫兹频段宽带信号模型

雷达采用宽频带信号可大大提高距离分辨力,对于太赫兹雷达而言,其距离分辨单元长度可以达到厘米甚至毫米级,一般目标的雷达回波都不再是"点目标"回波,而是沿距离分布开的一维距离像[71]。

大时宽的宽带信号有线性调频信号、步进频率信号、相位编码信号等多种形式,其中线性调频信号是一类研究最早、应用最广泛的宽带信号,容易产生和处理。这里将线性调频信号作为太赫兹雷达的发射信号,采用解线频调(dechirping)脉冲压缩方式对线性调频信号进行处理,因为它不仅能简化太赫兹雷达系统结构,而且运算简单。通常,单个脉冲压缩后还要对脉冲序列进行相干处理,因此此处讨论相干信号。

发射信号的载频需要十分稳定,以保证信号具有良好的相干性。设载频信号为 $e^{j2\pi f_c t}$,脉冲信号以重复周期 T 依次发射,即发射时刻 $t_m = mT(m=0,1,2,\cdots)$,称为慢时间。以发射时刻为起点的时间用$\hat{t}$表示,称为快时间。快时间用来计量电波的传播时间,而慢时间是计量发射脉冲的时刻,这两个时间与全时间的关系为:$\hat{t}=t-mT$。因而发射的 LFM 信号可写成[72-75]

$$s(\hat{t},t_m) = \mathrm{rect}\left(\frac{\hat{t}}{T_p}\right)e^{j2\pi\left(f_c t+\frac{1}{2}\gamma\hat{t}^2\right)} \tag{3.1}$$

式中:$\mathrm{rect}(u)=\begin{cases}1 & |u|\leqslant\frac{1}{2}\\ 0 & |u|>\frac{1}{2}\end{cases}$;$f_c$ 为中心频率;T_p 为脉宽;γ 为条频率。

解线频调是用一时间固定，而频率、调频率相同的 LFM 信号作为参考信号，用它和回波作差频处理。设参考信号为 R_{ref}，则参考信号为

$$s_{\mathrm{ref}}(\hat{t},t_m)=\mathrm{rect}\left(\frac{\hat{t}-2R_{\mathrm{ref}}/c}{T_{\mathrm{ref}}}\right)\mathrm{e}^{\mathrm{j}2\pi\left(f_{\mathrm{c}}\left(t-\frac{2R_{\mathrm{ref}}}{c}\right)+\frac{1}{2}\gamma\left(\hat{t}-\frac{2R_{\mathrm{ref}}}{c}\right)^2\right)} \tag{3.2}$$

式中：T_{ref} 为参考信号的脉宽，它比 T_{p} 要大一些（图 3.1）。参考信号中的载频信号 $\mathrm{e}^{\mathrm{j}2\pi f_{\mathrm{c}}t}$ 应与发射信号中的载频信号相同，以得到良好的相干性。

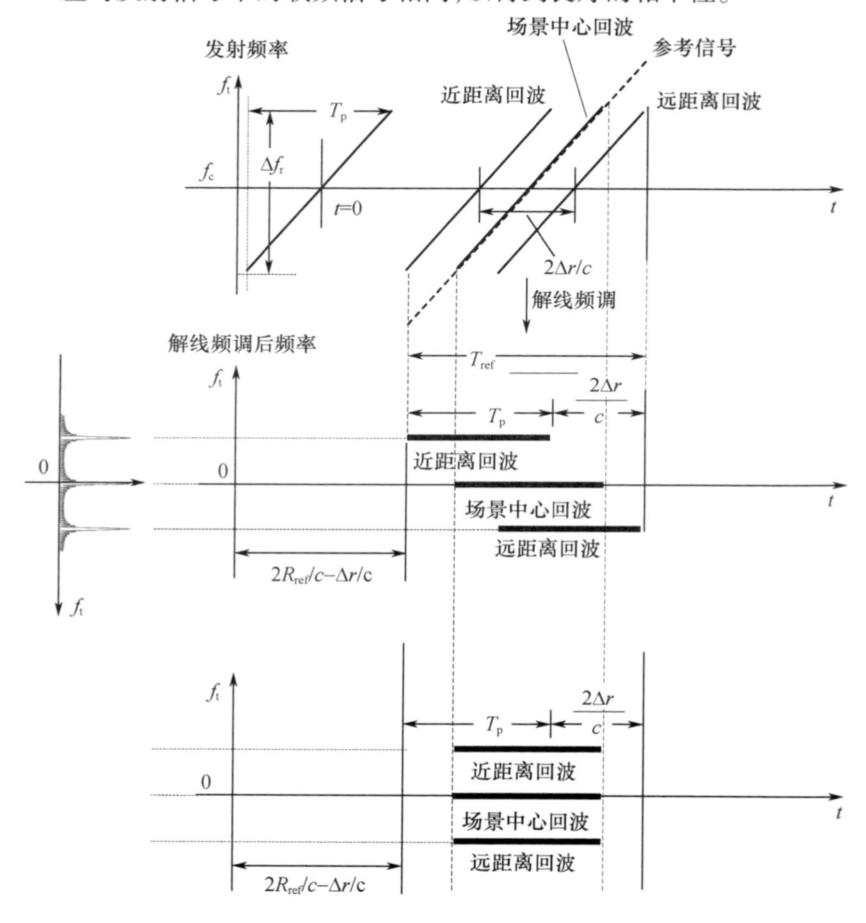

图 3.1　解线频调脉压示意图

某点目标到雷达的距离为 R_{i}，雷达接收到的该目标信号 $s_{\mathrm{r}}(\hat{t},t_m)$ 为

$$s_{\mathrm{r}}(\hat{t},t_m)=A\mathrm{rect}\left(\frac{\hat{t}-2R_{\mathrm{t}}/c}{T_{\mathrm{p}}}\right)\mathrm{e}^{\mathrm{j}2\pi\left(f_{\mathrm{c}}\left(t-\frac{2R_{\mathrm{i}}}{c}\right)+\frac{1}{2}\gamma\left(\hat{t}-\frac{2R_{\mathrm{i}}}{c}\right)^2\right)} \tag{3.3}$$

解线性调频的示意图如图 3.1 所示，若 $R_{\Delta}=R_{\mathrm{i}}-R_{\mathrm{ref}}$，则其差频输出为

$$s_{\mathrm{if}}(\hat{t},t_m)=s_{\mathrm{r}}(\hat{t},t_m)\cdot s^{*}(\hat{t},t_m) \tag{3.4}$$

即

$$s_{\mathrm{if}}(\hat{t},t_m)=A\mathrm{rect}\left(\frac{\hat{t}-2R_{\mathrm{t}}/c}{T_{\mathrm{p}}}\right)\mathrm{e}^{-\mathrm{j}\frac{4\pi}{c}\gamma\left(\hat{t}-\frac{2R_{\mathrm{ref}}}{c}\right)R_{\Delta}}\mathrm{e}^{-\mathrm{j}\frac{4\pi}{c}f_{c}R_{\Delta}}\mathrm{e}^{\mathrm{j}\frac{4\pi\gamma}{c^{2}}R_{\Delta}^{2}} \tag{3.5}$$

若暂将讨论限制在一个周期里(即 R_{Δ} 为常数),则式(3.5)在快时间域里为频率与 R_{Δ} 成正比的单频脉冲。如果所需观测的范围为 $[R_{\mathrm{ref}}-\Delta r/2, R_{\mathrm{ref}}+\Delta r/2]$,图 3.1 中也画出了范围两侧边缘处的回波。

通过差频处理,在回波信号与参考信号相干检波时消去了全时间 t,这里隐含了发射载频绝对稳定的前提条件。至于慢时间 t_m 则体现在目标距离 R_i 里,对于一般的动目标,用慢时间计量已够精确。现在再结合图 3.1 的解线频调的差频处理示意图作一些说明,图中纵坐标均为频率,最上面的坐标系中除参考信号外,有远、近两个回波。参考信号与回波作共轭相乘,即作差频处理,回波变成单脉冲信号,且其频率与回波和参考信号的距离差成正比,因而也叫解线频调处理。由中间的坐标系可知 $f_{\mathrm{i}}=-\gamma\frac{2R_{\Delta}}{c}$。因此,对解线频调后的信号作傅里叶变换,便可在频域得到对应的各回波的 sin$c$ 状的窄脉冲,脉冲宽度为 $1/T_{\mathrm{p}}$,而脉冲在频率轴上的位置与 R_{Δ} 成正比$\left(-\gamma\frac{2R_{\Delta}}{c}\right)$,如中间坐标系的左侧所示。

如上所述,变换到频域窄脉冲信号的分辨力为 $1/T_{\mathrm{p}}$,利用 $f_{\mathrm{i}}=-\gamma\frac{2R_{\Delta}}{c}$,可得相应的距离分辨力为 $\rho_{\mathrm{r}}=\frac{c}{2\gamma}\frac{1}{T_{\mathrm{p}}}=\frac{c}{2}\frac{1}{\Delta f}$,相应的时间分辨力为 $1/\Delta f$。

由于用解线频调作脉冲压缩的窄脉冲结果表现在频域里,又把这种方法叫做“视频变换脉冲压缩”。从频率变换到距离(相对于参考点),应乘以系数 $-\frac{c}{2\gamma}$。

以上只是结合图 3.1 作定性说明,再看式(3.5),还是比较复杂的,特别是有三个相位项。为简化分析,由于目标一般移动相对缓慢(在 ISAR 中,雷达不动目标运动;在 SAR 中,雷达运动场景和目标通常不动,目标相对雷达运动的速度为雷达速度在目标方向的投影分量),可设其距离(相对于参考点)R_{Δ} 的快时间 $\hat{t}$(限于一个周期)是固定的,而对慢时间 t_m(跨多个周期)是移动的。上面的定性说明只是讨论一个周期里的脉压,即 R_{Δ} 为定值,因此式(3.5)中的后两个相位项在所讨论的时间里为常数,所需要注意的只是第一个相位项。该项表明变换后得到的脉冲是单频的,其值为 $f_{\mathrm{i}}=-\gamma\frac{2R_{\Delta}}{c}$($f_{\mathrm{i}}$ 称为相干差频,或简称差频),这与上面的定性讨论相一致,通常将这一相位项称为距离项。

R_Δ 对于慢时间 t_m 是变化的,R_Δ 的变化会使对应的距离项中的频率(即式(3.5)中的第一相位项所对应的 f_i)发生改变,同时也使式(3.5)中其他两个相位项的相位不再是固定的,而会发生变化。下面将会看到,第二相位项的相位变化使回波产生多普勒,这是正常的,而第三相位项是解线频调方法所独有的,称为剩余相位(RVP),它会使多普勒有少许改变。

将式(3.5)后两个相位项的相位单独写出,即

$$\Phi_d = -\frac{4\pi}{c}f_c R_\Delta + \frac{4\pi\gamma}{c^2}R_\Delta^2 \tag{3.6}$$

在短的时间里,设 R_Δ 的变化近似是线性的(高次项可以忽略),即 $R_\Delta = R_{\Delta 0} + V_r t_m$,而 $R_\Delta^2 = (R_{\Delta 0} + V_r t_m)^2 \approx R_{\Delta 0}^2 + 2R_{\Delta 0}V_r t_m$。将 R_Δ 和 R_Δ^2 代入式(3.6),得

$$\Phi_d = -\frac{4\pi}{c}f_c(R_{\Delta 0} + V_r t_m) + \frac{4\pi\gamma}{c^2}(R_{\Delta 0}^2 + 2R_{\Delta 0}V_r t_m) \tag{3.7}$$

由此可得多普勒

$$f_d = -\frac{1}{2\pi}\frac{d}{dt}\Phi_d = \frac{2V_r}{c}f_c - \frac{4\gamma}{c^2}R_{\Delta 0}V_r = \frac{2V_r}{c}(f_c + f_{\Delta 0}) \tag{3.8}$$

式中:$f_{\Delta 0} = -\gamma\dfrac{2R_{\Delta 0}}{c}$,即目标相对于参考点的距离为 $R_{\Delta 0}$ 时,解线频调后信号的频率。

如上所述,用解线调频信号得到如图3.1中间坐标系所示的差频信号,其差频值可以表示目标相对于参考点的距离,只是相位项中的RVP项使多普勒值有些差别。从图3.1中间坐标系可见,不同距离的目标回波在时间上是错开的,称之为斜置,而这种时间上的错开并不能带来新的信息,反而在后面的一些应用中带来不便。因此,通常希望将不同距离目标的回波在距离上取齐,而如图3.1下面的坐标系所示,称之为“去斜”处理。去斜的结果RVP项也随之消失。

为完成上述工作,可将式(3.5)的差频信号对快时间(以参考点的时间为基准)作傅里叶变换,由此得到在差频域的表示式:

$$S_{if}(f_i, t_m) = AT_p \operatorname{sinc}\left[T_p\left(f_i + 2\frac{\gamma}{c}R_\Delta\right)\right]e^{-j\left(\frac{4\pi}{c}f_c R_\Delta + \frac{4\pi\gamma}{c^2}R_\Delta^2 + \frac{4\pi}{c}f_i R_\Delta\right)} \tag{3.9}$$

式中:$\operatorname{sinc}(a) = \dfrac{\sin\pi a}{\pi a}$。

式(3.9)的三个相位项中,第一项为前面提到过的多普勒项,这是正常的;第二项为RVP项,而第三项为 $R_\Delta \neq 0$ 时,回波包络“斜置”项,均应去除。但是这两项都与距离 R_Δ 有关,对不同的 R_Δ 应作不同的相位补偿,不过,差频回波变

到差频域后，称为宽度很窄的 sinc 函数，其峰值位于$f_{\mathrm{i}}=-\gamma\frac{2R_{\Delta}}{c}$处，因此当对距离为 R_{Δ} 的目标进行补偿时，只要补偿$f_{\mathrm{i}}=-\gamma\frac{2R_{\Delta}}{c}$处的相位即可。考虑到这一特殊情况，式(3.9)中后两个相位项可写成

$$\Delta\Phi=-\frac{4\pi\gamma}{c^{2}}R_{\Delta}^{2}-\frac{4\pi}{c}f_{\mathrm{i}}R_{\Delta}=\frac{\pi f_{\mathrm{i}}^{2}}{\gamma}\tag{3.10}$$

式(3.10)中，从第一等式到第二等式利用了$\frac{2R_{\Delta}}{c}=-\frac{f_{\mathrm{i}}}{\gamma}$的条件。

于是将式(3.9)乘以下式

$$S_{\mathrm{c}}(f_{\mathrm{i}})=\mathrm{e}^{-\mathrm{j}(\pi f_{\mathrm{i}}^{2}/\gamma)}\tag{3.11}$$

就可将式中的 RVP 和包络斜置的两个相位项去除掉，再通过逆变换变回到时域，就可将图 3.1 中间坐标系的差频回波变成图 3.1 下面坐标系的形式。

在太赫兹雷达系统中，为能够保证对雷达回波信号的无失真恢复重建且减轻对模数转换器的采样压力，一般将发射信号作为参考信号，即有 $R_{\mathrm{i}}=R_{\Delta}$。则去掉 RVP 和包络斜置后，太赫兹雷达在差频域的宽带信号模型为

$$S_{\mathrm{IF}}(f_{\mathrm{i}},t_{m})=AT_{\mathrm{p}}\mathrm{sinc}\left[T_{\mathrm{p}}\left(f_{\mathrm{i}}+2\frac{\gamma}{c}R_{\mathrm{i}}\right)\right]\mathrm{e}^{-\mathrm{j}\frac{4\pi}{c}f_{\mathrm{c}}R_{\mathrm{i}}}\tag{3.12}$$

3.1.2　太赫兹频段宽带目标特性

宽频带信号能为雷达目标识别提供较好的基础。现代雷达，特别是军用雷达希望能对非合作目标进行识别。常规窄带雷达由于距离分辨力限制，一般目标呈现为“点”目标，其波形虽然也包含一定的目标信息，但十分粗糙，不利于进一步识别。太赫兹雷达易实现大带宽信号，信号带宽通常为几吉赫兹到几十吉赫兹，其目标回波为高距离分辨力(HRR)信号，距离分辨力可达厘米甚至毫米级，一般目标(如按真实尺寸缩小的飞机模型)的 HRR 回波信号呈现为一维距离像。

严格计算雷达回波是比较复杂的，当目标的尺寸远远大于雷达的波长时，则目标可用散射点模型近似表示，特别是对一些金属目标，可以用分布在目标表面的一些散射点表示各处对电磁波后向散射的强度。在散射点假设模型下，目标的回波可视为它的众多散射点子回波之和。宽频带雷达一般都采用时宽较大的宽频带信号，其分辨力远小于目标尺寸。在视角相差较大时，即使是同一目标，其一维距离像也会有很大的不同，本节将进行详细的讨论。

非合作目标的运动可分解为平动和转动两个部分，平动时目标相对雷达视

线的姿态固定不变，一维距离像形状不会变化，只是包络有平移。为了研究距离像的方向特性，可暂不考虑平动。

在目标转动过程中，雷达不断发射和接收到回波。将各次距离像回波沿纵向按距离分辨单元离散采样，并依次横向排列，横向（方位向）和纵向（距离向）的顺序分别以 m，n 表示。根据目标的散射点模型，在不发生越距离单元徙动的情况下，在任一个距离单元里存在的散射点不会改变。设第 i 个散射点在第 m 次回波时的径向位移（与第 0 次回波时比较）为 $\Delta r_i(m)$，则第 n 个距离单元的第 m 次回波为

$$x_n(m) = \sum_{i=1}^{L_n} \sigma_i e^{-j[\frac{4\pi}{\lambda}\Delta r_i(m) - \psi_{i0}]} = \sum_{i=1}^{L_n} \sigma_i e^{j\phi_{ni}(m)} \tag{3.13}$$

而

$$\phi_{ni}(m) = -\frac{4\pi}{\lambda}\Delta r_i(m) + \psi_{i0} \tag{3.14}$$

式中：λ 为波长；σ_i 和 ψ_{i0} 分别为第 i 个子回波的振幅和起始相位。

$x_n(m)$ 可以表示为第 m 次回波沿距离（n）分布的复振幅像，而其功率像为

$$(x_n(m))^2 = x_n(m)x_n^*(m) = \sum_{i=1}^{L_n} \sigma_i^2 + 2\sum_{i=2}^{L_n} \sum_{k=1}^{i} \sigma_i\sigma_k\xi_{nik}(m) \tag{3.15}$$

式中

$$\xi_{nik}(m) = \cos[\theta_{nik}(m)] \tag{3.16}$$

$$\theta_{nik}(m) = \phi_{ni}(m) - \phi_{nk}(m) = -\frac{4\pi}{\lambda}[\Delta r_i(m) - \Delta r_k(m)] + (\psi_{i0} - \psi_{k0}) \tag{3.17}$$

式中：$\theta_{nik}(m)$ 为 m 时刻第 n 个距离单元里 i 和 k 两散射点子回波的相位差。

由式（3.15）可见，各个距离单元的回波功率像由两部分组成，第一项是相同子回波自己共轭相乘的自身项，它为各散射点的强度和，与转动无关；第二项是相异子回波共轭相乘的交叉项，它是 m 的函数。这里需要研究的是交叉项中 $\xi_{nik}(m)$ 的统计性质。重写式（3.17）有

$$\theta_{nik}(m) = (\psi_{i0} - \psi_{k0}) - \frac{4\pi}{\lambda}[\Delta r_i(m) - \Delta r_k(m)] = \theta_{nik}(0) + \delta\theta_{nik}(m) \tag{3.18}$$

式中

$$\delta\theta_{nik}(m) = -\frac{4\pi}{\lambda}[\Delta r_i(m) - \Delta r_k(m)] \tag{3.19}$$

即两散射点子回波在 m 时刻相位差为它们在 0 时刻相位差 $\psi_{i0}-\psi_{k0}$ 与此后相位差变化 $\delta\theta_{nik}(m)$ 之和，而考察交叉项随 m 的变化，主要看各个 $\delta\theta_{nik}(m)$ 分量的变化。

如上所述，一维距离功率像与散射点模型有很密切的联系，在实际应用中为了方便，常将复距离像直接取模，得到实数的一维距离像。下面除特别声明外，本书所说的一维距离像均是指实数距离像，而实数振幅距离像的平方即为功率距离像。

由式(3.19)可见，各个距离单元中，位于左右两侧边界处的两个散射点的 $\delta\theta_{nik}(m)$ 变化最大，若该两点之间的横向距离差为 L，则 $\Delta r_i(m)-\Delta r_k(m)=L\Delta\phi(m)$，其中 $\Delta\phi(m)$ 为第 m 个周期时目标的转角。如果最大的 $\delta\theta_{nik}(m)$ 小于 $\pi/2$，即

$$|\delta\theta_{nik}(m)|=\frac{4\pi}{\lambda}L\Delta\phi(m)<\pi/2 \quad 或 \quad \Delta\phi(m)<\frac{\lambda}{8L} \tag{3.20}$$

举个例子，对于太赫兹雷达而言，如 $\lambda=1\text{mm}$，$L=0.4\text{m}$，则 $\Delta\phi(m)<3\times10^{-4}$ 弧度，这时交叉项变化很小，3×10^{-4}rad 约为 0.017°。太赫兹雷达波长为 1mm 时，对飞机模型一类目标成像所需的相干积累角约为 2°，若用 2000 次回波样本进行成像，则相邻两次之间的目标的转角为 0.001°。可以想象，如果目标的转角大于 0.1°，则 $\delta\theta_{nik}$ 的变化可能较大，横向距离差最大的两个点，其 $\delta\theta_{nik}$ 可能大到 3π；而横向紧连的两个点的 $\delta\theta_{nik}$ 仍然很小。对众多的散射点，式(3.15)中的交叉项的各个分量可近似看成为起伏的余弦变化，即整个交叉项随 m 作零均值的随机变化，其相关角度为百分之一度的量级。

举一个实测的例子，雷达工作在 0.34THz，频带为 10GHz，飞机模型置于转台上匀速旋转，雷达以小角度俯视照射飞机模型。图 3.2 是按真实尺寸缩小的飞机模型的距离像，图 3.2(a)～图 3.2(d)依次为第 1、第 10、第 100 和第 1000 次回波的距离像，可见第 1 和第 10 两次回波，因为转角只有 0.01°，两者十分相似，相关系数很高。将图 3.2(c)第 100 次回波与图 3.2(a)相比较，已可看出两者的明显区别；而图 3.2(d)的第 1000 次回波与图 3.2(a)第一次回波的就有很大差别，两者间的转角为 1°，目标相对于雷达的散射点模型基本未发生变化，即图 3.2 中各距离像出现尖峰的位置基本不变，只是这些尖峰的归一化振幅有或大或小的起伏。

3.1.3　宽带目标回波信号分析

在目标相对于雷达的散射点模型基本未变的转角范围里(一般为 10°以内)，为避免发生严重距离单元徙动现象，转角一般限制为 3～5°，这时式(3.15)的结果可以适用，即其自身项不随转角变化，而交叉项则随转角作均值为零的随

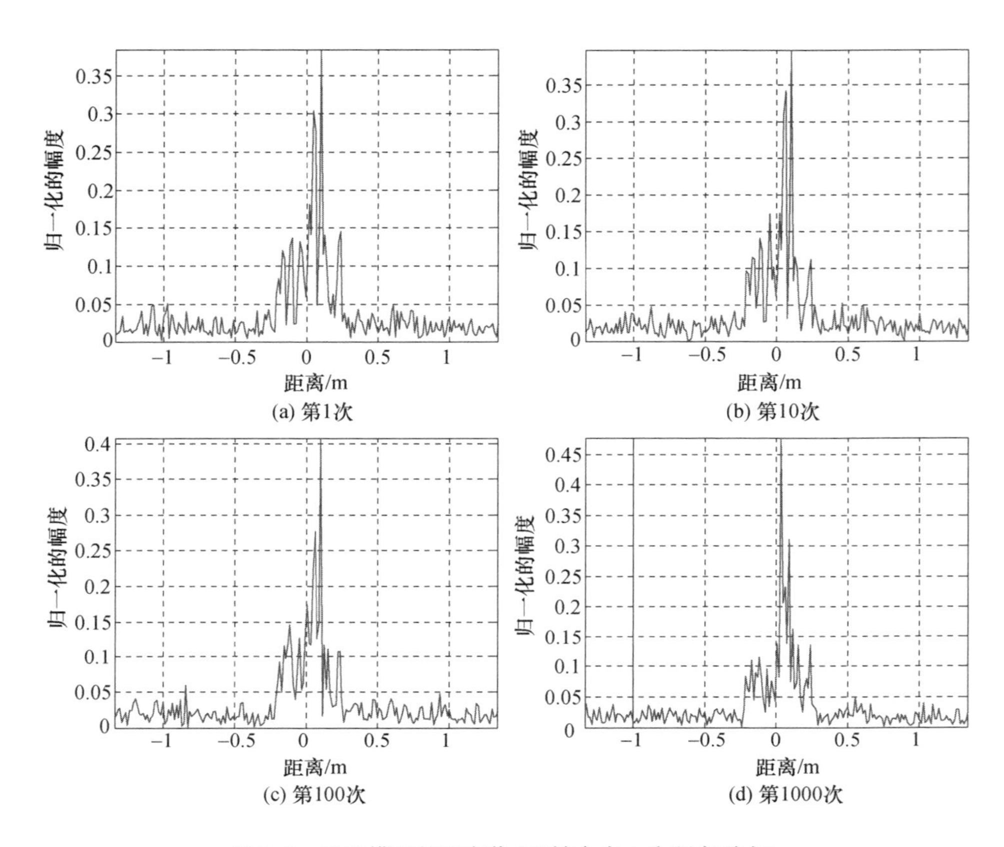

图 3.2　飞机模型的距离像(以转台中心为距离零点)

机变化,其相关转角为百分之一度的量级。因此,在一定的转角范围里,取较多交叉项相关较小的回波(即间隔较大)作平均,交叉项的分量就会减得很小,由于交叉项的各分量具有余弦变化特性(见式(3.16)),取做平均的样本应等角度间隔选取。因此,平均功率距离像基本为它的自身项,它在转角范围内是稳定不变的。当由于交叉项而引起的起伏不很大时,实数振幅距离像也有类似的性质。

仍用与图 3.2 相同的数据,以不同数目作平均而得到的平均距离像如图 3.3所示,图 3.3(d)为用一幅 ISAR 像的全部 2000 次回波作平均。将图 3.3(a)~图 3.3(c)与图 3.3(d)比较可见,只要在全观察角内散布选取样本,用十次回波作平均就能得到该视角范围较为稳定的平均距离像。这是由于式(3.16)的交叉项为余弦型,且初相又是随机的,容易被平均掉。

平均距离像还可从特征分解的主分量近似求得,设第 i 次回波的距离像矢量为 $\boldsymbol{x}_m=[\,|x_1(m)|\quad |x_2(m)|\quad \cdots\quad |x_n(m)|\,]^{\mathrm{T}}(m=0,1,\cdots,M-1)$,则估计

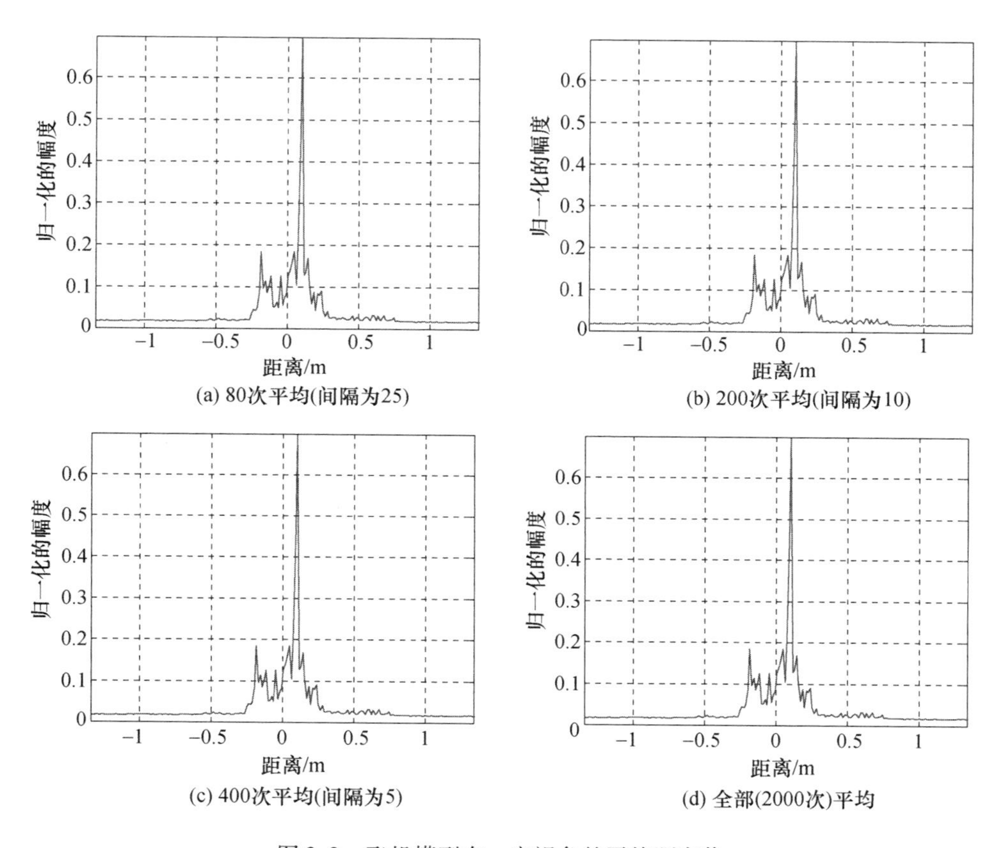

图 3.3　飞机模型在一定视角的平均距离像

得到的协方差矩阵为

$$\boldsymbol{R} = \frac{1}{M}\sum_{m=0}^{M-1}\boldsymbol{x}_m\boldsymbol{x}_m^{\mathrm{T}} \tag{3.21}$$

求 $\boldsymbol{R}$ 最大特征值的特征矢量的距离像，如图 3.4 所示，它与图 3.3(d) 几乎完全一致。特征主分量在信号空间里为一组信号矢量的能量最大的方向，该组信号矢量到它的垂直距离的均方值最小；而平均距离矢量为该组信号矢量至其端点距离的均方值最小。当该组矢量较为集聚时，两者十分接近。

为了说明距离像随目标姿态角的起伏状况，可以使用相关系数对太赫兹频段雷达目标 HRRP 确定模型姿态角敏感性进行分析。给定同一目标在不同姿态角的两个 HRRP，$\boldsymbol{x}_{m_1}$ 和 $\boldsymbol{x}_{m2}$，定义 $\boldsymbol{x}_{m_i}$ 的归一化 HRRP 为

$$\bar{\boldsymbol{x}}_{m_i} = \boldsymbol{x}_{m_i} \Big/ \left[\sum_{n=1}^{N}|x_n(m_i)|^2\right]^{1/2} \tag{3.22}$$

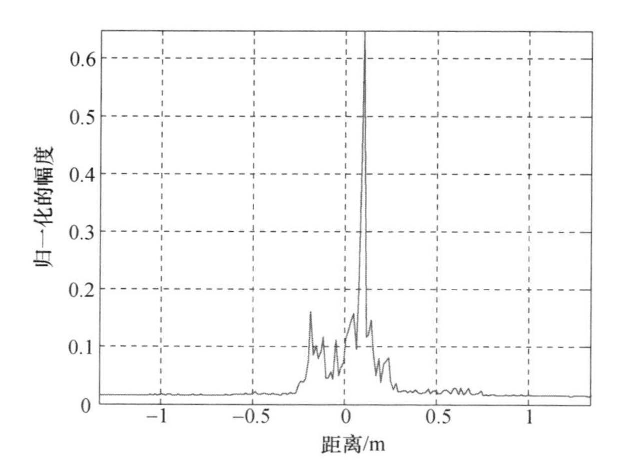

图 3.4　用特征分解主分量得到的飞机模型距离像

时刻 m_1 和 m_2 的归一化 HRRP 间的相关系数定义为

$$C_{12}(\Delta m) = \left| \sum_{n=1}^{N} \bar{x}_n(m_1)\, \bar{x}_n^*(m_2) \right| \tag{3.23}$$

式中：$\Delta m = m_2 - m_1$；$(\cdot)^*$ 为复共轭。明显有 $0 \leqslant C_{12}(\Delta m) \leqslant 1$，并且，只有当 $\boldsymbol{x}_{m_1} = \alpha \boldsymbol{x}_{m_2}$ 时，才有 $C_{12}(\Delta m) = 1$。两个时刻的 HRRP 相似度越高，其相关系数越大。

将飞机模型置于转台之上，并以 1°/s 的速度使其匀速转动，利用工作于不同带宽的太赫兹高分辨力雷达采集其不同姿态角的回波信号，图 3.5 所示为不同带宽下相邻脉冲 HRRP 之间的相关系数，其中实线、点线以及虚线分别是带宽为 4.8GHz、10.08GHz 和 28.8GHz 时的相关系数曲线。

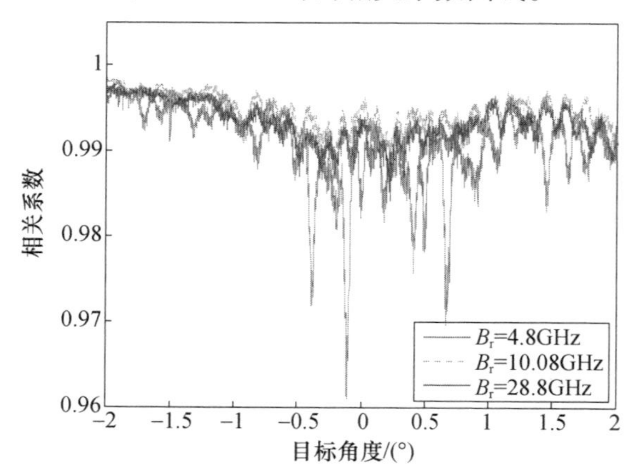

图 3.5　不同带宽下相邻脉冲 HRRP 相关系数

从图3.5中可以看到,在三种带宽条件下,目标相邻脉冲间HRRP的相关系数均大于0.96,由系统参数可知,由于脉冲重复频率为1000Hz,即相邻脉冲间隔为0.001s,在这段时间内,目标姿态角的变化仅为0.001°,可以认为两次照射过程中目标相对于雷达的散射中心模型没有发生变化,而目标的HRRP由散射中心模型决定,由此造成HRRP的相关度较高。

在对不同带宽下的相关系数曲线进行对比时,发现带宽为10.08GHz和28.8GHz的相关系数曲线与带宽为4.8GHz时相比更为稳定,抖动较小。这是由于带宽的增加使得距离单元变窄,造成其中所包含的散射中心数量减少,随之带来的结果是单个距离单元的散射中心模型更为简单,所以随着目标姿态角的变化,含有更多散射中心的距离单元回波的抖动将更加明显。相反的,距离单元中散射中心数量的减少会造成不同姿态角回波的相位差更小,回波幅度更加稳定,从而导致相邻脉冲HRRP间的相关系数抖动更小。

另外,在对单个脉冲HRRP与观测时间内其他脉冲HRRP的相关系数进行分析时,出现了截然不同的结果。如图3.6所示为观测过程中第一个脉冲的HRRP与其他脉冲HRRP间的相关系数。

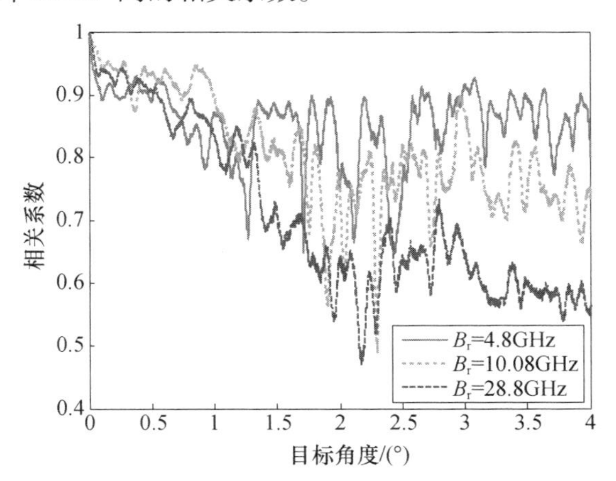

图3.6 不同带宽下相邻脉冲HRRP相关系数

从图3.6中可以看到,当带宽为4.8GHz时,相关系数均处于0.6以上,而随着带宽的增加,其相关系数出现了明显的下降,特别是当姿态角变化达到4°时,带宽为4.8GHz的相关系数仍保持在0.8左右,而带宽为10.08GHz的相关系数已经降至0.7附近,带宽为28.8GHz的相关系数甚至已经低至0.55左右,而且随着带宽的增加,相关系数曲线的下降趋势也愈发明显。这一现象可以利用距离单元徙动进行解释,对于带宽为4.8GHz的情况由于其距离分辨力较低,距离单元较大,所以目标上散射中心不发生距离单元徙动的最大姿态角变化角度较大;而带宽较高时,其对应的最大姿态角变化角度较小。所以,对于相同的目标姿态角变化量,较高的工作带宽更易出现距离单元徙动现象,由此带来的目标HRRP的变化更为明显,HRRP之间的相关系数下降也越快。在图3.6中,当带宽为4.8GHz时,在整个观测过程中首个脉冲HRRP和其他脉冲HRRP的相关系数曲线较高,最小值也在0.7左右;而当带宽增加到10.08GHz时,从横坐标1.75°附近开始,相关系数曲线开始出现大幅的下降。这一现象对于带宽为28.8GHz的相关系数更为明显,对于这一带宽下的相关系数曲线,虽然在目标姿态角变化小于1°时可以保持在0.7以上,但是从这之后开始快速下降,而在目标姿态角为2°~4°时,最大的相关系数仅为0.7左右,而最小值已经低于0.5,说明此时目标的散射中心模型已经发生了巨大的变化,与首个脉冲的HRRP几乎没有相关性可言。

以上实验说明,虽然不同带宽下相邻脉冲间的相关系数较高,但是对于单个脉冲的HRRP而言,其稳定性会随着带宽的增加而出现大幅的降低,即在太赫兹频段目标相邻脉冲间HRRP的姿态角敏感性和单个脉冲HRRP的姿态角稳定性会随着带宽的增加而降低。图3.7所示为不同带宽下提取的目标平均HRRP以及平均HRRP与观测时间内各脉冲HRRP的相关系数。

首先,在图3.7(a)中可以看到,通过主特征矢量提取得到的目标HRRP依旧保存了目标主散射中心的信息,不同带宽下目标HRRP中的主散射中心所占据的距离单元峰值依旧可以明显地分辨出来,而且其具有与静止目标HRRP相同的特性,即随着信号带宽的增加,HRRP中各距离单元的回波信号幅度减弱,且sinc峰主瓣宽度变窄。

从图3.7(b)中可以看到,在不同带宽下目标平均HRRP与观测时间内各脉冲HRRP的相关系数大部分均大于0.7,并且稳定性较高,除了在姿态角为0°附近出现了较大的抖动之外,两侧的相关系数均大于0.8,并且随着带宽的增加,相关系数有所降低。这是由于平均HRRP包含了整个观测时间内目标HRRP的信息,对于带宽为4.8GHz的情况,由于整个观测过程中目标散射中心模型相对稳定,在进行平均之后,散射中心模型与各脉冲的模型没有太大的变化,所以相关系数较高;而对于带宽为10.08GHz和28.8GHz的情况,由于目标的姿态角变化角度远大于其所对应的最大姿态角变化量,在进行平均HRRP提取时,引入了大量相关度较低的HRRP,导致其平均HRRP与各脉冲HRRP间的相关系数较低。对比图3.6和图3.7(b)不难发现,与首个脉冲HRRP的相关系数曲线相比,平均HRRP的相关系数更高,曲线变化更加稳定,所以平均HRRP可以有效抑制太赫兹频段目标HRRP的姿态角敏感性。

为了说明距离像的起伏状况,再作一些补充说明。式(3.15)表示的是一个距离单元的情况,实际上,它随转角的变化(即m变化)与单元内散射点的分布有很大关系。散射点的分布粗略的可分为三类:第一类为分辨单元中只有一个

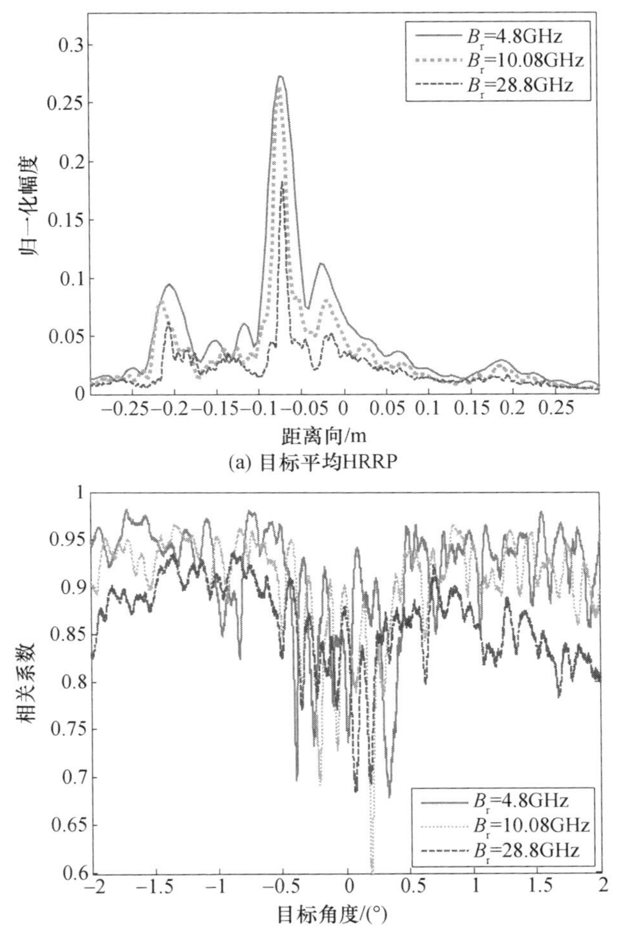

(a) 目标平均HRRP

(b) 目标平均HRRP与观测时间内其他脉冲HRRP相关系数曲线

图 3.7　不同带宽下目标平均 HRRP 与相关系数曲线

大的特显点，其余均为相对小得多的分布点，统称为杂波。这类单元回波的幅值基本由特显点确定，杂波的影响是使幅值有小的起伏。第二类是分布单元里没有特显点，而为众多的小散射点组成的杂波。这类单元回波的幅值是起伏的，基本承瑞利分布。第三类是少数几个特显点，再加上杂波。以两个强度相近的特显点为例，转角变化时，两者的差拍作用会有大的起伏。两者的横距差越大，则起伏也越快。这类单元是距离像中最不稳定的。

当用宽频带信号获得目标一维距离像后，对目标的测速可以借助于相邻回波的滑动互相关处理（相邻周期距离像变化很小），测得一个脉冲周期目标的移动距离，从而推算出目标的瞬时径向速度。这相当于时差法测速，可在很短时间内得到测量值,且不存在多普勒模糊,其测速精度显然高于窄带雷达采用的回波脉冲跟踪法,但低于多普勒测速,因为后者利用载波相位,测距误差比波长小得多。用相继窄带回波的相位差估计(即多普勒测速),再利用宽带信号互相关作多普勒去模糊,是在短时间内精确测速的优选方案。

对于低空目标,地面反射的多径回波是不可避免的,且常常因此而影响雷达的低空性能。当雷达采用宽带信号时,利用它的距离高分辨力,只要将雷达天线架高一些,则较直达回波迟延的多径信号虽然和直达波混在一起,但距离上是可以分辨的。将接收到的复回波(包含直达波和多径信号)作滑动自相关处理,就可从其峰值之间的间隔估计出多径信号较直达波的迟延时间,从而由雷达天线架设的高度计算得到目标的高度。如果目标仰角较高,则(特别是微波雷达)反射多径信号很小,宜采用多波束比幅法对目标测高。

3.2 大多普勒带宽信号

3.2.1 太赫兹雷达多普勒特征建模

1842 年,奥地利数学家、物理学家 Christian Doppler 试图用多普勒原理解释双星的颜色变化。光源由于自身运动引起了明显的颜色变化,光源靠近观察者,颜色会向深蓝色演变;光源远离观察者,颜色向深红色演变。虽然多普勒效应对双星的颜色变化只有些微的影响,但多普勒效应原理是正确的。这是多普勒效应概念首次出现。多普勒效应不仅仅适用于光波,更适用于所有类型的波,包括电磁波。

1843 年,通过观测不同速度运行的火车上演奏的音乐对多普勒效应进行了实验验证。声波波长为 $\lambda = c_{sound}/f$,其中 c_{sound} 为声波在给定介质中的传播速度,f 为声源的频率。如果只有声源以速度 v_s 移动,观测者接收到的频率为

$$f' = \frac{c_{sound}}{c_{sound} \mp v_s} f = \frac{1}{1 \mp v_s/c_{sound}} f \tag{3.24}$$

在 $v_s/c_{sound} \ll 1$ 的情况下,观测者接收到的频率近似为

$$f' = = \frac{1}{1 \mp v_s/c_{sound}} f \simeq \left(1 \pm \frac{v_s}{c_{sound}}\right) f \tag{3.25}$$

如果声源固定,观测者以速度 v_0 移动,则观测者接收到的频率为

$$f' = \frac{c_{sound} \pm v_0}{c_{sound}} f = \left(1 \pm \frac{v_0}{c_{sound}}\right) f \tag{3.26}$$

如果声源和观测者都在运动,则观测者接收到的频率为

$$f' = \frac{c_{\text{sound}} \pm v_0}{c_{\text{sound}} \mp v_s} f = \frac{1 \pm v_0 / c_{\text{sound}}}{1 \mp v_s / c_{\text{sound}}} f \tag{3.27}$$

当声源和观测者相互靠近，式(3.25)分子中“±”号取“+”号，分母中“∓”号取“-”号；当声源与观测者相互远离，式(3.25)分子中“±”号取“-”号，分母中“∓”号取“+”号。

相对于声波在不同介质中的传播速度不同，光波与电磁波的传播速度为同一个常数 c。

由源与观测者之间相对运动引起光（电磁波）的频率（波长）的改变需考虑狭义相对论。必须对多普勒频移进行修正，与洛伦兹变换一致。相对论多普勒效应不同于经典的多普勒效应，因为它包含了狭义相对论的时间膨胀效应，而且并不涉及将波的传播媒介作为参考。

光（电磁波）源 S 的频率为 f，S 沿与观测者 O 视线方向的夹角为 θ_S 方向作直线运动，运动速度为 v_S，如图 3.8 所示。在 t_1 和 t 时刻发射的两个连续波峰之间的时间间隔为

$$\Delta t_S = t_2 - t_1 = \frac{\gamma}{f} \tag{3.28}$$

式中：$\gamma = 1/(1 - v_S^2/c^2)^{1/2}$ 为时间膨胀因子；c 为光（电磁波）的传播速度。观测者接收到两个连续波峰之间的时间间隔为

$$\Delta t_O = \left(t_2 + \frac{r_2}{c}\right) - \left(t_1 + \frac{r_1}{c}\right) = \frac{\gamma}{f}\left(1 - \frac{v_S \cdot \cos\theta_S}{c}\right) \tag{3.29}$$

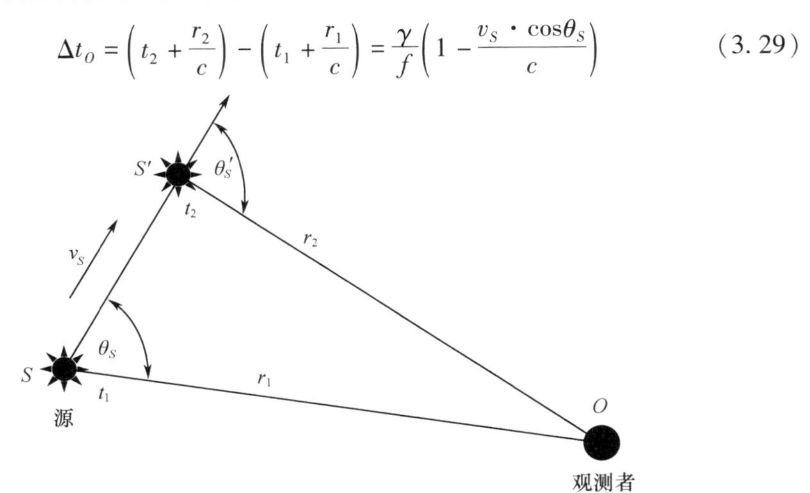

图 3.8　作直线运动的源 S 的多普勒效应

对应观测到的频率为

$$f' = \frac{1}{\Delta t_O} = \frac{1}{\gamma} \frac{f}{1 - \dfrac{v_S \cos\theta_S}{c}} \tag{3.30}$$

在光(电磁波)源移动到 S'位置时,测得光(电磁波)源运动方向与观测者视线的夹角为 θ_S',观测者观测到的频率为

$$f' = \gamma\left(1 + \frac{v_S \cos\theta_S'}{c}\right) f \tag{3.31}$$

θ_S 和 θ_S'的关系为

$$\cos\theta_S = \frac{\cos\theta_S' + v_S/c}{1 + \dfrac{v_S \cdot \cos\theta_S'}{c}} \tag{3.32}$$

或者

$$\cos\theta_S' = \frac{\cos\theta_S - v_S/c}{1 - \dfrac{v_S \cdot \cos\theta_S}{c}} \tag{3.33}$$

如果源与观测者同时移动,如图 3.9 所示,在源发射光(电磁波)的时刻,观测到的频率类似于式(3.25),即

$$f' = \frac{1}{\gamma} \frac{1 \pm \dfrac{v_O \cos\theta_O}{c}}{1 \mp \dfrac{v_S \cos\theta_S}{c}} f \tag{3.34}$$

式中:θ_S 和 θ_O 分别为在源发射光(电磁波)时刻源的运动角度、观测者的运动角度。

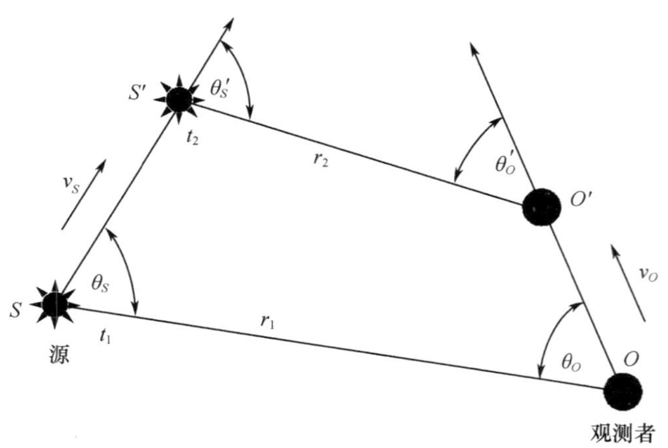

图 3.9 源和观测者都运动情况下的多普勒效应

通常,在给定了源与观测者的相对运动速度 v 的情况下,当源与观测者相互靠近时,观测的频率为

$$f' = \frac{1}{\gamma}\frac{f}{1-\beta} = \sqrt{1-\beta^2}\frac{f}{1-\beta} = \sqrt{\frac{1+\beta}{1-\beta}}f \tag{3.35}$$

式中:$\beta = v/c$。如果源与观测者相互远离,观测到的频率为

$$f' = \sqrt{\frac{1-\beta}{1+\beta}}f \tag{3.36}$$

如果速度 v 相对于电磁波的传播速度 c 足够小,即 $v \ll c$ 或 $\beta = v/c \approx 0$,相对论多普勒频率与经典的多普勒频率相同。

依据麦克劳伦级数

$$\sqrt{\frac{1-\beta}{1+\beta}} = 1 - \beta + \frac{\beta^2}{2} - \cdots \tag{3.37}$$

当源与观测者相互远离时,观测到的频率可近似为

$$f' \simeq (1-\beta)f = \left(1 - \frac{v}{c}\right)f \tag{3.38}$$

这与经典多普勒频移相同。源发射的频率与观测者接收的频率之间的多普勒频移为

$$f_{\mathrm{d}} \simeq f' - f = -\frac{v}{c}f \tag{3.39}$$

多普勒正比于波源发射的频率以及源与观测者之间的相对速度 v。

雷达目标速度 v 通常比电磁波的传播速度 c 小得多,即 $v \ll c$ 或 $\beta = v/c \approx 0$。在单站雷达系统中,波源(雷达发射机)与接收器位于同一位置,电磁波的往返距离是发射机到目标距离的两倍。在这种情况下,电磁波的运动包含了两个部分:从发射机传播到目标,产生了多普勒频移($-fv/c$);从目标返回接收机又产生了多普勒频移($-fv/c$),其中 f 为发射频率。因此,总的多普勒频移为

$$f_{\mathrm{d}} = -f\frac{2v}{c} \tag{3.40}$$

如果雷达静止,速度 v 是目标沿雷达视线的径向速度。目标远离雷达,定义速度为正,多普勒频移为负值。

考虑电磁波波长与频率的关系 $\lambda = c/f$,多普勒频移还可以表述为

$$f_{\mathrm{d}} = -\frac{2v}{\lambda} \tag{3.41}$$

式中:λ 为雷达发射的电磁波波长。

3.2.2 高速目标多普勒特征分析

在这一小节中,首先建立雷达目标多普勒回波信号模型,然后分析高速目标

的太赫兹雷达多普勒特征。

假设目标在雷达径向方向以速度 v 匀速运动，则在 t 时刻目标与雷达的相对距离为

$$R(t) = R_0 + vt \tag{3.42}$$

式中：R_0 为目标与雷达在零时刻的初始距离，且定义目标靠近雷达时，速度为负。

雷达发射信号为

$$s(t) = \exp[\mathrm{j}2\pi f_0 t] \tag{3.43}$$

则在 t 时刻，雷达接收到的回波为

$$s_{\mathrm{r}}(t) = \exp\left[\mathrm{j}2\pi f\left(t - \frac{2R(t)}{c}\right)\right] = \exp\left[-\mathrm{j}2\pi f_0 \cdot \frac{2R}{c}\right] \cdot \exp\left[\mathrm{j}2\pi f_0\left(t - \frac{2vt}{c}\right)\right] \tag{3.44}$$

与发射信号混频，同时对散射系数归一化，基带回波为

$$s_{\mathrm{b}}(t) = \exp\left[-\mathrm{j}2\pi f_0 \cdot \frac{2vt}{c}\right] \tag{3.45}$$

其相位为

$$\Phi(t) = -2\pi f_0 \cdot \frac{2vt}{c} \tag{3.46}$$

多普勒频率为

$$f_{\mathrm{d}} = \frac{1}{2\pi}\frac{\mathrm{d}\Phi(t)}{\mathrm{d}t} = f_0 \cdot \frac{2v}{c} \tag{3.47}$$

从式(3.47)可以看出，对于速度相同的高速目标（导弹、轰炸机），太赫兹雷达观测的多普勒频率要比常规的微波、毫米波雷达观测的多普勒频率大得多。

假设导弹沿雷达径向方向以速度 0.5km/s 的速度靠近雷达，为方便分析，将导弹设为点目标，分别用太赫兹雷达（工作频率 0.34THz）和 X 波段雷达（工作频率 10GHz）观测导弹的多普勒频移。仿真中，采样频率为 4MHz，观测时间为 2s，则其多普勒频率如图 3.10 所示。

从图 3.10 可以看出，太赫兹雷达观测到的多普勒频移 1.133MHz 是 X 波段雷达观测到的多普勒频移 33kHz 的 34 倍。太赫兹雷达的大多普勒带宽为系统实现和信号处理带来了一定的困扰。例如，在对高机动目标 ISAR 成像时，要实现对方位向多普勒的无失真重建，信号采样频率需满足 Nyquist 采样定理，进而要求提高 PRF，为系统实现增加难度，否则容易发生混叠，增加信号处理的难度。

但太赫兹雷达的大多普勒特点对于目标微动特征的识别是非常有利的，例如利用太赫兹雷达对弹道导弹目标的振动、自旋等微动特征进行估计，结合数据

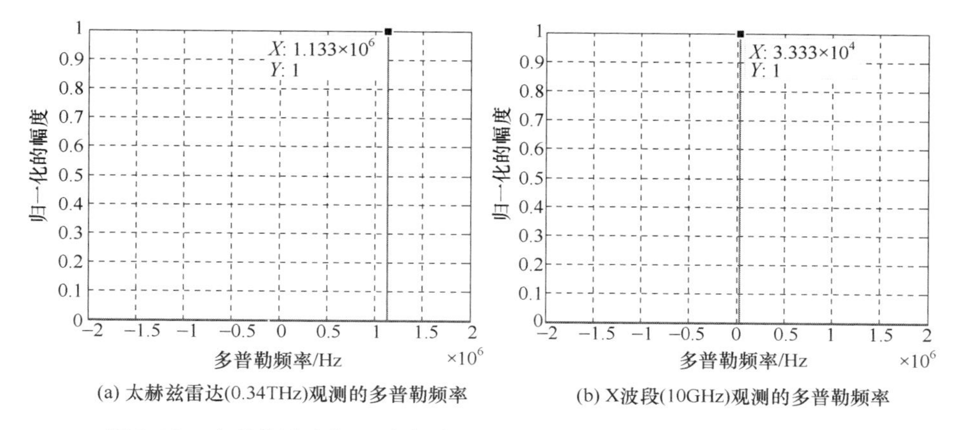

图 3.10　太赫兹雷达与 X 波段雷达观测同一高速目标的多普勒频率对比

库，可以识别真假目标。

3.2.3　微动目标多普勒特征分析

当雷达发射电磁信号时，信号遇到目标会反射回来，由雷达天线接收，目标的运动特性就会体现在雷达回波的相位信息中。目标或目标组成部分在相对雷达径向运动时伴随的振动、转动和匀加速运动等微小运动会对雷达回波的频谱产生调制，这种现象称为微多普勒效应。生活中的微多普勒现象有很多，如人和动物的心跳呼吸，自行车踏脚板的旋转，人行走时手和脚的摆动，坦克车履带的转动等。微多普勒效应可以用来帮助确定目标的动态特性，也提供了一种新的目标特征分析方法，研究目标的微多普勒特征对目标检测和目标识别有很大的帮助，尤其是在太赫兹频段，目标的微多普勒特性更加明显。

如图 3.11 所示，以雷达为原点 Q 建立雷达坐标系（U,V,W），目标位于局部坐标系（x,y,z），目标坐标系相对于雷达坐标系存在平移和旋转运动，同时建立

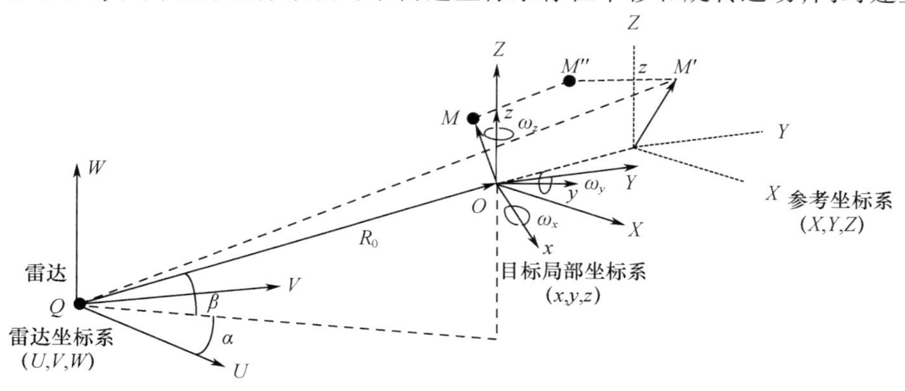

图 3.11　旋转进动目标几何示意图

一个参考坐标系(X,Y,Z)，它跟目标局部坐标系有相同的原点，且与目标之间存在相同的平移运动，但相对于雷达坐标系不转动。参考坐标系的原点 O 与雷达的距离为 R_0。

假设目标是一个刚体，它相对于雷达的平动速度为 V，旋转角速度为 ω，它在目标局部坐标系中表示为 $\boldsymbol{\omega}=[\omega_x \quad \omega_y \quad \omega_z]^{\mathrm{T}}$，在参考坐标系为 $\boldsymbol{\omega}=[\omega_X \quad \omega_Y \quad \omega_Z]^{\mathrm{T}}$。若目标在零时刻位于点 M，在 t 时刻时，目标运动到点 M'，则这一运动可分为两个阶段，第一阶段是目标先从 M 以速度 V 平移到 M''，第二阶段是从 M'' 以角速度转动到 M'。从参考坐标系观察，M 点的坐标为 $\boldsymbol{r}_0=[X_0 \quad Y_0 \quad Z_0]^{\mathrm{T}}$，在 t 时刻，目标运动到点 M'。

$$r=O'M'=\mathfrak{R}_{\mathrm{t}}\cdot O'M''=\mathfrak{R}_{\mathrm{t}}r_0 \tag{3.48}$$

式中：$\mathfrak{R}_{\mathrm{t}}$为一旋转矩阵。$Q$ 处雷达到质点 M'的距离矢量可推导为

$$QM'=QO+OO'+O'M'=R_0+Vt+\mathfrak{R}_{\mathrm{t}}r_o \tag{3.49}$$

则 Q 到 M 的距离可表示为

$$r(t)=\|R_0+Vt+\mathfrak{R}_{\mathrm{t}}r_0\| \tag{3.50}$$

目标回波的基带信号为

$$s_{\mathrm{r}}(t)=\sigma\exp\left\{\mathrm{j}2\pi f\frac{2r(t)}{c}\right\}=\sigma\exp\{\mathrm{j}\Phi[r(t)]\} \tag{3.51}$$

式中：σ 为散射点的散射系数。基带信号的相位为

$$\Phi[r(t)]=2\pi f\frac{2r(t)}{c} \tag{3.52}$$

将相位对时间求导，可以得到目标微动引起的多普勒频移为

$$\begin{aligned}f_{\mathrm{d}}&=\frac{1}{2\pi}\frac{\mathrm{d}\Phi(t)}{\mathrm{d}t}=\frac{2f}{c}\frac{\mathrm{d}}{\mathrm{d}t}r(t)\\&=\frac{2f}{c}\frac{1}{2r(t)}\frac{\mathrm{d}}{\mathrm{d}t}[(R_0+Vt+\mathfrak{R}_{\mathrm{t}}r_0)^{\mathrm{T}}(R_0+Vt+\mathfrak{R}_{\mathrm{t}}r_0)]\\&=\frac{2f}{c}\left[V+\frac{\mathrm{d}}{\mathrm{d}t}(\mathfrak{R}_{\mathrm{t}}r_0)\right]^{\mathrm{T}}\boldsymbol{n}\end{aligned} \tag{3.53}$$

式中：$\boldsymbol{n}=(R_0+Vt+\mathfrak{R}_{\mathrm{t}}r_0)/(\|R_0+Vt+\mathfrak{R}_{\mathrm{t}}r_0\|)$为 QM'方向的单位矢量。

在参考坐标系中，转动角速度矢量为 $\boldsymbol{\omega}=[\omega_x \quad \omega_y \quad \omega_z]^{\mathrm{T}}$，目标以角速度 $\Omega=\|\boldsymbol{\omega}\|$绕着单位矢量 $\boldsymbol{\omega}'=\boldsymbol{\omega}/\|\boldsymbol{\omega}\|$ 转动，假设在一很小的时间段旋转运动可视为无穷小量，可得到旋转矩阵为

$$\mathfrak{R}_{\mathrm{t}}=\exp\{\hat{\boldsymbol{\omega}}t\} \tag{3.54}$$

式中：$\hat{\boldsymbol{\omega}}$为 $\boldsymbol{\omega}$ 的反对称矩阵，式(3.51)中的多普勒频移可表示为

$$\begin{aligned} f_{\mathrm{d}} &= \frac{2f}{c}\left[V + \frac{\mathrm{d}}{\mathrm{d}t}(\mathrm{e}^{\hat{\omega}t} r_0) \right]^{\mathrm{T}} \boldsymbol{n} = \frac{2f}{c}(V + \hat{\boldsymbol{\omega}} \mathrm{e}^{\hat{\boldsymbol{\omega}}t} r_0)^{\mathrm{T}} \boldsymbol{n} \\ &= \frac{2f}{c}(V + \hat{\boldsymbol{\omega}} r)^{\mathrm{T}} \boldsymbol{n} = \frac{2f}{c}(V + \boldsymbol{\omega} \times r)^{\mathrm{T}} \boldsymbol{n} \end{aligned} \tag{3.55}$$

如果 $\| R_0 \| \geqslant \| Vt + \mathfrak{R}_{\mathrm{t}} r \|$，则雷达视线的单位矢量 $\boldsymbol{n}$ 可近似表示为 $\boldsymbol{n} = R_0 / \| R_0 \|$，多普勒频移近似为

$$f_{\mathrm{d}} = \frac{2f}{c}[V + \boldsymbol{\omega} \times r]_{\mathrm{radial}} \tag{3.56}$$

其中第一项是由平动产生的多普勒频移；第二项是由旋转产生的多普勒，即

$$f_{\mathrm{micro-Doppler}} = \frac{2f}{c}[\boldsymbol{\omega} \times r]_{\mathrm{radial}} \tag{3.57}$$

自然界中，目标的微动形式多种多样，但振动和旋转运动是其中最为基本的两种微动形式。目前，关于微多普勒效应的分析工作基本是围绕着这两种微动形式进行，下面分别对振动和旋转点目标的微多普勒模型进行分析推导。

振动目标的几何示意图如图 3.12 所示，以雷达为原点 Q 建立雷达坐标系 (U,V,W)，一点目标 M 以 O 点为中心做振动运动，以 O 为原点建立参考坐标系 (X,Y,Z)，它与雷达的径向距离为 R_0。假设中心点 O 相对于雷达不动，O 点相对于雷达的方位角和仰角分别为 α 和 β，则可得到 O 点在雷达坐标系 (U,V,W) 的坐标为 $(R_0\cos\alpha\cos\beta, R_0\sin\alpha\cos\beta, R_0\sin\beta)$。

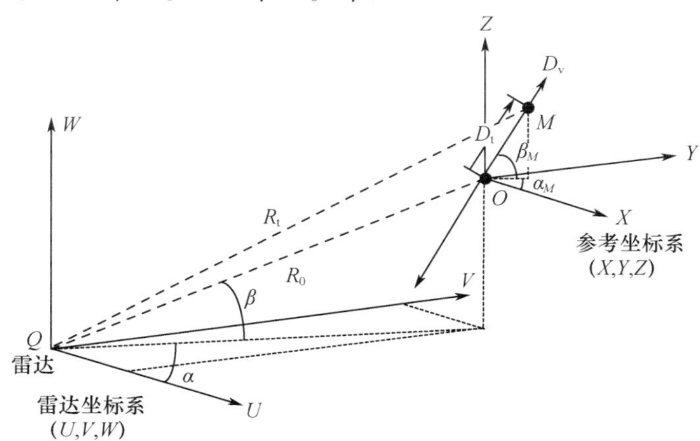

图 3.12　振动目标的几何示意图

雷达视线上的单位矢量为

$$\boldsymbol{n} = [\cos\alpha\cos\beta \quad \sin\alpha\cos\beta \quad \sin\beta]^{\mathrm{T}} \tag{3.58}$$

假设点目标 M 的振动频率为 f_v，振幅为 D_v，在参考坐标系 (X,Y,Z) 中振动方向的方位角和仰角分别为 α_M 和 β_M。则雷达到点目标的距离矢量为 $\boldsymbol{R}_t=\boldsymbol{R}_0+\boldsymbol{D}_t$，雷达到点目标 M 的距离可以表示成

$$R_t=|R_t|=[(R_0\cos\alpha\cos\beta+D_t\cos\alpha_M\cos\beta_M)^2+(R_0\sin\alpha\cos\beta+D_t\sin\alpha_M\cos\beta_M)^2+(R_0\sin\beta+D_t\sin\beta_M)^2]^{1/2} \tag{3.59}$$

当中心点 O 的方位角 α 和点目标 M 的仰角 β_M 都为 0 时，对于 $R_0>>D_t$，可以得到

$$R_t=(R_0^2+D_t^2+2R_0D_t\cos\alpha_M\cos\beta)^{1/2}\simeq R_0+D_t\cos\alpha_M\cos\beta \tag{3.60}$$

因为点目标的振动频率为 $\omega_v=2\pi f_v$，振幅为 D_v，则 $D_t=D_v\sin\omega_v t$，式(3.60)可以写成

$$R(t)=R_t=R_0+D_v\sin\omega_v t\cos\alpha_M\cos\beta \tag{3.61}$$

雷达接收到的信号为

$$s_r(t)=\sigma\exp\left\{j\left[2\pi ft+4\pi\frac{R(t)}{\lambda}\right]\right\}=\sigma\exp\{j[2\pi ft+\Phi(t)]\} \tag{3.62}$$

式中：$\Phi(t)=\dfrac{4\pi R(t)}{\lambda}$为相位调制函数。将式(3.59)代入式(3.60)，令 $B=\dfrac{4\pi}{\lambda}\cdot D_v\cos\alpha_M\cos\beta$，雷达回波可以写成

$$s_r(t)=\sigma\exp\left\{j\frac{4\pi}{\lambda}R_0\right\}\exp[j2\pi ft+B\sin\omega_v t] \tag{3.63}$$

在 $t=0$ 时刻，在坐标系 (X,Y,Z) 中散射点 M 位于 $[X_0\quad Y_0\quad Z_0]^T$，在 t 时刻时，它的位置为

$$\begin{bmatrix}X\\Y\\Z\end{bmatrix}=D_v\sin(2\pi f_v t)\begin{bmatrix}\cos\alpha_M\cos\beta_M\\\sin\alpha_M\cos\beta_M\\\sin\beta_M\end{bmatrix}+\begin{bmatrix}X_0\\Y_0\\Z_0\end{bmatrix} \tag{3.64}$$

散射点 M 由振动引起的速度可表示为

$$\boldsymbol{v}=2\pi D_v f_v\cos(2\pi f_v t)[\cos\alpha_M\cos\beta_M\quad \sin\alpha_M\cos\beta_M\quad \sin\beta_M]^T \tag{3.65}$$

由式(3.55)可得，振动引起的微多普勒频移为

$$f_{\text{micro-Doppler}}=\frac{2f}{c}(\boldsymbol{v}^T\cdot n)=\frac{4\pi ff_vD_v}{c}[\cos(\alpha-\alpha_M)\cos\beta\cos\beta_M+\sin\beta\sin\beta_M]\cos(2\pi f_v t) \tag{3.66}$$

当方位角 α 和仰角 β_M 都为 0 时，有

$$f_{\text{micro-Doppler}}=\frac{4\pi f f_{\mathrm{v}} D_{\mathrm{v}}}{c}\cos\alpha_M\cos\beta\cos(2\pi f_{\mathrm{v}}t) \tag{3.67}$$

旋转目标的几何示意图如图 3.13 所示，以雷达为原点 Q 建立雷达坐标系 (U,V,W)，目标坐标系为 (x,y,z)，参考坐标系 (X,Y,Z)，它与雷达的径向距离为 R_0。假设在雷达坐标系中的方位角和仰角分别为 α 和 β，雷达视线上的单位矢量与式(3.56)相同。

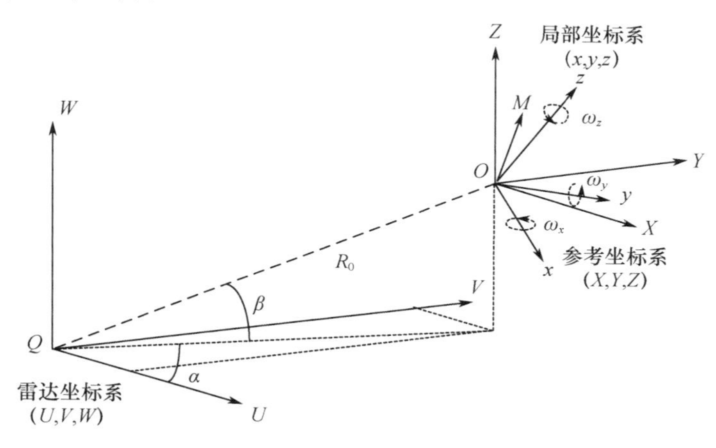

图 3.13　旋转目标的几何示意图

由于目标的旋转运动，坐标系 (x,y,z) 中的目标上的散射点将运动到参考坐标系 (X,Y,Z) 中一个新的位置，这个位置可以由它的初始位移矢量乘以一个由欧拉角 (ϕ,θ,φ) 决定的旋转矩阵计算出来。其中角 ϕ 和 φ 都绕 z 轴转动，角 θ 绕 x 轴转动。

初始旋转矩阵的定义如下

$$\mathfrak{R}_{\text{Init}}=\begin{bmatrix} a_{11} & a_{12} & a_{13} \\ a_{21} & a_{22} & a_{23} \\ a_{31} & a_{32} & a_{33} \end{bmatrix}=\begin{bmatrix} \cos\phi & -\sin\phi & 0 \\ \sin\phi & \cos\phi & 0 \\ 0 & 0 & 1 \end{bmatrix}$$

$$\times\begin{bmatrix} 1 & 0 & 0 \\ 0 & \cos\theta & -\sin\theta \\ 0 & \sin\theta & \cos\theta \end{bmatrix}\begin{bmatrix} \cos\varphi & -\sin\varphi & 0 \\ \sin\varphi & \cos\varphi & 0 \\ 0 & 0 & 1 \end{bmatrix} \tag{3.68}$$

从目标的局部坐标系看去，当目标绕着轴线 x,y,z 以角速度 $\boldsymbol{\omega}=[\omega_x \quad \omega_y \quad \omega_z]^{\mathrm{T}}$ 转动，在目标局部坐标系 $\boldsymbol{r}_0=[x_0 \quad y_0 \quad z_0]^{\mathrm{T}}$ 的点 M 运动到参考坐标系的一个新位置 $\mathfrak{R}_{\text{Init}}\cdot\boldsymbol{r}_0$，此时旋转单位矢量变成

$$\boldsymbol{\omega}' = [\omega_x' \quad \omega_y' \quad \omega_z']^{\mathrm{T}} = \frac{\mathfrak{R}_{\mathrm{Init}} \cdot \boldsymbol{\omega}}{\|\boldsymbol{\omega}\|} \tag{3.69}$$

式中:角速度标量为 $\Omega = \|\boldsymbol{\omega}\|$。

在 t 时刻,旋转矩阵为

$$\mathfrak{R}_{\mathrm{t}} = I + \hat{\boldsymbol{\omega}}'\sin\Omega t + \hat{\boldsymbol{\omega}}'^2(1-\cos\Omega t) \tag{3.70}$$

式中:$\hat{\boldsymbol{\omega}}'$为一反对称矩阵

$$\hat{\boldsymbol{\omega}}' = \begin{bmatrix} 0 & -\omega_z' & -\omega_y' \\ \omega_z' & 0 & -\omega_x' \\ -\omega_y' & \omega_x' & 0 \end{bmatrix} \tag{3.71}$$

在参考坐标系(X,Y,Z)中,在 t 时刻,点 M 从初始位置运动到一个新的位置 $\boldsymbol{r} = \mathfrak{R}_{\mathrm{t}} \cdot \mathfrak{R}_{\mathrm{Init}} \cdot \boldsymbol{r}_0$。由式(3.54)可得,旋转运动造成的多普勒频移近似为

$$\begin{aligned} f_{\mathrm{d}} &= \frac{2f}{c}[\Omega\boldsymbol{\omega}' \times \boldsymbol{r}]_{\mathrm{radial}} = \frac{2f}{c}(\Omega\hat{\boldsymbol{\omega}}'\boldsymbol{r})^{\mathrm{T}} \cdot \boldsymbol{n} \\ &= \frac{2f}{c}[\Omega\hat{\boldsymbol{\omega}}\mathfrak{R}_{\mathrm{t}} \cdot \mathfrak{R}_{\mathrm{Init}} \cdot \boldsymbol{r}_0]^{\mathrm{T}} \cdot \boldsymbol{n} \\ &= \frac{2f\Omega}{c}\{[\hat{\boldsymbol{\omega}}'^2\sin\Omega t - \hat{\boldsymbol{\omega}}'^3\cos\Omega t \\ &\quad + \hat{\boldsymbol{\omega}}'(I + \hat{\boldsymbol{\omega}}'^2)]\mathfrak{R}_{\mathrm{Init}} \cdot r_0\}^{\mathrm{T}} \cdot \boldsymbol{n} \end{aligned} \tag{3.72}$$

如果反对称矩阵$\hat{\boldsymbol{\omega}}'$是由一个单位矢量定义,则$\hat{\boldsymbol{\omega}}'^3 = -\hat{\boldsymbol{\omega}}'$,由旋转引起的微多普勒频移为

$$f_{\mathrm{micro-Doppler}} = \frac{2f\Omega}{c}[\hat{\boldsymbol{\omega}}'(\hat{\boldsymbol{\omega}}'\sin\Omega t + I\cos\Omega t)\mathfrak{R}_{\mathrm{Init}} \cdot \boldsymbol{r}_0]_{\mathrm{radial}} \tag{3.73}$$

3.3 时频域分析

3.3.1 时频信号分析简介

在传统的信号处理中,人们分析和处理信号最常用也是最直接的方法是傅里叶变换。傅里叶变换及其反变换建立了信号时域与频域之间变换的桥梁。时域和频域构成了观察信号的两种方式,基于傅里叶变换的信号频域表示及其能量的频域分布揭示了信号的频域特征。但是,傅里叶变换是一个整体变换,在整体上将信号分解为不同频率分量,对信号的表征要么完全在时域,要么完全在频域,作为频域表征的功率谱不能表述出某种频率分量出现在什么时间及其变化

情况。然而在实际应用场合中,遇到的大多数信号都是非平稳的,其统计量是一个时变函数,对信号进行单一时域或频域分析远远不能满足实际处理的需要,这时最希望得到的是信号频谱随时间的变化情况。为了分析和处理非平稳信号,人们对傅里叶变换进行了推广乃至根本性的革命。提出并发展了一系列的信号处理方法,联合时频分析就是其中一种重要的方法。

时频分析作为一种新兴的信号处理方法,近年来受到越来越广泛的重视。时频分析或称时频分布,是描述信号频率随时间变化的信号处理方法。采用时间-频率联合表示信号,将一维的时间信号映射到一个二维的时频平面,在时频域内对信号进行分析,全面反映观测信号的时频联合特征,同时掌握信号的时域及频域信息,而且可以清楚地了解信号的频率是如何随时间变化的。

时频分布主要可分为线性时频表示与二次型时频表示,线性时频表示由傅氏谱转化而来,其特点是线性变换,典型形式为短时傅里叶变换、Gabor变换、小波分析。二次型时频表示是一类应用广泛的时频分布,这种时频分布的二次型具有独特的优点,因为信号的二次型就是信号能量的表示,故这种能量化的时频表示与能量的相关概念有密切联系。此外,还有些新的时频分析算法,如经验模态分解(EMD)算法等。

Wigner-Ville(WVD)是时频分析算法中最基础、最重要的一种,它的基本概念是Wigner于1932年在量子力学中提出来的,Ville在1948年将其推广到信号处理领域。1973年,De. Bruijin对WVD作了评述,并给出了将WVD用于信号变换的新的数学基础。在20世纪80年代后对WVD的研究骤然引起了人们的兴趣,发表的论文很多,取得了一些可喜的成绩。但是由于它的双线性,对于多分量信号来讲,它的WVD除了各分量的WVD外,还存在着附加项,即交叉项(cross-term)。交叉项的存在严重影响了人们对WVD的理解,阻碍了WVD的发展。1966年,Cohen给出了各种时频分布的统一表示形式,时频分布的形式由核函数来决定。在1989年,Choi和Winiams提出了能够消除交叉项的时频分布——Choi-Williams分布,人们由此开始注意研究核函数的性质,通过对核函数的设计来产生所需要的分布特性。能够由Cohen的核函数产生的时频分布被称为“Cohen类双线性时频分布”。WVD是其中最简单的形式,并具有很好的性质,是人们研究的重点。

由于信号的时域与频域联合分析对时变非平稳信号分析的独特优势,它在许多领域有广泛的应用,如雷达、通信和检测等方面,并且取得了很好的应用效果。传统的信号估计主要研究对象是平稳信号,这在很大程度上难以满足实际应用需求,例如瞬时频率的概念。瞬时频率是工程中十分重要的概念,在通信(频率调制)、声纳和雷达中是一个极其重要的参数。在传统信号处理中信号的频率表示信号包含了哪些频率分量,不能表示频率与时间的关系,而在实际应用中大多数所遇到的信号都为非平稳信号,信号频率是随时间变化的,只是简单地对信号作傅里叶变换,不能表示出它们之间的关系,瞬时频率的引入就弥补了这一缺陷。许多方法被广泛地应用于对信号瞬时频率的研究,如直接定义法、过零估计法、时频分析估计法等,其中时频分析法相比其他方法能够得到更好的效果。时频分析不但可应用于非平稳信号瞬时频率的估计,也可应用于信号检测方面的研究。利用时频分析的方法可对信号进行检测,也可对瞬时频率、信号多普勒及方位进行估计,并且这种方法在信噪比低的情况下也可以达到很好的效果。

时频分布的基本任务是建立一个函数,要求这个函数能够同时用时间和频率来描述信号的能量密度。如果有了这样的一个分布,就可以计算某一确定的频率和时间范围内能量的百分率、计算某一特定时刻的频率密度、计算该分布的整体和局部的各阶矩。在时频单元 $\Delta t\Delta f$ 内的部分能量在理想的情况下,时间和频率的联合密度应该满足

$$\int P(t,f)\mathrm{d}f = |s(t)|^2 \tag{3.74}$$

$$\int P(t,f)\mathrm{d}t = |s(f)|^2 \tag{3.75}$$

式(3.74)和式(3.75)定义为时间和频率的边界条件。因为时频分布对时变非平稳信号分析的独特优势,引起了人们广泛的关注,许多时频分布形式被提了出来,这些分布有各自的特点,在不同的领域有着广泛的应用。下面重点讨论其中最基本、最重要的两种形式:短时傅里叶变换、Wigner - ville 分布。

短时傅里叶变换(STFT)是用随时间变化的频率成分来分析信号的最常用的方法,STFT 的基本思想是:用窗函数来截取信号,假定信号在窗内是平稳的,采用傅里叶变换来分析窗内信号,以便确定在哪个时间存在的频率,然后沿着信号移动窗函数,得到信号频率随时间的变化关系,这就得到了所需要的时频分布。其表达式为

$$\mathrm{STFT}(t,\omega) = \int z(t')\, w(t'-t)\exp\{-\mathrm{j}\omega t'\}\mathrm{d}t' \tag{3.76}$$

从式(3.76)可以看出 STFT 与傅里叶变换的区别仅仅在于多了一个窗函数 $w(t)$,STFT 实际上就是将信号在较短时间内进行傅里叶变化。显然如果无穷长的矩形窗函数 $w(t)=1$,那么短时傅里叶变换就退化为传统的傅里叶变换。

然而有两个主要的困难是短时傅里叶变换无法克服的:一是窗函数的选择问题。注意到对于特定的信号,选择特定的窗函数可能会得到更好的效果。如果要分析包含两个分量以上的信号,就很难选取一个窗函数同时满足几种不同的要求。二是对于窗函数长度的选择问题。窗函数的长度与频谱的频率分辨力

有直接的联系。要得到好的频域效果,就要求有较长的信号观测时间(窗函数长),那么对于变化很快的信号,将失去时间信息,不能正确反映频率与时间变化的关系;反之,如果窗函数取得很短,虽然可以得到好的时域效果,但根据Heisenberg不确定原理,这必将在频率上付出代价,所得到信号的频带将展宽,频域的分辨力下降。

STFT的窗函数可以为Hamming窗、Kaiser窗、高斯窗等。其中,利用高斯窗作为窗函数的STFT称为Gabor变换。

信号$z(t)$的Gabor变换可以表示为

$$G(t,\omega) = \int z(t')g(t'-t)\mathrm{e}^{-\mathrm{j}\omega t'}\mathrm{d}t' \tag{3.77}$$

式中:$g(t')$为高斯函数;$g(t'-t)$为一个时间局部化的"窗函数",t用于平行移动窗口以便覆盖整个时域。

从式(3.77)中可以看出,Gabor变换与STFT对于信号处理方法是相同的,唯一不同之处在于Gabor变换指定将高斯窗作为窗函数。高斯函数满足测不准原理,在所有可能的窗口函数中,高斯窗口函数能得到最好的时频效果。

STFT、Gabor变换是典型的线性时频分析方法,其时间分辨力和频率分辨力不可能同时达到最好,这使它们的应用受到了制约。为了获得更好的效果,应当考虑采用更为合适的分析方法。

Wigner-Ville时频分布(WVD)是一种最基本的非线性表示。这种分布最初是由Wigner在量子力学提出的,信号$z(t)$的Wigner-Ville分布表示为

$$W_z(t,f) = \frac{1}{2\pi}\int_{-\infty}^{+\infty} z(t+\tau)z^*(t-\tau)\mathrm{e}^{-\mathrm{j}2\pi f\tau}\mathrm{d}\tau \tag{3.78}$$

式中:$z(t)$为信号$x(t)$的解析信号;$H[x(t)]$为信号$x(t)$的希尔伯特变化。

$$z(t) = x(t) + \mathrm{j}\int_{-\infty}^{+\infty}\frac{x(u)}{t-u}\mathrm{d}u = x(t) + \mathrm{j}H[x(t)] \tag{3.79}$$

式(3.76)也可以用$z(t)$的频谱$Z(f)$表示为

$$W_z(t,f) = \int_{-\infty}^{\infty} Z^*\left(f+\frac{v}{2}\right)Z\left(f-\frac{v}{2}\right)\exp(-\mathrm{j}2\pi t v)\mathrm{d}v \tag{3.80}$$

Winger分布是第一种被广泛研究、真正意义上的时频分析方法,可以说Winger分布是时频分布的基础。WVD中,由于$z(t)$出现了两次,所以又称其为双线性变换。式(3.80)中不含有任何的窗函数,因此避免了短时傅里叶变换时间分辨力、频率分辨力相互牵制的矛盾。

WVD具有很多性质,但分析信号时主要利用的是能量沿瞬时频率集中的性

质。时频分布的能量集中在其瞬时频率周围,特别是对频率调制或幅度调制很小的信号。在信号的瞬时频率估计中,就是利用了该点性质,通过对信号时频谱峰值的估计来得到信号的瞬时频率。

WVD 有很多优点,但是两个信号的 Winger 分布除了各自的 Winger 分布之和外,还要加上两个信号的互 Winge - Ville 分布。

$$s(t)=s_1(t)+s_2(t) \tag{3.81}$$

其 Winger - Ville 分布为

$$W(t,f)=W_{11}(t,f)+W_{22}(t,f)+W_{12}(t,f)+W_{21}(t,f) \tag{3.82}$$

式中

$$W_{12}(t,f)=W_{21}(t,f)=\frac{1}{2\pi}\int_{-\infty}^{+\infty}z(t-\tau/2)z^*(t+\tau/2)\mathrm{e}^{-\mathrm{j}2\pi f\tau}\mathrm{d}\tau$$

这些互 Winge - Ville 分布是信号分布的干扰,称其为交叉项,它们是由 Winger - Ville 分布的非线性引起的。由于 Wigner - Ville 变换的双线性,在分布中引入了交叉项,这影响了 Wigner - Ville 分布的直观表示,而且使得从分布中提取有用信息的过程变得复杂。自项和交叉项会有多种组合形式,同时交叉项可能出现在自项的位置,使自项分布受到干扰。这些都是在实际应用中要避免的,例如在基于时频分析的瞬时频率估计中,它的原理就是对能量集中的峰值进行估计来确定频率的变化,若有交叉项出现将会影响得到正确的峰值估计量。

Winge - Ville 分布的交叉项具有振荡特性,为了减小交叉项的干扰,可以在时域上叠加一个窗函数将其平滑处理,这样就得到了伪 Wigner - Ville 分布(PWVD),即

$$PW_z(t,f)=\int_{-\infty}^{+\infty}h(\tau)\cdot z\left(t+\frac{\tau}{2}\right)\cdot z^*\left(t-\frac{\tau}{2}\right)\mathrm{e}^{-\mathrm{j}2\pi f\tau}\mathrm{d}\tau \tag{3.83}$$

式中:$h(t)$为一个矩形窗函数,窗函数在时域上越短,时间方向分辨力就越高,但频率向分辨力会降低,所以,PWVD 是在牺牲了分辨力的情况下减小了交叉项的干扰。

PWVD 是在时域上加窗,对频率进行平滑处理,这就造成这种处理方法既存在交叉项,时频率聚焦度也降低了,两者的优化效果都不是很理想,在多个微弱信号的时候,交叉项的干扰要比分辨力的降低更为严重,幅度较大的交叉项会将微弱信号的频率成分淹没,所以在精度允许的情况下,优先减小交叉项的干扰。为此,增加了对时间方向上进行平滑,它可以独立地确定时间和频率分辨力,且交叉项的影响大大得到改善,几乎能完全消除交叉项,得到了 SPWVD,但这也是以降低时间分辨力为代价。SPWVD 的定义为

$$\mathrm{SPW}_z(t,f)=\int_{-\infty}^{+\infty}h(\tau)\int_{-\infty}^{+\infty}g(s-t)\cdot z\left(t+\frac{\tau}{2}\right)\cdot z^*\left(t-\frac{\tau}{2}\right)\mathrm{d}s\mathrm{e}^{-\mathrm{j}2\pi f\tau}\mathrm{d}\tau \tag{3.84}$$

SPWVD 在时域和频率域都加了窗函数 $h(t)$、$g(t)$，交叉项的干扰很小，同时时频分辨力相比 PWVD 又降低了，但由于加的是两个不相关的窗函数，所以不像短时傅里叶那样需要权衡窗口的大小。因此，在窗函数选择适当的情况下，SPWVD 既能最大程度减少交叉项干扰又能保持较好的时频分辨力。

除了 Winger－Ville 分布和短时傅里叶变换，近年来提出了很多种改良的时频分布。Cohen 提出了时频分布的统一形式：

$$C_z(t,f;g)=\int_{-\infty}^{\infty}\int_{-\infty}^{\infty}\int_{-\infty}^{\infty}z\left(u+\frac{\tau}{2}\right)z^*\left(u-\frac{\tau}{2}\right)g(\theta,\tau)\mathrm{e}^{-\mathrm{j}2\pi(\theta t+f\tau-u\theta)}\mathrm{d}u\mathrm{d}\tau\mathrm{d}\theta \tag{3.85}$$

式中：$g(\theta,\tau)$ 称为分布的内核函数，给定不同的 $g(\theta,\tau)$ 可以得到不同的分布。现在已知的各种时频分布都是 Cohen 类的成员。当内核函数 $g(\theta,\tau)=1$ 时，Cohen 分布将变成 Wigner－Ville 分布。

3.3.2 太赫兹雷达时频信号特征

在这一小节首先研究微动目标的回波模型，然后分析其时频特征。

假设雷达发射的信号波形为

$$s_{\mathrm{t}}(t)=\exp[\mathrm{j}2\pi ft] \tag{3.86}$$

发射信号的持续时间为 T，目标与雷达的初始距离为 R_0，目标在雷达径向方向做非匀速直线运动，根据 weierstras 定理，其运动的规律可由时间 t 的高阶多项式表示出来，即在 $t\in[0,T]$ 时，有

$$R(t)\approx\sum_{j=0}^{m}a_jt^j \tag{3.87}$$

式中：m 为有限次多项式的次数，则 t 时刻的基带信号的相位为

$$\Phi(t)=\frac{4\pi}{\lambda}\cdot\left(R_0+\sum_{j=0}^{m}a_jt^j\right) \tag{3.88}$$

式中：λ 为雷达波长，由微多普勒的定义可知，信号的瞬时频率可表示为

$$f_{\mathrm{d}}=\frac{1}{2\pi}\cdot\frac{\mathrm{d}\Phi(t)}{\mathrm{d}t}=\frac{2}{\lambda}\left(\sum_{j=0}^{m-1}(j+1)a_{j+1}t^j\right) \tag{3.89}$$

由此可得到非匀速直线运动点目标的回波为

$$s_{\mathrm{r}}(t)=\sigma\exp\left[-\frac{\mathrm{j}4\pi}{\lambda}\left(R_0+\sum_{j=0}^{m}a_jt^j\right)\right] \tag{3.90}$$

式中：σ 为目标的散射系数。

假设一个目标在雷达径向方向非匀速平动，为简单起见，只考虑二阶。雷达

中心频率 $f_0=0.34\mathrm{THz}$，采样点数 $N=512$，观测时间 $t=6\mathrm{s}$，散射点的运动参数为初始速度 $v_0=0.03\mathrm{m/s}$，加速度 $a=0.01\mathrm{m/s^2}$，散射系数 $\sigma=1$，初始距离 R_0 为一常数，则其时频图如图 3.14 所示。

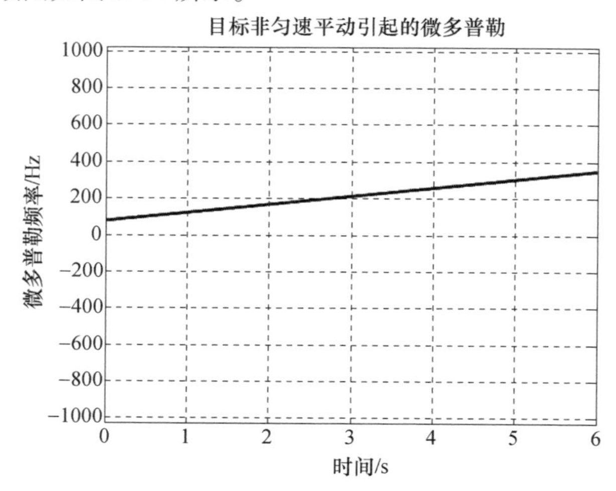

图 3.14　非匀速平动目标微多普勒时频图

从图中可以看到，目标的二阶平动引起的微多普勒为一条斜线，当目标的平动为 j 阶运动时，其微多普勒为 $j-1$ 阶的多项式曲线。

振动与旋转是最基本的两种微动形式，它们的微多普勒频移表达式都可以改写为正弦函数形式，因此，在对信号回波进行分析时，可将振动和旋转两种运动看成一种形式。设目标在雷达的径向方向振动，其相对于雷达的运动规律为 $R(t)=R_0+A\sin(2\pi f_{\mathrm{v}}t+\varphi)$，其中 R_0 为雷达与目标的初始距离，A 为目标的振动幅度，f_{v} 为振动频率，φ 为初始相位，则 t 时刻的基带信号的相位为

$$\Phi(t)=\frac{4\pi}{\lambda}\cdot[R_0+A\sin(2\pi f_{\mathrm{v}}t+\varphi)] \tag{3.91}$$

信号的瞬时频率为

$$f_{\mathrm{d}}=\frac{1}{2\pi}\cdot\frac{\mathrm{d}\Phi(t)}{\mathrm{d}t}=\frac{2}{\lambda}[2\pi Af_{\mathrm{v}}\cos(2\pi f_{\mathrm{v}}t+\varphi)] \tag{3.92}$$

振动和旋转点目标的雷达回波为

$$s_{\mathrm{r}}(t)=\sigma\exp\left\{-\frac{\mathrm{j}4\pi}{\lambda}[R_0+A\sin(2\pi f_{\mathrm{v}}t)]\right\} \tag{3.93}$$

假设一个目标在雷达径向方向振动或旋转，散射点的运动参数为振动（旋转）幅度 $A=0.1$，振动（旋转）频率 $B=3\mathrm{r/s}$，初始相位 $\varphi=0.6\mathrm{r}$，散射系数 $\sigma=1$，初始距离 R_0 为一常数，雷达中心频率 $f_0=0.34\mathrm{THz}$，采样点数 $N=512$，观测时间

$t=6\text{s}$，时频图如图 3.15 所示。

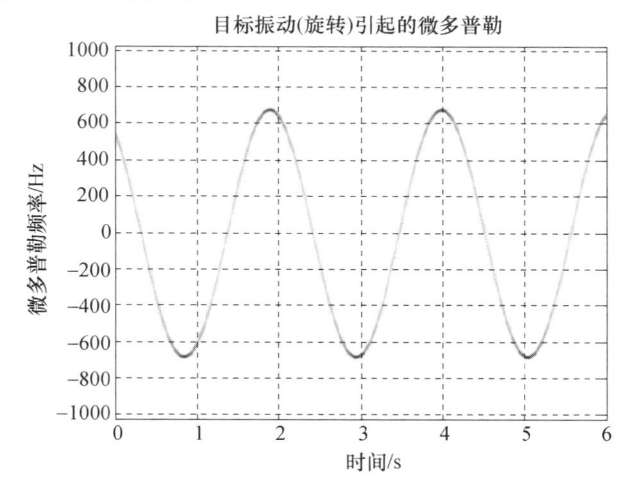

图 3.15 振动（旋转）目标微多普勒时频图

从图 3.15 可以看到，目标振动（旋转）引起的微多普勒为一条正弦曲线。

假设一质点目标在雷达的径向方向做微翻滚运动，它相对于雷达的运动规律可以表示为 $R(t)=R_0+vt+at^2+A\sin(2\pi f_v t+\varphi)$，其中 v 为点目标的平动初速度，a 为平动加速度，这里只考虑平动为一阶和二阶的情况。则 t 时刻的基带信号的相位为

$$\Phi(t)=\frac{4\pi}{\lambda}\cdot[R_0+vt+at^2+A\sin(2\pi f_v t+\varphi)] \tag{3.94}$$

信号的瞬时频率为

$$f_d=\frac{1}{2\pi}\cdot\frac{\mathrm{d}\Phi(t)}{\mathrm{d}t}=\frac{2}{\lambda}[v+2at+2\pi Af_v\cos(2\pi f_v t+\varphi)] \tag{3.95}$$

微翻滚点目标的雷达回波为

$$s_r(t)=\sigma\exp\left\{-\frac{\mathrm{j}4\pi}{\lambda}[R_0+vt+at^2+A\sin(2\pi f_v t)]\right\} \tag{3.96}$$

假设一个目标在雷达径向方向作微翻滚运动，平动只考虑二阶。散射点的运动参数为初始速度 $v_0=0.03\text{m/s}$，加速度 $a=0.01\text{m/s}^2$，振动幅度 $A=0.1$，振动频率 $B=3\text{r/s}$，初始相位 $\varphi=0.6\text{r}$，散射系数 $\sigma=1$，初始距离 R_0 为一常数。雷达中心频率 $f_0=0.34\text{THz}$，采样点数 $N=512$，观测时间 $t=6\text{s}$，时频图如图 3.16 所示。

微翻滚运动为平动与振动（旋转）的复合运动，引起的微多普勒为斜线与正弦曲线的叠加。

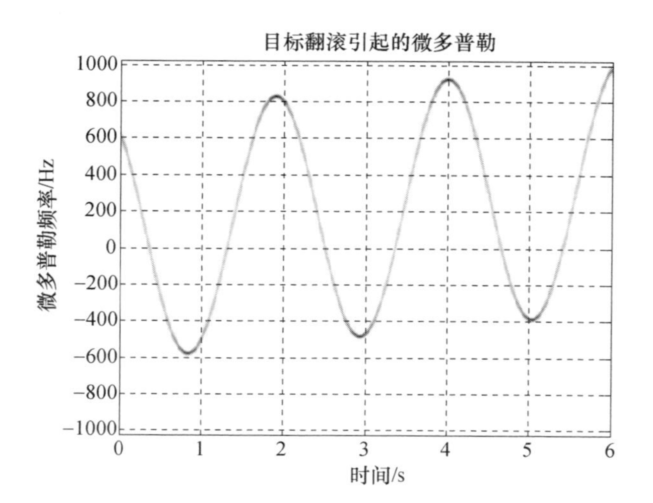

图 3.16　翻滚目标微多普勒时频图

对于一个由多个散射点组成的目标，目标的回波是各个散射点回波之和。假设一多散射点目标在雷达径向方向做复合运动，即目标的部分既有宏观运动又有微观运动。目标的主体一般做非匀速直线运动，其平动分量的运动规律可表示为

$$R_1(t) \approx \sum_{j=0}^{n} a_j t^j \tag{3.97}$$

式中：n 为有限次多项式的次数，目标的微动可近似为振动或是转动运动，其运动规律为

$$R_2(t) = A\sin(Bt + \varphi) \tag{3.98}$$

式中：A 为振动幅度；B 为振动频率；φ 为初始转动角度。则在 $t = t$ 时刻，目标与雷达视线的距离为

$$R(t) = R_0 + \sum_{j=0}^{n} a_j t^j + A\sin(Bt + \varphi) \tag{3.99}$$

则多散射中心目标总的回波可以表示为

$$s_r(t) = \sum_{i=1}^{k} \sigma_i \exp\left[-\frac{j4\pi f_0}{c}\left(R_0 + \sum_{j=0}^{n} a_j t^j + A_i \sin(B_i t + \varphi_i)\right)\right] \tag{3.100}$$

式中：σ 为第 i 个散射点的散射系数；f_0 为雷达中心频率；c 为光速。

假设一个有四个散射点的目标在雷达径向方向做复合运动。四个散射点的运动参数分别为 $v_0 = 0.03\text{m/s}$，$a = 0.01\text{m/s}^2$，$\sigma_1 = 1$，$\sigma_2 = 0.9$，$\sigma_3 = 1$，$\sigma_4 = 1$，$A_1 = B_1 = \varphi_1 = 0$，$A_2 = A_3 = 0.1$，$A_4 = 0.2$，$B_2 = 3\text{r/s}$，$B_3 = 2\text{r/s}$，$B_4 = 1\text{r/s}$，$\varphi_2 = \varphi_3 =$

$\varphi_4 = 0.6r$，初始距离 R_0 为一常数。图 3.17 为雷达中心频率 $f_0 = 0.34\text{THz}$、采样频率 $f_s = 5120\text{Hz}$，采样点数 $N = 512$，观测时间 $t = 6\text{s}$ 时得到的时频图。

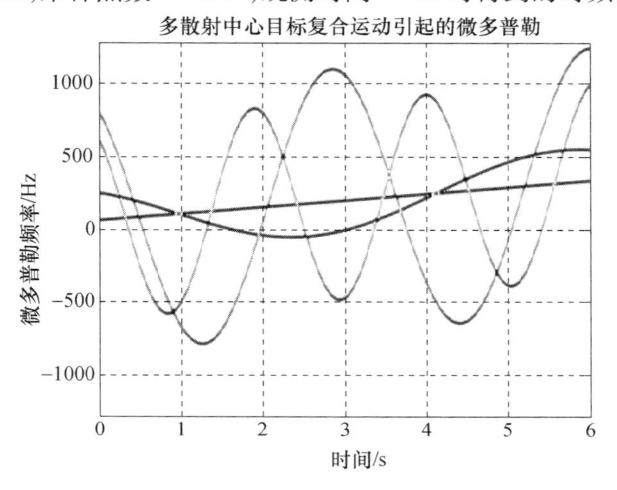

图 3.17　多散射中心目标复合运动微多普勒时频图

从图 3.17 可以看出，目标主体作平动，其余散射点随主体进行平动的同时伴随振动（旋转），作微翻滚运动。

3.3.3　太赫兹雷达回波信号的时频分析

分析微多普勒的时变频率特性，需要采用时频分布将联合时间和频率的信息变得可视化。但不同的时频分析方法具有不同的时间分辨力、频率分辨力、多散射点目标的交叉项抑制能力、聚焦性能等。对于不同的应用需求，须对选用的时频分析方法进行甄别。下面以振动目标为例，通过仿真对比，分析 STFT、Gabor 变换和 WVD 分布几种时频分析方法的性能。

当只有一个散射点时，假设雷达与目标之间的初始距离为 30m，雷达的中心频率为 0.34THz，采样率为 4096Hz，雷达回波为单成分正弦调频信号，目标在雷达的径向方向做振动运动，其振动幅度为 0.01m，振动频率为 3Hz，初始相位为 0rad，观测时间取 1s。分别经过 WVD 变换、STFT、Gabor 变换、PWVD 变换以及 SPWVD 变换五种时频分析方法变换，结果如图 3.18 所示。

由结果图对比可看出，在只有一个散射点的条件下，五种方法都能较好地展现目标回波的时频分布特性。五种方法中，WVD 分布的时频分辨力最高，Gabor 变换的分辨力最低，WVD 分布的聚焦性能最好。

在两个散射点的情况下，假设散射点一的振动幅度为 0.01m，振动频率为 3Hz，散射点二的振幅为 0.015m，振动频率为 3.5Hz，它们的初始相位都为 0，且雷达与目标的初始距离不变，中心频率仍为 0.34THz，仿真结果如图 3.19 所示。

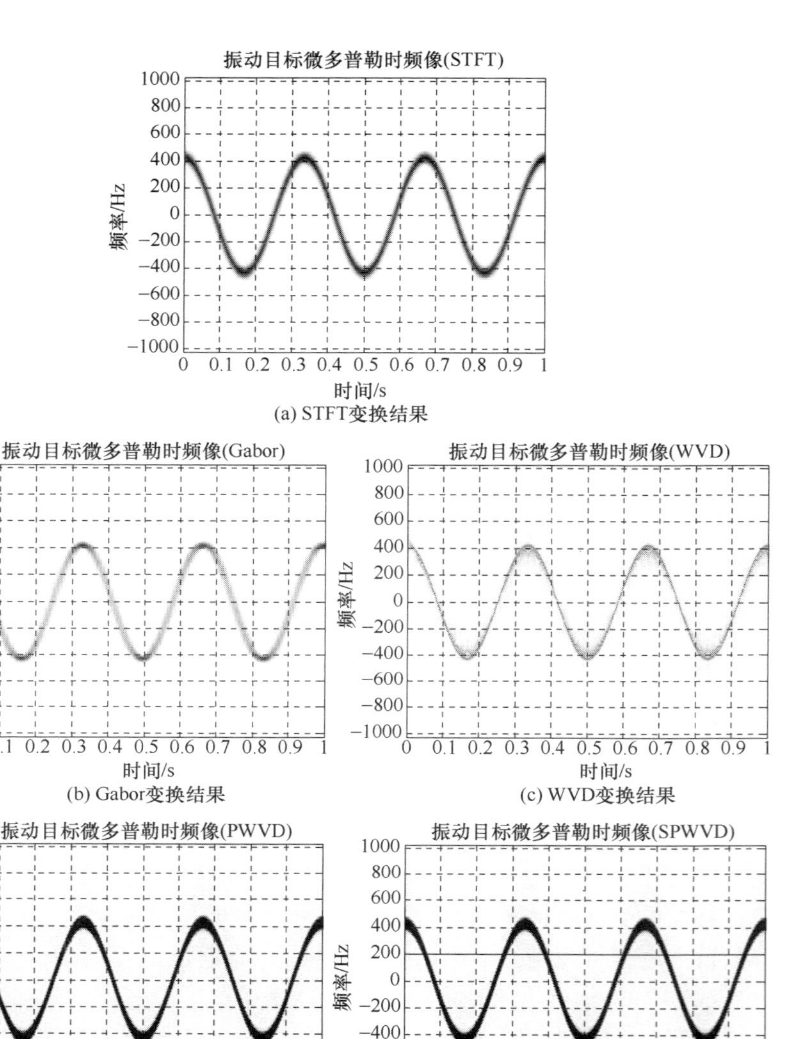

(a) STFT变换结果

(b) Gabor变换结果

(c) WVD变换结果

(d) PWVD变换结果

(e) SPWVD变换结果

图 3.18 点目标时频分析方法性能对比

由仿真结果可看出，当存在两个或多个散射点时，WVD 分布和 PWVD 分布受到严重的交叉项干扰，SPWVD 变换则能有效地抑制交叉项的干扰，它受交叉项干扰较小，基本可忽略，且具有较高的时频分辨力，而 STFT、Gabor 都没有交叉项的干扰，其中 Gabor 变换的分辨力最低，SPWVD 方法运算时间最长。

下面再讨论在添加噪声条件下这五种时频分析的性能，仿真条件与上面相

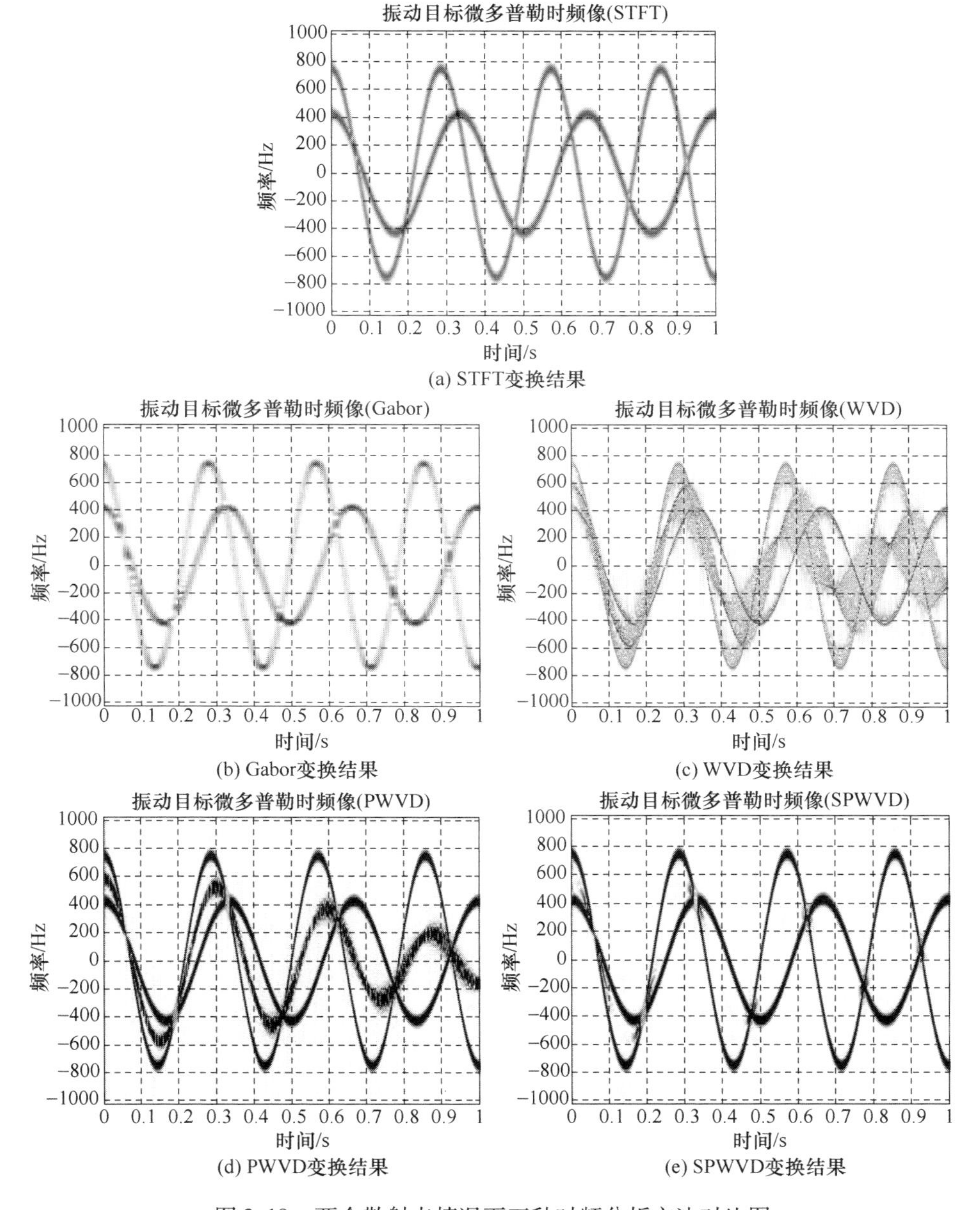

(a) STFT变换结果

(b) Gabor变换结果

(c) WVD变换结果

(d) PWVD变换结果

(e) SPWVD变换结果

图3.19 两个散射点情况下五种时频分析方法对比图

同,此时信噪比均为 -3dB,仿真结果如图3.20所示。

由仿真结果可以看出,在相同的噪声条件下,WVD分布和PWVD分布受噪声影响最严重,已经很难有效地观测出目标的回波特性,而STFT、Gabor、SPWVD变换的抗噪性能都较好,在强噪声情况下仍然能有效地展现出目标回波的时频

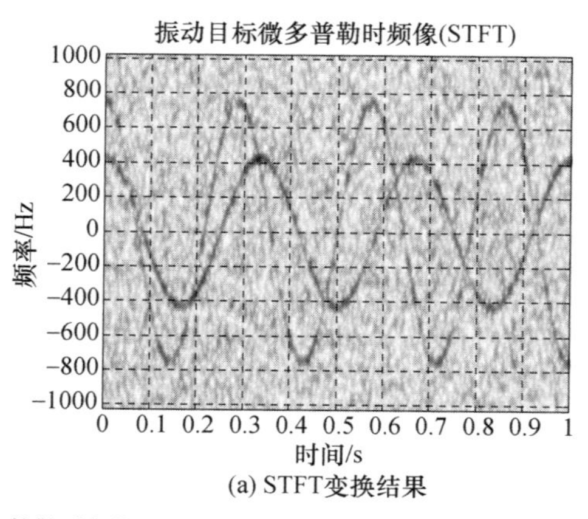

(a) STFT变换结果

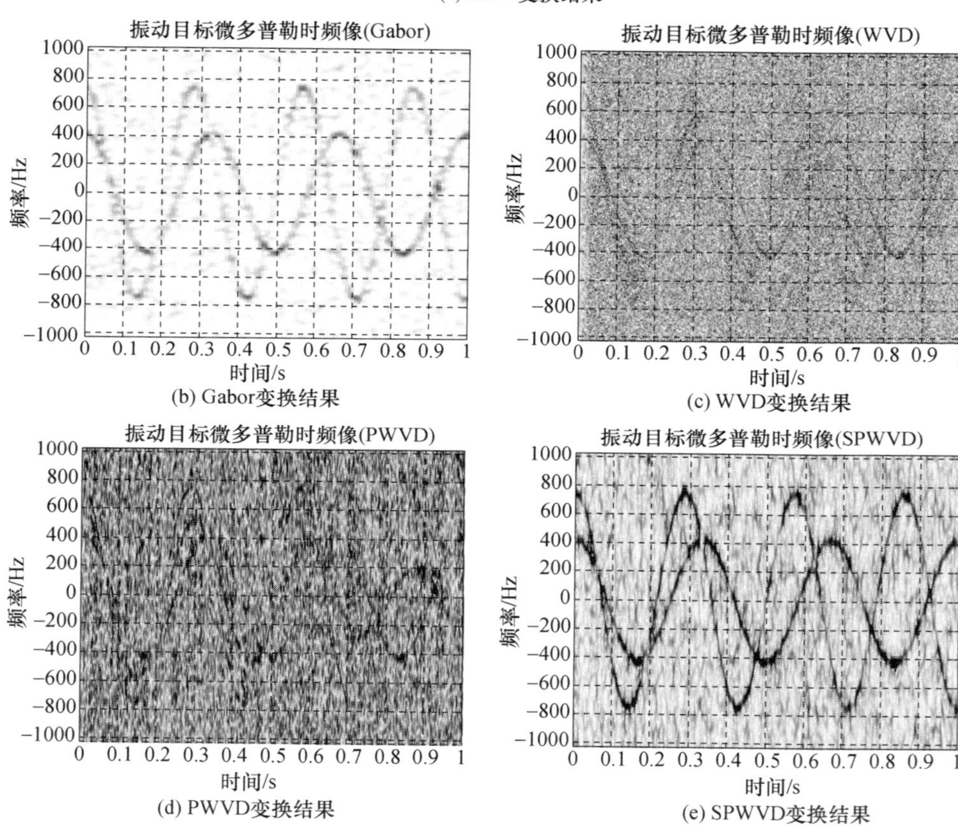

(b) Gabor变换结果

(c) WVD变换结果

(d) PWVD变换结果

(e) SPWVD变换结果

图 3.20　噪声条件下五种时频分析方法比较

特性。还能看出,STFT、Gabor、SPWVD 三种方法中 Gabor 变换的分辨力最低,另外两种方法均能保持较高的时频分辨力。

这里只是讨论了典型的几种时频分析方法,还有很多其他的 Cohen 类时频分布有待进一步研究。

3.4 窄波束天线

3.4.1 太赫兹频段天线现状

太赫兹天线可以采用透镜天线和反射面天线。

在厘米波段,许多光学原理可以用于天线方面的研究。在光学中,利用透镜能使放在透镜焦点上的点光源辐射出的球面波,经过透镜折射后变为平面波。透镜天线就是利用这一原理制作而成的。它由透镜和放在透镜焦点上的辐射器组成。透镜天线可分为介质减速透镜天线和金属加速透镜天线两种。

介质减速透镜天线透镜是用低损耗高频介质制成,中间厚,四周薄。从辐射源发出的球面波经过介质透镜时受到减速。所以球面波在透镜中间部分受到减速的路径长,在四周部分受到减速的路径短。因此,球面波经过透镜后就变成平面波,也就是说,辐射变成定向的。

金属加速透镜天线透镜由许多块长度不同的金属板平行放置而成。金属板垂直于地面,越靠近中间的金属板越短。电波在平行金属板中传播时受到加速。从辐射源发出的球面波经过金属透镜时,越靠近透镜边缘,受到加速的路径越长,而在中间则受到加速的路径就短。因此,经过金属透镜后的球面波就变成平面波。

透镜天线具有下列优点:①旁瓣和后瓣小,因而方向图较好;②制造透镜的精度不高,因而制造比较方便。其缺点是效率低,结构复杂,价格昂贵。

反射面天线主要有单反射面天线和双反射面天线两种。它们已成为最常用的一类微波和毫米波高增益天线,广泛应用于通信、雷达、无线电导航、电子对抗、遥测、射电天文和气象等技术领域。以卫星通信为例,由于增益高和结构简单,反射面天线是通信卫星地球站的主要天线形式;由于能制成可展开的折伞形结构,它又是宇宙飞船和卫星天线的基本形式。至今不但已产生了多种多样的反射面形式来满足不同的需要,同时也出现了性能优良的多种馈源结构。有些还采用组合馈源来形成“和差”波束或多波束。

3.4.2 太赫兹频段典型天线

1. 单反射面天线

单反射面天线的典型形式是旋转抛物面天线。它的工作原理与光学反射镜相似,是利用抛物反射面的聚焦特性。由焦点发出的射线经抛物面反射后,到达焦点所在平面的波程为一常数,这说明各反射线到达该平面时具有相同相位,因而由馈源发出的球面波经抛物面反射后就变换成平面波,形成沿抛物面轴向辐射最强的窄波束。抛物面直径 D 和工作波长 λ 之比越大,则波束越窄,其半功率点宽度为

$$2\theta_{0.5}=(58^\circ\sim80^\circ)\cdot\frac{\lambda}{D} \tag{3.101}$$

天线增益 G 与天线开口面(口径)几何面积 A 成正比,而与波长 λ 的平方成反比,即

$$G=\frac{4\pi A\eta}{\lambda^2}=\left(\frac{\pi D}{\lambda}\right)^2\cdot\eta \tag{3.102}$$

式中:η 称为天线效率或口径效率,主要由口径利用系数与截获系数的乘积决定。

2. 双反射面天线

双反射面天线的典型形式是卡塞格伦天线。主反射面(较大的反射面)为旋转抛物面,副反射面(较小的反射面)为凸面,经典形式为双曲面。这种系统早在 1672 年就应用于光学望远镜,它是利用双曲面和抛物面的几何光学特性导出的。由馈源发出的射线经双曲面和抛物面反射后到达口径平面时其波程为常数,即都具有相同相位。因此双曲面的存在犹如将来自馈源处的球面波变换为以双曲面焦点为中心的球面波,然后经抛物面反射而变换为平面波向外辐射。副反射面起了把实际焦点由馈源处移至双曲面焦点处的作用,这可使馈源方便地位于主反射面顶点附近,并且无须长的馈线就能与收发设备相连。为分析方便起见,可把副反射面和馈源看成是一个组合馈源,并用放在副反射面焦点处的虚馈源来等效。

3.4.3 太赫兹频段天线的特点

出于对太赫兹雷达系统小型化、便携式应用考虑,太赫兹天线除了要具备天线的常规要求以外,还要求重量轻、尺寸小,具有工作效率高、耗电省、成本低、环境适应性好等特性。对于太赫兹雷达系统本身,为了提高系统的探测性能,要求天线尺寸尽量大,重量尽量轻,以减轻对发射功率和能耗的要求。

天线尺寸与天线增益有下列关系:

$$D=\sqrt{\frac{(65\lambda)^2\cdot G}{26000}} \tag{3.103}$$

天线增益 $G=60\text{dB}$ 时,工作频率在 0.22THz 附近的雷达系统需要的天线孔径约为 540mm。

从式(3.103)可以看出,相对于微波、毫米波天线,太赫兹频段天线可以在

小尺寸的情况下做到高增益,有助于太赫兹雷达系统的小型化与低发射功率。

3.5 小 结

本章主要围绕太赫兹波频率高、波长小的优势,分析了太赫兹雷达信号与太赫兹频段天线特点。研究了太赫兹雷达线性调频宽带信号模型,宽带信号的高分辨使得目标呈现一维距离像,且随转角而变,并进一步分析了目标回波的平均距离像;研究了太赫兹雷达的多普勒特征,高速目标具有大多普勒带宽的特点,为太赫兹雷达系统实现和信号处理带来困难,但会使目标微多普勒特征明显,对目标识别有利;研究了太赫兹雷达目标微多普勒时频特征,并讨论了几种常用时频分布进行微多普勒时频分析的性能;介绍了太赫兹天线的实现方式,太赫兹天线可以采用透镜天线和反射面天线,典型的为反射面天线,分析了太赫兹天线的特点,即窄波束、小尺寸、高增益,有利于实现太赫兹雷达系统的小型化。

第4章 太赫兹雷达目标检测

4.1 太赫兹雷达探测理论

4.1.1 雷达距离方程

雷达距离方程是通过各种系统设计参数将接收到的回波功率与发射功率联系起来的一种确定性模型，是对雷达系统设计和分析的基础。假设一个无方向性的辐射源发射功率为 P_t 的电磁波，且在介质中没有功率损耗，则在距离 R 处的功率密度等于总的辐射功率除以半径为 R 的球体的表面积，即

$$\text{无方向性的功率密度} = \frac{P_t}{4\pi R^2} \tag{4.1}$$

考虑到实际使用的天线均是具有方向性的，其中天线增益 G 等于最大功率密度与无方向发射的功率密度之比。所以，在辐射强度最大的方向上，距离 R 处的功率密度为

$$\text{最大发射功率密度} = Q_t = \frac{P_t G}{4\pi R^2} \tag{4.2}$$

当距雷达 R 处的点目标受到电磁波照射时，目标会向空间中散射电磁波，假设其雷达截面积（RCS）为 σ，且无方向性的散射电磁波，那么散射功率为

$$\text{散射功率} = P_b = Q_t \sigma = \frac{P_t G \sigma}{4\pi R^2} \tag{4.3}$$

则距离目标 R 处的散射功率密度为

$$\text{散射功率密度} = Q_b = \frac{P_b}{4\pi R^2} = \frac{P_t G \sigma}{(4\pi)^2 R^4} \tag{4.4}$$

如果雷达接收天线的有效孔径面积为 $A_e \text{m}^2$，则接收天线获得的总后向散射功率为

$$接收功率 = P_r = Q_b A_e = \frac{P_t G A_e \sigma}{(4\pi)^2 R^4} \tag{4.5}$$

雷达最大作用距离 R_{max} 的定义为可探测到目标的最大距离,并且当接收到的信号功率 P_r 正好等于雷达接收机最小可检测信号 S_{min} 时发生。将 $S_{min} = P_r$ 代入式(4.5)并整理后得到

$$R_{max} = \left[\frac{P_t G A_e \sigma}{(4\pi)^2 S_{min}}\right]^{\frac{1}{4}} \tag{4.6}$$

式(4.6)就是雷达距离方程的基本形式(简称雷达方程或距离方程)。如果使用同一部天线用于发射和接收,则天线理论给出的发射增益 G 和接收有效面积 A_e 的关系为

$$G = \frac{4\pi A_e}{\lambda^2} = \frac{4\pi \rho_a A}{\lambda^2} \tag{4.7}$$

式中:$\lambda = c/f$ 为发射电磁波的波长;c 为光速;f 为电磁波频率。将式(4.7)代入可分别得到两种形式的雷达方程

$$R_{max} = \left[\frac{P_t G^2 \lambda^2 \sigma}{(4\pi)^2 S_{min}}\right]^{\frac{1}{4}} \tag{4.8}$$

$$R_{max} = \left[\frac{P_t A_e^2 \sigma}{4\pi \lambda^2 S_{min}}\right]^{\frac{1}{4}} \tag{4.9}$$

式(4.6)、式(4.8)和式(4.9)本质上都是用于描述雷达特性的方程,但解读上略有差别。如式(4.6)中没有明确给出波长与作用距离之间存在的关系,在式(4.8)中最大作用距离与$\sqrt{\lambda}$成正比关系,但在式(4.9)中又正比于$\frac{1}{\sqrt{\lambda}}$,情况正好相反。正确地理解以上三种形式的雷达方程需要清楚式(4.7)中的变量与常量,若天线增益与发射频率的变化无关,则应使用式(4.8)对雷达性能进行描述;若天线的有效面积不随着发射频率改变,则应使用式(4.9);对于与频率无关的式(4.6),必须采用两部天线,且发射天线必须具有与波长无关的增益,接收天线必须具有与波长无关的有效孔径。

在实际应用中,这些简化的雷达方程往往不能准确地描述雷达的性能,这是由于许多实际情况中涉及的因素没有考虑在这些简单的方程中,在下一节中,将对简单形式的雷达方程进行扩展,从而使雷达方程描述的性能与实际使用的太赫兹雷达系统具有更好的一致性。

4.1.2　太赫兹雷达目标探测理论模型

在上一节中讨论了简单形式的雷达距离方程,现重写如下

$$R_{\max} = \left[\frac{P_t G A_e \sigma}{(4\pi)^2 S_{\min}} \right]^{\frac{1}{4}} \tag{4.10}$$

而在实际应用中，上式预测的最大作用距离可能与真实可探测距离相差很远。这是由以下原因造成的：

(1) 最小可检测信号的统计特性(通常由接收机噪声决定)。

(2) 目标雷达横截面积的起伏和不确定性。

(3) 雷达系统损耗。

(4) 由地球表面和大气层造成的传播效应。

与目标回波信号竞争的噪声通常是在接收机内部产生的，如果接收机非常完善，不产生过多的噪声，但在接收机输入级的电阻部分仍会由于导电电子的热运动而产生噪声，这就是所谓的"热噪声或约翰逊噪声"，其大小直接正比于带宽和输入电路电阻的绝对温度。在带宽为 B_n、绝对开尔文温度为 T 的接收机输入端产生的有效热噪声功率为

$$\text{热噪声功率} = kTB_n \tag{4.11}$$

式中：玻耳兹曼常数 $k = 1.38 \times 10^{-23}$ J/K。超外差接收机的带宽取为中频放大器(或匹配滤波器)的带宽。式(4.11)中的带宽 B_n 称为"噪声带宽"，定义为

$$B_n = \frac{\int_0^{\infty} |H(f)|^2 \mathrm{d}f}{|H(f_0)|^2} \tag{4.12}$$

式中：$H(f)$ 为中频放大器的频率响应函数；f_0 为最大响应频率。式(4.12)说明噪声带宽是等效矩形滤波器的带宽，对于实际的雷达接收机，常使用半功率带宽对噪声带宽进行合理近似，因此可使用半功率带宽 B 代替式(4.11)中的 B_n。

在实际的接收机中噪声功率大于仅由热噪声引起的噪声功率，真实接收机的噪声输出与只有热噪声的理想接收机的噪声输出之比称为噪声系数，定义为

$$F_n = \frac{N_{out}}{kT_0 B G_a} \tag{4.13}$$

式中：N_{out} 为接收机噪声输出；G_a 为有效增益。标准温度 $T_0 = 290$K，接近于室温。有效增益 G_a 是输出信号 S_{out} 与输入信号 S_{in} 之比，这时输入和输出都应是匹配的以得到最大输出功率。输入噪声 N_{in} 在理想接收机中等于 kT_0B_n。因此，式(4.13)可改写为

$$F_n = \frac{S_{in}/N_{in}}{S_{out}/N_{out}} \tag{4.14}$$

重组式(4.14)，输入信号为

$$S_{in}=\frac{kT_0BF_nS_{out}}{N_{out}} \tag{4.15}$$

如果最小可检测信号 S_{min} 相当于在中频放大器输出端的最小可检测信噪比，即 $(S_{out}/N_{out})_{min}$ 时 S_{in} 的值，那么

$$S_{min}=kT_0BF_n\left(\frac{S_{out}}{N_{out}}\right)_{min} \tag{4.16}$$

将式(4.16)代入式(4.10)并且忽略 S 和 N 的下标，得到下列雷达距离方程

$$R_{max}^4=\frac{P_tGA_e\sigma}{(4\pi)^2kT_0BF_n(S/N)_{min}} \tag{4.17}$$

在如式(4.17)形式的雷达方程中，最小可检测信号用最小可检测信噪比替代，其优点在于 $(S/N)_{min}$ 与接收机带宽和噪声系数无关，仅由检测概率和虚警概率来表示，而这两个参数才是雷达用户最关心的参数。

另外，式(4.17)描述的雷达工作于自由空间，没有考虑传播路径中大气对电磁波的损耗以及雷达系统内部的系统损耗，但在实际应用中，雷达系统中收发转换开关、功分器、波导和天线罩等系统内部件均会对发射功率造成损耗，可用系统损耗因子 L_s 表示。

更重要的损耗是大气对电磁波的衰减，可用 $L_a(R)$ 表示，与系统损耗不同，大气损耗是距离的函数。电磁波发射端与观测目标的距离越远，大气损耗越明显。大气对太赫兹的衰减作用主要由氧气和水蒸气造成。对于某一特定频率的电磁波，其单程损耗因子记为 α，单位为 dB/km，则对于距离 R 处的目标，损耗的分贝数为

$$L_a(R)=2\alpha R(\mathrm{dB}) \tag{4.18}$$

采用线性单位，损耗为

$$L_a(R)=10^{\alpha R/5} \tag{4.19}$$

将大气损耗和系统损耗代入式(4.17)中，则得到

$$R_{max}^4=\frac{P_tGA_e\sigma}{(4\pi)^2kT_0BF_nL_sL_a(S/N)_{min}} \tag{4.20}$$

在太赫兹频段，信号通常具有很大的带宽，若通过匹配滤波的方式实现脉冲压缩就会对硬件设备提出更高的需求，同时随着带宽的增加，A/D 转换的采样率也需要得到相应的提高，为了解决带宽与硬件资源间的矛盾，实际应用中常使用去调频技术对接收信号进行处理。这种技术不仅可以降低对 A/D 转换的采样频率要求和系统的数据量大小，还可以提高距离向压缩后回波信号的信噪比，即

$$(S/N)_{rc} = \eta_{rc}(S/N)_{min} \tag{4.21}$$

式中：$\eta_{rc} = B_{rc}T_{rc}$；B_{rc}为信号带宽；T_{rc}为信号时宽，将式（4.21）代入式（4.20）得到距离向压缩之后的雷达方程为

$$R_{max}^4 = \frac{P_t G A_e \eta_{rc} \sigma}{(4\pi)^2 k T_0 B F_n L_s L_a (S/N)_{min}} \tag{4.22}$$

对于太赫兹信号，由于其通常具有较大的时宽－带宽积，所以可以在距离向压缩之后将将信噪比提高很多，从而提升雷达性能。

在实际应用中，目标 RCS、杂波、噪声和干扰都是具有随机起伏性的，因此不能从雷达方程简单地确定最大可探测距离，它需要用统计方法描述[76-82]。

如在观测诸如飞机或舰船等雷达目标时，观察角度的微小变化就可导致目标雷达横截面积的显著改变。这是由于对于电磁波而言，复杂目标由大量独立的散射中心组成，如飞机上的散射体就包括发动机、座舱、机头、机翼、机尾和外部装备等。每个散射中心回波的幅度和相位与其他散射中心无关，其相位主要由散射中心至雷达的距离决定。在雷达接收天线处，将所有散射中心的回波进行相干叠加，最终得到目标总的回波信号。假设目标可表示为多个独立散射中心的几何形式，则总的回波信号 $s_r(t)$ 可写为

$$s_r(t) = \sum_{i=1}^{N} A_i \exp(2\pi f t + \phi_i) = A\exp(2\pi f t + \phi) \tag{4.23}$$

式中

$$\begin{aligned} A &= \sqrt{\left(\sum_i A_i \sin\phi_i\right)^2 + \left(\sum_i A_i \cos\phi_i\right)^2} \\ \phi &= \arctan \frac{\sum_i A_i \sin\phi_i}{\sum_i A_i \cos\phi_i} \end{aligned} \tag{4.24}$$

式中：a_i 为目标上第 i 个散射中心的回波强度；$\phi_i = 2\pi f T_i$ 为第 i 个散射中心的回波相位；T_i 为电磁波从雷达到散射中心再反射回到接收天线的时间；f 为电磁波频率。如果目标姿态相对于雷达发生变化，或者雷达观测角度发生改变，则雷达与散射中心的距离和时间 T_i 也将发生变化，在相干叠加中若相位发生改变，则总的回波信号的幅度和相位将会发生巨大的变化，这就导致了目标雷达横截面积的起伏。

目前多使用 Peter Swerling 描述的四种统计模型对目标雷达横截面积的起伏进行描述。

Swerling Ⅰ型：在任何一次扫描时从目标接收到的回波脉冲幅度在这一次扫描的整个过程中恒定不变，且不同的扫描间是独立的。这类目标称为“慢起

伏”目标,其雷达横截面积 σ 的概率密度函数为

$$p(\sigma)=\frac{1}{\sigma_{\mathrm{av}}}\exp\left(-\frac{\sigma}{\sigma_{\mathrm{av}}}\right),\quad \sigma\geqslant 0 \tag{4.25}$$

其中:σ_{av}为目标所有可能横截面积值的平均值,这种情况适用于由具有许多面积可比的独立散射体组成的目标,即没有一个散射体的回波在总目标回波中占主导地位。Swerling I 型目标也被称为“瑞利散射体”。

Swerling Ⅱ型:概率密度函数与 Swerling Ⅰ型相同,但目标回波的幅度在不同的扫描之间是非独立的。这种情况被称为“快起伏目标”。

Swerling Ⅲ型:假定在一次扫描内 σ 为常数,在扫描与扫描间独立,但其概率密度函数为

$$p(\sigma)=\frac{4\sigma}{\sigma_{\mathrm{av}}^{2}}\exp\left(-\frac{2\sigma}{\sigma_{\mathrm{av}}}\right),\quad \sigma\geqslant 0 \tag{4.26}$$

这种情况适用于一个散射体较其他散射体大很多的目标,即有目标上的一个散射体的回波在总回波中占主导地位。

Swerling Ⅳ型:起伏为脉冲到脉冲,但和 Swerling Ⅲ型具有相同的概率密度函数。

对于上述四种情况,在雷达方程中要代入的雷达横截面积为 σ_{av}。

4.1.3 太赫兹雷达系统探测性能分析

本节将从统计学的角度对太赫兹雷达系统的探测性能进行分析。雷达在设计之初就是为了实现对目标的检测,对雷达信号的检测是基于在接收机输出端设立一个门限,如果接收机输出大于此门限,则认为目标存在,否则就认为仅有噪声存在。

如果门限设置恰当,那么当只有噪声时,接收机的输出通常不会超过门限,但如果目标回波信号与噪声同时存在时,接收机的输出将会超过该门限,此时认为有目标存在。当然,由于噪声具有起伏特性,当门限设置较低时,噪声有可能会超出门限而被误认为目标,这种情况被称为“虚警”,如图 4.1 中门限设置为门限 2 时,处于 D 的噪声超出了门限 2 而造成虚警;当门限设置较高时,噪声可能不足以达到引起虚警,但是微弱目标的回波也可能不会超过此门限,从而不会被检测到,这种情况被称为“丢失检测”或“漏检”,如图 4.1 中当门限设置为门限 1 时,虽然没有噪声超出此门限造成虚警,但是弱目标 A 的回波也没有超过门限,由此造成了漏检。因此,如何恰当地选取门限需要权衡考虑虚警概率和漏检概率的重要性,这同时也决定了雷达的性能。

在设计雷达系统的过程中,通常先确定所需要的检测概率和虚警概率,然后

计算所需要的最小信噪比,最后通过式(4.22)计算雷达最大作用距离。

在太赫兹雷达系统中,包络检波器一般出现在混频器之后,对基带信号进行包络检波,之后再经过判决器对目标是否存在进行判定。检波器特性可假设是线性或平方律的,在某些特定场合也会使用对数检波器。

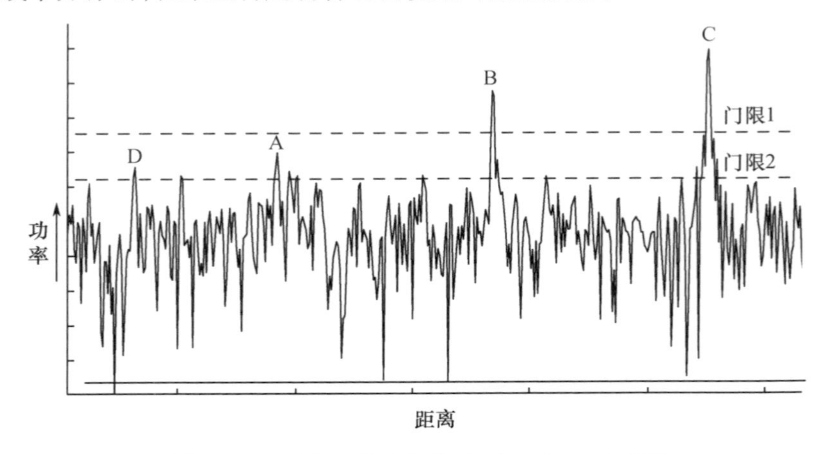

图 4.1 雷达接收输出包络,其中 A、B、C 为目标

自混频器输出至包络检波器的接收机噪声的分布可用具有零均值的高斯概率密度函数来描述,即

$$p(x)=\frac{1}{\sqrt{2\pi\sigma}}\exp\left(-\frac{x^2}{2\sigma}\right) \tag{4.27}$$

式中:σ 为噪声电压的均方值(即平均噪声功率)。当噪声通过线性检波器或平方律检波器时,其包络分别为瑞利分布和指数分布,在任何一种情况下,干扰的概率密度函数均仅有一个自由参数,即平均干扰功率。以线性检波器为例,噪声包络的概率密度函数由下式给出

$$p(y)=\frac{y}{\sigma}\exp\left(-\frac{y^2}{2\sigma}\right) \tag{4.28}$$

则噪声电压包络超过检测门限 T 的概率为

$$P\{y>T\}=\int_T^{+\infty}\frac{y}{\sigma}\exp\left(-\frac{y^2}{2\sigma}\right)\mathrm{d}y=\exp\left(-\frac{T^2}{2\sigma}\right) \tag{4.29}$$

由之前的定义可知,当噪声电压超过检测门限时即产生虚警,所以式(4.29)即为虚警概率的表达式,即

$$P_{\mathrm{fa}}=\exp\left(-\frac{T^2}{2\sigma}\right) \tag{4.30}$$

虽然噪声超过门限被称为虚警,但它不一定会形成一次虚假目标的报告。

在实际的应用中，对目标出现的判断通常需要雷达进行多次观测才能做出结论。

以上讨论均假设雷达接收机的输入仅包含噪声，当有目标出现时，假设目标的回波信号幅度为 A，则此时包络的概率密度函数为

$$p_{\mathrm{d}}(y)=\frac{y}{\sigma}\exp\left(-\frac{y^2+A^2}{2\sigma}\right)I_0\left(\frac{yA}{\sigma}\right) \tag{4.31}$$

式中：$I_0(Z)$ 为自变量为 Z 的零阶修正贝塞尔函数，其标准级数展开式为

$$I_0(Z)=1+\frac{Z^2}{4}+\frac{Z^4}{64}+\cdots \tag{4.32}$$

当 Z 较大时，式(4.32)可近似为

$$I_0(Z)=\frac{e^Z}{\sqrt{2\pi Z}}\left(1+\frac{1}{8Z}+\cdots\right) \tag{4.33}$$

当目标不存在时，$A=0$，则式(4.31)简化为式(4.28)，即只有噪声的概率密度函数。目标被检测到的概率是包络 y 超过门限 T 的概率，因此，检测概率为

$$P_{\mathrm{d}}=\int_T^{+\infty}p_{\mathrm{d}}(y)\,\mathrm{d}y \tag{4.34}$$

式(4.34)和式(4.31)中，检测概率是信号幅度 A、检测门限 T 以及平均噪声功率 σ 的函数，在雷达系统的分析中，常采用信噪比 S/N 代替 $A^2/2\sigma$，它们之间的关系为

$$\frac{A}{\sqrt{\sigma}}=\frac{\text{信号幅度}}{\text{噪声电压均方根}}=\frac{\sqrt{2}(\text{信号电压均方根})}{\text{噪声电压均方根}}$$

$$=\sqrt{\frac{2\text{信号功率}}{\text{噪声功率}}}=\sqrt{\frac{2S}{N}} \tag{4.35}$$

由此，检测概率 P_{d}、虚警概率 P_{fa} 均可用信噪比 S/N 表示并合并，关于三者之间的关系，Albersheim 总结了一个简单的经验公式，即 Albersheim 方程

$$A=\ln\left(\frac{0.62}{P_{\mathrm{fa}}}\right)$$

$$B=\ln\left(\frac{P_{\mathrm{d}}}{1-P_{\mathrm{d}}}\right) \tag{4.36}$$

$$S/N(\mathrm{dB})=-5\lg N+\left[6.2+\left(\frac{4.54}{\sqrt{N+0.44}}\right)\right]\lg(A+0.12AB+1.7B)$$

其中 N 代表对 N 个采样进行非相干积累。使用该方程需满足以下条件：

（1）噪声在 I/Q 通道中为独立同分布的高斯噪声。

（2）目标为非起伏目标。

（3）检波器为线性检波器。

依照式(4.36)可以计算出检测概率、虚警概率以及信噪比三者之间的关系曲线，如图4.2所示，其中图4.2(a)所示为当SNR为定值时，虚警概率和检测概率的关系曲线，随着虚警概率的提高，检测概率也随之升高，可以理解为虚警概率的提高是由检测门限的降低造成的，随着检测门限的降低，更多的噪声超过门限造成虚警，同时在高门限时无法检测到的弱目标也超过了检测门限，由此造成检测概率和虚警概率同时提高；而随着信噪比的提高，平均噪声功率降低，则超过检测门限的噪声将越来越少，而目标的回波保持不变，所以相同检测概率对应的虚警概率逐渐降低。

如图4.2(b)所示为虚警概率为定值时，信噪比与检测概率的关系曲线，随着信噪比的提高，对于相同的虚警概率，检测概率越来越高，与图4.2(a)中相同检测率对应的虚警概率逐渐降低相同，可以从平均噪声功率与检测门限进行理解；而随着虚警概率的降低，要达到相同的检测概率需要更高的信噪比，这是由于虚警概率越低，意味着越少的噪声超过检测门限，而要保持检测概率不变，则需要目标回波超过检测门限，这样就造成信噪比的提高。

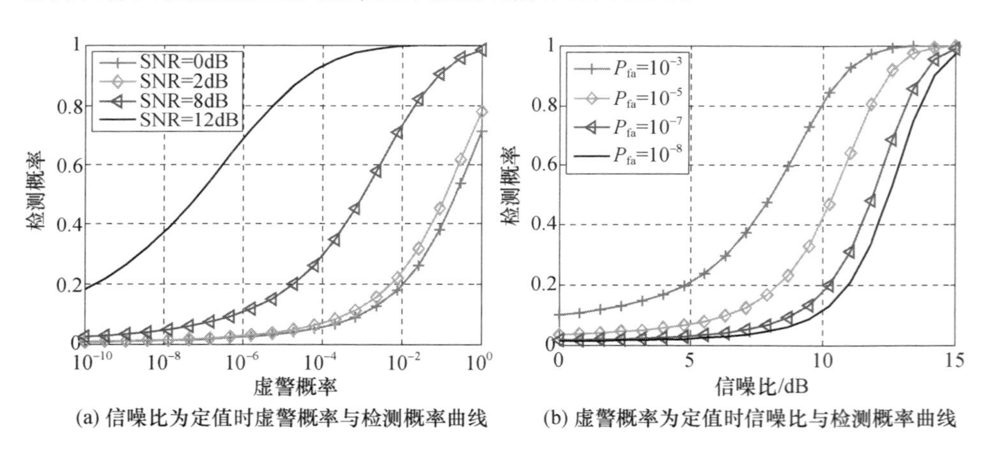

图4.2　检测概率、虚警概率以及信噪比关系曲线

事实上，图4.2(a)和图4.2(b)是在检测概率P_d、虚警概率P_{fa}和信噪比S/N三者作为基矢量的空间上的切片，每张图只能从一个侧面表示三者之间的关系。

以上的计算都是对单脉冲检测性能的分析，即$N=1$，式(4.36)可以用来计算对N个采样进行非相干积累的结果，即$N>1$时雷达的性能，如图4.3所示，随着脉冲积累数量的提高，相同检测率所需的信噪比越来越低。如果N个脉冲均有相同的信噪比，那么在进行相干积累之后的信噪比正好是单个脉冲信噪比的N倍。因此，在这种情况下，可将雷达方程式(4.22)中单个脉冲信噪比

$(S/N)_{\min}$用$(S/N)_N=(S/N)_{\min}/N$代替，其中$(S/N)_{\min}$是N个脉冲进行相干积累时单个脉冲的信噪比。

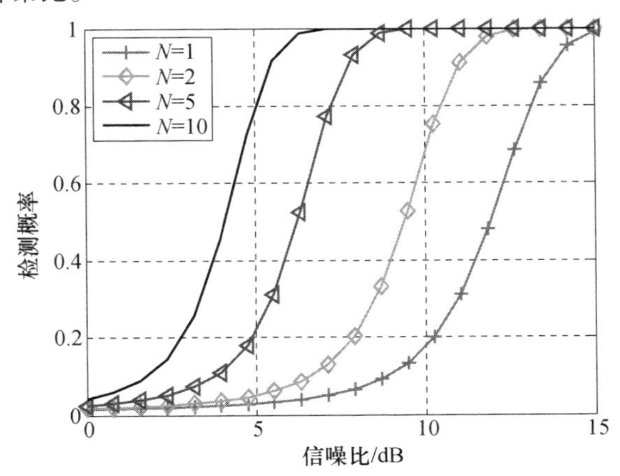

图 4.3　非相干积累情况下信噪比与检测概率关系

对于使用脉冲相干积累的情况，将$(S/N)_N=(S/N)_{\min}/N$代入雷达方程式(4.22)，得到

$$R_{\max}^4=\frac{P_\mathrm{t}GA_\mathrm{e}\eta_{\mathrm{rc}}\sigma N}{(4\pi)^2kT_0BF_\mathrm{n}L_\mathrm{s}L_\mathrm{a}(S/N)_{\min}} \tag{4.37}$$

4.2　太赫兹雷达杂波测量与建模

杂波指信号中的干扰成分，即与感兴趣目标的回波产生竞争的其他回波，对于不同的观测目标和观测环境，杂波的意义也不同，如对空探测时，感兴趣的目标通常是飞机等飞行目标，当不存在目标时，接收机噪声为主要干扰信号，所以此时杂波为接收机噪声；对地面或海面机动目标进行探测时，感兴趣的目标为坦克、汽车或舰船等，此时干扰信号主要由地面或者海面造成，此时杂波为地杂波或海杂波；而当地面房屋、植被或地形起伏为感兴趣目标时，之前的“地杂波”成为了目标信号，此时的杂波主要由接收机噪声构成。对于不同类型的杂波，由于其特征不同，需要使用不同的检波器或者检测算法从中对目标进行提取。从信号处理的角度，我们主要关心的是如何对杂波进行建模。由于太赫兹雷达系统接收机噪声为高斯白噪声，所以本节主要讨论地面和海面的回波，即地杂波与海杂波。与 4.1.2 节中讨论的复杂目标一样，地面和海面都是复杂的目标，它们的回波与雷达参数和电磁波的入射角度密切相关，所以我们将杂波建模为一个随机过程。

4.2.1 太赫兹雷达杂波特征分析

地杂波和海杂波与陆地和海洋的表面相关,所以对这两种杂波特性的讨论主要是对面杂波散射特性的分析。描述面杂波下目标检测的雷达方程与式(4.22)不同,式(4.22)假设检测灵敏度是由接收机噪声限制的,而杂波中目标检测雷达方程引出了与仅接受接收机噪声限制的目标检测雷达方程不同的设计理念。

雷达面杂波的几何示意图如图4.4所示,其中ψ表示雷达的掠射角。假设掠射角较小,则距离向上的分辨单元大小由雷达脉冲宽度τ决定,方位向上的分辨单元宽度由方位波束宽度θ_B和距离R决定。根据式(4.5),接收到的回波功率为

$$P_r = \frac{P_t G A_e \sigma}{(4\pi)^2 R^4} \tag{4.38}$$

式中:P_t为发射功率;G为天线增益;A_e为天线有效孔径;R为雷达至场景中心的距离;σ为场景的雷达横截面积。当回波是来自于杂波时,横截面积σ变为$\sigma_c = \sigma^0 A_c$,其中A_c为雷达分辨单元的面积,如图4.4所示,可以用下式表示

$$A_c = R\theta_B(c\tau/2)\sec\psi \tag{4.39}$$

而σ^0为单位面积的杂波横截面积,这是一个与照射面积无关的量,同时也被称为散射系数、微分散射横截面积、归一化雷达反射率、后向散射系数等,0是上标。σ^0是一个无量纲的数,通常用分贝来表示。

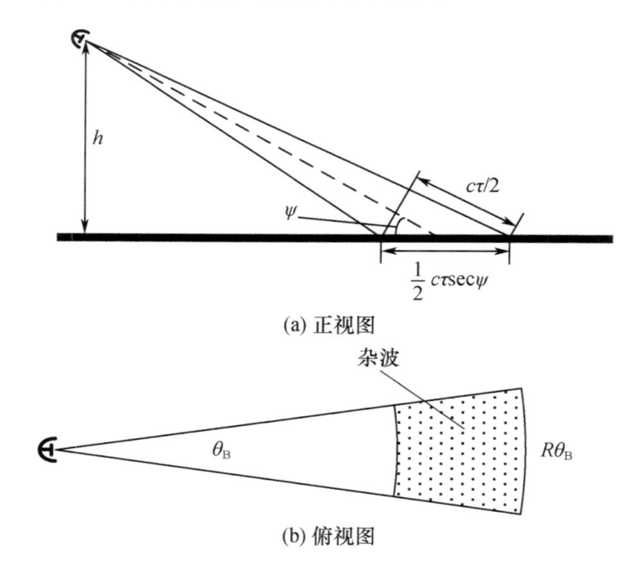

图4.4 低掠射角雷达面杂波的几何示意图

式(4.39)中：θ_B 为双程方位波束宽度；c 为电磁波的传播速度，即光速；τ 为脉冲宽度。在距离向上，分辨单元 A_c 的长度为 $c\tau/2$，根据以上的定义，面杂波回波信号功率的雷达方程为

$$S = \frac{P_t G A_e \sigma^0 \theta_B (c\tau/2) \sec\psi}{(4\pi)^2 R^3} \tag{4.40}$$

从式(4.40)中可以看到，面杂波的回波功率 P_t 与距离的立方成反比，与式(4.38)相比，对于点目标而言，其回波功率与距离的四次方成反比。设点目标的雷达横截面积为 σ_t，则其回波功率为

$$C = \frac{P_t G A_e \sigma_t}{(4\pi)^2 R^4} \tag{4.41}$$

当面杂波的回波功率高于接收机噪声时，可得到信杂比为

$$\frac{S}{C} = \frac{\sigma_t}{\sigma^0 R \theta_B (c\tau/2) \sec\psi} \tag{4.42}$$

若最大作用距离 R_{max} 对应于最小可分辨的信杂比 $(S/C)_{min}$，那么以低掠射角在面杂波下检测目标的雷达方程为

$$R_{max} = \frac{\sigma_t}{(S/C)_{min} \sigma^0 \theta_B (c\tau/2) \sec\psi} \tag{4.43}$$

式(4.43)被称为表面杂波的雷达方程，与 4.1 节中推导的以接收机噪声为主要干扰的雷达方程完全不同。在式(4.43)中，距离是以一次方的形式出现，而在通常的雷达方程如式(4.37)中，它是以四次幂的形式出现。因此，当雷达方程中的参数有不确定性或者为可变时，以杂波为主导的雷达的最大作用距离的变化量将比以噪声为主导的雷达大得多。

另外，在式(4.43)中并未出现于发射功率相关的参数，这是因为提高发射功率会在增强目标回波功率的同时，以相同的数量提高杂波的回波功率，因此不能提高目标的可检测性，在使用式(4.43)时对发射功率唯一的要求是发射功率足够大，以使杂波的回波功率大于接收机噪声。有关天线的参数并未明显地出现在方程中，而是包含在方位波束宽度 θ_B 中，式(4.43)说明波束宽度越窄，距离越远。另外，脉冲宽度越窄，作用距离也会越远。这与传统噪声下目标回波信号雷达检测是相反的。当雷达主要受到接收机噪声影响时，需要采用长脉冲以提高信噪比，而当杂波大于噪声时，长脉冲则会降低信杂比。

之前考虑的情况是当掠射角较小时的表面杂波，当雷达以接近垂直的入射角观测表面杂波时，如图 4.5 所示，杂波面积由两个主平面天线波束宽度 θ_B 和 Φ_B 决定。此时杂波照射的区域为一个椭圆，其长轴与短轴的长度分别为 $R\Phi_B$

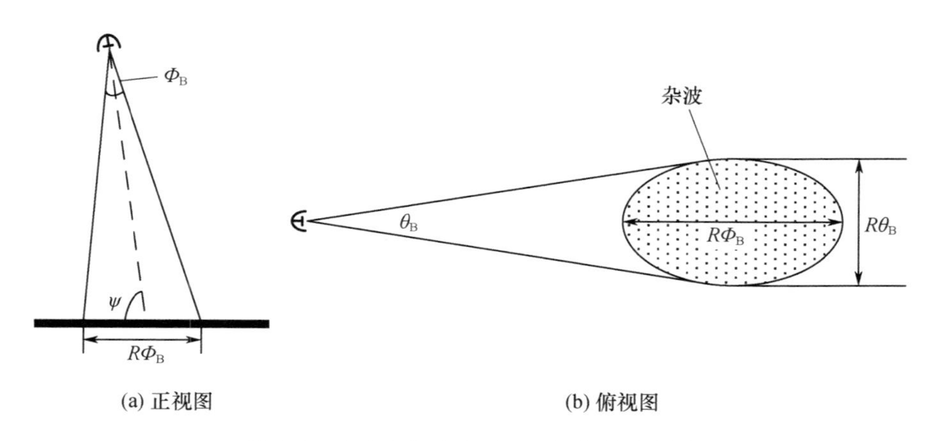

(a) 正视图

(b) 俯视图

图 4.5 大掠射角雷达面杂波的几何示意图

和 $R\theta_B$，面积为

$$A_c = \frac{\pi}{8}R^2\theta_B\Phi_B \tag{4.44}$$

将 $\sigma=\sigma^0 A_c$ 代入式(4.38)，并取 $G=\pi^2/\theta_B\Phi_B$，则在这种情况下，杂波功率变为

$$C = \frac{\pi P_t A_e \sigma^0}{128R^2\sin\psi} \tag{4.45}$$

在式(4.45)中，杂波功率与距离的平方成反比。这个方程适用于雷达高度计或被称为散射仪的遥感雷达接收的地面回波功率，由此可以推导出大掠射角检测目标的雷达方程，但在实际中这种情况很少遇到。

在式(4.43)和式(4.45)中，和表面自身特性有关的参数只有平面的散射系数 σ^0（照射区域的面积 A_c 主要由雷达到平面的距离和波束宽度决定），对于地杂波而言，σ^0 与地形、波长、极化方式、掠射角、表面粗糙度、湿度等因素密切相关，其中人们最感兴趣的是 σ^0 随掠射角变化的特性。通常在掠射角非常小和接近 90°的情况下，σ^0 随掠射角的增加而快速增加，而在高低掠射角之间的中间区域，σ^0 随掠射角的变化比较缓慢，这一区域被称为“稳定区域”。

如图 4.6 所示为 σ^0 随掠射角变化的示意图，在低掠射角区域，即当 $\psi<\psi_c$ 时，平面的后向散射会受到遮蔽和多路径传播效应的影响，平面上较高的凸起对低凹区域的遮挡使得位于低处的散射体无法被雷达照射，对回波功率产生实际贡献的区域减小了。另外，由于接收到的回波被不同相的面反射的能量抵消了，因此多路径效应也减少了低掠射角传播的能量。在大掠射角区域，即当 $\psi_0<\psi<90°$ 时，雷达照射的平面可以被认为由是许多独立的定向小平面组成的，因此入射能量被直接反射回雷达，此时的后向散射能量可能非常高。在稳定区域，

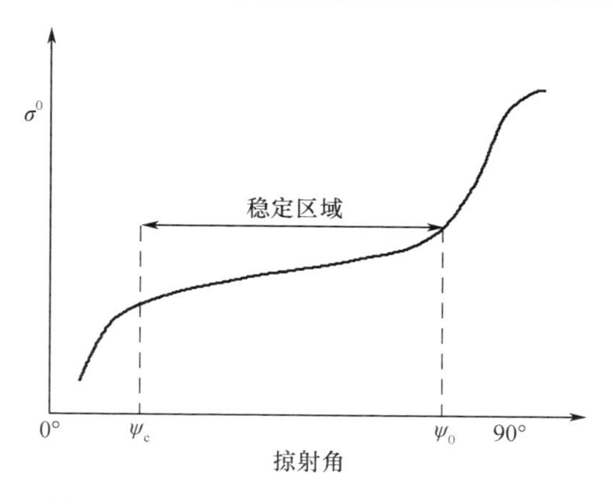

图 4.6 面杂波散射系数特性与掠射角关系

即当 $\psi_c < \psi < \psi_0$ 时,后向散射在某种程度上类似于一个粗糙面的散射,所以在掠射角变化的过程中不会有太大的起伏。

表示 σ^0 特性最常用的模型之一是"等 γ"模型,即

$$\sigma^0 = \gamma \sin\psi \tag{4.46}$$

式中:γ 为感兴趣的极化方式和雷达工作频率条件下特定杂波的特性。这种模型表征了 σ^0 在法线入射方向上取得最大值,在掠射角趋向 0 时逐渐减小到 0 的特性。但是,它并不能精确地反映入射方向接近地面法向情况下 σ^0 的变化情况。在掠射角非常小和接近 90°的两种极端情况下,必须采用其他的模型进行描述。

在严谨的雷达系统分析与设计中,应知道杂波回波的概率密度函数,从而可以对接收机检测器进行适当的设计。然而,当杂波统计无法用经典的瑞利概率密度函数描述时(这是实际中经常遇到的情况),确定一个特定的量化统计特性是非常困难的。因此许多雷达设计是基于杂波的平均值 σ^0 而不是某个统计模型。在 4.2.3 节中,将进一步讨论面杂波的概率密度函数。

另外,杂波还会随着时间和空间发生改变。杂波随时间变化的原因有两种,一种使由于杂波环境的内部运动,如森林中树叶的随风摇摆以及海面的波浪运动,另一种原因是雷达和杂波的观测几何关系的变化。各种不同的研究已经用实验的方法刻画了由内部运动引起的杂波回波的去相关特性。例如,对于有叶树木构成的森林杂波或雨杂波的功率谱,常采用立方谱进行估计,即

$$S_\sigma(F) = \frac{A}{1 + F/F_c)^3} \tag{4.47}$$

对于森林,转折频率 F_c 是波长和风速的函数;对于降雨,它是波长和降雨率的函数。另一个常使用的功率谱模型为高斯谱

$$S_\sigma(F) = A\exp\left[-\alpha\left(\frac{F}{F_0}\right)^2\right] \tag{4.48}$$

这个模型在气象雷达中非常通用。

对于立方谱和高斯谱,都可以利用低阶的自回归模型(AR 模型、全极点模型)进行良好的匹配

$$S_\sigma(F) = \frac{A}{1 + \sum_{k=1}^{N} \alpha_k F^{2k}} \tag{4.49}$$

AR 杂波谱模型的优点是它的参数可以直接从测量数据计算得到,而且可采用 Levinson - Durbin 算法和其他相似的算法进行实时调整,可用于设计最优的自适应杂波抑制滤波器。其缺点是随着模型阶数的增加,计算量会快速增长。

4.2.2 太赫兹雷达杂波测量

由于面杂波总是地面或者海面的散射作用引起的,因此,用于测量地杂波与海杂波的雷达系统也被称为"散射仪"。最简单的散射仪采用固定的连续波雷达,其系统框图如图 4.7 所示。为估算 σ^0,需知道雷达发射功率与接收功率之比,如图 4.7(a)所示系统结构分别测量发射信号功率和接收机灵敏度,发射机通过定向耦合器将能量馈送到天线,同时有一小部分能量馈送到功率计。接收机灵敏度必须利用校准源检查,校准信号在发射机关机时馈送入接收机。如图 4.7(b)所示结构通过比较衰减过的发射输出信号和接收到的回波信号就可判定散射截面积,而无需知道实际的发射功率和接收机增益。

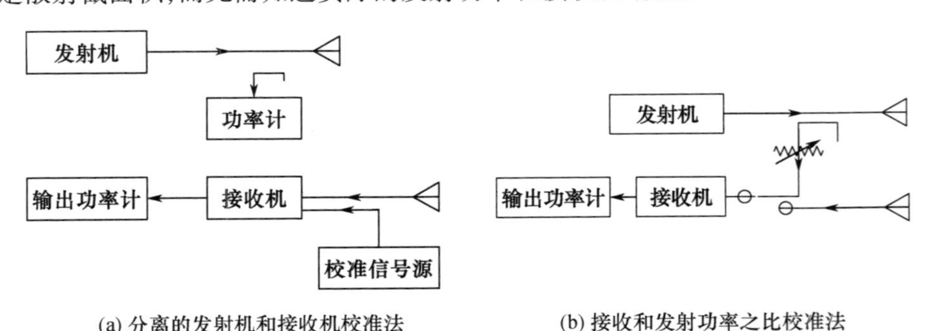

(a) 分离的发射机和接收机校准法　　(b) 接收和发射功率之比校准法

图 4.7　连续波散射仪系统框图

在不知道天线方向图和绝对增益的情况下,如图 4.7 所示的校准方法并不准确。由于精确测量增益非常困难,因而,绝对校准可通过被测目标的接收信号和一个标准目标的接收信号获得,标准目标可以是金属球、Luneburg 透镜反射器、金属板、角反射器或有源雷达校准器。

在对信号进行校准之后,散射系数可通过下式确定:

$$P_{\mathrm{r}} = \frac{P_{\mathrm{t}}\lambda^2}{(4\pi)^2}\int_S \frac{G_{\mathrm{t}}^2\sigma^0 \mathrm{d}A}{R^4} \tag{4.50}$$

式中:积分区域 S 为雷达的强照射区,包括副瓣照射区。通常假定 σ^0 在照射区内为常数,因此有

$$P_{\mathrm{r}} = \frac{P_{\mathrm{t}}\lambda^2\sigma^0}{(4\pi)^2}\int_S \frac{G_{\mathrm{t}}^2 \mathrm{d}A}{R^4} \tag{4.51}$$

则可通过式(4.51)得到 σ^0 为

$$\sigma^0 = \frac{(4\pi)^3 P_{\mathrm{r}}}{P_{\mathrm{t}}\lambda^2\int_S \frac{G_{\mathrm{t}}^2 \mathrm{d}A}{R^4}} \tag{4.52}$$

从式(4.52)可以看到,只要能够得到发射功率与接收功率之比,就可以通过计算求得 σ^0,而无需分别测量发射功率和接收功率的具体数值,证实了图 4.7(b)所示方法的准确性。

雷达分辨不同距离上回波的能力与定向天线波束结合,可有效地简化散射测量。利用脉冲调制测距系统测量散射系数的示意图如图 4.8 所示。如图 4.8(a)所示为圆形笔装波束,在接近掠射角入射时,圆形天线方向图的照射区域变为椭圆形,于是利用脉冲长度将照射限制到区域的一部分是有益的。确实,对非常接近掠射的角度,这是分辨小区域的唯一令人满意的方法。许多系统采用波束宽度设定接近垂直方向的测量区,但采用距离分辨力设定 60°以外的测量区。

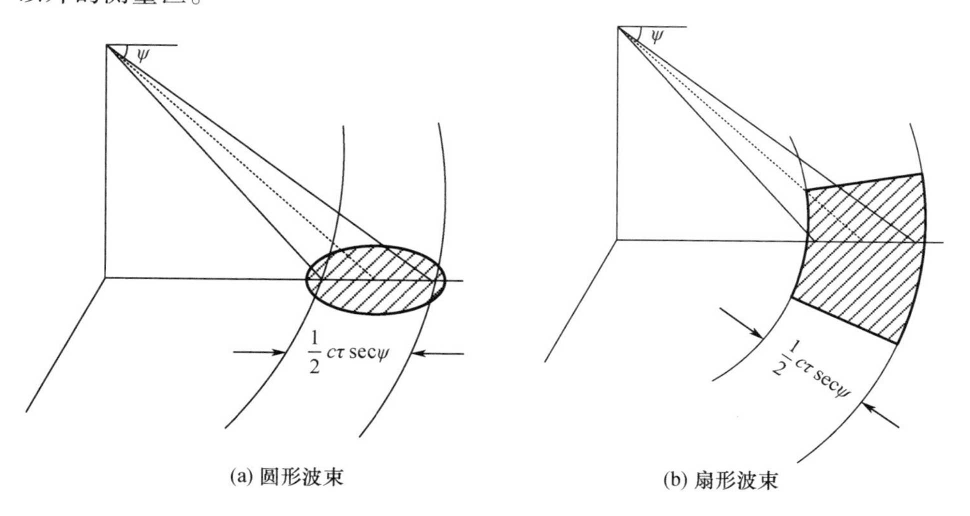

图 4.8 使用测距系统测量散射系数

如图4.8(b)所示为一种更好地利用测距性能的天线方向图。利用扇形波束在地面上照射出一个窄条,而距离分辨力则根据回波返回的时间分辨出不同角度反射的回波。这种方法在原理垂直线的角度上特别有效,因为与接近擦地时相比,接近垂直入射时的分辨力会降低很多。

假设 σ^0 基本保持不变,增益不变,发射脉冲为矩形脉冲,并忽略分辨单元内的距离差,则 σ^0 的表达式变为

$$\sigma^0 = \frac{P_\mathrm{r}(4\pi)^3 R^3 \sin\psi}{P_\mathrm{t}\lambda^2 G_0 \phi_0 r_\mathrm{R}} \tag{4.53}$$

式中:r_R 为近距离分辨力。

实际雷达或合成孔径雷达产生的雷达图像也可用于测量散射系数。但令人遗憾的是,这类系统大多都没有经过校准,或者校准效果不佳,因此如果图像生成的时间不同,它们的结果都具有较大的不确定性,即使在相对的基础上也是如此。某些系统已经引入了相对的校准,也有通过使用强参考目标(如角反射器等强散射中心)进行绝对校准。

4.2.3 太赫兹雷达杂波建模

由于杂波的高可变性,常用概率密度函数或概率分布对杂波进行建模。本节将介绍几种常用的用来表征表面杂波单位横截面积 σ^0 起伏的几种统计模型。它们分别在不同的情况下使用于地杂波或海杂波[83,84]。

1. 瑞利分布

当雷达照射的杂波表面区域内,有大量随机分布的独立散射体,并且这些散射的回波基本处于同一个水平时,那么在采用线性检波器的接收机输出端,杂波电压包络的概率密度函数可以用瑞利分布进行描述,即

$$p(v) = \frac{2v}{\sigma}\exp\left(-\frac{v^2}{\sigma}\right), \quad v \geqslant 0 \tag{4.54}$$

这里 σ 为包络 v 的均方值(二阶矩)。

瑞利分布同时也可以用于描述输入为高斯噪声时接收机的输出包络,而当接收机采用平方律检波器时,接收机的输出包络将满足指数分布,或

$$p(v) = \frac{1}{\bar{\sigma}}\exp\left(-\frac{v}{\bar{\sigma}}\right), \quad v \geqslant 0 \tag{4.55}$$

式中:$\bar{\sigma}$为均值功率,指数分布的标准偏差等于平均值。

虽然对于不同的检波器,其输出包络的分布不同,如式(4.54)和式(4.55)所示,但它们都被认为属于瑞利模型。瑞利杂波是用于描述杂波模型的特性,而与接收机使用的检波器类型不同。

2. 对数 - 正态分布

瑞利杂波模型通常在雷达分辨单元较大,照射区域包含大量散射体且没有一个占主导地位的散射体的情况下使用,常用于表征相对均匀的杂波。而当分辨单元的尺寸和掠射角都很小时,它并不能对杂波的分布进行准确的描述。在这些条件下,大杂波的概率比从瑞利模型得到的更高。

首先被提出用于表示非瑞利杂波的模型之一是对数 - 正态概率密度函数,在这个模型中,以 dB 表示的杂波回波是高斯的,当接收机用平方律检波器时,回波功率的对数 - 正态概率密度函数为

$$p(v)=\frac{1}{\sqrt{2\pi}\sigma v}\exp\left[-\frac{1}{2\sigma^2}\left(\ln\frac{v}{v_{\mathrm{m}}}\right)^2\right],\quad v\geqslant 0 \tag{4.56}$$

式中:σ 为 $\ln v$ 的标准差;v_{m} 为 v 的中值平均值,与中值的比为 $\exp(\sigma^2/2)$。当使用线性检波器时,归一化的输出电压幅度为 $v_n=v/v_{\mathrm{m}}$,此时的概率密度函数为

$$p(v_n)=\frac{1}{\sqrt{2\pi}\sigma v_{\mathrm{m}}}\exp\left[-\frac{2}{\sigma^2}(\ln v_n)^2\right],\quad v_n\geqslant 0 \tag{4.57}$$

此处 σ 仍为 $\ln v$ 的标准差。

对数 - 正态分布可以用标准差和中值确定,而瑞利分布只需要均方值就可以确定,相比之下,对数 - 正态模型相比于瑞利分布可以更好地与实验数据相拟合。

3. Weibull 分布

Weibull 分布式一个双参数族,它适合拟合处于瑞利分布和对数 - 正态分布之间的杂波测量数据,瑞利分布实际上是 Weibull 分布的一种特殊情况。同时,当参数选择适当时,Weibull 分布将很接近于对数 - 正态分布。

假设 v 是一个线性检波器输出的电压幅度,对于归一化幅度 $v_n=v/v_{\mathrm{m}}$,Weibull 概率密度函数为

$$p(v_n)=\alpha(\ln 2)v_n^{\alpha-1}\exp\left[-(\ln 2)v_n^{\mathrm{d}}\right],\quad v_n\geqslant 0 \tag{4.58}$$

式中:α 为 Weibull 分布的斜度参数;v_{m} 为分布中值。当 $\alpha=2$ 时,Weibull 分布瑞利分布的形式;当 $\alpha=1$ 时,它将变为指数分布的概率密度函数,平均值与中值比为 $(\ln 2)^{-1/\alpha}\Gamma(1+1/\alpha)$,此处 $\Gamma(z)$ 为伽马函数。Weibull 分布已被证实可以较好地拟合地杂波、海杂波、气象杂波以及有浮冰的海面的杂波。

4. K 分布

K 分布模型是一种由两个分量组成的复合分布,其关于电压幅度 v 的概率密度函数为

$$p(v)=\frac{2b}{\Gamma(v)}\left(\frac{bv}{2}\right)^{\alpha}K_{\alpha-1}(bv) \tag{4.59}$$

式中：b 为仅与杂波的平均值 σ^0 相关的尺度参数；α 为形状参数，它依赖于平均值相关的更高阶矩；$K_{\alpha-1}(z)$ 为修正的第二类 Bessel 函数。和 Weibull 分布一样，K 分布的统计矩位于瑞利和对数－正态分布之间，可以较好地描述海杂波和地杂波的分布特性，但大多数时候被应用于海杂波的特性分析上。

对于海杂波，K 分布由两个可与实验观察数据相关联的分量组成。其中一个为快速变化的分量，通过频率捷变的方法，可将其在脉冲间去相关。它有时被称为"点"分量，并且其统计特性可以用瑞利分布描述。另一个分量有更长的去相关时间，并不受频率捷变的影响，可以用伽马分布描述。因此，可以认为 K 分布模型由一个瑞利分布快速变化分量和一个伽马分布的慢变化分量组成，从而形成了式(4.59)的形式。

K 分布的形状参数 α 通常位于 0.1 到 ∞ 的范围内，并且随单元尺寸的增加而增加，当 $\alpha=\infty$ 时，K 分布与瑞利分布相同。根据实测数据的结果，形状参数的经验估计值为

$$\lg\alpha=\frac{2}{3}\lg\psi+\frac{5}{8}\lg\rho_{\mathrm{a}}+\zeta-k \tag{4.60}$$

式中：ψ 为以度为单位的掠射角；ρ_{a} 为方位向分辨力，以米为单位；ζ 为 $-1/3$ 时表示海浪方向向上或向下，1/3 时表示横向海浪，0 表示中间方向或没有海浪存在，k 为与极化方式相关的量，垂直极化时 $k=1$，水平极化时 $k=1.7$。必须注意的是，式(4.60)仅仅是针对实测数据得到的经验估计值，不一定适用于所有的情况。

5. 其他统计模型

其他用于描述杂波统计特性的分布还包括 Nakagami 模型、广义高斯瑞利分布模型、Rice 模型、G0 模型等具有拖尾的概率分布函数。如图 4.9 所示为几个常用模型的概率密度函数，分别是指数分布($\mu=1$)、伽马分布($a=2,b=1$)、对

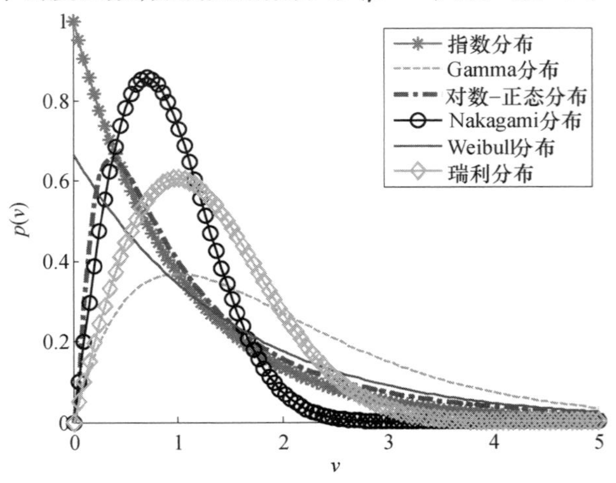

图 4.9 常用统计模型概率密度函数

数-正态分布($\mu=0,\sigma=1$)、Nakagami 分布($\mu=1,\omega=1$)、Weibull 分布($\alpha=1.5,d=1$)以及瑞利分布($\sigma=1$)。从图 4.9 中可以看到,Gamma 分布、对数-正态分布、Nakagami 分布和 Weibull 分布从分布形状上看,都是指数分布模型到瑞利分布模型的过渡过程。事实上,随着参数的变化,这几种模型都可以无限逼近指数分布模型或者瑞利分布模型。

4.3　太赫兹雷达目标探测技术

对雷达目标的探测,主要是指判定雷达测量值是来自目标的回波还是仅有干扰项存在。在确定了测量值为来自目标的回波之后,才会进行下一步的处理,如从信号中提取目标的距离、角度或者速度。

检测决策可用于雷达信号处理各个阶段的信号中,包括从原始回波信号到经过预处理的数据。其中对每个脉冲进行脉冲压缩,获得对应距离单元的信号,如果某一距离存在目标,则可根据快时间采样率和天线指向独立检测出其距离和空间角度。由于快时间的采样率通常很高,脉冲重复频率也很大,所以雷达每秒能得到千万个检测决策。

由于雷达回波中的干扰项和复杂目标的回波可以用统计信号模型进行描述,所以对雷达目标的检测可以用统计假设检验问题进行建模[85-95],本节将展示这一基本决策推导的门限检测原理,并分析其性能曲线[96-103]。

4.3.1　固定门限检测算法

对任何的雷达测量值,在对其进行目标是否存在的检测时,以下两个假设必有一个成立:

(1) H_0:测量值仅由干扰项构成。

(2) H_1:测量值中不仅包含干扰项,还包含目标的回波。

检测逻辑必须对每一个雷达的测量值进行检测,以选择一个最优假设对测量值进行判定。如果 H_0 成立,则认为该测量值所对应的单元内不存在目标;如果 H_1 成立,则认为目标存在。

由于干扰和目标的信号都是从统计意义上进行描述的,所以需要以下两个概率密度函数对样本值 y 进行分析:

(1) 目标不存在时,样本 y 的 pdf 为 $p_y(y|H_0)$。

(2) 目标存在时,样本 y 的 pdf 为 $p_y(y|H_1)$。

通常,检测是基于 N 个采样数据 y_n 的,如对一个脉冲中 N 个采样的检验,将其组成列矢量为

$$\boldsymbol{y}\equiv[y_0 \quad y_1 \quad \cdots \quad y_{N-1}]^{\mathrm{T}} \tag{4.61}$$

由此，需使用 N 维联合概率密度函数 $p_y(\boldsymbol{y}|H_0)$ 和 $p_y(\boldsymbol{y}|H_1)$。在这两个概率密度函数的建模完成之后，则定义以下几个感兴趣的概率：

（1）检测概率 P_d：目标存在，且判决结果为 H_1 成立的概率。

（2）虚警概率 P_{fa}：目标不存在，且判决结果为 H_1 成立的概率。

（3）漏检概率 P_m：目标存在，且判决结果为 H_0 成立的概率。

注意到 $P_m = 1 - P_d$，因此只需要 P_{fa} 和 P_d 就能充分说明检测的性能。将列矢量 $\boldsymbol{y}$ 看成 N 维空间中的一个点，则所有符合假设 H_1 的观测值组成的子空间为 $\mathfrak{R}_1$，则可以写出检测概率和虚警概率的表达式为

$$\begin{aligned} P_d &= \int_{\mathfrak{R}_1} p_y(\boldsymbol{y}|H_1)\mathrm{d}\boldsymbol{y} \\ P_{fa} &= \int_{\mathfrak{R}_1} p_y(\boldsymbol{y}|H_0)\mathrm{d}\boldsymbol{y} \end{aligned} \tag{4.62}$$

在雷达检测中，通常使用贝叶斯准则的特殊情况以便从两种假设中挑选最优假设，即将虚警概率 P_{fa} 约束在一定范围内的情况下，使检测概率 P_d 达到最大。这一准则被称为奈曼－皮尔逊准则，从式（4.62）可以看到，虚警概率和检测概率的积分区域相同，也就是说 P_{fa} 和 P_d 必然会同时升高或降低。那么在完成奈曼－皮尔逊准则时，可以选择那些对检测概率贡献比虚警概率大的点归于子空间 $\mathfrak{R}_1$，从而使检测概率增加的速度比虚警概率更快。针对上述最优化问题，可用拉格朗日乘子法解决。建立如下方程

$$F = P_d + \lambda(P_{fa} - \alpha) \tag{4.63}$$

式中：α 为奈曼－皮尔逊准则中对虚警概率的约束，即 $P_{fa} \leqslant \alpha$。为了寻找式（4.63）的最优解，使得 F 最大，选择满足约束条件 $P_{fa} = \alpha$ 的 λ 值。将式（4.62）代入式（4.63）得到

$$\begin{aligned} F &= \int_{\mathfrak{R}_1} p_y(\boldsymbol{y}|H_1)\mathrm{d}\boldsymbol{y} + \lambda\left(\int_{\mathfrak{R}_1} p_y(\boldsymbol{y}|H_0)\mathrm{d}\boldsymbol{y} - \alpha\right) \\ &= -\lambda\alpha + \int_{\mathfrak{R}_1}[p_y(\boldsymbol{y}|H_1) + \lambda p_y(\boldsymbol{y}|H_0)]\mathrm{d}y \end{aligned} \tag{4.64}$$

此处的设计变量是子空间 $\mathfrak{R}_1$。式中 $-\lambda\alpha$ 与 $\mathfrak{R}_1$ 无关，所以要使得 F 最大，需要使 $\mathfrak{R}_1$ 内的积分值最大。积分值取决于可正可负的 λ 和正值 $p_y(\boldsymbol{y}|H_1)$ 与 $p_y(\boldsymbol{y}|H_0)$，所以，当子空间 $\mathfrak{R}_1$ 中的所有点都满足 $p_y(\boldsymbol{y}|H_1) + \lambda p_y(\boldsymbol{y}|H_0) > 0$ 时，该积分值最大，则可推导出决策准则为

$$\frac{p_y(\boldsymbol{y}|H_1)}{p_y(\boldsymbol{y}|H_0)} \underset{H_0}{\overset{H_1}{\gtrless}} -\lambda \tag{4.65}$$

式(4.65)即为似然比检验(LRT)。从式(4.65)可以看到,在奈曼 - 皮尔逊准则下,目标存在与否仅仅取决于观测值 $\boldsymbol{y}$ 即检测门限 $-\lambda$,由观测值 $\boldsymbol{y}$ 计算(或者估计)得到的两个概率密度函数的比值需要和检测门限进行比较。如果似然比值超过门限,则选择假设 H_1,认为目标存在;反之,则选择 H_0,认为目标不存在。在此检测准则下,虚警概率不会超过预先设定的值 α。为了方便起见,我们将式(4.65)简写为如下形式

$$\Lambda(\boldsymbol{y}) \underset{H_0}{\overset{H_1}{\gtrless}} \eta \tag{4.66}$$

式中:$\Lambda(\boldsymbol{y}) = p_y(\boldsymbol{y}|H_1)/p_y(\boldsymbol{y}|H_0)$,$\eta = -\lambda$。实际应用中为了简化 LRT 的计算量,常对式(4.66)两边取自然对数,得到对数似然比

$$\ln\Lambda(\boldsymbol{y}) \underset{H_0}{\overset{H_1}{\gtrless}} \ln\eta \tag{4.67}$$

式(4.67)左边的 $\ln\Lambda(\boldsymbol{y})$ 在实际计算中将包含数据采样 y_n 和常数项,在许多特定的场合,可对式(4.67)进行进一步整理,变为

$$\sum_{n=0}^{N-1} y_n \underset{H_0}{\overset{H_1}{\gtrless}} T \tag{4.68}$$

式中:$\sum y_n$ 在这里被称为对样本数据的充分统计,用 $\Upsilon(\boldsymbol{y})$ 表示。如果充分统计存在的话,那么它将是数据 $\boldsymbol{y}$ 的函数,似然比(或对数似然比)可写成 $\Upsilon(\boldsymbol{y})$ 的函数。T 是通过一系列计算得到的门限值。这就意味在着奈曼 - 皮尔逊准则下,得到了充分统计 $\Upsilon(\boldsymbol{y})$ 就等同于知道了真实数据 $\boldsymbol{y}$。特别地,将式(4.68)表示为

$$\Upsilon(\boldsymbol{y}) \underset{H_0}{\overset{H_1}{\gtrless}} T \tag{4.69}$$

到目前为止,仍然没有得到能满足立项条件 $P_{\mathrm{fa}} = \alpha$ 的检测门限 $\eta = -\lambda$。根据式(4.62),虚警概率 P_{fa}的求解需要知道 $\boldsymbol{y}$ 的 N 维联合概率密度分布和子空间$\mathcal{R}_1$的确切定义,但其仅隐含的被定义为 N 维空间中那些由超过检测门限的点所构成的区域。因为 Λ 和 Υ 是随机数据 $\boldsymbol{y}$ 的函数,所以也是随机变量,都有各自的概率密度函数。因为充分统计与对数似然比在此类问题中是类似的,所以仅需考虑 Λ 和 Υ。用 Λ 和 Υ 替代 $\boldsymbol{y}$ 来表达 P_{fa},得到

$$P_{\mathrm{fa}} = \int_{\eta=-\lambda}^{+\infty} p_\Lambda(\Lambda|H_0)\mathrm{d}\Lambda = \alpha \tag{4.70}$$

或

$$P_{\mathrm{fa}} = \int_T^{+\infty} p_\Upsilon(\Upsilon | H_0)\mathrm{d}\Upsilon = \alpha \tag{4.71}$$

于是,由式(4.70)或式(4.71)就可以计算出针对于似然比(式(4.70))或对数似然比(式(4.71))的门限值 η 或 T。同时,通过式(4.70)和式(4.71)还可以得出结论:检测门限的结果仅与目标不存在时信号的概率密度函数有关。

为了充分说明固定门限检测的流程,下面将举一个简单的例子。假设信号中干扰项 $\boldsymbol{w}$ 为均值为0,方差为 σ^2 的高斯白噪声,目标信号 $\boldsymbol{m}$ 为常数1。则当目标不存在时,观测值 $\boldsymbol{y}=\boldsymbol{w}$,服从 N 维正态分布,且其协方差矩阵与单位矩阵成正比。当目标存在时,$\boldsymbol{y}=\boldsymbol{m}+\boldsymbol{w}=\boldsymbol{m}1_N+\boldsymbol{w}$,则其分布为均值非零的 N 维正态分布,则有

$$\begin{aligned} H_0: \boldsymbol{y} &\sim N(\boldsymbol{0}_N, \beta^2 \boldsymbol{I}_N) \\ H_1: \boldsymbol{y} &\sim N(m\boldsymbol{1}_N, \beta^2 \boldsymbol{I}_N) \end{aligned} \tag{4.72}$$

其中,$m>0$,$\boldsymbol{0}_N$、$\boldsymbol{1}_N$ 和 $\boldsymbol{I}_N$ 分别代表全0的 N 维矢量、全1的 N 维矢量和 N 阶单位矩阵。目标不存在和存在时,样本 y 的概率密度函数分别为

$$\begin{aligned} p(\boldsymbol{y} | H_0) &= \prod_{n=0}^{N-1} \frac{1}{\sqrt{2\pi}\sigma} \exp\left[-\frac{y_n^2}{2\sigma^2}\right] \\ p(\boldsymbol{y} | H_1) &= \prod_{n=0}^{N-1} \frac{1}{\sqrt{2\pi}\sigma} \exp\left[-\frac{(y_n - m)^2}{2\sigma^2}\right] \end{aligned} \tag{4.73}$$

利用式(4.73)可得似然比以及对数似然比如下式所示

$$\begin{aligned} \Lambda(\boldsymbol{y}) &= \frac{\prod_{n=0}^{N-1} \exp\left[-\frac{(y_n - m)^2}{2\sigma^2}\right]}{\prod_{n=0}^{N-1} \exp\left[-\frac{y_n^2}{2\sigma^2}\right]} \\ \ln\Lambda(\boldsymbol{y}) &= \sum_{n=0}^{N-1}\left\{-\frac{(y_n - m)^2}{2\sigma^2} + \frac{y_n^2}{2\sigma^2}\right\} = \frac{1}{\sigma^2}\sum_{n=0}^{N-1} m y_n - \frac{1}{2\sigma^2}\sum_{n=0}^{N-1} m^2 \end{aligned} \tag{4.74}$$

明显看到,在采用了对数似然比之后,公式简化许多。将式(4.74)代入式(4.67),并重新整理得到决策准则为

$$\sum_{n=0}^{N-1} y_n \underset{H_0}{\overset{H_1}{\gtrless}} \frac{\sigma^2}{m}\ln(-\lambda) + \frac{Nm}{2} \tag{4.75}$$

即

$$\Upsilon(\boldsymbol{y}) \underset{H_0}{\overset{H_1}{\gtrless}} T \tag{4.76}$$

式中：$\Upsilon(y)=\sum y_n$，$T=(\sigma^2/m)\ln(-\lambda)+Nm/2$。之后对门限 T 进行求解。基于没有目标时的假设，采样均为独立同分布的 0 均值正态分布，则 $\Upsilon(\boldsymbol{y})$ 服从的分布为 $N(0,N\sigma^2)$，当 $\Upsilon>T$ 时发生虚警，则有

$$\alpha=P_{\mathrm{fa}}=\int_T^{+\infty}p_{\Upsilon}(\Upsilon|H_0)\mathrm{d}\Upsilon=\int_T^{+\infty}\frac{1}{\sqrt{2\pi N}\sigma}\exp\left(-\frac{\Upsilon^2}{2\pi N\sigma^2}\right)\mathrm{d}\Upsilon$$
$$=\frac{1}{2}-\frac{1}{2}\mathrm{erf}\left(\frac{T}{\sqrt{2N}\sigma}\right)\tag{4.77}$$

由式(4.77)可求解门限 T 为

$$T=\sqrt{2N}\sigma\mathrm{erf}^{-1}(1-2P_{\mathrm{fa}})\tag{4.78}$$

式(4.77)和式(4.78)中 $\mathrm{erf}(x)$ 为误差函数，其标准定义为

$$\mathrm{erf}(x)=\frac{2}{\sqrt{\pi}}\int_0^x\mathrm{e}^{-t^2}\mathrm{d}t\tag{4.79}$$

类似于误差函数，补偿误差函数 $\mathrm{erfc}(x)$ 的定义为

$$\mathrm{erfc}(x)=\frac{2}{\sqrt{\pi}}\int_x^{+\infty}\mathrm{e}^{-t^2}\mathrm{d}t=1-\mathrm{erf}(x)\tag{4.80}$$

由式(4.77)和式(4.78)可通过 T 计算虚警概率 P_{fa}，反之亦然。

此检测算子的性能可通过构造接收器运算特性（ROC）曲线得到。此时需要知道的相关变量为 P_{d}、P_{fa}、噪声功率 σ^2 和目标信号 m。其中 σ^2 和 m 是给定信号的特性，而 P_{fa} 通常被固定为系统中的参数。这样，仅剩 P_{d} 需要确定。注意到在假设 H_1 条件下，各个数据采样为独立同分布的 m 均值高斯分布，所以它们的和 $\Upsilon(\boldsymbol{y})$ 的均值为 Nm，进而 $\Upsilon(\boldsymbol{y})\sim N(Nm,N\sigma^2)$，且有

$$P_{\mathrm{d}}=\int_T^{+\infty}p_{\Upsilon}(\Upsilon|H_1)\mathrm{d}\Upsilon=\int_T^{+\infty}\frac{1}{\sqrt{2\pi N}\sigma}\exp\left[-\frac{(\Upsilon-Nm)^2}{2N\sigma^2}\right]\mathrm{d}\Upsilon\tag{4.81}$$

利用式(4.79)定义的误差函数，可得

$$P_{\mathrm{d}}=\frac{1}{2}-\frac{1}{2}\mathrm{erf}\left(\frac{T-Nm}{\sqrt{2N}\sigma}\right)\tag{4.82}$$

将式(4.78)代入式(4.82)，可将检测门限 T 消去，从而得到

$$P_{\mathrm{d}}=\frac{1}{2}\left\{1-\mathrm{erf}\left[\mathrm{erf}^{-1}(1-2P_{\mathrm{fa}})-\frac{\sqrt{N}m}{\sqrt{2\sigma^2}}\right]\right\}$$
$$=\frac{1}{2}\mathrm{erfc}\left[\mathrm{erfc}^{-1}(2P_{\mathrm{fa}})-\frac{\sqrt{N}m}{\sqrt{2\sigma^2}}\right]\tag{4.83}$$

在充分统计 $\Upsilon(\boldsymbol{y})$ 中，Nm 为感兴趣的信号成分，若将 Nm 看成电压值，则其对应的功率为$(Nm)^2$。$\Upsilon(\boldsymbol{y})$ 的噪声分量功率为 $N\sigma^2$，因此，表达式 $m\sqrt{N}/\beta$ 是信噪比 χ 的均方根值，式(4.83)可写成

$$P_{\rm d}=\frac{1}{2}{\rm erfc}\left[{\rm erfc}^{-1}(2P_{\rm fa})-\sqrt{\frac{\chi}{2}}\right] \tag{4.84}$$

式(4.84)给出了 $P_{\rm d}$、$P_{\rm fa}$以及信噪比χ三者的关系，由此可得出其 ROC 曲线如图4.10 所示。其中图 4.10(a)所示为以线性虚警概率为刻度显示的 ROC，首先，当信噪比$\chi=0$，即目标信号不存在时，$P_{\rm fa}=P_{\rm d}$，这是由于在此情况下，充分统计 $\Upsilon(\boldsymbol{y})$ 的概率密度函数在两种假设下相同。对于给定的虚警概率及$\chi>0$，检测概率随着信噪比的增加而增加。最后，当 SNR 足够大时(如 SNR = 8dB 时)，检测概率在近 0 和近 1 之间发生了突变，而事实上，雷达的虚警概率通常非常小，典型值介于 10^{-6}和 10^{-8}之间，一般不会超过 10^{-3}。所以图 4.10(b)中以虚警概率的对数刻度描述同样的数据可以更好地反映出雷达信号处理中感兴趣的虚警概率 ROC 特性。

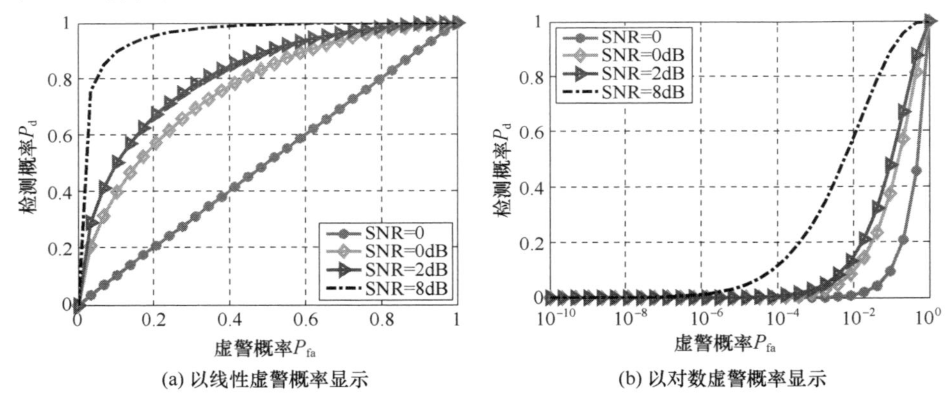

图 4.10　ROC 曲线

现考虑在高斯白噪声环境下，对非起伏目标的 N 个采样的非相干积累检测。目标分量的幅度和绝对相位未知。因此，独立数据采样 y_n 由实幅度$\widetilde{m}$、相位 θ 构成复常量 $m=\widetilde{m}\exp({\rm j}\theta)$ 和 I 通道、Q 通道功率皆为 $\sigma^2/2$(总噪声功率为 σ^2)的高斯白噪声采样 w_n 相加构成，即

$$y_n=m+w_n \tag{4.85}$$

在假设 H_0 下，目标不存在且 $y_n=w_n$，$z_n=|y_n|$的 pdf 为瑞利分布

$$p_{z_n}(z_n|H_1)=\frac{2z_n}{\sigma^2}\exp\left(-\frac{z_n^2}{\sigma^2}\right),\quad z_n\geqslant 0 \tag{4.86}$$

在假设 H_1 下, z_n 为莱斯电压密度

$$p_{z_n}(z_n | H_1) = \frac{2z_n}{\sigma^2}\exp\left[-\frac{z_n^2+\widetilde{m}^2}{\sigma^2}\right]I_0\left(\frac{2\widetilde{m}z_n}{\sigma^2}\right), \quad z_n \geqslant 0 \tag{4.87}$$

式中: $I_0(x)$ 为修正的0阶第一类贝塞尔函数。对于 N 个这类采样组成的矢量 z, 其联合概率密度函数为

$$\begin{aligned} p_z(z \mid H_0) &= \prod_{n=0}^{N-1}\frac{2z_n}{\sigma^2}\exp\left(-\frac{z_n^2}{\sigma^2}\right) \\ p_z(z \mid H_1) &= \prod_{n=0}^{N-1}\frac{2z_n}{\sigma^2}\exp\left(-\frac{z_n^2+\widetilde{m}^2}{\sigma^2}\right)I_0\left(\frac{2\widetilde{m}z_n}{\sigma^2}\right) \end{aligned} \tag{4.88}$$

LRT 和对数 LRT 分别为

$$\Lambda = \prod_{n=0}^{N-1}\exp\left(-\frac{\widetilde{m}^2}{\sigma^2}\right)I_0\left(\frac{2\widetilde{m}z_n}{\sigma^2}\right) = \exp\left(-\frac{\widetilde{m}^2}{\sigma^2}\right)\prod_{n=0}^{N-1}I_0\left(\frac{2\widetilde{m}z_n}{\sigma^2}\right)\underset{H_0}{\overset{H_1}{\gtrless}} -\lambda \tag{4.89}$$

$$\ln\Lambda = -\frac{\widetilde{m}^2}{\sigma^2} + \sum_{n=0}^{N-1}\ln\left[I_0\left(\frac{2\widetilde{m}z_n}{\sigma^2}\right)\right]\underset{H_0}{\overset{H_1}{\gtrless}}\ln(-\lambda)$$

整理式(4.89)中的对数 LRT 得到

$$\sum_{n=0}^{N-1}\ln\left[I_0\left(\frac{2\widetilde{m}z_n}{\sigma^2}\right)\right]\underset{H_0}{\overset{H_1}{\gtrless}}\ln(-\lambda) + \frac{\widetilde{m}^2}{\beta^2} = T \tag{4.90}$$

为了避免计算复杂的 $\ln[I_0(x)]$, 需要对式(4.90)进行合理近似。贝塞尔函数的标准级数展开式为

$$I_0(x) = 1 + \frac{x^2}{4} + \frac{x^4}{64} + \cdots \tag{4.91}$$

当 x 较小时, $I_0(x) \approx 1 + x^2/4$。此外, 自然对数的一种级数展开式为 $\ln(1+z) = z - z^2/2 + z^3/3 + \cdots$, 结合这些可得

$$\ln[I_0(x)] \approx \frac{x^2}{4} \tag{4.92}$$

将式(4.92)代入式(4.90)可得

$$\sum_{n=0}^{N-1}\frac{\widetilde{m}^2 z_n^2}{\sigma^4}\underset{H_0}{\overset{H_1}{\gtrless}} T \tag{4.93}$$

将常数项组合到右侧, 可得最终的非相干积累检测准则为

$$\Upsilon(z)=\sum_{n=0}^{N-1}z_n^2\underset{H_0}{\overset{H_1}{\gtrless}}\frac{\sigma^4T}{\widetilde{m}^2}=T' \tag{4.94}$$

要确定式(4.94)给出的检测器性能,可用新变量 $z_n'=z_n/\sigma$ 代替 z_n,则有 $z'=\sum(z_n')^2=z^2/\beta^2$,由此得到 z_n'的概率密度函数分别为

$$\begin{aligned}&p_{z_n'}(z_n'|H_0)=2z_n'\exp[-(z_n')^2],\quad z_n'\geqslant 0\\&p_{z_n'}(z_n'|H_1)=2z_n'\exp[-((z_n')^2+\chi)]I_0(2z_n'\sqrt{\chi}),\quad z_n'\geqslant 0\end{aligned} \tag{4.95}$$

式中:$\chi=\widetilde{m}^2/\sigma^2$ 为信噪比。由于此处使用的是平方律检波器,所以需要 $r_n=(z_n')^2$的 pdf。

$$\begin{aligned}&p_{r_n}(r_n|H_0)=\exp[-r_n],\quad r_n\geqslant 0\\&p_{r_n}(r_n|H_1)=\exp[-(r_n+\chi)]I_0(2\sqrt{\chi r_n}),\quad r_n\geqslant 0\end{aligned} \tag{4.96}$$

则由上式可得 $z'=\sum r_n$ 在假设 H_0 下的概率密度函数为

$$p_{z'}(z'|H_0)=\frac{(z')^{N-1}}{(N-1)!}\exp(-z'),\quad z'\geqslant 0 \tag{4.97}$$

对式(4.97)从门限值到 $+\infty$ 进行积分,可得虚警概率为

$$P_{\mathrm{fa}}=\int_T^{+\infty}p_{z'}(z'\mid H_0)\mathrm{d}z'=1-I\left(\frac{T}{\sqrt{N}},N-1\right) \tag{4.98}$$

式中

$$I(u,M)=\int_0^{u\sqrt{M+1}}\frac{\mathrm{e}^{-\tau}\tau^M}{M!}\mathrm{d}\tau \tag{4.99}$$

是不完全伽马函数的皮尔逊形式。对于单一采样,即 $N=1$ 时,式(4.98)退化为

$$P_{\mathrm{fa}}=\mathrm{e}^{-T} \tag{4.100}$$

4.3.2 自适应门限检测算法

1. 单一传感器 CFAR 检测

在 4.3.1 节中,对基于高斯白噪声干扰下的目标检测和虚警性能进行了讨论,如式(4.77)和式(4.78)所示的,对于干扰电平功率等于预期值 σ_0^2 时,其所得的虚警概率为

$$P_{\mathrm{fa0}}=\frac{1}{2}-\frac{1}{2}\mathrm{erf}\left(\frac{T}{\sqrt{2N}\sigma_0}\right) \tag{4.101}$$

并且门限值为

$$T = \sqrt{2N}\sigma_0 \mathrm{erfc}^{-1}(2P_{\mathrm{fa0}}) \tag{4.102}$$

而对于实际应用中的雷达系统,干扰功率主要由外部源引入,其波动将非常剧烈。假设实际干扰功率变为 σ^2,而预设门限仍使用在干扰功率为 σ_0^2 时得到的门限大小,则此时的虚警概率为

$$P_{\mathrm{fa}} = \frac{1}{2} - \frac{1}{2}\mathrm{erf}\left(\frac{\sigma_0 \mathrm{erfc}^{-1}(2P_{\mathrm{fa0}})}{\sigma}\right) \tag{4.103}$$

如图 4.11 所示为在不同虚警概率设计下的虚警概率增量变化因子 $P_{\mathrm{fa0}}/P_{\mathrm{fa}}$ 的变化曲线。由图可见,即使噪声功率只提高 2dB,对于预期虚警概率为 10^{-8} 的情况,实际虚警将提高接近 10^8 倍,即使对于较高的预期虚警概率 10^{-3},也将提高将近 10^3,而此时的虚警概率已经接近于 1 了。很明显,在固定门限检测中,很小的干扰功率变化就会对雷达检测性能造成巨大的影响。

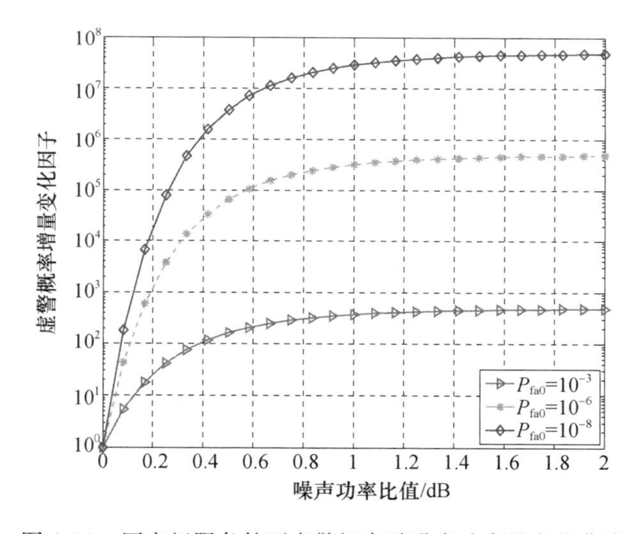

图 4.11　固定门限条件下虚警概率随噪声功率的变化曲线

如图 4.11 所示的虚警概率剧烈变化的情况是绝对不希望发生的。为了获得可预知且稳定的检测性能,通常雷达都被设计为具有恒定的虚警概率。为了达到这个目的,实际干扰噪声功率必须实时的从数据中进行估计,从而相应的调整雷达检测门限,以获得所期望的虚警概率。可以保持恒定虚警概率的检波处理器被称为恒虚警率(CFAR)处理器,或自适应门限处理器[85-88]。本节将对单元平均 CFAR 进行介绍和分析[89-99]。

如图 4.12 所示为单元平均 CFAR 检测器方框图,雷达接收信号通过匹配滤波器和检波器之后,对其中某个待检单元进行检测以判定有无目标存在,门限由待检单元周围的参考单元内的采样值确定。为了设定待检单元所需的门限电

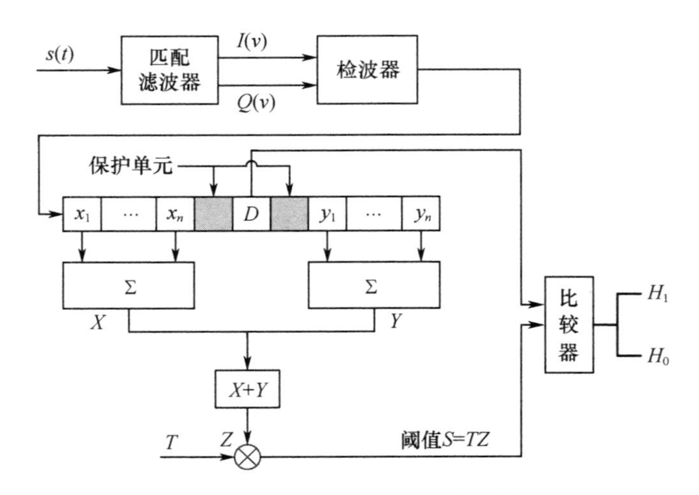

图 4.12　单元平均 CFAR 检测器

平,同一个单元中的干扰功率必须已知。同时,由于干扰功率是变化的,必须通过数据估计得到。

CFAR 处理中所使用的方法基于两种主要的假设,即

(1) 临近单元中所含杂波的统计特性与待检单元一致。

(2) 临近单元不包含任何目标,其仅仅存在干扰噪声。

在上述条件下,待检单元的干扰杂波统计特性可以从临近单元的数据中估计得到。对于高斯干扰噪声下的线性和平方律检波器,干扰分别为瑞利分布和指数分布。在上述情况下,干扰的概率密度函数均仅含有一个自由参数,即平均干扰功率。因此,CFAR 处理器需要利用周围临近单元中的采样值对待检单元的平均功率进行估计。

下面用一个简单的例子对 CFAR 检测的概念进行介绍。假设干扰噪声是独立同分布的,且 I 通道、Q 通道的信号功率均为 $\sigma^2/2$,使用平方律检波器进行非相干积累。某待检单元 x_i 的概率密度函数为

$$p_{x_i}(x_i) = \frac{1}{\sigma^2}\exp\left(-\frac{x_i}{\sigma^2}\right) \tag{4.104}$$

根据 4.3.1 节推导的结论,设定门限需要求得参数 σ^2 的值,而待检单元周围的 N 个相邻单元可以用来估计 σ^2,且每个单元的干扰是独立同分布的,则 N 个样本数据组成的矢量 x 的联合概率密度函数为

$$p_x(x) = \frac{1}{\sigma^{2N}}\prod_{i=1}^{N}\exp\left[-\frac{x_i}{\sigma^2}\right] = \frac{1}{\sigma^{2N}}\exp\left[-\frac{1}{\sigma^2}\sum_{i=1}^{N}x_i\right] \tag{4.105}$$

式(4.105)为观测数据矢量 $\boldsymbol{x}$ 的似然函数,记为 Λ,Λ 的极值所对应的 σ^2 为

其极大似然估计。利用其对数似然函数可方便地求得

$$\ln\Lambda = -N\ln(\sigma^2) - \frac{1}{\sigma^2}\left(\sum_{i=1}^{N} x_i\right) \tag{4.106}$$

令式(4.106)的导数为零,则有

$$\frac{\mathrm{d}(\ln\Lambda)}{\mathrm{d}\sigma^2} = -\frac{N}{\sigma^2} + \frac{1}{\sigma^4}\sum_{i=1}^{N} x_i = 0 \tag{4.107}$$

解式(4.107) 求得 σ^2,其极大似然估计恰好是已知数据样本的均值,即

$$\hat{\sigma}^2 = \frac{1}{N}\sum_{i=1}^{N} x_i \tag{4.108}$$

则要求的门限可以由估计干扰功率乘以一个系数得到,即

$$\hat{T} = \alpha\hat{\beta}^2 \tag{4.109}$$

结合式(4.108) 和式(4.109),可得到

$$\hat{T} = \frac{\alpha}{N}\sum_{i=1}^{N} x_i \tag{4.110}$$

定义 $z_i = (\alpha/N)x_i$,则有$\hat{T} = \sum_{i=1}^{N} z_i$, 考虑到式(4.104),由概率论易得 z_i 的概率密度函数为

$$p_{z_i}(z_i) = \frac{N}{\alpha\beta^2}\exp\left[-\frac{Nz_i}{\alpha\beta^2}\right] \tag{4.111}$$

由于$\hat{T}$是 N 个独立随机变量的和,则其概率密度函数为式(4.111)所给出的概率密度函数的 N 维折叠卷积,最简单的求解方法为通过概率密度函数的特征函数进行推导。设 $p_{z_i}(z_i)$的特征函数为 $C_{z_i}(q)$,则有

$$C_{z_i}(q) = \int_{-\infty}^{+\infty} p_{z_i}(z_i)\mathrm{e}^{\mathrm{j}qz_i}\mathrm{d}z_i = \frac{N}{\alpha\beta^2}\frac{1}{\dfrac{N}{\alpha\beta^2} - \mathrm{j}q} \tag{4.112}$$

由于$\hat{T} = \sum_{i=1}^{N} z_i$,则有

$$C_{\hat{T}}(q) = \prod_{i=1}^{N} C_{z_i}(q) = \left(\frac{N}{\alpha\beta^2}\right)^N \left(\frac{1}{\dfrac{N}{\alpha\beta^2} - \mathrm{j}q}\right)^N \tag{4.113}$$

通过对式(4.113)进行逆傅里叶变换可得$\hat{T}$的概率密度函数为

$$p_{\hat{T}}(\hat{T}) = \frac{1}{2\pi}\int_{-\infty}^{+\infty} C_{\hat{T}}(q)\mathrm{e}^{-\mathrm{j}q\hat{T}}\mathrm{d}q = \left(\frac{N}{\alpha\beta^2}\right)^N \frac{\hat{T}^{N-1}}{(N-1)!}\exp\left(-\frac{N\hat{T}}{\alpha\beta^2}\right) \tag{4.114}$$

式(4.114)为埃尔朗(Erlang)密度函数,是伽马密度函数的一种特殊情况。在估

计的门限值下，所对应的虚警概率为 $\exp(-\hat{T}/\sigma^2)$，也是一个随机变量，其数学期望为

$$\overline{P}_{\text{fa}} = \int_{-\infty}^{+\infty} \exp\left(-\frac{\hat{T}}{\sigma^2}\right) p_{\hat{T}}(\hat{T})\,\mathrm{d}\hat{T} = \left(1+\frac{\alpha}{N}\right)^{-N} \tag{4.115}$$

对于给定的预期平均虚警概率，所需的门限乘积因子可通过式得到

$$\alpha = N(\overline{P}_{\text{fa}}^{-1/N} - 1) \tag{4.116}$$

需要指出的是，平均虚警概率 $\overline{P}_{\text{fa}}$ 不依赖于实际干扰噪声功率的大小，而仅与参与平均的邻近单元样本数 N 及门限乘积因子 α 有关。因此，单元平均处理技术表现出恒虚警率的特点。

单元平均 CFAR 的检测性能由检测门限的选择规则决定。对于 Swerling I 型目标的一个检测单元数据，在检测门限 $\hat{T}$ 的条件下，其检测概率为 $P_{\text{d}} = \exp(-\hat{T}/(1+\chi))$，其中 χ 为信噪比。则检测概率的数学期望可以通过对检测概率在门限区间上求平均得到，即

$$\overline{P}_{\text{d}} = \int_{-\infty}^{+\infty} \exp\left(-\frac{\hat{T}}{1+\chi}\right) p_{\hat{T}}(\hat{T})\,\mathrm{d}\hat{T} \tag{4.117}$$

式(4.117)的积分与式(4.115)具有同样的形式，则检测概率的期望为

$$\overline{P}_{\text{d}} = \left(1+\frac{\alpha}{N(1+\chi)}\right)^{-N} \tag{4.118}$$

从以上的推导可以看到，在 I/Q 通道的噪声均服从高斯分布，使用平方律检波器，Swerling I 型目标只有一个待检单元的数据时，式(4.115)和式(4.118)中的检测概率与虚警概率均不依赖于干扰噪声功率，检测器具有恒虚警特性。

将式(4.116)代入式(4.118)整理得到获得特定的虚警概率和检测概率性能所需的信噪比，即

$$\chi = \frac{\overline{P}_{\text{fa}}^{-1/N} - 1}{\overline{P}_{\text{d}}^{-1/N} - 1} - 1 \tag{4.119}$$

由式(4.119)作出的 ROC 特性曲线如图 4.13 所示，其中图 4.13(a)为信噪比 SNR = 1dB 时虚警概率与检测概率关系曲线，图 4.13(b)为虚警概率为 10^{-8} 时信噪比与检测概率的关系曲线，从两幅图中可以看到，随着参与平均处理的单元数目的增加，在相同的虚警概率或信噪比下，检测概率也随之增加，但是，N 的增加并不能无限制地提高检测概率，当 N 增加到某一特定的数量时，检测概率的增加速度将明显降低，如图 4.13 中 $N = 64$ 和 $N = 256$ 两条曲线基本重合。

如图 4.14 所示为一个单元平均 CFAR 处理的仿真实例。仿真数据中，噪声

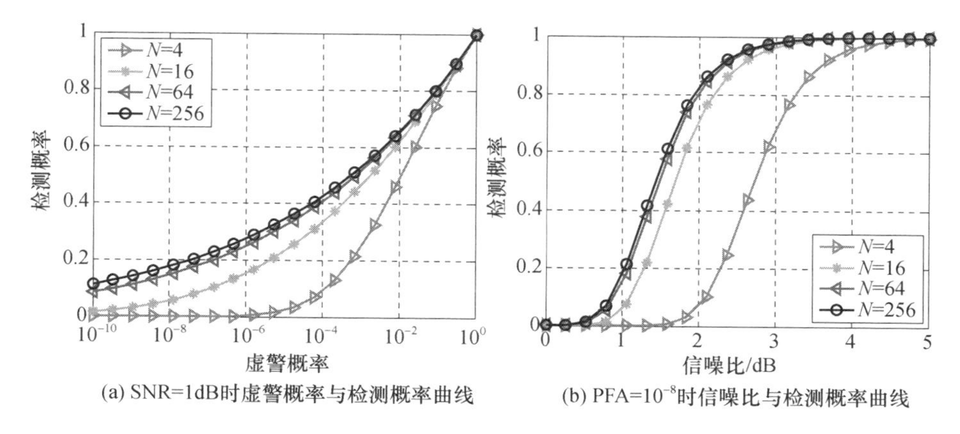

图 4.13　ROC 曲线

为 I/Q 通道相互独立的高斯白噪声，信噪比为 15dB。Swerling I 型目标位于距场景中心 −0.3m 处。设置的期望虚警概率为 $P_{\mathrm{fa}}=10^{-3}$，参考单元为待检单元周围 32 个距离单元，保护单元为待检单元前后各两个距离单元，注意，此处的距离单元是根据距离分辨力进行考虑的。图中 CFAR 门限曲线是参考窗滑过数据序列时根据式(4.110)和式(4.116)实时计算得到的门限。除了在目标附近区域，估计门限和理想检测门限吻合良好，绝大部分待检测单元内的波动在 2dB 以内，仅在目标所在的距离单元内，雷达信号数据超过 CFAR 门限，正确地判断了目标的存在，在其他所有距离单元内没有虚警存在。

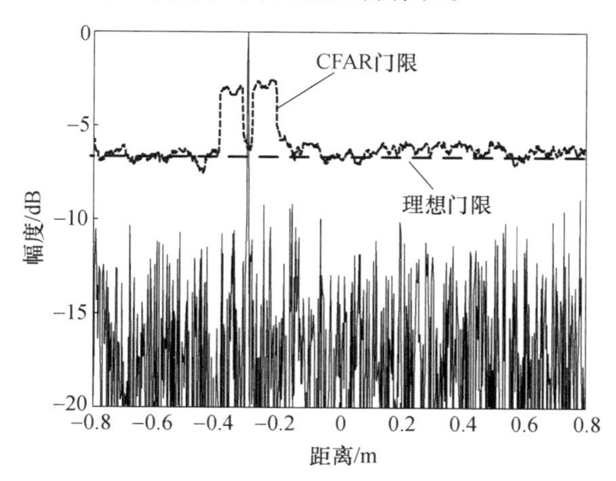

图 4.14　单元平均 CFAR 检测实例

目标所在距离单元两侧的门限值偏高是单元平均 CFAR 处理的特点。当参考单元滑窗经过目标前后距离单元时，包含目标的距离单元将落在参考窗内，从而参与了估计干扰噪声功率的处理过程。因此，估计得到的噪声功率会增加，从而造成门限值的显著上升。

2. 分布式传感器 CFAR 检测

在太赫兹频段,由于距离分辨力较高,所以可以精确地对目标的距离向坐标进行检测,但是单个检测器不仅对信噪比的要求较高,而且只能完成一维 HRRP 上的目标检测,而通过多个具有窄波束的太赫兹雷达进行分布式 CFAR 检测(分布式传感器应用场景如图 4.15 所示),并使用决策融合中心对各太赫兹雷达 CFAR 检测结论进行综合,不仅可以降低检测器对信噪比的要求,而且可以在二维决策面上完成对目标的检测,给出点目标的二维空间坐标。

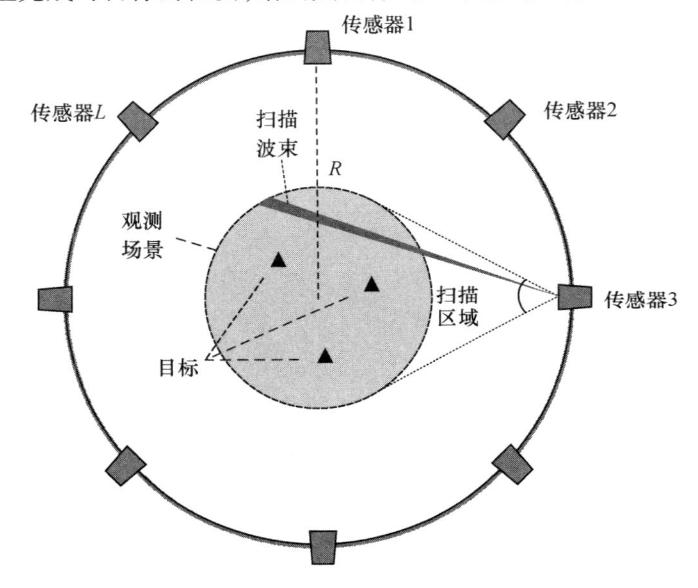

图 4.15　分布式传感器场景示意图

如图 4.16 所示为分布式 CFAR 检测器结构,各局部 CFAR 检测器首先对多次扫描结果进行检测,并利用扫描时对应的方向合成局部二维判决结论,由于多次扫描信号相互独立,所以对其进行合成并不影响判决结论;之后通过对应传感器在圆周上的位置对局部二维判决结论进行旋转,由此得到目标在二维平面上的投影;最终,在融合中心通过不同的融合决策对各局部 CFAR 检测器的局部二维判决结论进行融合,从而得到全局二维判决结论和目标在观测场景中的二维坐标。通过对各局部二维判决结论进行融合,可以最大限度地消除虚警,并提高检测概率。

对于第 i 个局部 CFAR 检测器,其门限可以写成

$$\hat{T}_i = \alpha_i \hat{z}_i \tag{4.120}$$

$\hat{z}_i$ 为 CFAR 检测器对干扰功率的估计值。对于不同的 CFAR 检测器,$\hat{z}_i$ 具

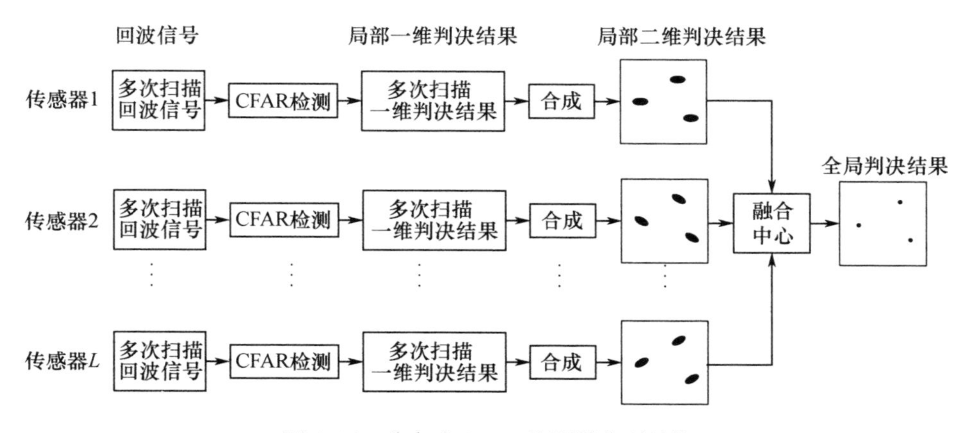

图 4.16　分布式 CFAR 检测器典型结构

有不同的表现形式，对于 CA - CFAR，有

$$\hat{z}_i = \frac{1}{N}\sum_{j=1}^{N} x_j \tag{4.121}$$

第 i 个传感器的虚警概率 $P_{\mathrm{fa}i}$ 可以表示为

$$P_{\mathrm{fa}i} = \int_0^\infty \Pr(X_i > \alpha_i Z_i \mid Z_i, H_0) f_{Z_i}(\hat{z}_i)\,\mathrm{d}\,\hat{z}_i \tag{4.122}$$

式中：$f_{Z_i}(\hat{z}_i)$ 为功率估计值 $\hat{z}_i$ 的概率密度函数。同样地，其检测概率 $P_{\mathrm{d}i}$ 可以表示为

$$P_{\mathrm{d}i} = \int_0^\infty \Pr(X_i > \alpha_i Z_i \mid Z_i, H_1) f_{Zi}(\hat{z}_i)\,\mathrm{d}\,\hat{z}_i \tag{4.123}$$

定义局部判决结果矢量为 $\boldsymbol{d} = [d_1 \quad d_2 \quad \cdots \quad d_L]^{\mathrm{T}}$，其中 d_i 为第 i 个 CFAR 检测器的判决结果，并且有

$$d_i = \begin{cases} 0, & 判定目标不存在 \\ 1, & 判定目标存在 \end{cases} \tag{4.124}$$

由于传感器之间相互独立，所以其判决结果 d_i 之间也是相互独立的，则它们在目标存在时的联合概率密度函数为

$$\Pr(\boldsymbol{d} \mid H_1) = \prod_{i=1}^{L} \Pr(d_i \mid H_1) = \prod_{D^0} P_{Mj} \prod_{D^1} P_{Dk} \tag{4.125}$$

式中

$$\Pr(d_i \mid H_1) = \begin{cases} P_{\mathrm{d}i}, & d_i = 1 \\ P_{\mathrm{m}i}, & d_i = 0 \end{cases} \tag{4.126}$$

并且漏检概率 $P_{mi}=1-P_{di}$，$D^0=\{j|d_j=0\}$，$D^1=\{k|d_k=1\}$。

同样地，当目标不存在时，局部判决结果的联合概率密度函数为

$$\Pr(d \mid H_0)=\prod_{i=1}^{L}\Pr(d_i \mid H_0)=\prod_{D^0}(1-P_{faj})\prod_{D^1}P_{fak} \tag{4.127}$$

另外，全局判决结果 d_G 的概率可用下式进行定义

$$P_{d\boldsymbol{d}}=\Pr(d_G=D|\boldsymbol{d}),\quad D=0,1 \tag{4.128}$$

通过式(4.128)，可以得到全局检测概率 P_d、虚警概率 P_{fa}分别为

$$\begin{aligned} P_d &= 1-\Pr(d_0=0 \mid H_1)=1-\sum_{\boldsymbol{d}}\Pr(d_0=0,\boldsymbol{d} \mid H_1) \\ &= 1-\sum_{\boldsymbol{d}}\left(P_{0\boldsymbol{d}}\prod_{D^0}P_{mj}\prod_{D^1}P_{dk}\right) \end{aligned} \tag{4.129}$$

$$P_{fa}=\Pr(d_0=1 \mid H_0)=\sum_{d}\left[P_{1\boldsymbol{d}}\prod_{D^0}(1-P_{faj})\prod_{D^1}P_{fak}\right] \tag{4.130}$$

在分布式 CFAR 检测器中，当使用 CA－CFAR 检测器完成局部 CFAR 检测时，第 i 个局部检测器的虚警概率和检测概率可表示为

$$P_{fai}=\left(1+\frac{\alpha_{CAi}}{N_i}\right)^{-N_i} \tag{4.131}$$

$$P_{di}=\left[1+\frac{\alpha_{CAi}}{N_i(1+\chi)}\right]^{-N_i} \tag{4.132}$$

从以上两式可以看到，当参考窗距离单元数量一定时，局部虚警概率和局部检测概率仅与门限乘积因子 α_{CAi}有关，所以全局虚警概率和全局检测概率可以作为各局部 CA－CFAR 检测器门限乘积因子的函数，即全局虚警概率可以写成 $P_{fa}(\boldsymbol{\alpha}_{CA})$，全局检测概率为 $P_d(\boldsymbol{\alpha}_{CA})$，其中 $\boldsymbol{\alpha}_{CA}=[\alpha_{CA1}\quad\alpha_{CA2}\quad\cdots\quad\alpha_{CAL}]^T$。在对分布式 CA－CFAR 检测器进行设计时，需要在保证全局虚警概率恒定的条件下使得全局检测概率最大，所以，可以利用拉格朗日方程列出目标函数为

$$J(\boldsymbol{\alpha}_{CA})=P_d(\boldsymbol{\alpha}_{CA})-\xi[P_{fa}(\boldsymbol{\alpha}_{CA})-\overline{P}_{fa}] \tag{4.133}$$

上式中 ξ 为拉格朗日乘积因子，$\overline{P}_{fa}$为预期达到的虚警概率。对上式求各局部 CA－CFAR 检测器门限乘积因子 α_{CAi}的偏导数并令其为零，可以得到 L 个非线性方程，即

$$\frac{\partial J(\boldsymbol{\alpha}_{CA})}{\partial\alpha_{CAi}}=0,\quad i=1,2,\cdots,L \tag{4.134}$$

结合全局虚警概率的约束条件 $P_{fa}(\boldsymbol{\alpha}_{CA})=\overline{P}_{fa}$可得到以 $\boldsymbol{\alpha}_{CA}$和 ξ 为变量的 $L+1$个非线性方程，对其进行数值计算求解，则可以得到各局部 CA－CFAR 检

测器的门限乘积因子 α_{CAi}。

对于“与”融合规则，式(4.128)可表示为

$$P_{1d}=\begin{cases}1, & \boldsymbol{d}=[1\quad 1\quad \cdots\quad 1]^{\mathrm{T}}\\0, & \text{其他}\end{cases} \tag{4.135}$$

$$P_{0d}=\begin{cases}0, & \boldsymbol{d}=[1\quad 1\quad \cdots\quad 1]^{\mathrm{T}}\\1, & \text{其他}\end{cases} \tag{4.136}$$

则其全局检测概率和全局虚警概率可表示为

$$P_{\mathrm{d}}=\prod_{i=1}^{L}P_{\mathrm{d}i} \tag{4.137}$$

$$P_{\mathrm{fa}}=\prod_{i=1}^{L}P_{\mathrm{fa}i} \tag{4.138}$$

将上两式代入式(4.134)中，可以得到

$$\begin{aligned}\frac{\partial J(\boldsymbol{\alpha}_{\mathrm{CA}})}{\partial\alpha_{\mathrm{CA}i}}&=\prod_{\substack{j=1\\j\neq i}}^{L}\frac{(1+\chi)^{N_i+N_j}}{(1+\chi+\alpha_{\mathrm{CA}i}/N_i)^{N_i+1}(1+\chi+\alpha_{\mathrm{CA}j}/N_j)^{N_j}}\\&\quad+\xi\prod_{\substack{j=1\\j\neq i}}^{L}\frac{1}{(1+\alpha_{\mathrm{CA}i}/N_i)^{N_i+1}(1+\alpha_{\mathrm{CA}j}/N_j)^{N_j}}\\&=0\end{aligned} \tag{4.139}$$

虚警概率的约束条件为

$$P_{\mathrm{fa}}=\prod_{i=1}^{L}\frac{1}{(1+\alpha_{\mathrm{CA}i}/N_i)^{N_i}}=\overline{P}_{\mathrm{fa}} \tag{4.140}$$

对于“或”融合规则，式(4.128)可表示为

$$P_{1\boldsymbol{d}}=\begin{cases}0, & \boldsymbol{d}=[0\quad 0\quad \cdots\quad 0]^{\mathrm{T}}\\1, & \text{其他}\end{cases} \tag{4.141}$$

$$P_{0\boldsymbol{d}}=\begin{cases}1, & \boldsymbol{d}=[0\quad 0\quad \cdots\quad 0]^{\mathrm{T}}\\0, & \text{其他}\end{cases} \tag{4.142}$$

此时可得全局检测概率和全局虚警概率为

$$P_{\mathrm{d}}=1-P_{\mathrm{m}}=1-\prod_{i=1}^{L}P_{\mathrm{m}i} \tag{4.143}$$

$$P_{\mathrm{fa}}=1-\prod_{i=1}^{L}(1-P_{\mathrm{fa}i}) \tag{4.144}$$

则有

$$\frac{\partial J(\boldsymbol{\alpha}_{\mathrm{CA}})}{\partial \alpha_{\mathrm{CA}i}} = \prod_{\substack{j=1\\ j\neq i}}^{L}\left[1-\frac{(1+\chi)^{N_j}}{(1+\chi+\alpha_{\mathrm{CA}j}/N_j)^{N_j}}\right]\frac{(1+\chi)^{N_i}}{(1+\chi+\alpha_{\mathrm{CA}i}/N_i)^{N_i+1}}$$

$$+\xi\prod_{\substack{j=1\\ j\neq i}}^{L}\left[1-\frac{1}{(1+\alpha_{\mathrm{CA}j}/N_j)^{N_j}}\right]\frac{1}{\left(1+\dfrac{\alpha_{\mathrm{CA}i}}{N_i}\right)^{N_i+1}}$$

$$=0 \tag{4.145}$$

此时的约束条件为

$$P_{\mathrm{fa}} = 1-\prod_{i=1}^{L}\left[1-\frac{1}{\left(1+\dfrac{\alpha_{\mathrm{CA}i}}{N_i}\right)^{N_i}}\right] = \overline{P}_{\mathrm{fa}} \tag{4.146}$$

对于分布式 OS－CFAR 检测器，第 i 个局部检测器的检测概率和虚警概率可以表示为门限乘积因子 $\alpha_{\mathrm{OS}i}$和序号 k_i 的函数。则目标函数可表示为

$$J(\boldsymbol{\alpha}_{\mathrm{OS}},\boldsymbol{k}) = P_{\mathrm{d}}(\boldsymbol{\alpha}_{\mathrm{OS}},\boldsymbol{k})+\xi[P_{\mathrm{fa}}(\boldsymbol{\alpha}_{\mathrm{OS}},\boldsymbol{k})-\overline{P}_{\mathrm{fa}}] \tag{4.147}$$

式中：$\boldsymbol{\alpha}_{\mathrm{OS}}=[\alpha_{\mathrm{OS1}} \quad \alpha_{\mathrm{OS2}} \quad \cdots \quad \alpha_{\mathrm{OS}L}]^{\mathrm{T}}$；$\boldsymbol{k}=[k_1 \quad k_2 \quad \cdots \quad k_L]^{\mathrm{T}}$，$\overline{P}_{\mathrm{fa}}$为期望达到的虚警概率；$\xi$ 为拉格朗日乘积因子。当 $\boldsymbol{k}$ 确定的条件下，可以看到，式(4.147)有 $L+1$ 个未知数，分别为 $\alpha_{\mathrm{OS}i}(i=1,2,\cdots,L)$ 和 ξ。对式(4.147)求 $\alpha_{\mathrm{OS}i}$ 的偏导数，并令其为零，则可得到 L 个方程，表示为

$$\frac{\partial J(\boldsymbol{\alpha}_{\mathrm{OS}},\boldsymbol{k})}{\partial \alpha_{\mathrm{OS}i}}=0,\quad i=1,2,\cdots,L \tag{4.148}$$

另外，通过虚警概率的约束条件可得

$$P_{\mathrm{fa}}(\boldsymbol{\alpha}_{\mathrm{OS}},\boldsymbol{k})=\overline{P}_{\mathrm{fa}} \tag{4.149}$$

式(4.148)和式(4.149)共组成具有 $L+1$ 个未知数和 $L+1$ 个非线性方程的方程组，通过解这一方程组可以得到在 $\boldsymbol{k}$ 确定时，全局虚警概率为$\overline{P}_{\mathrm{fa}}$情况下的各局部 OS－CFAR 检测器的门限乘积因子 $\alpha_{\mathrm{OS}i}$。

对于"与"融合规则，式(4.148)可表示为

$$\frac{\partial J(\boldsymbol{\alpha}_{\mathrm{OS}},\boldsymbol{k})}{\partial \alpha_{\mathrm{OS}i}} = \frac{N_i!}{(N_i-k_i)!}\frac{-(1+\chi)^{-1}\displaystyle\sum_{m=0}^{k_i-1}\left(N_i-m+\frac{\alpha_{\mathrm{OS}i}}{1+\chi}\right)^{-1}}{\displaystyle\prod_{j=0}^{k_i-1}\left(N_i-j+\frac{\alpha_{\mathrm{OS}i}}{1+\chi}\right)}$$

$$\times\prod_{\substack{l=1\\ l\neq i}}^{L}\left[\prod_{j=0}^{k_l-1}\frac{N_l-j}{N_l-j+\dfrac{\alpha_{\mathrm{OS}l}}{(1+\chi)}}\right]$$

$$+\xi\frac{N_i!}{(N_i-k_i)!}\frac{-\sum_{m=0}^{k_m-1}(N_i-m+\alpha_{OSi})^{-1}}{\prod_{j=0}^{k_i-1}(N_i-j+\alpha_{OSi})}\prod_{\substack{l=1\\l\neq i}}^{L}\left[\prod_{j=0}^{k_l-1}\frac{N_l-j}{N_l+j+\alpha_{OSl}}\right]$$

$$=0 \tag{4.150}$$

其约束条件为

$$P_{fa}=\prod_{i=1}^{L}\left(\prod_{j=0}^{k_i-1}\frac{N_i-j}{N_i-j+\alpha_{OSi}}\right)=\overline{P}_{fa} \tag{4.151}$$

通过数值方法解式(4.150)和式(4.151)可以得到 L 个局部 OS－CFAR 检测器的门限乘积因子 α_{OSi}。

而对于“或”的融合规则,与之前采取类似的步骤,可将式(4.148)表示为

$$\frac{\partial J(\boldsymbol{\alpha}_{OS},\boldsymbol{k})}{\partial\alpha_{OSi}}=\frac{N_i!}{(N_i-k_i)!}\frac{-(1+\chi)^{-1}\sum_{m=0}^{k_i-1}\left(N_i-m+\frac{\alpha_{OSi}}{1+\chi}\right)^{-1}}{\prod_{j=0}^{k_i-1}\left(N_i-j+\frac{\alpha_{OSi}}{1+\chi}\right)}$$

$$\times\prod_{\substack{l=1\\l\neq i}}^{L}\left[1-\prod_{j=0}^{k_l-1}\frac{N_l-j}{N_l-j+\alpha_{OSl}/(1+\chi)}\right]$$

$$+\xi\frac{N_i!}{(N_i-k_i)!}\frac{-\sum_{m=0}^{k_m-1}(N_i-m+\alpha_{OSi})^{-1}}{\prod_{j=0}^{k_i-1}(N_i-j+\alpha_{OSi})}\prod_{\substack{l=1\\l\neq i}}^{L}\left[1-\prod_{j=0}^{k_l-1}\frac{N_l-j}{N_l+j+\alpha_{OSl}}\right]$$

$$=0 \tag{4.152}$$

虚警概率的约束条件为

$$P_{fa}=1-\prod_{i=1}^{L}\left(1-\prod_{j=0}^{k_i-1}\frac{N_i-j}{N_i-j+\alpha_{OSi}}\right)=\overline{P}_{fa} \tag{4.153}$$

4.3.3 宽带目标检测算法

单元平均 CFAR 检测的应用中,目标回波只占据一个距离单元,即使有跨距离单元作用的存在,也可以通过设置少量保护单元消除其影响。而在实际应用中,为了探测目标的更多细节,常使用具有大时宽－带宽积的宽带信号获得距离高分辨能力[81]。在太赫兹频段,其距离分辨力可达厘米量级,一般目标的回波分布在不同的距离单元中,形成距离扩展目标[81,88-94]。

对于这类目标,单元平均 CFAR 检测的性能将明显下降,甚至无法进行检测,因此需要针对宽带雷达系统提出新的检测算法。本节将介绍距离扩展目标

的检测算法。

首先讨论距离扩展目标的信号模型。假设一个具有 N_a 个阵元的均匀线阵在一个 CPI 中共发射了 N_p 个相干脉冲，由于一个距离扩展目标的有用信号不再只出现在一个距离分辨单元中，而是随机分布在多个距离分辨单元中，当假设目标相对于雷达视角只有平动而忽略转动时，则距离扩展目标在每一个距离分辨单元中的有用信号可以表示为

$$\boldsymbol{s}_t = \alpha_t \boldsymbol{p}(\theta, f_d), \quad t = 1, 2, \cdots, H \tag{4.154}$$

式中：$\boldsymbol{p}(\theta, f_d)$ 是信号的空时导向矢量，并且有

$$\boldsymbol{p}(\theta, f_d) = \boldsymbol{b}(\theta) \otimes \boldsymbol{a}(f_d) \tag{4.155}$$

符号⊗表示 Kronecker 乘积。空域导向矢量为

$$\boldsymbol{b}(\theta) = \left[1 \quad \exp\left(-\mathrm{j}\frac{2\pi}{\lambda}d\sin\theta\right) \quad \cdots \quad \exp\left(-\mathrm{j}\frac{2\pi}{\lambda}d(N_a - 1)\sin\theta\right)\right]^{\mathrm{T}} \tag{4.156}$$

时域导向矢量为

$$\boldsymbol{a}(f_d) = \left[1 \quad \exp\left(-\mathrm{j}2\pi\frac{f_d}{f_r}\right) \quad \cdots \quad \exp\left(-\mathrm{j}2\pi(N_p - 1)\frac{f_d}{f_r}\right)\right]^{\mathrm{T}} \tag{4.157}$$

式中：θ 为信号的到达角；f_d 为目标信号的多普勒频率；λ 为雷达工作波长；f_r 是雷达脉冲重复频率；d 为天线阵元间隔距离。当 $d = \lambda/2$ 时，式简化为

$$\boldsymbol{b}(\theta) = \left[1 \quad \exp(-\pi\sin\theta) \quad \cdots \quad \exp\left(-\mathrm{j}\pi(N_a - 1)\frac{f_d}{f_r}\right)\right]^{\mathrm{T}} \tag{4.158}$$

可见有用信号的空域导向矢量 $\boldsymbol{p}(\theta, f_d)$ 是 $N \times 1$ 的列矢量，其中 $N = N_a N_p$，特别地，对于普通的非阵列雷达天线，阵元数 $N_a = 1$，则相应的导向矢量变为

$$\boldsymbol{p}(f_d) = \left[1 \quad \exp\left(-\mathrm{j}2\pi\frac{f_d}{f_r}\right) \quad \cdots \quad \exp\left(-\mathrm{j}2\pi(N_p - 1)\frac{f_d}{f_r}\right)\right]^{\mathrm{T}} \tag{4.159}$$

用 α_t 表示距离扩展目标在不同距离单元中有用信号的复幅度，其相位均匀分布在[0,2π]上，幅度 $|\alpha_t|$ 用相关 χ^2 分布建模，则 $|\alpha_t|$ 概率密度函数为

$$f_{|\alpha_t|}(x) = \frac{2m^m x^{2m-1}}{\Gamma(m)(\varepsilon_t^2)^m}\exp\left(-m\frac{x^2}{\varepsilon_t^2}\right)u(x) \tag{4.160}$$

式中：$u(x)$ 为单位阶跃函数；自然数 m 是 χ^2 分布的自由度，用来表示 $|\alpha_t|$ 的起伏深度，m 越小，目标起伏越剧烈。$m = 1$ 表示瑞利分布（Swerling I 型）目标；$m = 2$ 表示瑞利主加分布（Swerling III 型）目标。$m = \infty$ 表示非起伏目标。ε_t^2 是信号幅度 $|\alpha_t|$ 的均方值，其样本估计值为

$$\hat{\varepsilon}_t^2 = \frac{1}{N}\sum_{n=1}^{N}|\alpha_{nt}|^2 \tag{4.161}$$

Gamma 函数 $\Gamma(t)$ 的定义为

$$\Gamma(t) = \int_0^{\infty} v^{t-1} \mathrm{e}^{-v} \mathrm{d}v \tag{4.162}$$

并且 $|\alpha_t|$ 在各个距离分辨单元之间是部分相关的,其协方差矩阵的元素为

$$\mathrm{cov}(|\alpha_h|^2, |\alpha_k|^2) = \frac{\varepsilon_h^2 \varepsilon_k^2}{m} \rho^{|h-k|}, \quad h,k \in \{1,2,\cdots,H\}, \rho \in (0,1] \tag{4.163}$$

上述模型假设待检测的距离扩展目标信号处在观测空间的一维线性子空间上。实际上,更为一般的情形是距离扩展目标信号是一个多秩的子空间随机信号,即目标信号处在观测空间的有限维线性子空间上。许多情况都会引起目标信号多秩,例如,当目标相对于雷达视角除了平动之外还存在转动时,则每个距离单元中目标信号的多普勒频率彼此是各不相等的,需要用多秩子空间信号来建立统计模型。

一个随机信号的秩被定义为其协方差矩阵的秩。根据距离扩展目标的多主散射点模型,即距离扩展目标在每个距离分辨单元内的回波是该分辨单元内有限个孤立的强散射点回波的矢量和,则距离扩展目标在第 $t(t=1,2,\cdots,H)$ 个距离分辨单元中复回波的第 n 次采样可以表示为

$$s_t(n) = \sum_{k=1}^{N_t} a_{t,k} \exp\{\mathrm{j}2\pi(n-1)f_{t,k}\}, \quad t = 1,2,\cdots,H; n = 1,2,\cdots,N \tag{4.164}$$

式中:N_t 为第 t 个距离单元内距离扩展目标的散射点总数目;$a_{t,k}$ 为第 t 个距离单元内第 k 个散射点的幅度,无量纲的数字频率 $f_{t,k}=f_{\mathrm{d}}(t,k)/f_{\tau}$;$f_{\mathrm{d}}(t,k)$ 为第 t 个距离单元内的第 k 个散射中心的多普勒频率。研究表明,N_t 取决于距离高分辨力雷达所观测到的具体的距离扩展目标,$\alpha_{t,k}$ 是慢变的,N_t 和 $a_{t,k}$ 都与采样数 n 无关。将式写成矩阵形式为

$$\boldsymbol{s}_t = \boldsymbol{E}_t \boldsymbol{a}_t, \quad t=1,2,\cdots,H \tag{4.165}$$

式中 $\boldsymbol{s}_t = [s_t(1) \quad s_t(2) \quad \cdots \quad s_t(N)]^{\mathrm{T}}$ 为 $N\times 1$ 的列矢量;$\boldsymbol{a}_t = [a_{t,1} \quad a_{t,2} \quad \cdots \quad a_{t,N_t}]^{\mathrm{T}}$ 是 $N_t \times 1$ 的列矢量,$N\times N_t$ 的矩阵 $\boldsymbol{E}_t$ 为

$$\boldsymbol{E}_t = \begin{bmatrix} 1 & 1 & \cdots & 1 \\ \exp(\mathrm{j}2\pi f_{t,1}) & \exp(\mathrm{j}2\pi f_{t,2}) & \cdots & \exp(\mathrm{j}2\pi f_{t,N_t}) \\ \vdots & \vdots & \ddots & \vdots \\ \exp(\mathrm{j}2\pi(N-1)f_{t,1}) & \exp(\mathrm{j}2\pi(N-1)f_{t,2}) & \cdots & \exp(\mathrm{j}2\pi(N-1)f_{t,N_t}) \end{bmatrix}_{N\times N_t} \tag{4.166}$$

对 $\boldsymbol{E}_t$ 进行奇异值分解，得到 $\boldsymbol{E}_t=\boldsymbol{U}_t\boldsymbol{\Lambda}_t\boldsymbol{V}_t^{\mathrm{H}}$。其中 $\boldsymbol{U}_t$ 是由左奇异矢量构成的维数为 $N\times N_t$ 的酉矩阵；$\boldsymbol{\Lambda}_t$ 是奇异值组成的 $N_t\times N_t$ 的对角阵；$\boldsymbol{V}_t$ 是右奇异矢量构成的酉矩阵，则 $\boldsymbol{s}_t$ 还可以表示为

$$\boldsymbol{s}_t=\boldsymbol{U}_t\boldsymbol{b}_t \tag{4.167}$$

则有 $\boldsymbol{b}_t=\boldsymbol{\Lambda}_t\boldsymbol{V}_t^{\mathrm{H}}\boldsymbol{a}$。式(4.167)说明距离扩展目标的回波信号可以用线性子空间模型来建模，即距离扩展目标的回波处在由酉矩阵 $\boldsymbol{U}_t$ 的列矢量张成的信号子空间 $\langle\boldsymbol{U}_t\rangle$ 上，酉矩阵 $\boldsymbol{U}_t$ 被称为模式矩阵，$N_t\times 1$ 的列矢量 $\boldsymbol{b}_t$ 被称为位置矢量。距离扩展目标的回波信号 $\boldsymbol{s}_t$ 是子空间信号，但是 $\boldsymbol{s}_t$ 在该信号子空间的位置矢量 $\boldsymbol{b}_t$ 是未知的。模式矩阵 $\boldsymbol{U}_t$ 的秩确定了信号子空间 $\langle\boldsymbol{U}_t\rangle$ 的维数：$\dim(\langle\boldsymbol{U}_t\rangle)=\mathrm{rank}(\boldsymbol{U}_t)=\mathrm{rank}(\boldsymbol{E}_t)=N_t$，即在给定的距离分辨单元内，距离扩展目标回波所在的信号子空间 $\langle\boldsymbol{U}_t\rangle$ 的维数等于距离扩展目标的主散射点的数目。

在本节中假设信号子空间 $\langle\boldsymbol{U}_t\rangle$ 及其维数 N_t 是已知的，在实际应用中，维数 N_t 可以从实测数据中估计得到，而信号子空间 $\langle\boldsymbol{U}_t\rangle$ 可通过超分辨谱估计算法得到。

假设高分辨力雷达观测到的杂波 $\boldsymbol{c}_t$ 为高斯分布杂波，则采用球不变随机过程模型可得

$$\boldsymbol{c}_t=\sqrt{\tau_t}\boldsymbol{x}_t \tag{4.168}$$

式中：快起伏的杂波分量 $\boldsymbol{x}_t$ 是一个零均值、归一化协方差矩阵为 $\boldsymbol{M}_x$ 的复高斯随机矢量，即 $\boldsymbol{x}_t\sim CN(\boldsymbol{0},\boldsymbol{M}_x)$；纹理分量 τ_t 是一个正的随机变量，代表待检测单元内的杂波功率水平。在上述观测模型中，已知的数据为 $N\times 1$ 的复基带数据观测矢量 z_t，维数为 $N\times N_t$ 的模式矩阵 $\boldsymbol{U}_t$，即多秩距离扩展目标所在的子空间。每个待检测的距离分辨单元内 $N\times 1$ 维观测矢量 z_t 在 H_0 假设下的条件概率密度分布函数为

$$f_{z_t}(\boldsymbol{z}_t\mid\tau_{t0},H_0)=\frac{1}{(\pi\tau_{t0})^N|\boldsymbol{M}_x|}\exp\left(-\frac{\boldsymbol{z}_t^H\boldsymbol{M}_x^{-1}\boldsymbol{z}_t}{\tau_{t0}}\right) \tag{4.169}$$

$\boldsymbol{z}_t$ 在 H_1 假设下的条件概率密度分布函数为

$$f_{z_t}(\boldsymbol{z}_t\mid\tau_{t1},\boldsymbol{b}_t;H_1)=\frac{1}{(\pi\tau_{t1})^N|\boldsymbol{M}_x|}\exp\left[-\frac{(\boldsymbol{z}_t-\boldsymbol{U}_t\boldsymbol{b}_t)^{\mathrm{H}}\boldsymbol{M}_x^{-1}(\boldsymbol{z}_t-\boldsymbol{U}_t\boldsymbol{b}_t)}{\tau_{t1}}\right] \tag{4.170}$$

极大似然检测准则如下所示

$$\boldsymbol{\Lambda}(\boldsymbol{z}_1,\boldsymbol{z}_2,\cdots,\boldsymbol{z}_H)=\frac{\max\limits_{\{\tau_{11},\tau_{21},\cdots,\tau_{H1}\}}\max\limits_{\{b_1,b_2,\cdots,b_H\}}\prod\limits_{t=1}^{H}f_{z_t}(\boldsymbol{z}_t\mid\tau_{t1},\boldsymbol{b}_t;H_1)}{\max\limits_{\{\tau_{10},\tau_{20},\cdots,\tau_{H0}\}}\prod\limits_{t=1}^{H}f_{z_t}(\boldsymbol{z}_t\mid\tau_{t0};H_0)}\mathop{\gtrless}_{H_0}^{H_1}G \tag{4.171}$$

对其中的未知参数用MLE代替,并取自然对数得到极大似然检验统计量

$$\ln\boldsymbol{\Lambda}_{\mathrm{GLRT}}(z_1,z_2,\cdots,z_H) = -N\sum_{t=1}^{N}\ln\left(1-\frac{z_t^{\mathrm{H}}\boldsymbol{Q}_t z_t}{z_t^{\mathrm{H}}\boldsymbol{M}_x^{-1}z_t}\right) \tag{4.172}$$

式中

$$\begin{aligned}\boldsymbol{Q}_t &= \boldsymbol{M}_x^{-1}\boldsymbol{U}_t\boldsymbol{A}_t\boldsymbol{U}_t^{\mathrm{H}}\boldsymbol{M}_x^{-1}\\ \boldsymbol{A}_t &= (\boldsymbol{U}_t^{\mathrm{H}}\boldsymbol{M}_x^{-1}\boldsymbol{U}_t)^{-1}\end{aligned} \tag{4.173}$$

令 $x_t=(z_t^{\mathrm{H}}\boldsymbol{Q}_t z_t)/(z_t^{\mathrm{H}}\boldsymbol{M}_x^{-1}z_t)$,则函数 $\ln(1-x_t)$ 关于 x_t 严格单调递减,由于检验统计量的严格单调函数并不改变假设检验的判决结果,则与式(4.172)对数似然比等价的检验统计量为

$$\boldsymbol{\Lambda}(z_1,z_2,\cdots z_H) = \sum_{t=1}^{H}\frac{z_t^{\mathrm{H}}\boldsymbol{Q}_t z_t}{z_t^{\mathrm{H}}\boldsymbol{M}_x^{-1}z_t}\underset{H_0}{\overset{H_1}{\gtrless}}G \tag{4.174}$$

令 $T_{\mathrm{MSD}}(t)=(z_t^{\mathrm{H}}\boldsymbol{Q}_t z_t)/(z_t^{\mathrm{H}}\boldsymbol{M}_x^{-1}z_t)$,代入式(4.174)得

$$\boldsymbol{\Lambda}(z_1,z_2,\cdots,z_H) = \sum_{t=1}^{H}T_{\mathrm{MSD}}(t)\underset{H_0}{\overset{H_1}{\gtrless}}G \tag{4.175}$$

式(4.175)的含义是:在复合高斯杂波中检测多秩距离扩展目标时,可以借用检测"点目标"的匹配子空间检测器(Matched Subspace Detector,MSD)来完成,即对各个距离分辨单元分别采用MSD来检测,然后对各个距离分辨单元输出的统计量做非相干累积,形成最终的检验统计量,与检测门限进行比较。因此,将其称为广义匹配子空间检测器(Generalized Matched Subspace Detector,GMSD)。GMSD检测器的结构框图如图4.17所示。

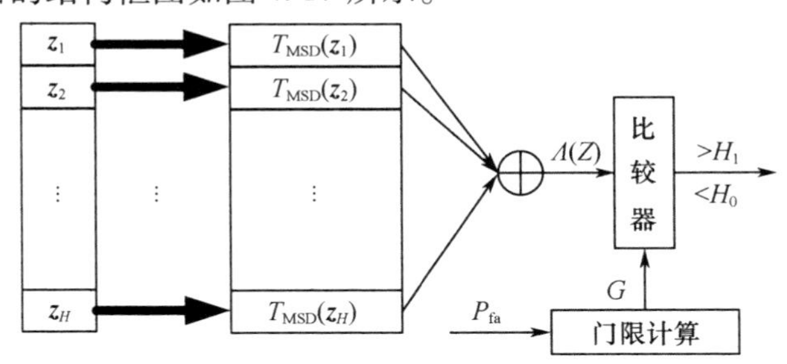

图4.17 GMSD检测器结构框图

由于在 H_0 假设下,有

$$T_{\mathrm{MSD}}(z_t|H_0)=T_{\mathrm{MSD}}(\sqrt{\tau_t}\boldsymbol{x}_t)=\frac{(\sqrt{\tau_t}\boldsymbol{x}_t)^{\mathrm{H}}\boldsymbol{Q}_t(\sqrt{\tau_t}\boldsymbol{x}_t)}{(\sqrt{\tau_t}\boldsymbol{x}_t)^{\mathrm{H}}\boldsymbol{M}_x^{-1}(\sqrt{\tau_t}\boldsymbol{x}_t)}=T_{\mathrm{MSD}}(\boldsymbol{x}_t) \tag{4.176}$$

即组成GMSD检测器的每一个MSD对杂波的纹理分量都是CFAR的。由式

(4.175)知,GMSD 检测器对杂波的纹理分量也具有 CFAR 能力。

接下来将对 GMSD 的虚警概率进行推导。首先计算式(4.175)中每个 MSD 的虚警概率,然后再计算 GMSD 检测器的虚警概率。由于 MSD 对复合高斯杂波的纹理分量是 CFAR 的,由式(4.176)可得

$$P_{\mathrm{fa}}=\Pr\{T_{\mathrm{MSD}}(z)>\lambda\mid H_0\}=\Pr\left\{\frac{\boldsymbol{x}^{\mathrm{H}}\boldsymbol{Q}\boldsymbol{x}}{\boldsymbol{x}^{\mathrm{H}}\boldsymbol{M}_x^{-1}\boldsymbol{x}}>\lambda\right\} \tag{4.177}$$

令 $\boldsymbol{x}=\boldsymbol{L}\boldsymbol{w}$,其中下三角矩阵 $\boldsymbol{L}$ 是杂波散斑分量 $\boldsymbol{x}$ 的归一化协方差矩阵 $\boldsymbol{M}_x$ 的 Cholesky 分解因子,即 $\boldsymbol{M}_x=\boldsymbol{L}\boldsymbol{L}^{\mathrm{H}}$。将 $\boldsymbol{x}=\boldsymbol{L}\boldsymbol{w}$ 代入式(4.177)得到

$$P_{\mathrm{fa}}=\Pr\left\{\frac{\boldsymbol{w}^{\mathrm{H}}\boldsymbol{P}_q\boldsymbol{w}}{\boldsymbol{w}^{\mathrm{H}}\boldsymbol{w}}>\lambda\right\} \tag{4.178}$$

式中:$\boldsymbol{P}_q=\boldsymbol{L}^{\mathrm{H}}\boldsymbol{Q}\boldsymbol{L}$ 是信号在子空间 $\boldsymbol{U}_q$ 上的投影矩阵,$\boldsymbol{U}_q=\boldsymbol{L}^{-1}\boldsymbol{U}$。

利用矩阵的恒等变换 $(\boldsymbol{I}-\boldsymbol{P}_q)+\boldsymbol{P}_q=\boldsymbol{I}$ 将式(4.178)变为

$$P_{\mathrm{fa}}=\Pr\left\{\frac{\boldsymbol{w}^{\mathrm{H}}\boldsymbol{P}_q\boldsymbol{w}}{\boldsymbol{w}^{\mathrm{H}}(\boldsymbol{I}-\boldsymbol{P}_q)\boldsymbol{w}}>\frac{\lambda}{1-\lambda}\right\} \tag{4.179}$$

在假设 H_0 下,二次型 $\boldsymbol{w}^{\mathrm{H}}\boldsymbol{P}_q\boldsymbol{w}$ 服从自由度为 $2r$ 的 χ^2 分布;$\boldsymbol{w}^{\mathrm{H}}(\boldsymbol{I}-\boldsymbol{P}_q)\boldsymbol{w}$ 服从自由度为 $2(N-r)$ 的 χ^2 分布。其中,r 是投影矩阵 $\boldsymbol{P}_q$ 的秩,即 $r=\mathrm{rank}(\boldsymbol{P}_q)$。并且两个二次型是统计独立的。于是

$$F=\frac{(\boldsymbol{w}^{\mathrm{H}}\boldsymbol{P}_q\boldsymbol{w})/2r}{[\boldsymbol{w}^{\mathrm{H}}(\boldsymbol{I}-\boldsymbol{P}_q)\boldsymbol{w}]/[2(N-r)]} \tag{4.180}$$

服从自由度为 $[2r,2(N-r)]$ 的 F 分布,即统计量 F 的概率密度函数为

$$f_F(x)=\frac{1}{B(r,N-r)}r^r(N-r)^{N-r}x^{r-1}(rx+N-r)^{-N}u(x) \tag{4.181}$$

式中:$B(r,N-r)$ 是 Beta 函数,其定义为

$$B(a,b)=\int_0^1\zeta^{a-1}(1-\zeta)^{b-1}\mathrm{d}\zeta,\quad a>0,b>0 \tag{4.182}$$

由式(4.175),则式(4.178)可变换为

$$P_{\mathrm{fa}}=\Pr\left\{F>\frac{\lambda}{1-\lambda}\left(\frac{N}{r}-1\right)\right\}=\Pr\{F>F_0\}=\int_{F_0}^{\infty}f_F(x)\mathrm{d}x \tag{4.183}$$

式中:门限 F_0 可由积分方程式反解得到。

由式(4.175)和式(4.178)可得 GMSD 检测器的虚警概率为

$$P_{\mathrm{fa}}=\Pr\{\boldsymbol{\Lambda}(z_1,z_2,\cdots,z_H)>G\mid H_0\}=\Pr\left\{\sum_{t=1}^{H}\frac{\boldsymbol{w}_t^{\mathrm{H}}\boldsymbol{P}_{q_t}\boldsymbol{w}_t}{\boldsymbol{w}_t^{\mathrm{H}}\boldsymbol{w}_t}>G\mid H_0\right\} \tag{4.184}$$

式中：$\boldsymbol{P}_{q_t}$是信号子空间 $\boldsymbol{U}_{q_t}=\boldsymbol{L}^{-1}\boldsymbol{U}_t$ 上的投影矩阵，令

$$\begin{aligned}\Gamma_1(t)&=\frac{\boldsymbol{w}_t^{\mathrm{H}}\boldsymbol{P}_{q_t}\boldsymbol{w}_t}{\boldsymbol{w}_t^{\mathrm{H}}(\boldsymbol{I}-\boldsymbol{P}_{q_t})\boldsymbol{w}_t}\\ \Gamma_2(t)&=\frac{\boldsymbol{w}_t^{\mathrm{H}}\boldsymbol{P}_{q_t}\boldsymbol{w}_t}{\boldsymbol{w}_t^{\mathrm{H}}\boldsymbol{w}_t}\end{aligned}\tag{4.185}$$

显然有

$$\Gamma_2(t)=\Gamma_1(t)/[\Gamma_1(t)+1]\tag{4.186}$$

由式(4.180)可得 $\Gamma_1(t)=[r/(N-r)]F$，利用式(4.181)可以得到 $\Gamma_1(t)$的概率密度函数为

$$f_{\Gamma_1(t)}(x)=\frac{1}{B(r_t,N-r_t)}x^{r_t-1}(x+1)^{-N}u(x)\tag{4.187}$$

同理，由式(4.186)和式(4.187)可得 $\Gamma_2(t)$的概率密度函数为

$$f_{\Gamma_2(t)}(y)=\begin{cases}\dfrac{1}{B(r_t,N-r_t)}y^{r_t-1}(1-y)^{N-r_t-1}, & 0<y\leqslant 1\\ 0, & \text{其他}\end{cases}\tag{4.188}$$

由式(4.184)和式(4.185)，根据相互独立的随机变量和的概率密度函数的卷积共识，可得广义匹配子空间检测器的检验统计量 $\boldsymbol{\Lambda}(z)=\boldsymbol{\Lambda}(z_1,z_2,\cdots,z_H)$在假设 H_0 下的概率密度函数为

$$f_{\boldsymbol{\Lambda}(z)}(y|H_0)=f_{\Gamma_2(1)}(y)*f_{\Gamma_2(2)}(y)*\cdots*f_{\Gamma_2(H)}(y)\tag{4.189}$$

式中：算子 * 代表卷积运算，而每个卷积因子 $f_{\Gamma_2(t)}(y)$已在式(4.188)中给出。式(4.189)中的卷积可以用数值计算的方法来完成，由此得到 GMSD 的虚警概率为

$$P_{\mathrm{fa}}=\Pr\{\boldsymbol{\Lambda}(z)>G\mid H_0\}=\int_G^{\mathrm{H}}f_{\boldsymbol{\Lambda}(z)}(y\mid H_0)\mathrm{d}y\tag{4.190}$$

式中：积分上限 H 是距离扩展目标所占据的距离分辨单元数量。

4.3.4　基于信息几何的目标检测算法

在概率论、信息理论和统计学中，人们通常把一些统计结构看作微分几何结构进行研究。信息几何是微分几何和黎曼几何的分支，它利用费舍尔信息矩阵作为黎曼度量。从信息几何出发思考问题，能为许多问题提供更加符合实际的模型框架，并得出新的解决途径。在雷达信号和数据处理领域，Barbaresco 利用信息几何方法研究了飞机尾流的检测和成像问题，其在巴黎机场的 X 波段雷达

实验表明,信息几何方法能改善多普勒成像和多普勒检测的性能。此外,Barbaresco 也把信息几何应用在 STAP、极化数据处理等领域。这里,将信息几何应用在太赫兹雷达目标检测领域。

太赫兹雷达回波复采样数据为 $\boldsymbol{Z}_n=[z_1\quad z_2\quad \cdots\quad z_n]^{\mathrm{T}}$,假设其为平稳随机过程,则这些复采样序列的协方差矩阵 $\boldsymbol{R}_n=\boldsymbol{E}[\boldsymbol{Z}_n\boldsymbol{Z}_n^{\mathrm{H}}]$ 是 Toeplitz Hermitian 正定矩阵

$$\boldsymbol{R}_n=\begin{bmatrix} r_0 & r_1^* & \cdots & r_{n-1}^* \\ r_1 & r_0 & \ddots & \vdots \\ \vdots & \ddots & \ddots & r_1^* \\ r_{n-1} & \cdots & r_1 & r_0 \end{bmatrix} \tag{4.191}$$

式中:$r_k=\boldsymbol{E}[z_n z_{n-k}^*]$,且$\begin{cases}\forall \boldsymbol{Z}\in \boldsymbol{C}^n,\boldsymbol{Z}^{\mathrm{H}}\boldsymbol{R}_n\boldsymbol{Z}>0\\ \boldsymbol{R}_n^{\mathrm{H}}=\boldsymbol{R}_n\end{cases}$。

将太赫兹雷达数据表示为零均值复多元高斯分布模型,如下

$$\begin{aligned} p(\boldsymbol{Z}_n|\boldsymbol{R}_n)&=(\pi)^{-n}.\ |\boldsymbol{R}_n|^{-1}.\ \exp[-\boldsymbol{Z}_n^{\mathrm{H}}\boldsymbol{R}_n^{-1}\boldsymbol{Z}_n] \\ &=(\pi)^{-n}(\det(\boldsymbol{R}_n))^{-1}\exp\{-\mathrm{Tr}[\hat{\boldsymbol{R}}_n\cdot\boldsymbol{R}_n^{-1}]\} \end{aligned} \tag{4.192}$$

式中:$\boldsymbol{R}_n=\boldsymbol{Z}_n\boldsymbol{Z}_n^{\mathrm{H}}$;$\boldsymbol{E}[\hat{\boldsymbol{R}}_n]=\boldsymbol{R}_n$。

这样就在统计流形上确立了雷达信号模型。统计流形上的元素用来描述零均值复多元高斯分布的协方差矩阵,赋以信息度量,就可以用黎曼距离来表示概率分布间的差异,物理意义明确。将零均值复多元高斯分布参数空间建立为 Toeplitz Hermitian 正定矩阵空间模型,简称复对称正定矩阵空间,用 $\mathrm{Sym}(n,\boldsymbol{C})$ 表示。

首先利用梯度下降算法计算 N 个协方差矩阵的黎曼均值$\overline{R}$,用于估计杂波环境。然后利用协方差矩阵间的黎曼距离,用于估计检测单元 R_{d} 和参考单元的黎曼均值$\overline{R}$的可区分性。基于信息几何的单元平均 CFAR 检测器框图如图 4.18 所示。检测器的自适应判决准则为

$$D^2(R_{\mathrm{d}},\overline{R})\underset{H_0}{\overset{H_1}{\gtrless}}\tau \tag{4.193}$$

在信息几何中,概率分布空间 F 中的分布 $p\in F$,与概率分布空间参数的集合 Θ 的拓扑结构诱导建立的统计流形 M 上的点 $p\in M$ 一一对应,概率分布的参数 θ 是统计流形的自然坐标。概率分布空间即可表述为

$$F=\{p(x|\theta)|\theta\in M\} \tag{4.194}$$

费舍尔信息度量在样本空间重新参数化时不变、流形(参数空间)重新参数

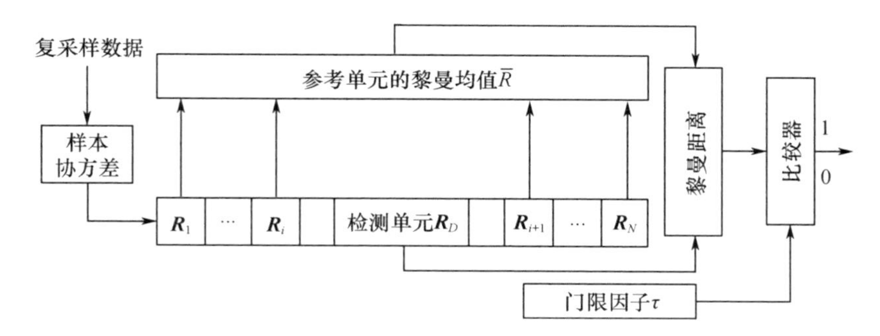

图 4.18　基于信息几何的单元平均 CFAR 检测器框图

化时协变。由于在一定条件下的不变特性，将费舍尔信息度量作为统计流形上的一个黎曼度量。零均值复多元高斯分布空间建立的复对称正定矩阵空间中两个元素 $\boldsymbol{R}_n$ 和 $\boldsymbol{R}_n+\mathrm{d}\boldsymbol{R}_n$ 之间的距离，可由费舍尔信息度量定量描述

$$\mathrm{d}s^2=\mathrm{Tr}[(\boldsymbol{R}_n d\boldsymbol{R}_n^{-1})^2]=\mathrm{Tr}[(d\ln\boldsymbol{R}_n)^2] \tag{4.195}$$

统计流形上两点 $\theta_{\boldsymbol{R}_1}$、$\theta_{\boldsymbol{R}_2}$ 的测地线，该测地线长度即为 $\theta_{\boldsymbol{R}_1}$ 和 $\theta_{\boldsymbol{R}_2}$ 间的黎曼距离，用于衡量两个概率分布的接近程度。经进一步推导，对于任意两个 Toeplitz Hermitian 正定矩阵 $\boldsymbol{R}_1$、$\boldsymbol{R}_2\in Sym(n,\boldsymbol{C})$ 之间的黎曼距离解析表达式为

$$\begin{aligned}d^2(\boldsymbol{R}_1,\boldsymbol{R}_2) &= \|\log(\boldsymbol{R}_1^{-1}\boldsymbol{R}_2)\|^2 = \|\log(\boldsymbol{R}_1^{-1/2}\cdot\boldsymbol{R}_2\cdot\boldsymbol{R}_1^{-1/2})\|^2\\ &= Tr[\log^2(\boldsymbol{R}_1^{-1/2}\cdot\boldsymbol{R}_2\cdot\boldsymbol{R}_1^{-1/2})] = \sum_{k=1}^{n}\ln^2(\lambda_k)\end{aligned} \tag{4.196}$$

式中：$\det(\boldsymbol{R}_1^{-\frac{1}{2}}\cdot\boldsymbol{R}_2\cdot\boldsymbol{R}_1^{-\frac{1}{2}}-\lambda\cdot\boldsymbol{I})=\det(\boldsymbol{R}_2-\lambda\boldsymbol{R}_1)=0$，$\|\boldsymbol{A}\|^2=\langle\boldsymbol{A},\boldsymbol{A}\rangle$，$\langle\boldsymbol{A},\boldsymbol{B}\rangle=\mathrm{Tr}(\boldsymbol{A}\boldsymbol{B}^{\mathrm{T}})$，$\lambda_k(k=1,2,\cdots,n)$ 为矩阵 $\boldsymbol{R}_1^{-1/2}\boldsymbol{R}_2\boldsymbol{R}_1^{-1/2}$ 的特征值。作为一个距离度量，与 KL－散度相比，它具备更好的非负性、对称性、三角不等式和逆不变性等。随着信噪比增大，目标协方差矩阵和杂波协方差矩阵间的黎曼距离逐渐增加，确立一个检测门限，就可以从杂波中检测出目标。

Karcher 证明了非正局部曲率流形黎曼均值的存在和唯一性。研究发现，零均值复多元高斯分布流形是具有非正局部曲率的流形，可以利用在信息几何框架下一种新的梯度下降算法计算 N 个协方差矩阵的黎曼均值。由 $\boldsymbol{R}\in\mathrm{Sym}(n,\boldsymbol{C})$ 对零均值复多元高斯分布 $p(\cdot|\boldsymbol{R})$ 进行参数化，使得目标函数 $J(\boldsymbol{R}_1,\boldsymbol{R}_2,\cdots,\boldsymbol{R}_N)$（即经验方差）取得局部极小值的 $\boldsymbol{R}$ 定义为 N 个复对称正定对称矩阵空间矩阵 $\boldsymbol{R}_k$，$k=1,2,\cdots,N$ 的黎曼均值 $\bar{R}$。经验方差定义为

$$J(\boldsymbol{R}_1,\boldsymbol{R}_2,\cdots,\boldsymbol{R}_N) = \frac{1}{N}\sum_{k=1}^{N}D^2(\boldsymbol{R}_k,\boldsymbol{R}) = E[D^2(\boldsymbol{R}_k,\boldsymbol{R})] \tag{4.197}$$

式中：$D^2(\cdot)$ 为两个矩阵之间的黎曼距离；$E(\cdot)$ 为求均值操作。

N 个协方差矩阵的黎曼均值定义为

$$\begin{aligned}\overline{\boldsymbol{R}} &= \arg \min_{\boldsymbol{R}\in \mathrm{Sym}(n,\boldsymbol{C})} J(\boldsymbol{R}_1,\boldsymbol{R}_2,\cdots,\boldsymbol{R}_N) \\ &= \arg \min_{\boldsymbol{R}\in \mathrm{Sym}(n,\boldsymbol{C})} \frac{1}{N}\sum_{k=1}^{n} D^2(\boldsymbol{R}_k,\boldsymbol{R}) \\ &= \arg \min_{\boldsymbol{R}\in \mathrm{Sym}(n,\boldsymbol{C})} E[D^2(\boldsymbol{R}_k,\boldsymbol{R})]\end{aligned} \tag{4.198}$$

为了获得梯度下降算法，需要设定 N 个对称正定协方差矩阵的黎曼均值的初值 $\overline{\boldsymbol{R}}_0$。令 $\overline{\boldsymbol{R}}_t, t\in[0,\infty)$ 表示每次迭代后的黎曼均值估计值，则

$$\frac{\partial \overline{R}_t}{\partial t} = v(\overline{\boldsymbol{R}}_t) \tag{4.199}$$

式中：$\boldsymbol{v}\in \mathrm{Sym}(n,\boldsymbol{C})$ 表示切矢量，驱动着黎曼均值的演化。切矢量与目标函数的梯度 ∇J 方向相反，即 $v=-\nabla J$。目标函数的梯度为

$$\begin{aligned}\nabla J(\boldsymbol{R}_1,\boldsymbol{R}_2,\cdots,\boldsymbol{R}_N) &= \frac{1}{N}\sum_{k=1}^{n} \nabla D^2(\boldsymbol{R}_k,\overline{\boldsymbol{R}}_t) = \frac{1}{N}\sum_{k=1}^{n} \nabla \| \log(\boldsymbol{R}_k^{-1},\overline{\boldsymbol{R}}_t) \|^2 \\ &= \frac{\overline{R}_t}{N}\sum_{k=1}^{N} \log(\boldsymbol{R}_k^{-1},\overline{\boldsymbol{R}}_t)\end{aligned} \tag{4.200}$$

令 $\mathrm{d}t$ 为迭代时间步长，则 R_t 沿着切矢量 $\boldsymbol{v}$ 方向的测地线方程为

$$\begin{aligned}\boldsymbol{R}(t+\mathrm{d}t) &= \boldsymbol{R}(t)^{1/2}\exp[\mathrm{d}t\cdot R(t)^{-1/2}\cdot v\cdot \boldsymbol{R}(t)^{-1/2}]\boldsymbol{R}(t)^{1/2} \\ &= \boldsymbol{R}(t)^{1/2}\exp[-\mathrm{d}t\cdot \boldsymbol{R}(t)^{-1/2}\cdot \nabla \boldsymbol{J}\cdot \boldsymbol{R}(t)^{-1/2}]\boldsymbol{R}(t)^{1/2},\ \forall\, \mathrm{d}t\in[0,1]\end{aligned} \tag{4.201}$$

若 $\overline{\boldsymbol{R}}_t$ 为式(4.201)中的 $\boldsymbol{R}_{t+1}$ 即为下一次迭代得到的黎曼均值估计值 $\overline{\boldsymbol{R}}_{t+1}$。故利用梯度下降算法计算黎曼均值的迭代式为

$$\overline{\boldsymbol{R}}_{t+1} = \overline{\boldsymbol{R}}_t^{1/2}\exp[-\mathrm{d}t\cdot \overline{\boldsymbol{R}}_t^{-1/2}\cdot \nabla J\cdot \overline{\boldsymbol{R}}_t^{-1/2}]\overline{\boldsymbol{R}}_t^{1/2} \tag{4.202}$$

这与 Barbaresco 基于雅克比场和指数映射推导出一种计算 Karcher 均值的梯度下降算法的结果一致。

将式(4.200)代入式(4.202)中，可得

$$\overline{\boldsymbol{R}}_{t+1} = \overline{\boldsymbol{R}}_t^{1/2}\exp\left[-\mathrm{d}t\cdot \frac{1}{N}\cdot \overline{\boldsymbol{R}}_t^{1/2}\sum_{k=1}^{n}\log(\boldsymbol{R}_k^{-1},\overline{\boldsymbol{R}}_t)\,\overline{\boldsymbol{R}}_t^{-1/2}\right]\overline{\boldsymbol{R}}_t^{1/2} \tag{4.203}$$

设定初值 $\overline{\boldsymbol{R}}_0\in \mathrm{Sym}(n,\boldsymbol{C})$，由式(4.203)进行迭代，就可用梯度下降算法计算 N 个复对称正定协方差矩阵的黎曼均值 $\overline{R}$。在梯度下降算法中，目标函数为经验方差，那就以经验方差来衡量梯度下降算法对 N 个协方差矩阵黎曼均值的估计性能，如图 4.19 所示。从图 4.19 中可以看出，直接平均算得的经验方差为

38.63,经过 20 次迭代经验方差收敛于 13.62。梯度下降算法每次迭代后的经验方差都在减小,以经验方差作为指标,就可以选取适合的黎曼均值估计值。

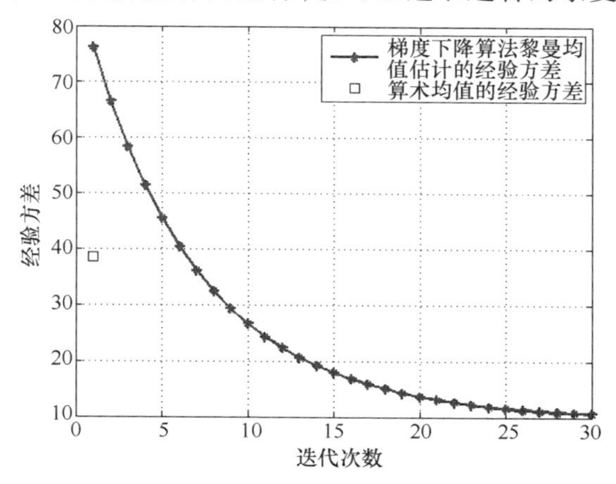

图 4.19 梯度下降算法对协方差矩阵黎曼均值的估计性能

检测单元与参考单元黎曼均值之间的黎曼距离的分布特性未知,很难获得确切的虚警概率表达式,因此,利用 Monte – Carlo 方法获取检测门限。过程如下:

步骤 1 仿真生成 $M+1$ 个($M=16$)杂波协方差矩阵,其中中间的(第 9 个)协方差矩阵作为检测单元 R_{d},利用梯度下降算法计算其余 M 个协方差矩阵的均值$\overline{R}$。

步骤 2 计算检测单元 R_{d} 与 M 个协方差矩阵的均值$\overline{R}$之间的几何距离 $D^2(R_{\mathrm{d}},\overline{R})$。

步骤 3 设定虚警概率为 $P_{\mathrm{fa}}=10^{-4}$,步骤 1 和步骤 2 重复执行 106 次再找出其中 100 个最大值 $T_k,k=1,2,\cdots,100$,则检测门限为 $\tau=\min\{T_k,k=1,2,\cdots,100\}$。

假设杂波方差等于 1,在虚警概率 $P_{\mathrm{fa}}=10^{-4}$情况下,信息几何方法与常规单元平均方法对 Swerling 0 型非起伏目标和 Swerling Ⅰ 型起伏目标的检测曲线如图 4.20 所示,其中常规单元平均方法为去调频接收的太赫兹雷达采样数据 FFT 后进行单元平均 CFAR 处理。从图 4.20 中观察到,当检测概率为 0.9 时,对于 Swerling 0 型非起伏目标,信息几何检测方法改善了单脉冲信噪比 1.9dB,对于 Swerling Ⅰ 型起伏目标,信息几何检测方法改善了单脉冲信噪比 2.4dB。可见,区别于应用平坦度量和赋范空间的传统目标检测方法,信息几何应用度量空间和非正曲率空间处理 Toeplitz Hermitian 正定协方差矩阵,提高了传统目标检测方法的检测性能。

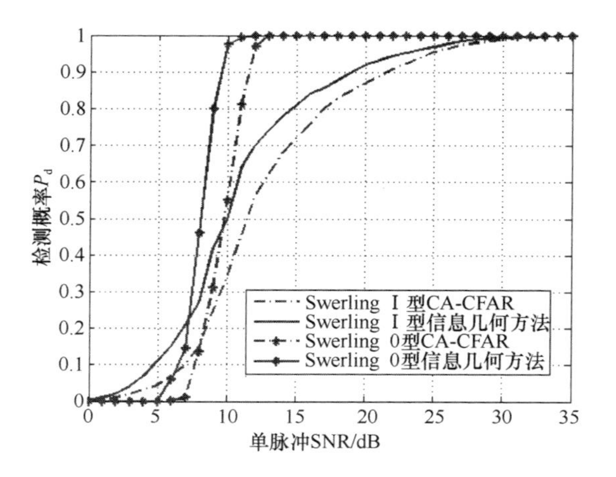

图4.20 基于信息几何方法和CA-CFAR方法的检测性能曲线

4.4 小 结

本章从雷达距离方程入手,分析了太赫兹雷达目标探测理论模型和探测性能。对太赫兹雷达杂波特征进行了分析,主要分析了雷达视角与面杂波单位面积散射系数的关系,并且介绍了杂波散射系数的测量方法与测量系统的简要结构框图。在对目标探测理论模型和杂波进行讨论的基础上,对太赫兹雷达目标探测算法进行了介绍,由最简单的固定门限检测算法入手,介绍了自适应门限检测算法、宽带目标检测算法和基于信息几何的目标检测算法。

第5章 太赫兹雷达微动目标检测

5.1 引　　言

微多普勒效应的显著程度和信号波长是成反比的,也就是说,雷达的工作频率越高、波长越短则微多普勒效应越显著。对于相同微动目标而言,太赫兹频段下的多普勒频移相比于 X 频段下的多普勒频移要大几十倍。太赫兹雷达系统对于微动目标具有较高的分辨力,它能精确地分辨出目标的振动幅度和振动频率等微多普勒参数,分辨力能达到厘米量级[104,105]。

太赫兹频段的独特技术特点使得多普勒频谱展宽以及分辨力提高,传统的雷达探测系统理论和目标检测方法在这里可能并不适用。传统雷达的工作频率都处于较低频段,微多普勒效应的影响很小,在较低的频段很难实现微多普勒调制的检测。因此,对于传统雷达而言,进行目标检测时基本不用考虑目标微动的影响。但随着现代雷达频率的提高,目标的微多普勒效应也越来越明显,目标的微多普勒带宽也相应增大。此时无法忽略微多普勒频率对微动目标探测带来的影响,特别是在太赫兹这种超高频段尤其明显,有必要研究基于太赫兹雷达的微动目标检测方法[106,107]。

心脏和肺部是人体的重要器官。呼吸是呼吸道和肺的活动,人体通过呼吸,吸进氧气呼出二氧化碳,是人体内外环境之间进行气体交换的必要过程。而心脏的跳动推动着血液的流动,是血液流动的动力,两者有规律的活动影响着人体的生命健康。本章研究的重点是非接触式太赫兹雷达对人体目标心跳呼吸的检测。太赫兹波作为人体目标心跳呼吸频率检测一种可选的技术手段,提高了分辨力,对目标的微动特性更加敏感,有利于微动特征提取。同时,这也使得基于时频分析的心跳呼吸频率提取的交叉项增多,而且心跳呼吸信号属于微弱信号,提高信噪比十分必要。人体心跳呼吸频率非线性提取算法可以有效抑制交叉项,同时提高信噪比,很好的实现人体目标心跳呼吸频率提取。

人体心跳呼吸的运动模式类似于振动,速度随时间变化,对应的多普勒频率也瞬时变化。因此,要提取人体心跳呼吸频率首先需得到太赫兹雷达回波信号瞬时频率信息。傅里叶变换对信号频率的估计需用到整个信号持续时间的信息,不能反映出信号瞬时频率大小,并且不能对特定瞬时区间的信号进行分析,也就是说傅里叶方法无法包含瞬时信息,不适用于对人体心跳呼吸进行检测。而时频分析是分析时变非平稳信号的有力工具,它提供了时间域与频率域的联合分布信息,清楚地描述了信号频率随时间变化的关系。因此,获取呼吸心跳所引起的微多普勒信息,提取呼吸心跳频率,需对太赫兹雷达回波信号进行时频分析。

5.2 微动目标检测

5.2.1 微动目标特征模型

如图 5.1 所示,以雷达为原点 Q 建立雷达坐标系(U,V,W),目标位于局部坐标系(x,y,z),目标坐标系相对于雷达坐标系存在平移和旋转运动,同时建立一个参考坐标系(X,Y,Z),它跟目标局部坐标系有相同的原点,且与目标之间存在相同的平移运动,但相对于雷达坐标系不转动。参考坐标系的原点 O 与雷达的距离为 R_0。

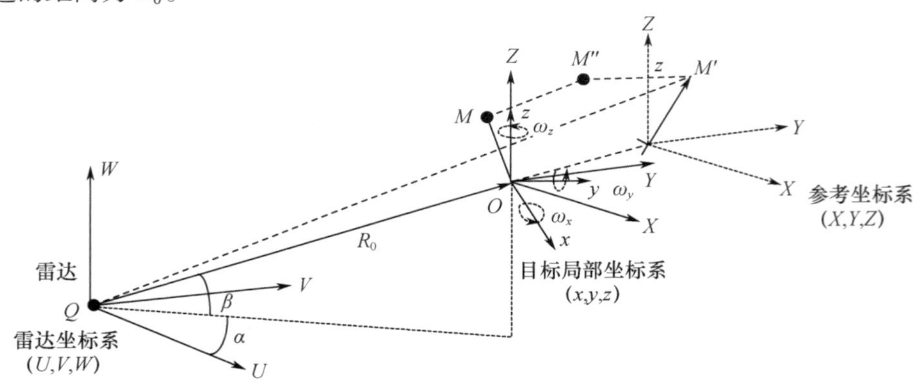

图 5.1 旋转进动目标几何示意图

假设目标是一个刚体,它相对于雷达的平动速度为 V,旋转角速度为 ω,它在目标局部坐标系中表示为 $\boldsymbol{\omega}=[\omega_x \quad \omega_y \quad \omega_z]^{\mathrm{T}}$,在参考坐标系中表示为 $\boldsymbol{\omega}=[\omega_X \quad \omega_Y \quad \omega_Z]^{\mathrm{T}}$。目标在 $t=0$ 时刻位于点 M,当 $t=t$ 时刻时,目标运动到点 M',这一运动可分为两个阶段,第一阶段是目标先从 M 以速度 V 平移到 M',第二阶段是从 M''以角速度转动到 M'。从参考坐标系观察,M 点的坐标为 $\boldsymbol{r}_0=[X_0 \quad Y_0 \quad Z_0]^{\mathrm{T}}$,在 t 时刻,目标运动到点 M'。

$$\boldsymbol{r}=O'M'=\mathfrak{R}_t \cdot O'M''=\mathfrak{R}_t\boldsymbol{r}_0 \tag{5.1}$$

式中：$\mathfrak{R}_t$ 为一旋转矩阵；Q 处雷达到质点 M' 的距离矢量可推导为

$$QM' = QO + OO' + O'M' = R_0 + Vt + \mathfrak{R}_t \boldsymbol{r}_0 \tag{5.2}$$

则 Q 到 M 的距离为

$$r(t) = \| R_0 + Vt + \mathfrak{R}_t \boldsymbol{r}_0 \| \tag{5.3}$$

目标回波的基带信号为

$$S_r(t) = \sigma \exp\left\{ \mathrm{j}2\pi f \frac{2r(t)}{c} \right\} = \sigma \exp\{ \mathrm{j}\Phi[r(t)] \} \tag{5.4}$$

式中：σ 为散射点的散射系数。基带信号的相位为

$$\Phi[r(t)] = 2\pi f \frac{2r(t)}{c} \tag{5.5}$$

将相位对时间求导，可以得到目标微动引起的多普勒频移为

$$\begin{aligned} f_d &= \frac{1}{2\pi} \frac{\mathrm{d}\Phi(t)}{\mathrm{d}t} = \frac{2f}{c} \frac{\mathrm{d}}{\mathrm{d}t} r(t) \\ &= \frac{2f}{c} \frac{1}{2r(t)} \frac{\mathrm{d}}{\mathrm{d}t} [(R_0 + Vt + \mathfrak{R}_t \boldsymbol{r}_0)^{\mathrm{T}} (R_0 + Vt + \mathfrak{R}_t \boldsymbol{r}_0)] \\ &= \frac{2f}{c} \left[V + \frac{\mathrm{d}}{\mathrm{d}t} (\mathfrak{R}_t \boldsymbol{r}_0) \right]^{\mathrm{T}} \boldsymbol{n} \end{aligned} \tag{5.6}$$

式中：$\boldsymbol{n} = (R_0 + Vt + \mathfrak{R}_t \boldsymbol{r}_0) / (\| R_0 + Vt + \mathfrak{R}_t \boldsymbol{r}_0 \|)$ 是 QM' 方向的单位矢量。

在参考坐标系中，转动角速度矢量为 $\boldsymbol{\omega} = [\omega_x \quad \omega_y \quad \omega_z]^{\mathrm{T}}$，目标以角速度 $\Omega = \| \boldsymbol{\omega} \|$ 绕着单位矢量 $\boldsymbol{\omega}' = \boldsymbol{\omega} / \| \boldsymbol{\omega} \|$ 转动，假设在一很小的时间段旋转运动可视为无穷小量，可得到旋转矩阵为

$$\mathfrak{R}_t = \exp\{ \hat{\omega} t \} \tag{5.7}$$

式中：$\hat{\omega}$ 为 ω 的反对称矩阵，式(5.2)中的多普勒频移为

$$\begin{aligned} f_d &= \frac{2f}{c} \left[V + \frac{\mathrm{d}}{\mathrm{d}t} (\mathrm{e}^{\omega t} \boldsymbol{r}_0) \right]^{\mathrm{T}} \boldsymbol{n} = \frac{2f}{c} (V + \omega \mathrm{e}^{\omega t} \boldsymbol{r}_0)^{\mathrm{T}} \boldsymbol{n} \\ &= \frac{2f}{c} (V + \boldsymbol{\omega} \boldsymbol{r})^{\mathrm{T}} \boldsymbol{n} = \frac{2f}{c} (V + \boldsymbol{\omega} \times \boldsymbol{r})^{\mathrm{T}} \boldsymbol{n} \end{aligned} \tag{5.8}$$

如果 $\| R_0 \| \geqslant \| Vt + \mathfrak{R}_t \boldsymbol{r} \|$，雷达视线的单位矢量 $\boldsymbol{n}$ 可近似为 $\boldsymbol{n} = R_0 / \| R_0 \|$，多普勒频移近似为

$$f_d = \frac{2f}{c} [V + \boldsymbol{\omega} \times \boldsymbol{r}]_{\mathrm{radial}} \tag{5.9}$$

式中：第一项是由平动产生的多普勒频移，第二项是由旋转产生的微多普勒频

移,即

$$f_{\text{micro-Doppler}} = \frac{2f}{c}[\boldsymbol{\omega} \times \boldsymbol{r}]_{\text{radial}} \tag{5.10}$$

自然界中,目标的微动存在多种多样的形式,但振动和旋转是其中最为基本的两种微动形式。目前关于微多普勒效应的分析工作也基本是围绕着这两种微动形式进行,下面分别对振动和旋转点目标的微多普勒模型进行分析推导。

1. 振动模型

如图 5.2 所示,以雷达为原点 Q 建立雷达坐标系(U,V,W),一点目标 M 以 O 点为中心做振动运动,以 O 为原点建立参考坐标系(X,Y,Z),它与雷达的径向距离为 R_0。假设中心点 O 相对于雷达不动,O 点相对于雷达的方位角和仰角分别为 α 和 β,则可得到 O 点在雷达坐标系(U,V,W)的坐标为$(R_0\cos\alpha\cos\beta, R_0\sin\alpha\cos\beta, R_0\sin\beta)$。

雷达视线方向上的单位矢量为

$$\boldsymbol{n} = [\cos\alpha\cos\beta \quad \sin\alpha\cos\beta \quad \sin\beta]^{\mathrm{T}} \tag{5.11}$$

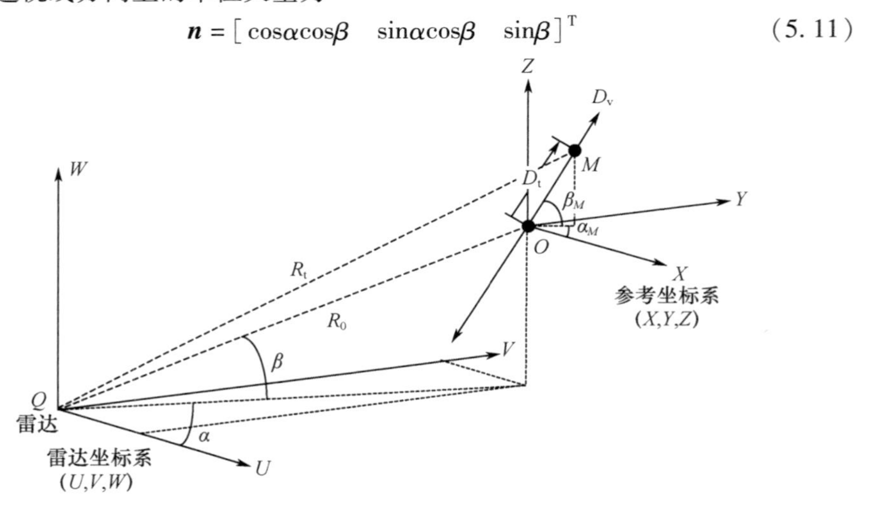

图 5.2 振动目标几何示意图

假设点目标 M 的振动频率为 f_v,振幅为 $\boldsymbol{D}_v$,在参考坐标系(X,Y,Z)中振动方向的方位角和仰角分别为 α_M 和 β_M。则雷达到点目标的距离矢量为 $\boldsymbol{R}_t = \boldsymbol{R}_0 + \boldsymbol{D}_t$,雷达到点目标 M 的距离可以表示成

$$\begin{aligned}\boldsymbol{R}_t = |\boldsymbol{R}_t| = [&(\boldsymbol{R}_0\cos\alpha\cos\beta + \boldsymbol{D}_t\cos\alpha_M\cos\beta_M)^2 \\ &+ (\boldsymbol{R}_0\sin\alpha\cos\beta + \boldsymbol{D}_t\sin\alpha_M\cos\beta_M)^2 \\ &+ (\boldsymbol{R}_0\sin\beta + \boldsymbol{D}_t\sin\beta_M)^2]^{1/2}\end{aligned} \tag{5.12}$$

当中心点 O 的方位角 α 和点目标 M 的仰角 β_M 都为 0 时,对于 $R_0 >> D_t$,可得

$$\boldsymbol{R}_{\mathrm{t}} = (\boldsymbol{R}_0^2 + \boldsymbol{D}_{\mathrm{t}}^2 + 2\boldsymbol{R}_0\boldsymbol{D}_{\mathrm{t}}\cos\alpha_M\cos\beta)^{1/2} \simeq \boldsymbol{R}_0 + \boldsymbol{D}_{\mathrm{t}}\cos\alpha_M\cos\beta \tag{5.13}$$

因为点目标的振动频率 $\omega_{\mathrm{v}} = 2\pi f_{\mathrm{v}}$，振幅为 $\boldsymbol{D}_{\mathrm{v}}$，则 $\boldsymbol{D}_{\mathrm{t}} = \boldsymbol{D}_{\mathrm{v}}\sin\omega_{\mathrm{v}}t$，式(5.13)可以写成

$$R(t) = \boldsymbol{R}_{\mathrm{t}} = \boldsymbol{R}_0 + \boldsymbol{D}_{\mathrm{v}}\sin\omega_{\mathrm{v}}t\cos\alpha_M\cos\beta \tag{5.14}$$

雷达接收到的信号为

$$S_{\mathrm{r}}(t) = \sigma\exp\left\{\mathrm{j}\left[2\pi ft + 4\pi\frac{R(t)}{\lambda}\right]\right\} = \sigma\exp\{\mathrm{j}[2\pi ft + \Phi(t)]\} \tag{5.15}$$

式中：$\Phi(t) = \dfrac{4\pi R(t)}{\lambda}$为相位调制函数。将式(5.5)代入式(5.6)，令 $\boldsymbol{B} = \dfrac{4\pi}{\lambda}\cdot \boldsymbol{D}_{\mathrm{v}}\cos\alpha_M\cos\beta$，雷达回波可以写成

$$\boldsymbol{S}_{\mathrm{r}}(t) = \sigma\exp\left\{\mathrm{j}\frac{4\pi}{\lambda}\boldsymbol{R}_0\right\}\exp[\mathrm{j}2\pi ft + \boldsymbol{B}\sin\omega_{\mathrm{v}}t] \tag{5.16}$$

在 $t=0$ 时刻时，在坐标系(X,Y,Z)中散射点 M 位于$[X_0 \quad Y_0 \quad Z_0]^{\mathrm{T}}$，当 $t=t$ 时刻时，它的位置为

$$\begin{bmatrix} X \\ Y \\ Z \end{bmatrix} = D_{\mathrm{v}}\sin(2\pi f_{\mathrm{v}}t)\begin{bmatrix} \cos\alpha_M\cos\beta_M \\ \sin\alpha_M\cos\beta_M \\ \sin\beta_M \end{bmatrix} + \begin{bmatrix} X_0 \\ Y_0 \\ Z_0 \end{bmatrix} \tag{5.17}$$

散射点 M 由振动引起的速度可表示为

$$v = 2\pi D_{\mathrm{v}}f_{\mathrm{v}}\cos(2\pi f_{\mathrm{v}}t)[\cos\alpha_M\cos\beta_M \quad \sin\alpha_M\cos\beta_M \quad \sin\beta_M]^{\mathrm{T}} \tag{5.18}$$

由式(5.9)可得，振动引起的微多普勒频移为

$$\begin{aligned} f_{\text{micro-Doppler}} &= \frac{2f}{c}(\boldsymbol{v}^{\mathrm{T}}\cdot n) = \frac{4\pi ff_{\mathrm{v}}D_{\mathrm{v}}}{c}[\cos(\alpha-\alpha_M)\cos\beta\cos\beta_M \\ &\quad + \sin\beta\sin\beta_M]\cos(2\pi f_{\mathrm{v}}t) \end{aligned} \tag{5.19}$$

当方位角 α 和仰角 β_M 都为 0 时，有

$$f_{\text{micro-Doppler}} = \frac{4\pi ff_{\mathrm{v}}D_{\mathrm{v}}}{c}\cos\alpha_M\cos\beta\cos(2\pi f_{\mathrm{v}}t) \tag{5.20}$$

2. 旋转模型

如图 5.3 所示，以雷达为原点 Q 建立雷达坐标系(U,V,W)，目标坐标系为(x,y,z)，参考坐标系为(X,Y,Z)，它与雷达的径向距离为 R_0。假设目标在雷达坐标系的方位角和仰角分别为 α 和 β，雷达视线上的单位矢量和式(5.11)一样。

由于目标的旋转运动，坐标系(x,y,z)中的目标上的散射点将运动到参考坐标系(X,Y,Z)中一个新的位置，这个位置可以由它的初始位移矢量乘以一个由

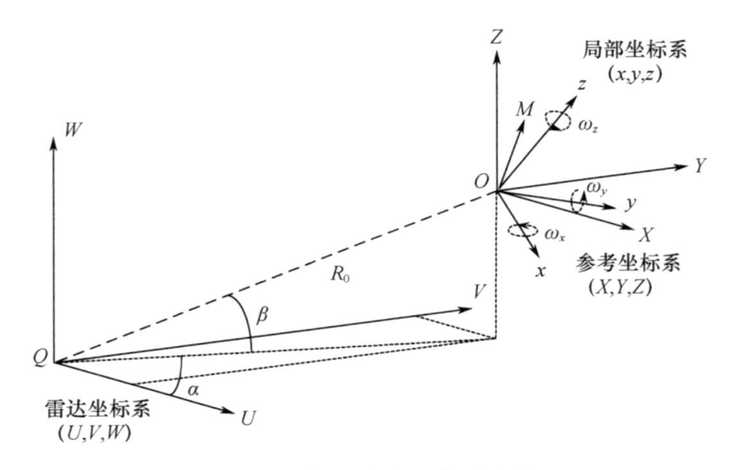

图 5.3 旋转目标的几何示意图

欧拉角(ϕ,θ,φ)决定的旋转矩阵计算出来。其中角 ϕ 和 φ 都绕 z 轴转动，角 θ 绕 x 轴转动。

初始旋转矩阵的定义如下：

$$\mathfrak{R}_{\text{Init}}=\begin{bmatrix}a_{11} & a_{12} & a_{13}\\ a_{21} & a_{22} & a_{23}\\ a_{31} & a_{32} & a_{33}\end{bmatrix}=\begin{bmatrix}\cos\phi & -\sin\phi & 0\\ \sin\phi & \cos\phi & 0\\ 0 & 0 & 1\end{bmatrix}\times\begin{bmatrix}1 & 0 & 0\\ 0 & \cos\theta & -\sin\theta\\ 0 & \sin\theta & \cos\theta\end{bmatrix}\begin{bmatrix}\cos\varphi & -\sin\varphi & 0\\ \sin\varphi & \cos\varphi & 0\\ 0 & 0 & 1\end{bmatrix} \tag{5.21}$$

从目标的局部坐标系看去，当目标绕着轴线 x,y,z 以角速度 $\boldsymbol{\omega}=[\omega_x\quad\omega_y\quad\omega_z]^{\mathrm{T}}$ 转动，在目标局部坐标系 $\boldsymbol{r}_0=[x_0\quad y_0\quad z_0]^{\mathrm{T}}$ 的点 M 运动到参考坐标系的一个新位置 $\mathfrak{R}_{\text{Init}}\cdot\boldsymbol{r}_0$，此时旋转单位矢量变成

$$\boldsymbol{\omega}'=[\omega_x'\quad\omega_y'\quad\omega_z']^{\mathrm{T}}=\frac{\mathfrak{R}_{\text{Init}}\cdot\boldsymbol{\omega}}{\|\boldsymbol{\omega}\|} \tag{5.22}$$

式中：角速度标量为 $\Omega=\|\boldsymbol{\omega}\|$。

在 t 时刻时，旋转矩阵为

$$\mathfrak{R}_{\text{t}}=I+\hat{\boldsymbol{\omega}}'\sin\Omega t+\hat{\boldsymbol{\omega}}'^2(1-\cos\Omega t) \tag{5.23}$$

式中：$\hat{\boldsymbol{\omega}}'$为一反对称矩阵

$$\hat{\boldsymbol{\omega}}'=\begin{bmatrix}0 & -\omega_z' & -\omega_y'\\ \omega_z' & 0 & -\omega_x'\\ -\omega_y' & \omega_x' & 0\end{bmatrix} \tag{5.24}$$

在参考坐标系(X,Y,Z)中，在t时刻时，点M从初始位置运动到一个新的位置$\boldsymbol{r}=\mathfrak{R}_{\mathrm{t}}\cdot\mathfrak{R}_{\mathrm{Init}}\cdot r_0$。由式(5.10)可得，由旋转运动造成的多普勒频移可近似为

$$f_{\mathrm{d}}=\frac{2f}{c}[\Omega\boldsymbol{\omega}'\times r]_{\mathrm{radial}}=\frac{2f}{c}(\Omega\hat{\boldsymbol{\omega}}'r)^{\mathrm{T}}\cdot\boldsymbol{n}=\frac{2f}{c}[\Omega\hat{\boldsymbol{\omega}}'\mathfrak{R}_{\mathrm{t}}\cdot\mathfrak{R}_{\mathrm{Init}}\cdot\boldsymbol{r}_0]^{\mathrm{T}}\cdot\boldsymbol{n}$$

$$=\frac{2f\Omega}{c}\{[\hat{\boldsymbol{\omega}}'^2\sin\Omega t-\hat{\boldsymbol{\omega}}'^3\cos\Omega t+\hat{\boldsymbol{\omega}}'(I+\hat{\boldsymbol{\omega}}'^2)]\mathfrak{R}_{\mathrm{Init}}\cdot\boldsymbol{r}_0\}^{\mathrm{T}}\cdot\boldsymbol{n} \tag{5.25}$$

如果反对称矩阵$\hat{\boldsymbol{\omega}}'$是由一个单位矢量定义，则$\hat{\boldsymbol{\omega}}'^3=-\hat{\boldsymbol{\omega}}'$，由旋转引起的微多普勒频率为

$$f_{\mathrm{micro-Doppler}}=\frac{2f\Omega}{c}[\hat{\boldsymbol{\omega}}'(\hat{\boldsymbol{\omega}}'\sin\Omega t+I\cos\Omega t)\mathfrak{R}_{\mathrm{Init}}\cdot\boldsymbol{r}_0]_{\mathrm{radial}} \tag{5.26}$$

3. 微动目标的回波模型

1）微机动目标的回波模型

假设雷达发射的信号波形为

$$S_t(t)=\exp[\mathrm{j}2\pi ft] \tag{5.27}$$

目标与雷达的初始距离为R_0，目标在雷达径向方向做非匀速直线运动，根据 weierstras 定理，其运动的规律可由时间t的高阶多项式表示出来[60,89,90]，即在$t\in[0,T]$时，有

$$R(t)\approx\sum_{j=0}^{m}a_jt^j \tag{5.28}$$

式中：m为有限次多项式的次数，则t时刻的基带信号的相位为

$$\Phi(t)=\frac{4\pi}{\lambda}\cdot\left(R_0+\sum_{j=0}^{m}a_jt^j\right) \tag{5.29}$$

式中：λ为雷达波长，由微多普勒的定义可知，信号的瞬时频率可表示为

$$f_{\mathrm{d}}=\frac{1}{2\pi}\cdot\frac{\mathrm{d}\Phi(t)}{\mathrm{d}t}=\frac{2}{\lambda}\left(\sum_{j=0}^{m-1}(j+1)a_{j+1}t^j\right) \tag{5.30}$$

由此可得到点目标的回波为

$$S_{\mathrm{r}}(t)=\sigma\exp\left[-\frac{\mathrm{j}4\pi}{\lambda}\left(R_0+\sum_{j=0}^{m}a_jt^j\right)\right] \tag{5.31}$$

式中：σ为目标的散射系数。

2）振动和旋转点目标的回波模型

振动和旋转是最基本的两种微动形式，在对信号回波进行分析时，可将振动和旋转两种运动看成一种形式，设目标在雷达的径向方向振动，其相对于雷达的运动规律为$R(t)=R_0+A\sin(2\pi f_{\mathrm{v}}t+\varphi)$，其中$R_0$雷达与目标的初始距离，$A$为

目标的振动幅度，f_v 为振动频率，φ 为初始相位，则 t 时刻的基带信号的相位为

$$\Phi(t)=\frac{4\pi}{\lambda}\cdot[R_0+A\sin(2\pi f_v t+\varphi)] \tag{5.32}$$

信号的瞬时频率

$$f_d=\frac{1}{2\pi}\cdot\frac{d\Phi(t)}{dt}=\frac{2}{\lambda}[2\pi Af_v\cos(2\pi f_v t+\varphi)] \tag{5.33}$$

点目标的雷达回波为

$$S_r(t)=\sigma\exp\left\{-\frac{j4\pi}{\lambda}[R_0+A\sin(2\pi f_v t)]\right\} \tag{5.34}$$

3）微翻滚点目标的回波模型

假设一质点目标在雷达的径向方向做微翻滚运动，它相对于雷达的运动规律可以表示为 $R(t)=R_0+vt+at^2+A\sin(2\pi f_v t+\varphi)$，其中 v 为点目标的平动初速度，a 为平动加速度，这里只考虑平动为一阶和二阶的情况。则 t 时刻的基带信号的相位为

$$\Phi(t)=\frac{4\pi}{\lambda}\cdot[R_0+vt+at^2+A\sin(2\pi f_v t+\varphi)] \tag{5.35}$$

信号的瞬时频率

$$f_d=\frac{1}{2\pi}\cdot\frac{d\Phi(t)}{dt}=\frac{2}{\lambda}[v+2at+2\pi Af_v\cos(2\pi f_v t+\varphi)] \tag{5.36}$$

点目标的雷达回波为

$$S_r(t)=\sigma\exp\left\{-\frac{j4\pi}{\lambda}[R_0+vt+at^2+A\sin(2\pi f_v t)]\right\} \tag{5.37}$$

4）多散射点目标的回波模型

一个目标的散射响应是单个散射中心的总和，对于一个由多个散射点组成的目标，目标的回波是各个散射点回波之和。

假设一个多散射点目标在雷达径向方向做复合运动，即组成目标的部分既有宏观运动又有微观运动。目标的主体做一般的非匀速直线运动，其平动分量的运动规律可表示为

$$R_1(t)\approx\sum_{j=0}^{n}a_j t^j \tag{5.38}$$

式中：n 为有限次多项式的次数，目标的微动可近似为振动或是转动，其运动规律为

$$R_2(t)=A\sin(Bt+\varphi) \tag{5.39}$$

式中：A 为振动幅度；B 为振动频率；φ 为初始转动角度。则在 t 时刻，目标与雷达视线距离为

$$R(t) = R_0 + \sum_{j=0}^{n} a_j t^j + A\sin(Bt + \varphi) \tag{5.40}$$

则目标总的回波可以表示为

$$S_{\mathrm{r}}(t) = \sum_{i=1}^{k} \sigma_i \exp\left[-\frac{\mathrm{j}4\pi f_0}{c}\left(R_0 + \sum_{j=0}^{n} a_j t^j + A_i \sin(B_i t + \varphi_i)\right)\right] \tag{5.41}$$

式中:σ_i 为第 i 个散射点的散射系数;f_0 为雷达中心频率;c 为光速。

4. 几种时频分析方法的性能比较

以振动目标为例,通过仿真对比分析 STFT、Gabor 变换和 WVD 分布几种时频分析方法的性能。

当只有一个散射点时,假设雷达与目标之间的初始距离为 30m,雷达的中心频率为 0.34THz,采样率为 4096Hz,雷达回波为单成分正弦调频信号,目标在雷达的径向方向做振动运动,其振动幅度为 0.01m,振动频率为 3Hz,初始相位为 0rad,观测时间取 1s。分别经过 WVD 变换、STFT、Gabor 变换、PWVD 变换以及 SPWVD 变换五种时频分析方法变换,其结果如图 5.4 所示。

由结果图对比可看出,在只有一个散射点的条件下,五种方法都能较好的展现目标回波的时频分布特性。五种方法中,WVD 分布的时频分辨力最高,Gabor 变换的分辨力最低,说明 WVD 分布的聚焦性能最好。

在两个散射点的情况下,假设散射点一的振动幅度为 0.01m,振动频率为 3Hz,散射点二的振幅为 0.015m,振动频率为 3.5Hz,它们的初始相位都为 0,且雷达与目标的初始距离不变,中心频率仍为 0.34THz,仿真结果如图 5.5 所示。

由仿真结果可看出,当存在两个或多个散射点时,WVD 分布和 PWVD 分布受到严重的交叉项干扰,SPWVD 变换则能有效的抑制交叉项的干扰,它受交叉项干扰较小,基本可忽略,且具有较高的时频分辨力,而 STFT 和 Gabor 都没有交叉项的干扰,其中 Gabor 变换的分辨力最低,SPWVD 方法运算时间最长。

下面再讨论在添加噪声条件下这五种算法的性能,仿真条件与上面相同,此时信噪比均为 −3dB,仿真结果如图 5.6 所示。

由仿真结果可以看出,在相同的噪声条件下,WVD 分布和 PWVD 分布受噪声影响最严重,已经很难有效的观测出目标的回波特性,而 STFT、Gabor 和 SP-WVD 变换的抗噪性能都较好,在强噪声情况下仍然能有效的展现出目标回波的时频特性。还能看出,STFT、Gabor 和 SPWVD 三种方法中 Gabor 变换的分辨力最低,另外两种方法均能保持较高的时频分辨力。

5. 不同频段下的微多普勒特征比较

由上述的分析可知,目标的微多普勒效应跟雷达的发射频率有很大关系,雷达的中心频率越高,微多普勒特征越明显,相比于 X 频段,太赫兹波段的微多普勒特征更为明显,下面通过仿真实验对比目标在太赫兹频段和 X 频段下的观测结果。

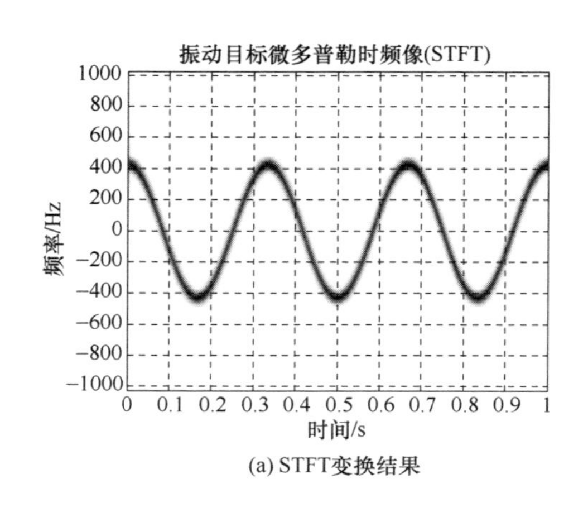

(a) STFT变换结果

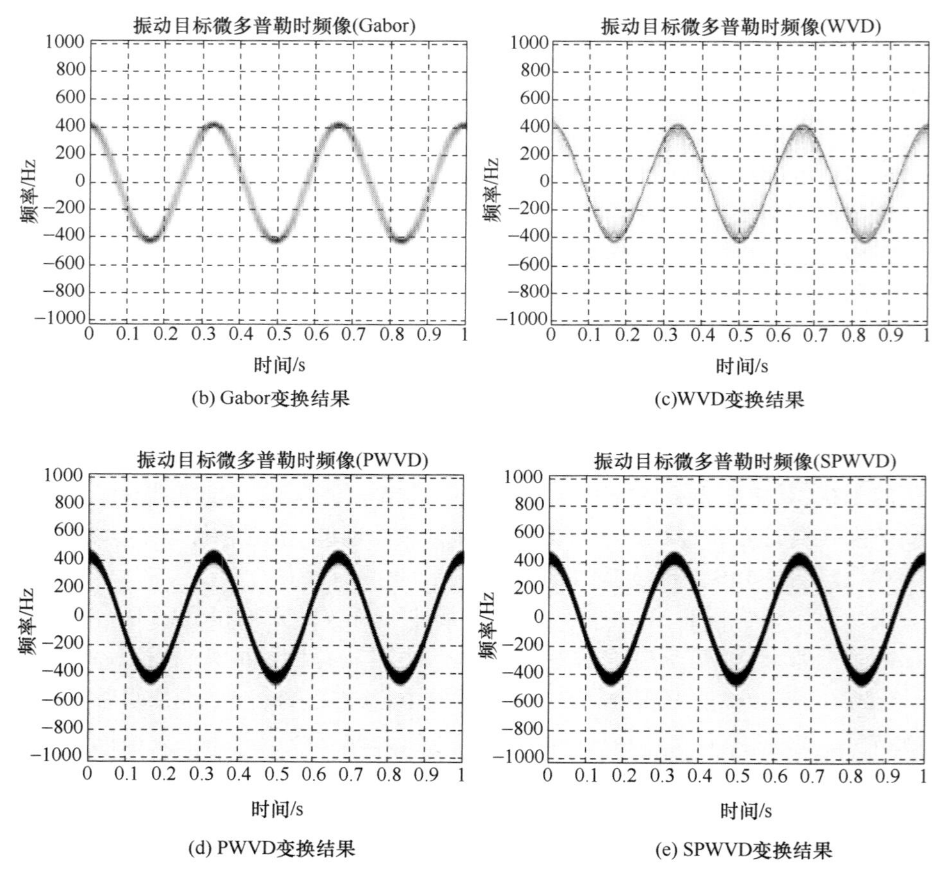

(b) Gabor变换结果

(c)WVD变换结果

(d) PWVD变换结果

(e) SPWVD变换结果

图 5.4　点目标五种时频分析方法对比图

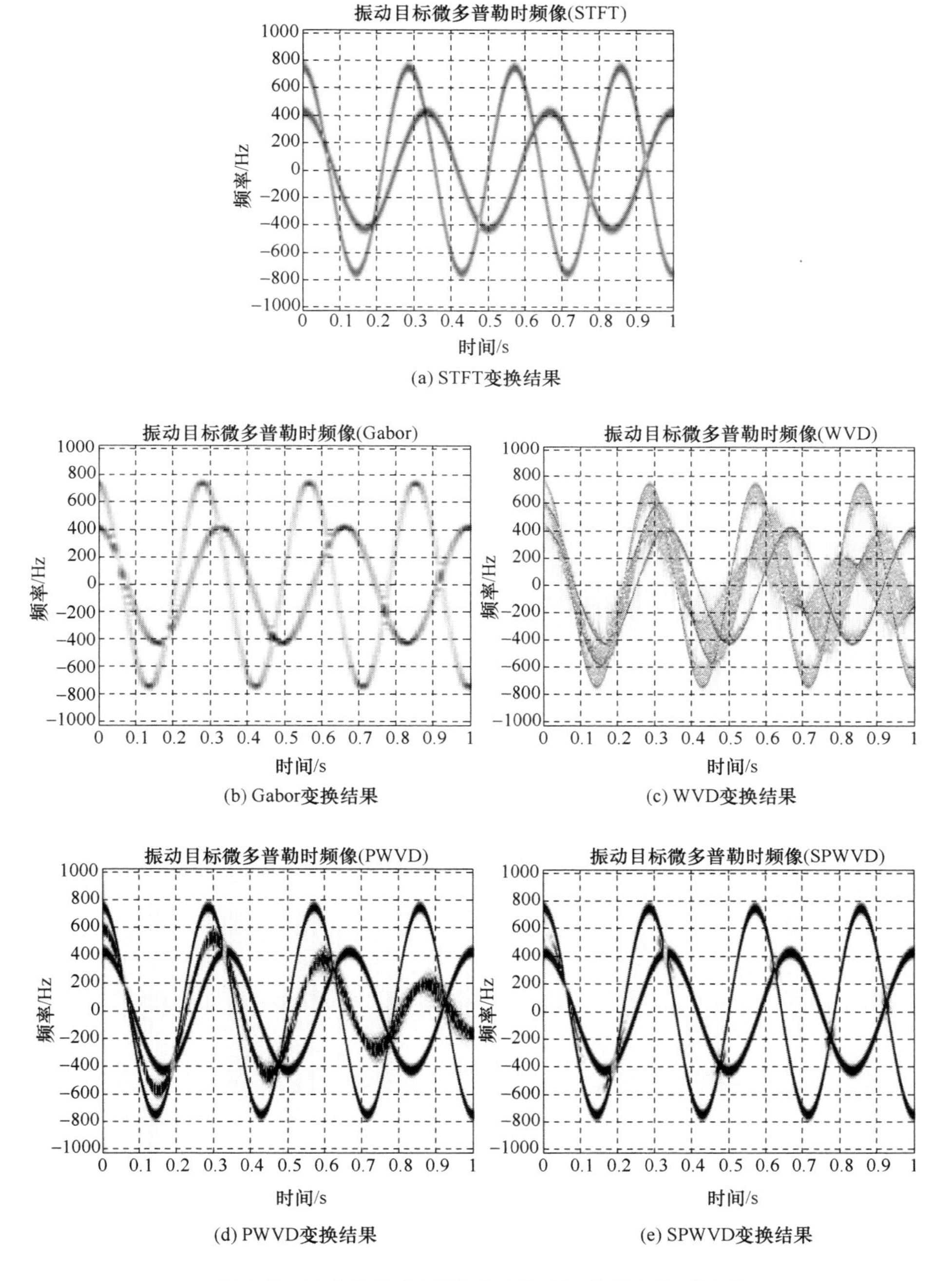

(a) STFT变换结果

(b) Gabor变换结果

(c) WVD变换结果

(d) PWVD变换结果

(e) SPWVD变换结果

图 5.5　两个散射点情况下五种时频分析方法对比图

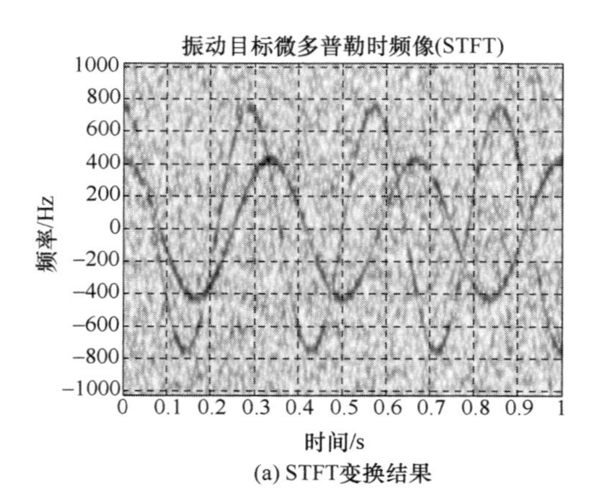

(a) STFT变换结果

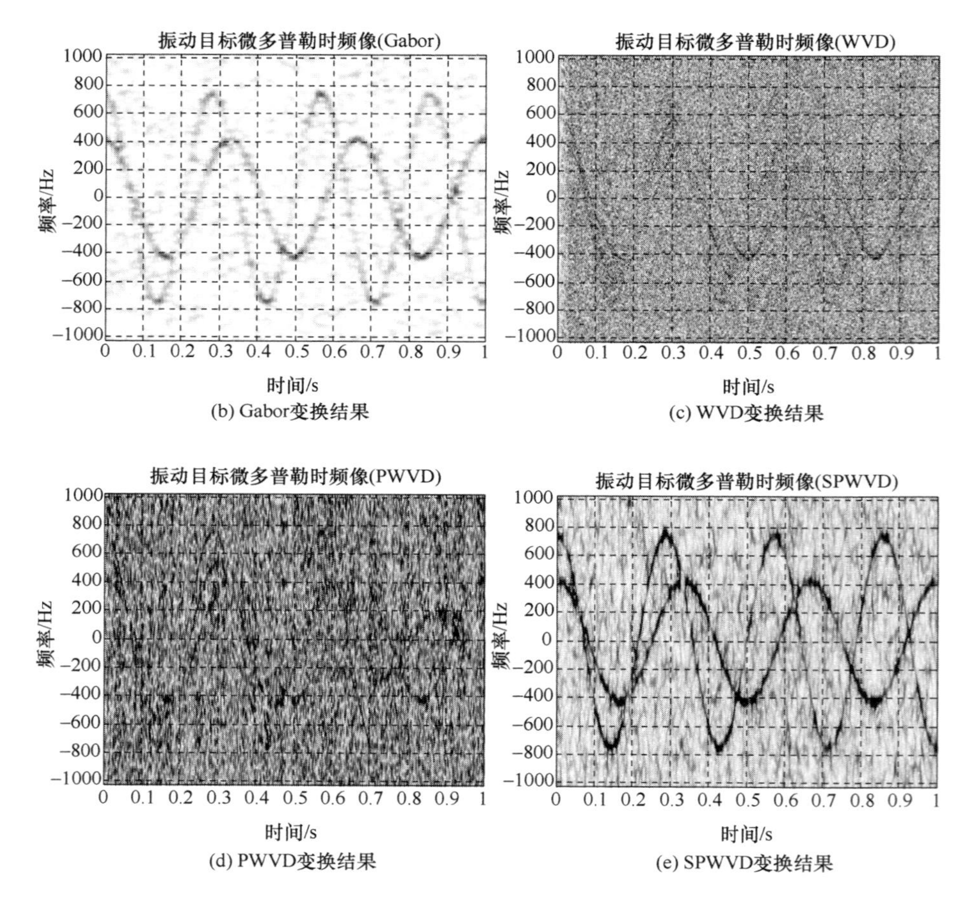

(b) Gabor变换结果

(c) WVD变换结果

(d) PWVD变换结果

(e) SPWVD变换结果

图 5.6　噪声条件下五种时频分析方法比较

假设目标与雷达的初始距离为 30m,太赫兹频段雷达载波为 0.34THz,X 波段雷达载波为 10GHz。有两个在雷达径向做匀加速运动的目标,它们的初始速度都为 0.05m/s,目标 1 的加速度为 0.02m/s^2,目标 2 的加速度为 0.03m/s^2,在太赫兹频段和 X 频段下的时频仿真图如图 5.7 所示。

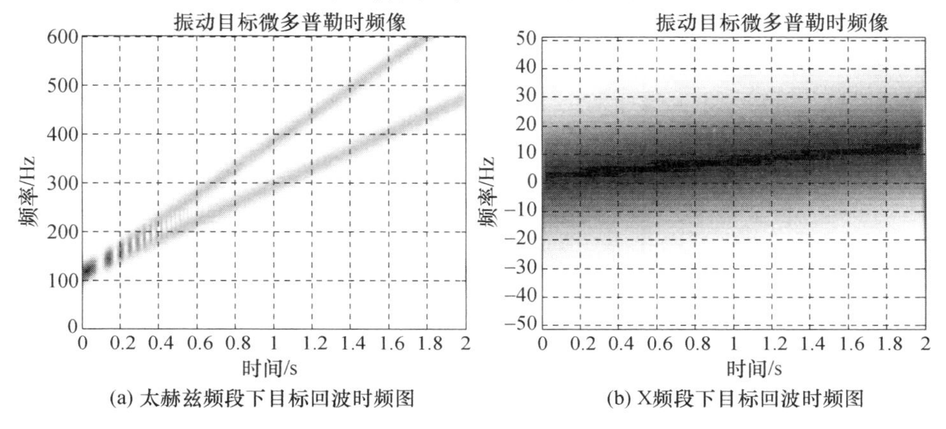

(a) 太赫兹频段下目标回波时频图　(b) X频段下目标回波时频图

图 5.7　两个匀速运动目标在两种频段下的时频对比图

由图 5.7 所示仿真结果可以看出,在太赫兹频段下两个目标的回波时频分布能够很清晰的分辨出来;而在 X 频段,目标的回波信号已经完全混在一起无法分辨,无法准确的从中提取出两个目标的微多普勒特征参数。

在只有一个振动点目标的条件下,假设雷达的各项参数设置均不变,目标的振动幅度为 0.01m,振动频率为 2Hz,采用 Gabor 变换的时频分析方法对目标的微多普勒特征进行仿真观测,如图 5.8 所示。

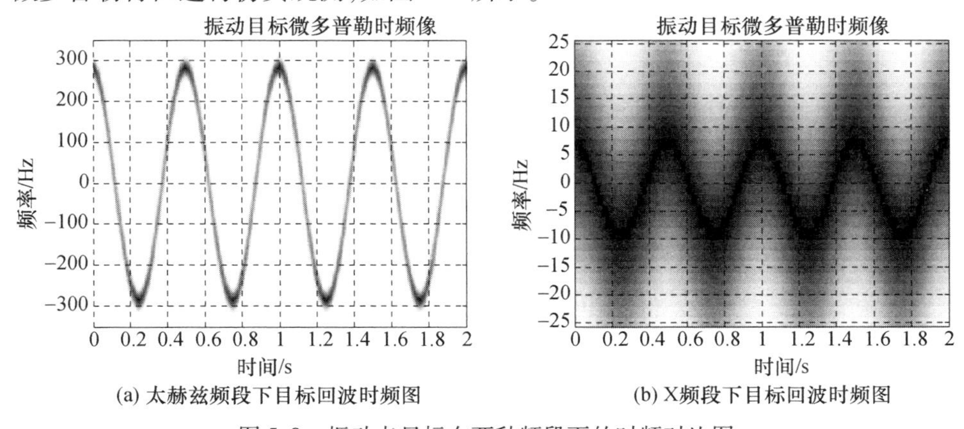

(a) 太赫兹频段下目标回波时频图　(b) X频段下目标回波时频图

图 5.8　振动点目标在两种频段下的时频对比图

由图 5.8 可以看出,在太赫兹频段下,目标的微多普勒效应更加敏感,可以从图中清晰的观测出目标的微多普勒频率,而在 X 频段,目标的微多普勒频率已经变得非常模糊,很难准确的从中提取出目标的微多普勒特征参数。

在两个散射点的条件下,雷达其他参数都不变,假设散射点1的振动幅度为0.01m,振动频率为2Hz,散射点2的振动幅度为0.012m,振动频率为2.2Hz,它们的时频图像如图5.9所示。可以看出,在太赫兹频段下,从图5.9(a)中能清晰的分辨出两个不同的振动目标,并且能从图中有效的提取出它们的微动参数,而在X频段下,两个目标已经完全混乱模糊,已经无法观测出目标的微多普勒信息。仿真结果表明,太赫兹雷达系统对于微动目标具有较高的分辨力,它能精确的分辨出目标的振幅、振动频率等微多普勒参数,分辨力能达到厘米量级。利用太赫兹频段目标微多普勒特征显著的特点,在太赫兹频段对微动目标进行观测,能够充分利用目标的微多普勒信息,有助于进行雷达目标探测和目标识别。

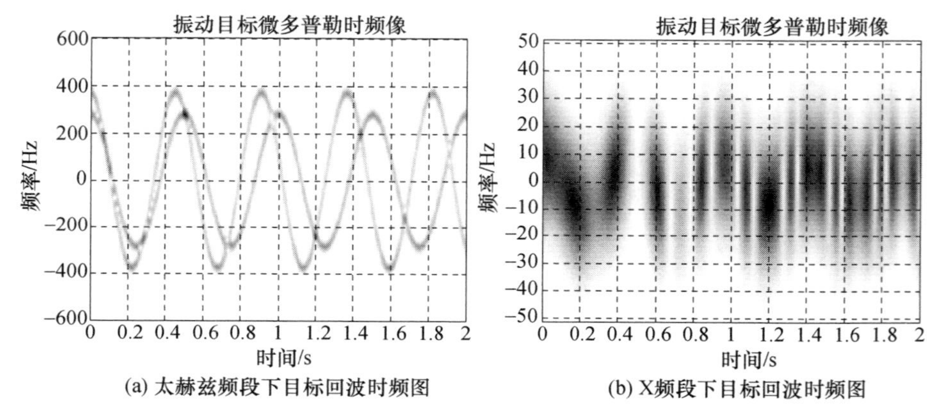

图5.9　两个散射点在两种频段下的时频对比图

5.2.2　人体目标心跳和呼吸模型分析

心跳和呼吸频率是人体心肺功能的重要指标。对于一般人体而言,心跳和呼吸的速率都很低,心跳每分钟大约70~80次,而呼吸则是15~30次。如遇突发疾病或人体剧烈运动之后,心跳次数可能达到每分钟120次,呼吸频率则会增至每分钟60次。人体的生命信号相对于复杂的环境属于微弱信号,如何有效的检测并提取出频率值,这对信号处理提出了较高的要求。

对回波进行信号处理,实时的提取心跳呼吸频率是至关重要的,但在研究提取算法之前,必须对心跳呼吸建模分析。

1. 人体目标心跳呼吸正弦振动模型

在很多的医学影像中可以观察到人体心脏的跳动过程,这种运动模式类似于振动,且人体心跳的速率在一个稳定的范围内是周期变化的,为了简单起见,可以将心跳近似于正弦振动模型。呼吸是由胸腔的扩张与收缩完成的,同样类似于正弦振动,也可近似为正弦振动模型,但是由于心跳呼吸频率不一样,可以视为两者之间存在相位延迟。假设人体相对于雷达处于静止状态,根据以上分析可以建立模型如下:

$$R(t) = R_0 + r_1 \sin(2\pi\omega_1 t) + r_2 \sin(2\pi\omega_2 t + \theta) \tag{5.42}$$

式中:R_0 为雷达与人体之间的距离;第二项为呼吸;第三项为心跳;r_1 和 r_2 分别为呼吸和心跳的振动幅度;ω_1 和 ω_2 分别为呼吸和心跳的频率值;θ 为心跳的初始相位。设定如表 5.1 所列的参数并仿真。

由图 5.10 所示的仿真图可以看出,心跳呼吸,仅仅在频率和初始相位上有差别,适用于对精度要求不高的信号处理。

表 5.1 正弦振动模型的仿真参数

R_0	r_1	r_2	ω_1	ω_2	θ
50m	5mm	0.8mm	0.23Hz	1.0Hz	1.04rad

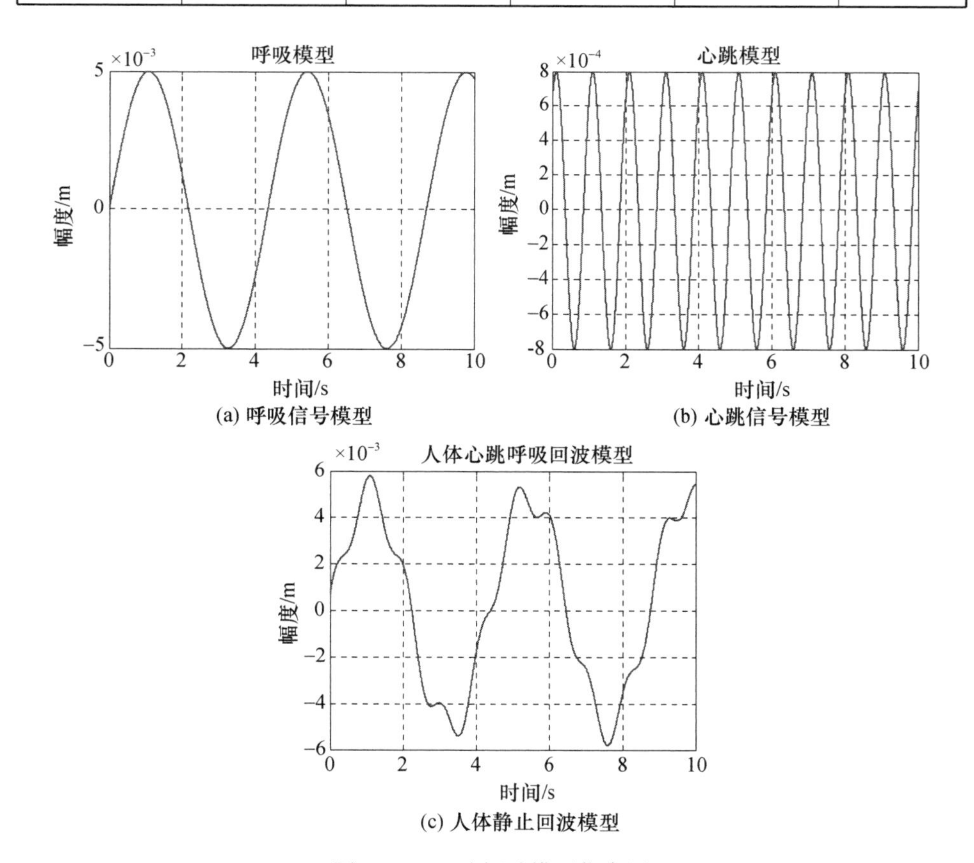

图 5.10 正弦振动模型仿真图

2. 人体目标心跳呼吸脉冲波模型

对于心跳呼吸这类生命信号，在不同的环境下信号形式是不确定的，可能会出现不规律的情况，不能简单的用正弦波形表示。在日常生活中，人体的呼吸可以自我调控，急促或者均匀，但是心跳是无法自我控制的，这与身体内在运行机制有关。在对心跳建模的时候要参照心电图(ECG)信号图，对数据进行实时分析。从ECG信号图中可以看到，心跳像脉冲一样，每隔一定时间就会出现，呈现周期性。随之，可以联想到心脏的工作模式，一个健康的人体，全身供血是由心脏供压，心脏就像一个压力泵一样，把输入的血液由血管传向身体的各个组织器官，整个过程通过心脏的伸缩跳动完成。鉴于此，把心跳信号模型用尖脉冲波代替，由于呼吸可均匀控制，所以，呼吸还是用正弦波模型表示，由上述讨论，建立模型如下：

$$R(t)=R_0+r_1\sin(2\pi\omega_1 t)+r_2\delta(\omega_2 t-\tau) \tag{5.43}$$

式中

$$\delta(t)=\frac{1}{1-2a}\left(\left|t-\frac{1}{2}-\lfloor t\rfloor\right|-a+\left|\left|t-\frac{1}{2}-\lfloor t\rfloor\right|-a\right|\right) \tag{5.44}$$

式(5.43)中第二项和第三项为呼吸和心跳模型，参数与正弦模型一致，第三项中的τ是心率偏移，$a=\frac{1}{2}-r\omega_2$，r为心跳半径。设定如表5.2所列的参数并仿真。

表5.2 脉冲波模型仿真参数

R_0	r_1	r_2	ω_1	ω_2	r	τ
50m	5mm	0.8mm	0.23Hz	1.0Hz	0.25cm	0s

从图5.11中可以看出，与正弦振动模型不一样，心跳模型与ECG信号图相似，周期的脉冲波近似的模拟了心脏的回波信号。

5.2.3 微多普勒频率对目标检测的影响

应用传统的确知信号检测系统，对于目标或目标组成部分含有微动的目标检测，其检测性能可能会因微动的影响而下降。下面以微动点目标为例分析太赫兹频段下目标微动对雷达目标检测的影响。

对于确知信号的假设检测，雷达目标检测可表述成一个二元假设检验问题

$$\begin{aligned}&H_0:x(t)=n(t)\\&H_1:x(t)=s(t)+n(t)\end{aligned} \tag{5.45}$$

式中：H_0为没有目标时的回波信号；H_1为有目标时的回波信号；$n(t)$为均值为

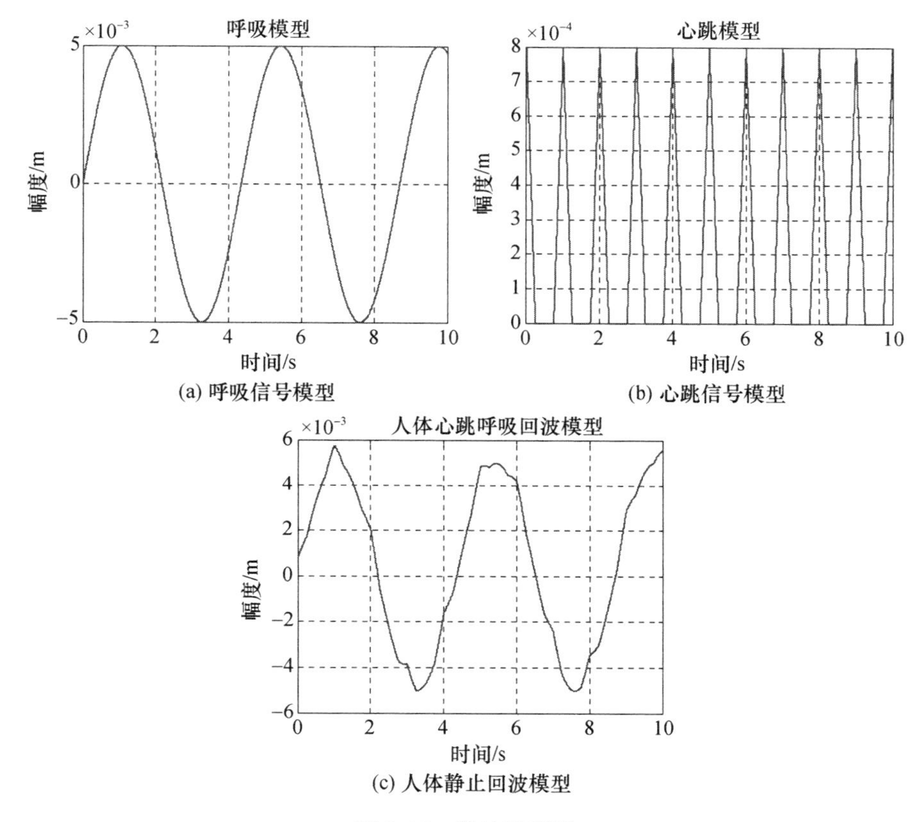

(a) 呼吸信号模型

(b) 心跳信号模型

(c) 人体静止回波模型

图 5. 11 脉冲波模型

0,谱密度为 $N_0/2$ 的高斯白噪声。对于目标中无微动的情况,$s(t)$ 可以表示为 $s(t)=D\sin(2\pi f_0 t+\theta)$。而在目标含有微动的情况下,由于在太赫兹频段目标微多普勒效应明显,因此有目标时的目标回波信号应表示为 $s_{\mathrm{micro}}(t)=D\cos[2\pi f_0 t+A\sin(2\pi f_v t+\varphi)]$,其中 D 为目标回波强度,A 为目标的振动幅度,f_v 为目标的振动频率,φ 为初始相位。其最佳接收机如图 5. 12 所示。

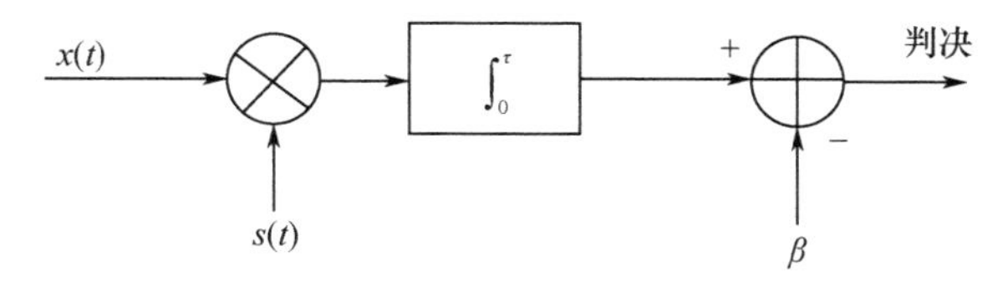

图 5. 12 确知二元信号检测最佳接收机

如图 5. 12 所示,在该系统中,判决准则是通过计算信号 $s(t)$ 与 $x(t)$ 的互相关后与门限进行比较得出判决。在目标不存在微动时,信号 $s(t)$ 为 $s(t)=D\sin$

$(2\pi f_0 t+\theta)$；目标中含有微动时，信号 $s(t)$ 为 $s_{\text{micro}}(t)=D\cos[2\pi f_0 t+A\sin(2\pi f_v t+\varphi)]$，它们与 $x(t)$ 做互相关后的幅度图分别如图 5.13 所示。

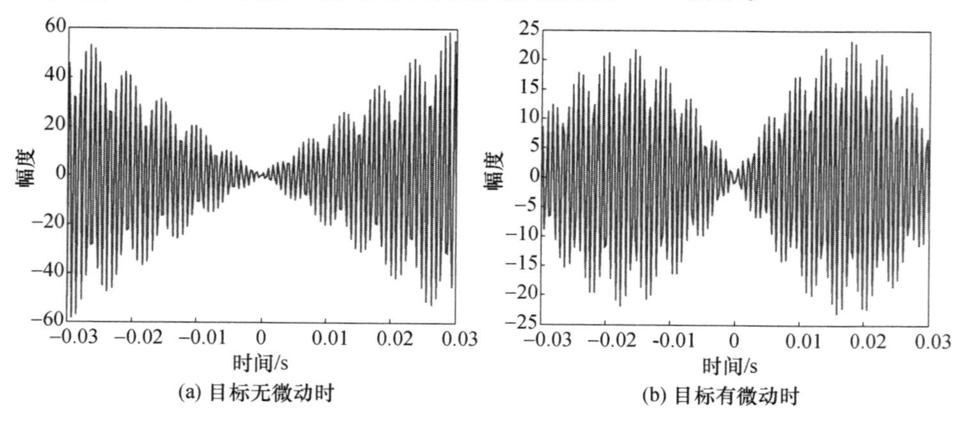

图 5.13 目标有微动和无微动时的信号互相关幅度比较

由图可以直观看出，当目标中无微动时信号的互相关的幅度值明显比有微动时的大，此时能得到更好的检测性能。

对于目标中无微动时，其检验统计量为

$$M=\int_0^T x(t)s(t)\,\mathrm{d}t=\int_0^T n(t)s(t)\,\mathrm{d}t \tag{5.46}$$

对于假设 H_0，计算出检验统计量 M 的均值为

$$E(M\mid H_0)=E\left[\int_0^T n(t)s(t)\right]=0 \tag{5.47}$$

其方差为

$$\operatorname{Var}[M\mid H_0]=\frac{EN_0}{2} \tag{5.48}$$

则可以得到 H_0 条件下检验统计量 M 的条件概率密度函数

$$p(M\mid H_0)=\frac{1}{\sqrt{\pi N_0 E}}\exp\left(-\frac{l^2}{N_0 E}\right) \tag{5.49}$$

对于假设 H_1，检验统计量 M 为

$$M=\int_0^T x(t)s(t)\,\mathrm{d}t=\int_0^T (s(t)+n(t))s(t)\,\mathrm{d}t \tag{5.50}$$

计算出其均值为

$$E[M\mid H_1]=E\left[\int_0^T (n(t)+s(t))s(t)\,\mathrm{d}t\right]$$

$$= E\left[\int_0^T n(t)s(t)\mathrm{d}t\right] + E\left[\int_0^T s^2(t)\mathrm{d}t\right]$$
$$= 0 + E = E \tag{5.51}$$

方差为

$$\mathrm{Var}[M|H_1] = \mathrm{Var}[M|H_0] = \frac{EN_0}{2} \tag{5.52}$$

则可得到 H_1 条件下检验统计量 M 的条件概率密度函数

$$p(M|H_1) = \frac{1}{\sqrt{\pi N_0 E}}\exp\left(-\frac{(M-E)^2}{N_0 E}\right) \tag{5.53}$$

假设检测门限为 β,可以得到虚警概率 P_{fa} 和检测概率 P_{d} 分别如下

$$P_{\mathrm{fa}} = \int_\beta^{+\infty} \frac{1}{\sqrt{\pi N_0 E}}\exp\left(-\frac{M^2}{N_0 E}\right)\mathrm{d}M = \mathrm{erfc}\left(\beta\sqrt{\frac{2}{N_0 E}}\right) \tag{5.54}$$

$$P_{\mathrm{d}} = \int_\beta^{+\infty} \frac{1}{\sqrt{\pi N_0 E}}\exp\left(-\frac{(M-E)^2}{N_0 E}\right)\mathrm{d}M = \mathrm{erfc}\left((\beta - E)\sqrt{\frac{2}{N_0 E}}\right) \tag{5.55}$$

对于目标中含有微动时的情况,此时含微动的目标回波应表示为 $s_{\mathrm{micro}}(t) = D\cos[\omega t + A\sin(2\pi f_{\mathrm{v}} t + \varphi)]$。对于 H_0 条件下,检验统计量与目标中无微动时的情况一样,其均值和方差也都不变,因此虚警概率也相同,仍然为

$$P_{\mathrm{fa}} = \mathrm{erfc}\left(\beta\sqrt{\frac{2}{N_0 E}}\right) \tag{5.56}$$

而对于 H_1 的假设条件下,其检验统计量则变为

$$I = \int_0^T x(t)s_{\mathrm{micro}}(t)\mathrm{d}t = \int_0^T n(t)s(t)\mathrm{d}t + \int_0^T s_{\mathrm{micro}}(t)s(t)\mathrm{d}t \tag{5.57}$$

它的均值 $E(I|H_1)$ 为

$$E(I|H_1) = E\left[\int_0^T n(t)s(t)\mathrm{d}t\right] + E\left[\int_0^T s_{\mathrm{micro}}(t)s(t)\mathrm{d}t\right]$$
$$= \int_0^T s_{\mathrm{micro}}(t)s(t)\mathrm{d}t = E' \tag{5.58}$$

方差为

$$\mathrm{Var}[M|H_1] = \frac{EN_0}{2} \tag{5.59}$$

当目标回波含微动时,其检验统计量 I 的概率密度函数为

$$p(I|H_1)=\frac{1}{\sqrt{\pi N_0 E}}\exp\left(-\frac{(I-E')^2}{N_0 E}\right) \tag{5.60}$$

因而检测概率 P'_{d} 为

$$P'_{\mathrm{d}}=\int_{\beta}^{+\infty}\frac{1}{\sqrt{\pi N_0 E}}\exp\left(-\frac{(I-E)^2}{N_0 E}\right)\mathrm{d}I=\mathrm{erfc}\left[(\beta-E')\sqrt{\frac{2}{N_0 E}}\right] \tag{5.61}$$

由上述可以看出，对于目标有微动和目标无微动这两种情况，两者的检验统计量不同，因而它们的均值也不相同。在目标无微动时，其均值为 $E[M|H_1]=E\left[\int_0^{\mathrm{T}}s^2(t)\mathrm{d}t\right]=E$，而目标或目标组成部分有微动时，它的均值为 $E(I|H_1)=\int_0^{\mathrm{T}}s_{\mathrm{micro}}(t)s(t)\mathrm{d}t=E'$。根据信号的自相关值一定大于互相关值，因此不等式 $E>E'$ 恒成立，那么有 $\beta-E<\beta-E'$ 恒成立。由 erfc 函数的单调递减性可知，$\mathrm{erfc}(\beta-E)>\mathrm{erfc}(\beta-E')$ 恒成立，从而可得到 P_{d} 始终大于 P'_{d}，也就是说目标有微动时比无微动时的检测概率要低。尤其是太赫兹频段对目标的微多普勒特性更加敏感，运动目标的多普勒展宽更加明显，这也使得目标回波与发射信号相关性明显下降，将严重影响运动目标检测性能。如果目标微动越剧烈，回波信号 $s_{\mathrm{micro}}(t)$ 和发射信号 $s(t)$ 的相关性越小，即 E' 越小，则检测概率也会相应变得越小。可见，目标的微动会造成检测性能的降低。

5.3 微动目标检测算法

5.3.1 微动目标联合检测算法

为了能够在太赫兹频段微多普勒效应显著的情况下完成对微动点目标的检测，提出了一种联合微动特征的目标检测算法，其算法流程如图 5.14 所示。

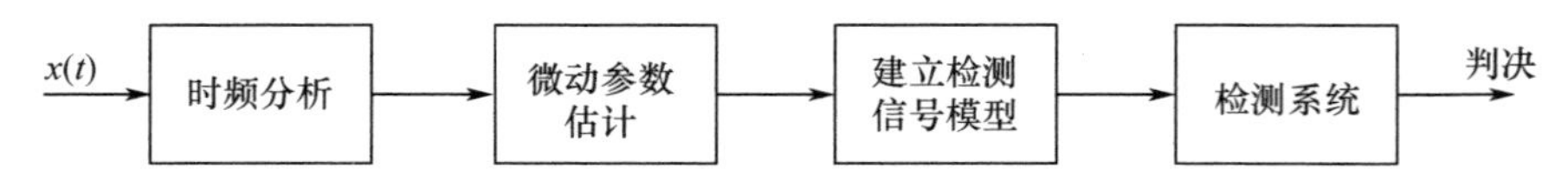

图 5.14 联合微动特征检测算法流程

首先，对雷达的回波数据进行处理，通过时频分析的方法，运用第 3 章中提出的基于 Radon 变换的参数估计方法估计出点目标的微多普勒运动参数，这里用 θ 表示目标微动的参数集合 (v,a,A,B,φ)。将估计出的参数 $\hat{\theta}=(\hat{v},\hat{a},\hat{A},\hat{B},\hat{\varphi})$ 代入回波表达式中再与雷达发射波形进行正弦调制，这样便可获得用于检测的信号模型。通过将此信号与回波数据做相关处理，最终完成微动目标的检测。

假设被检测的雷达回波二元信号为

$$\begin{cases} H_0: x_i = n_i, & i=1,2,\cdots,N \\ H_1: x_i = s_i + n_i, & i=1,2,\cdots,N \end{cases} \tag{5.62}$$

式中：H_0 为无目标时的回波信号数据；H_1 为有目标时的回波信号数据。

将信号离散化，可得

$$x_i = x(t_i), \quad i=1,2,\cdots,N \tag{5.63}$$

式中：$x_i = x_1, x_2, \cdots, x_N$ 为相互独立的观察样本数据。

多散射点目标的回波模型，如式（5.41）所示。对于微动点目标而言，其回波可表示为

$$S_{\mathrm{r}}(t) = \sigma\cos\left[2\pi f_0 t + \frac{4\pi}{\lambda}\cdot(vt + at^2 + A\sin(Bt+\varphi))\right] \tag{5.64}$$

为方便分析，这里先忽略目标与雷达的初始距离 R_0，目标回波经正交解调变换到中频后可表示为

$$S_{\mathrm{r}}(t) = \sigma\cos\left[2\pi f_0 t + \frac{4\pi}{\lambda}\cdot(vt + at^2 + A\sin(Bt+\varphi))\right] \tag{5.65}$$

式中：f_0 为中频信号的中心频率；(a,t,A,B,φ) 为待估计的微多普勒参数。

然后运用基于 Radon 变换的参数估计方法估计出目标的微多普勒参数，即 $\hat{\theta} = (\hat{v},\hat{a},\hat{A},\hat{B},\hat{\varphi})$，再将估计出的参数 $\hat{\theta}$ 代入到回波信号中用来进行检测判断。此时，式（5.65）便为用来进行检测的目标微动信号模型。

由此可以计算出两种假设下的概率密度函数分别为

$$p(x \mid H_0) = (2\pi\sigma_n^2)^{-N/2}\exp\left(-\sum_{i=1}^{N}\frac{x_i^2}{2\sigma_n^2}\right) \tag{5.66}$$

$$p(x \mid \hat{\theta}, H_1) = (2\pi\sigma_n^2)^{-N/2}\exp\left(-\sum_{i=1}^{N}\frac{(x_i - S_{ri})^2}{2\sigma_n^2}\right) \tag{5.67}$$

它们的似然比函数为

$$\Lambda(x) = \frac{p(x \mid \hat{\theta}, H_1)}{p(x \mid H_0)} = \exp\left(\frac{1}{2\sigma_n^2}\sum_{i=1}^{N}(2S_{ri}x_i - S_{ri}^2)\right) \tag{5.68}$$

由此可得出判决准则为

$$\Lambda(x) = \exp\left(\frac{1}{2\sigma_n^2}\sum_{i=1}^{N}(2s_i x_i - S_{ri}^2)\right)\begin{cases} \geqslant \Lambda_0, & \text{判决为 } H_1 \\ < \Lambda_0, & \text{判决为 } H_0 \end{cases} \tag{5.69}$$

令检测门限 $\beta = \sigma_n^2 \ln\Lambda_0$，$\mu = 1/(2\sum_{i=1}^{N}S_{ri}^2)$，$\sigma^2 = \sigma_n^2\sum_{i=1}^{N}S_{ri}^2$。检验统计量则为

$$I = \sum_{i=1}^{N}S_{ri}x_i - \frac{1}{2}\sum_{i=1}^{N}S_{ri}^2\begin{cases} \geqslant \beta, & \text{判决为 } H_1 \\ < \beta, & \text{判决为 } H_0 \end{cases} \tag{5.70}$$

由此可计算出假设 H_0 和 H_1 条件下的均值和方差分别为

$$E(I \mid H_0) = -\frac{1}{2}\sum_{i=1}^{N} S_{ri}^2 = -\mu \tag{5.71}$$

$$E(I \mid H_1) = \frac{1}{2}\sum_{i=1}^{N} S_{ri}^2 = \mu \tag{5.72}$$

$$\mathrm{var}(I \mid H_0) = \mathrm{var}(I \mid H_1) = \sigma_n^2 \sum_{i=1}^{N} S_{ri}^2 = \sigma^2 \tag{5.73}$$

可得到 H_0 和 H_1 条件下的 I 的概率密度函数分别为

$$p(I|H_0) = \frac{1}{\sqrt{2\pi}\sigma}\exp\left(-\frac{(I+\mu)^2}{2\sigma^2}\right) \tag{5.74}$$

$$p(I|H_1) = \frac{1}{\sqrt{2\pi}\sigma}\exp\left(-\frac{(I-\mu)^2}{2\sigma^2}\right) \tag{5.75}$$

由此可计算出虚警概率 P_{fa} 为

$$P_{\mathrm{fa}} = p(I_1 \mid H_0) = \int_{\beta}^{+\infty} p(I \mid H_0)\mathrm{d}(l(x)) = \frac{1}{2}\mathrm{erfc}\left(\frac{1}{\sqrt{2}\sigma}(\beta+\mu)\right) \tag{5.76}$$

检测概率 P_{d} 为

$$P_{\mathrm{d}} = p(I_1 \mid H_1) = \int_{\beta}^{+\infty} p(I \mid H_1)\mathrm{d}(l(x)) = \frac{1}{2}\mathrm{erfc}\left(\frac{1}{\sqrt{2}\sigma}(\beta-\mu)\right) \tag{5.77}$$

由式(5.76)和式(5.77)可得

$$\mathrm{erfcinv}(2P_{\mathrm{fa}}) = \left(\frac{\beta+\mu}{\sqrt{2}\sigma}\right) \tag{5.78}$$

$$\mathrm{erfcinv}(2P_{\mathrm{d}}) = \left(\frac{\beta-\mu}{\sqrt{2}\sigma}\right) \tag{5.79}$$

式(5.79)减式(5.78)可得

$$P_{\mathrm{d}} = \frac{1}{2}\mathrm{erfc}\left(\mathrm{erfc}(2P_{\mathrm{fa}}) - \left(\frac{2\mu}{\sqrt{2}\sigma}\right)\right) = \frac{1}{2}\mathrm{erfc}\left(\mathrm{erfc}(2P_{\mathrm{fa}}) - \left(\sqrt{\frac{\sum_{i=1}^{N} S_{ri}^2}{2\sigma_n^2}}\right)\right) \tag{5.80}$$

可以看出,最终的检测概率只由虚警概率和 $\rho = \sum_{i=1}^{N} S_{ri}^2/2\sigma_n^2$ 共同决定。

对于常规的雷达,其工作频段相对于太赫兹雷达较低,目标微多普勒效应的影响对于目标检测基本可忽略。对于微动目标来说,其回波的相位信息都是未知的,因此一般把它当成随机相位信号进行检测。此时目标的回波表示为 $s(t)=$

$A\sin(2\pi f_0 t+\psi)$，式中 A 是振幅，相位 ψ 是在$[0,2\pi]$内均匀分布的随机变量。这种随机相位信号的最佳检测系统如图 5.15 所示，通常将它称为正交接收机。

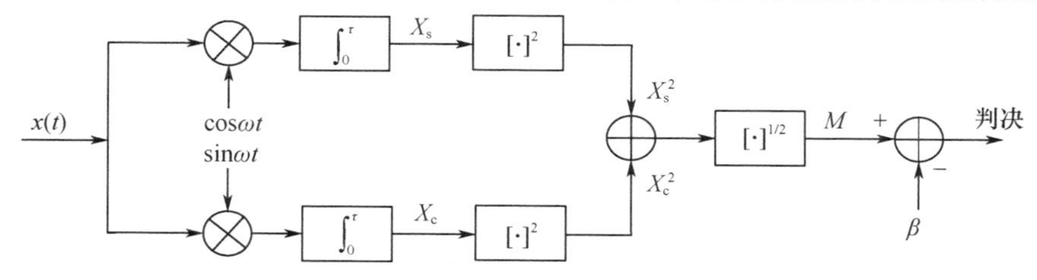

图 5.15　随机相位信号的最佳检测系统

对于随机相位信号检测，其检验统计量为

$$M=\sqrt{M_I^2+M_Q^2} \tag{5.81}$$

其中

$$M_I=\sum_{i=1}^{N} x_i\cos(2\pi f_0 t_i) \tag{5.82}$$

$$M_Q=\sum_{i=1}^{N} x_i\sin(2\pi f_0 t_i) \tag{5.83}$$

它们的均值分别为

$$E[M_I|H_1]=\sum_{i=1}^{N} s_i\cos(\omega_0 t_i)=\mu_I \tag{5.84}$$

$$E[M_Q|H_1]=\sum_{i=1}^{N} s_i\sin(\omega_0 t_i)=\mu_Q \tag{5.85}$$

令 $\sigma_T^2=\dfrac{N\sigma_n^2}{2}$，$\mu=\sqrt{(\mu_I^2+\mu_Q^2)/2}$，则其虚警概率 P_{fa} 和检测概率 P_d 分别为

$$P_{fa}=\int_{\beta}^{\infty} p(M|H_0)\mathrm{d}M=\exp\left(-\frac{\beta^2}{2\sigma_T^2}\right) \tag{5.86}$$

$$P_d=\int_{\beta}^{\infty} p(M|H_1)\mathrm{d}M=Q\left(\frac{\mu}{\sigma_T},\frac{\beta}{\sigma_T}\right) \tag{5.87}$$

式中：$Q(a,b)$ 为马库姆函数，$Q(a,b)=\int x\exp\left(-\dfrac{x^2+a^2}{2}\right)I_0(ax)\mathrm{d}x$。

5.3.2　微动目标检测仿真

1. 检测性能分析

假设太赫兹雷达的中心频率为 0.34THz，在进行仿真分析之前，先进行降频处理。将太赫兹频段的一级本振与回波信号混频可得到中频信号，通过两次混频可将其降到零中频。假设混频后信号载频为 20kHz，微动点目标的振动频率为 $B=4$Hz，速度为 $v=0.01$m/s，加速度为 $a=0.01\text{m/s}^2$，振动幅度为 $A=0.01$m，散射系数为 1，初始相位为 0rad。目标检测的信号模型则为 $S_r(t)=\cos\left[2\pi f_0 t+\frac{4\pi}{\lambda}\cdot(vt+at^2+A\sin(Bt+\varphi))\right]$。而对于传统方法，目标检测的信号模型表示为 $s(t)=A\sin(2\pi f_0 t+\psi)$，式中 A 为振幅，相位 ψ 是在 $[0,2\pi]$ 内均匀分布的随机变量。采样率为 200kHz，虚警概率 $P_{fa}=10^{-8}$，在单脉冲且目标无闪烁的条件下，联合微动特征的目标检测方法与传统方法的检测性能如图 5.16 所示。

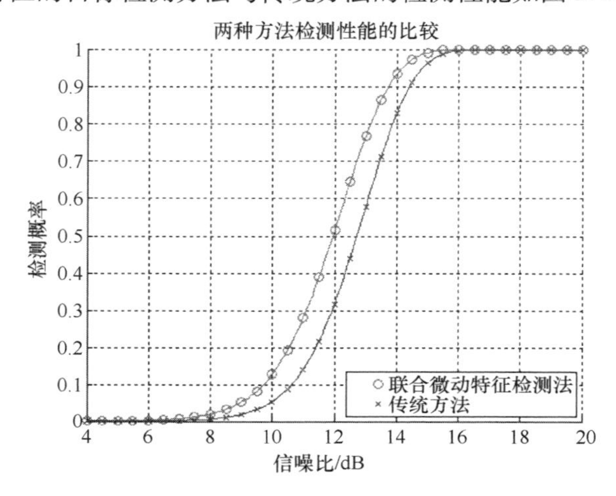

图 5.16　联合微动特征方法与传统目标检测方法检测性能比较

由仿真结果可知，在虚警概率相同条件下，当信噪比较小或信噪比较大时，两种检测方法的性能相差不大。当信噪比在 8 ~ 16dB 时，联合微动特征的目标检测方法的检测性能与传统方法相比要更好。在检测概率相同的条件下，本文方法的检测性能比传统方法的检测性能改善了约 1dB，更适合于微动目标的检测。

为了检验联合微动特征方法理论的正确性，借助蒙特卡洛(Monte – Corlo)仿真实验来验证其是否和实际测量值一样。仿真条件不变，蒙特卡洛仿真次数为 10000 次，结果如图 5.17 所示。由仿真结果可以看出，联合微动特征方法的理论值与蒙特卡洛实验的实际检测值基本吻合，只有略微波动，且随着实验次数的增加，波动幅度也会越变越小，验证了联合微动特征方法的正确性。

2. 误差影响分析

通常，参数估计会带来一定的误差，下面分析参数估计结果含有误差的检测算法的性能，评估各种误差对联合微动特征检测算法的影响程度。

首先，考虑目标振动幅度估计值在误差范围内(此处误差的允许范围为 10% 以内，下文同)对联合微动特征算法性能的影响。假设微动点目标中 A 的真实值为 $A=0.01\text{m}$，估计值为 $\bar{A}=0.011\text{m}$，雷达参数等其他条件一样，振动频率都为 $B=4\text{Hz}$，$v=0.01\text{m/s}$，$a=0.01\text{m/s}^2$，进行仿真可得到如图 5.18 所示的仿真结果。

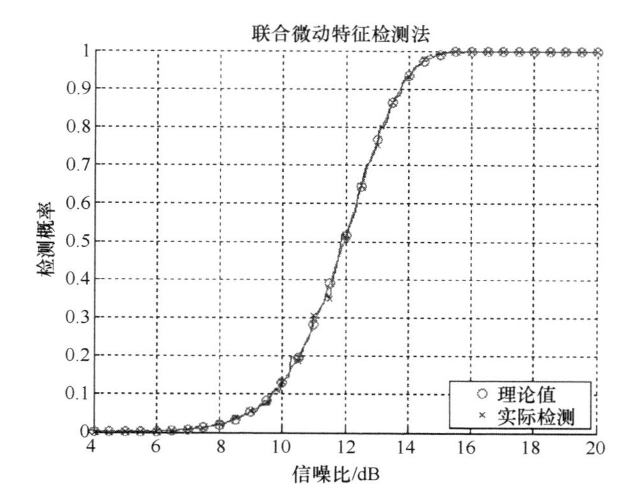

图 5. 17　理论值与蒙特卡洛实验值比较

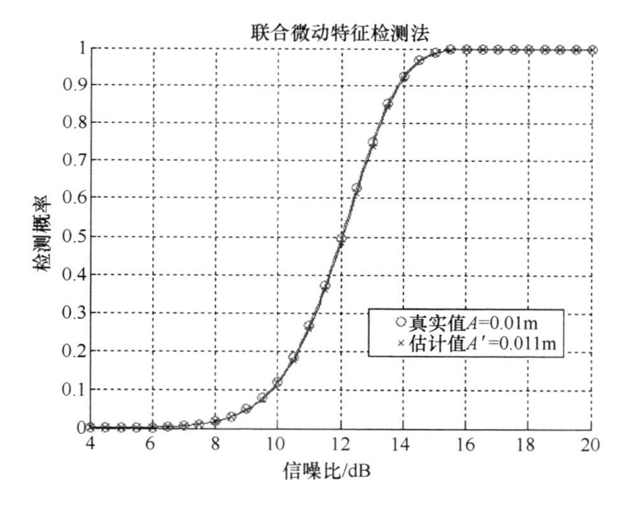

图 5. 18　振动幅度为真实值和估计值时的检测概率比较

从仿真结果可以看出,两种情况下的检测概率基本一致,略微有点波动,由此可见,在参数估计的误差允许范围之内,本书方法的检测性能基本保持稳定,不受影响。

然后,分析目标微振动频率估计值在误差范围内对联合微动特征算法性能是否有影响。假设微动点目标的振动频率真实值为 $B=5\text{Hz}$,估计值为 $\widehat{B}=5.4\text{Hz}$,其他的条件都相同,$v=0.01\text{m/s}$,$a=0.01\text{m/s}^2$,$A=0.01\text{m}$,得到仿真结果如图 5. 19 所示。

由仿真结果可看出,对于目标振动频率估计值和真实值,两种情况下的检测

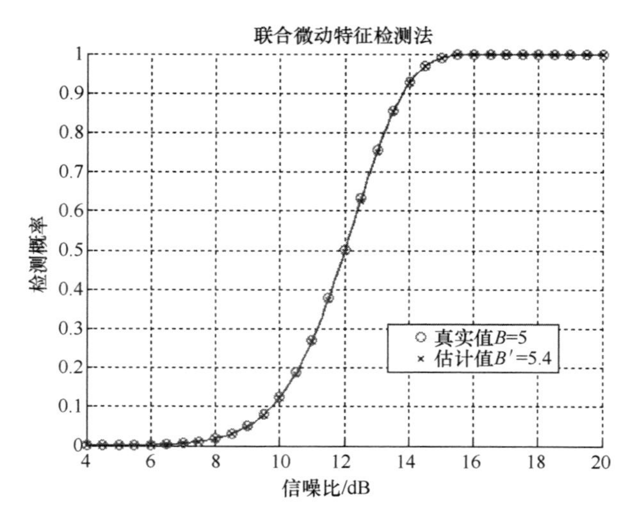

图 5.19　振动频率为真实值和估计值时的检测概率比较

概率基本一致，只有非常细微的差别，可见目标振动频率的估计值存在的误差在误差允许范围内对该检测方法的影响可忽略。

对于不同的平动初速度，假设真实值 $v = 0.01\mathrm{m/s}$，估计值 $\bar{v} = 0.011\mathrm{m/s}$，其他仿真条件不变，振动频率都为 $B = 5\mathrm{Hz}$，$a = 0.01\mathrm{m/s^2}$，$A = 0.01\mathrm{m}$，仿真结果如图 5.20 所示。

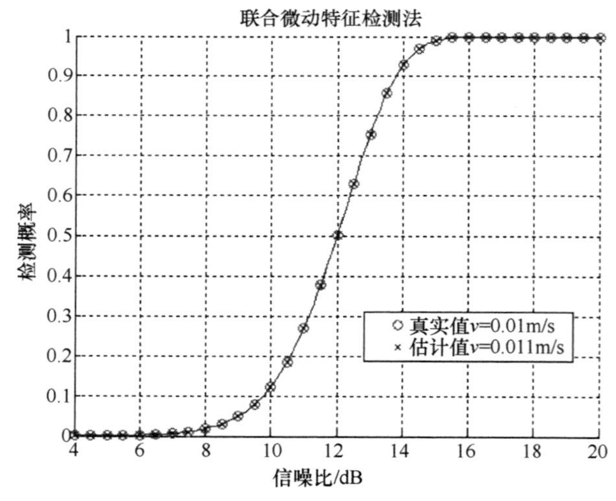

图 5.20　平动初速度为真实值和估计值时的检测概率比较

由仿真结果可看出，对于目标平动初速度估计值和真实值，两种情况下的检测概率几乎完全相同，可见目标平动速度的估计值存在的误差在误差允许范围内对该检测方法的影响可忽略。

对于不同的平动加速度，假设真实值 $a = 0.01\mathrm{m/s^2}$，估计值$\bar{a} = 0.011\mathrm{m/s^2}$，其他仿真条件不变，振动频率都为 $B = 5\mathrm{Hz}$，$v = 0.01\mathrm{m/s}$，$A = 0.01\mathrm{m}$，仿真结果如图 5.21 所示。

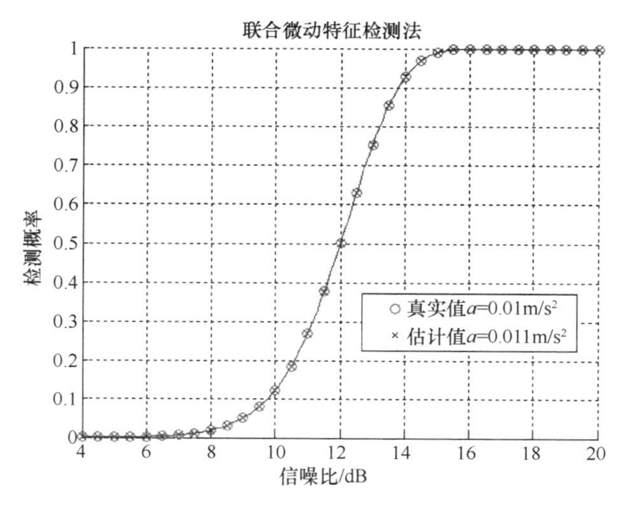

图 5.21 平动加速度为真实值和估计值时的检测概率比较

由仿真结果可看出，对于目标平动加速度估计值和真实值，两种情况下的检测概率几乎完全相同，可见目标平动加速度的估计值存在的误差在误差允许范围内对该检测方法的影响可忽略。

3. 目标微动剧烈程度对检测性能的影响

本小节主要分析目标微动的幅度和频率对联合微动特征的检测方法和传统方法的影响如何。首先，考虑目标振动幅度对两种方法性能的影响，假设 $A_1 = 0.01\mathrm{m}$，$A_2 = 0.02\mathrm{m}$，其他仿真条件不变，振动频率都为 $B = 5\mathrm{Hz}$，$v = 0.01\mathrm{m/s}$，$a = 0.01\mathrm{m/s^2}$，仿真结果如图 5.22 所示。

从图 5.22 仿真结果可看出，目标振动幅度增大后，两种检测方法的检测概率都相对变小，但是跟传统方法相比较，联合微动特征的检测方法受目标振动幅度的影响较小，只是很轻微的下降，相对更为稳定，而传统方法的检测概率因目标振动幅度的增大而明显下降。

然后，再分析目标振动频率对两种方法的性能影响如何，假设 $B_1 = 4\mathrm{Hz}$，$B_2 = 8\mathrm{Hz}$，其他仿真条件不变，$v = 0.01\mathrm{m/s}$，$a = 0.01\mathrm{m/s^2}$，$A = 0.01\mathrm{m}$，仿真结果如图 5.23 所示。

由图 5.23 可看出，目标的振动频率越大，两种检测方法的检测概率都越小，但是联合微动特征的检测方法所受影响较小，传统方法因振动频率的增大而明显下降。

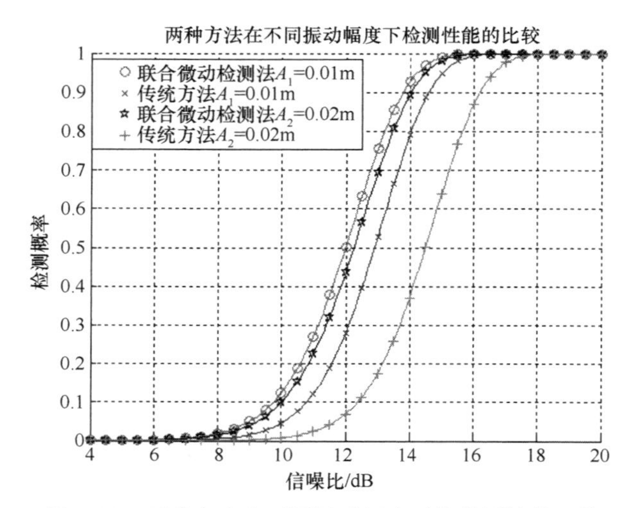

图 5.22 两种方法在不同振动幅度时的检测性能比较

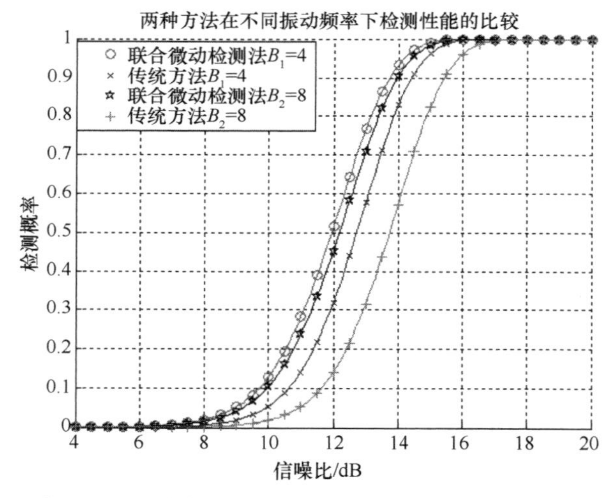

图 5.23 两种方法在不同振动频率时的检测性能比较

通过上面的仿真实验分析,可以得出结论,对于微动目标检测而言,联合微动特征的检测方法比传统方法的检测性能更好,在目标微多普勒参数估计的误差允许范围内,联合微动特征的检测方法的检测概率基本不受影响,能保持较好的稳定性。并且与传统方法相比,联合微动特征的检测方法受微多普勒效应的影响很小。

4. 太赫兹雷达与不同波段雷达微动目标检测的检测性能比较

假设太赫兹雷达的中心频率为 0.34THz,X 频段雷达的中心频率为 10GHz,Ka 波段雷达的中心频率为 35GHz,毫米波雷达的中心频率为 94GHz,另一太赫兹雷达的中心频率为 0.22THz，对于相同的微动目标，均采用本书中的联合微动检测方法来进行检测，信号的模型都可表示为 $S_r(t)=\cos\left[2\pi f_0 t+\frac{4\pi}{\lambda}\cdot(vt+at^2+A\sin(Bt+\varphi))\right]$，其中，目标微动参数 (v,a,A,B,φ) 均相同，除了雷达频率 f_0 和波长 λ 不同，其中 $v=0.01\text{m/s}$，$a=0.01\text{m/s}^2$，$A=0.01\text{m}$，$B=4\text{Hz}$，$\varphi=0$，仿真结果如图 5.24 ~ 图 5.27 所示。

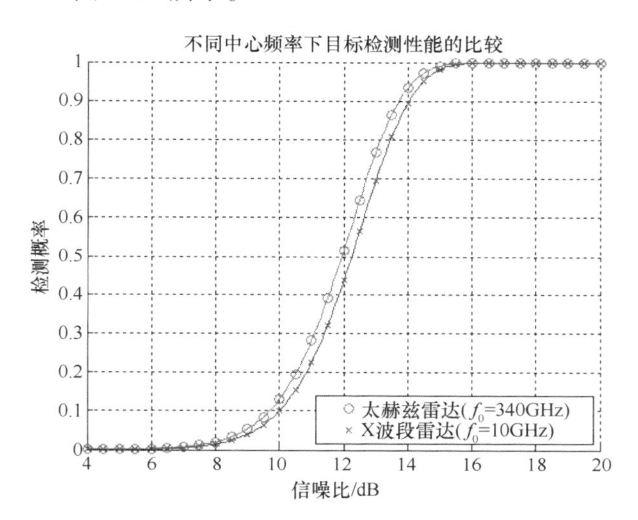

图 5.24　太赫兹雷达和 X 频段雷达目标检测的检测性能比较

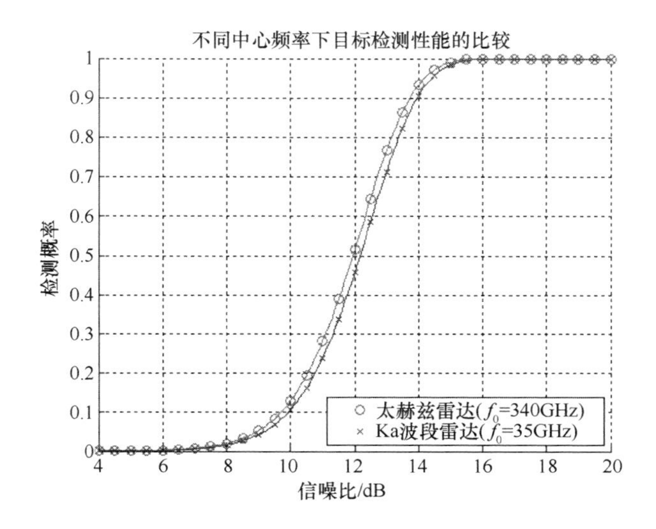

图 5.25　太赫兹雷达和 Ka 频段雷达目标检测的检测性能比较

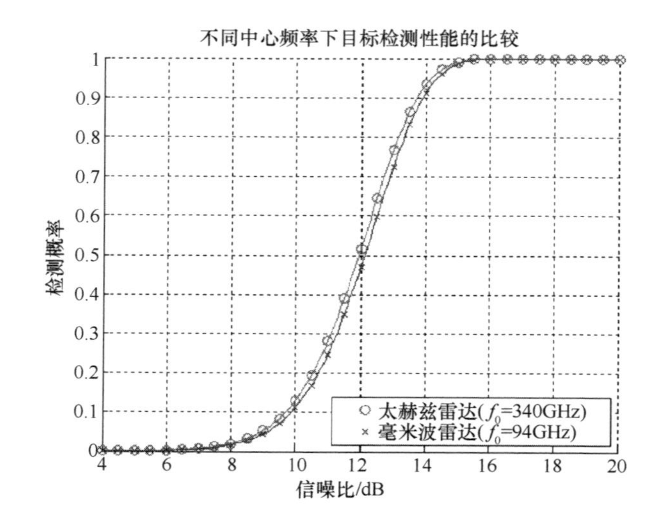

图 5.26 太赫兹雷达和毫米波雷达目标检测的检测性能比较

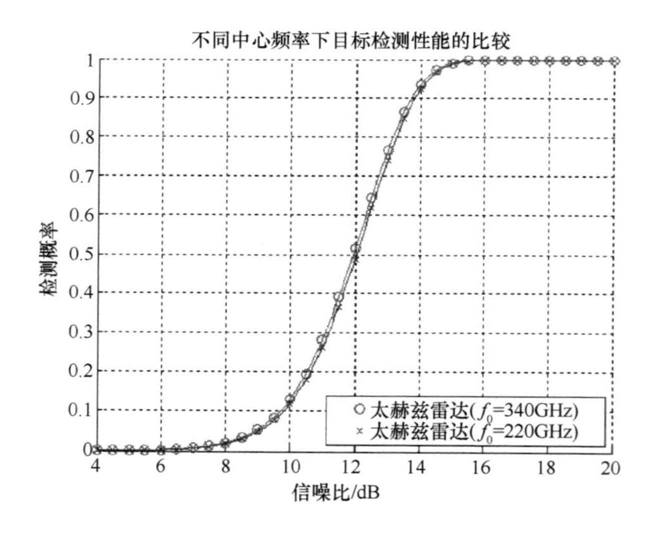

图 5.27 太赫兹雷达(0.34THz、0.22THz)目标检测的检测性能比较

从上述仿真结果可以看出,在相同信噪比和虚警概率条件下,当信噪比较小或信噪比较大时,0.34THz 雷达与其他波段雷达的检测性能相差不大,而当信噪比在 8~16dB 时,运用太赫兹雷达(0.34THz)进行目标检测比常规的 X 波段(10GHz)、Ka 频段(35GHz)、毫米波(94GHz)和太赫兹(0.22THz)雷达进行目标检测能获得更高的检测概率,且随着载波频率的增加,目标的检测概率越高,可见,太赫兹雷达在对微动目标进行目标检测时更具有优势。

5.4　人体微动特征参数提取

5.4.1　人体目标回波时频谱分析方法

回波中的多普勒频移和目标速度成比例,只要能够精确的计算出任意时刻的回波频率就能够确定目标的速度信息。若目标静止,$\dot{R}(t)$完全由呼吸、心跳引起,进一步对周期的速度信息时频分析就可以求出心跳呼吸的频率。为此,得到初始算法流程,如图 5.28 所示。

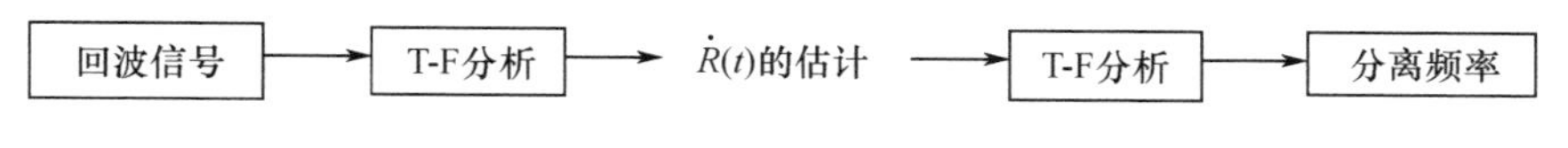

图 5.28　人体心跳呼吸频率提取初始算法流程图

从图 5.28 所示的流程可以看出,对回波信号进行两次时频分析,最终达到分离频率的效果。为了分析方便,选取短时傅里叶变换进行时频分析。前文中的目标微多普勒时频谱可以看到,在时频图的每一时刻都存在多个频率成分,所以,在每次进行时频分析后,都需要对其频谱再做分析。当雷达接收端收到人体目标的回波 $S_r(t)$时,对其进行 STFT 变换,为了估计$\dot{R}(t)$值,采用频谱分析法,即对回波信号做 STFT 后在进行模的平方,这种能量化的方法使得信号时 - 频关系更能直观的表现为

$$\mathrm{STFT}(t,\omega)_{\mathrm{spectrum}} = |(W_g f)(t,\omega)|^2 = \left|\int_{-\infty}^{\infty} S_r(t+\tau)\,\overline{g(\tau)}\,\mathrm{e}^{-\mathrm{j}2\pi\omega\tau}\mathrm{d}\tau\right|^2 \tag{5.88}$$

由图 5.29 所示的仿真图可以看出,回波信号实部关系复杂,经第一次时频分析得到回波信号的瞬时频率信息,而该时频图是人体目标速度信号$\dot{R}(t)$的近似估计。频谱图固然有直观的信号时频关系,但是任意一个时间点对应多个频率值。为了更好的逼近速度信号$\dot{R}(t)$,需要对频谱曲线进行优化,使信号时频关系一一对应,利于后续各个频率成分的分离。图 5.29(b)其实是一个三维图在二维平面的投影,每一个时间点对应的纵向总有一个峰值出现,即是$|(W_g f)(t,\omega)|^2$的最大值。事实上,在任意一个时间点 t 处,总能找到一个特定的频率值 ω 使得$|(W_g f)(t,\omega)|^2$ 达到最大,所有的这样点就构成了一个关于时间 t 的函数,这就是频谱脊线。脊线是频谱中每个时刻对应频率向使得频谱值最大的一组点,这里将所有的点连接起来就得到了回波信号的瞬时频率曲线,其表达式为

$$\text{ridgeline}(t) = \arg\max_{\omega \in R} \text{STFT}(t,\omega)_{\text{spectrum}} \tag{5.89}$$

对回波频谱处理得到如图 5.30 所示仿真结果。

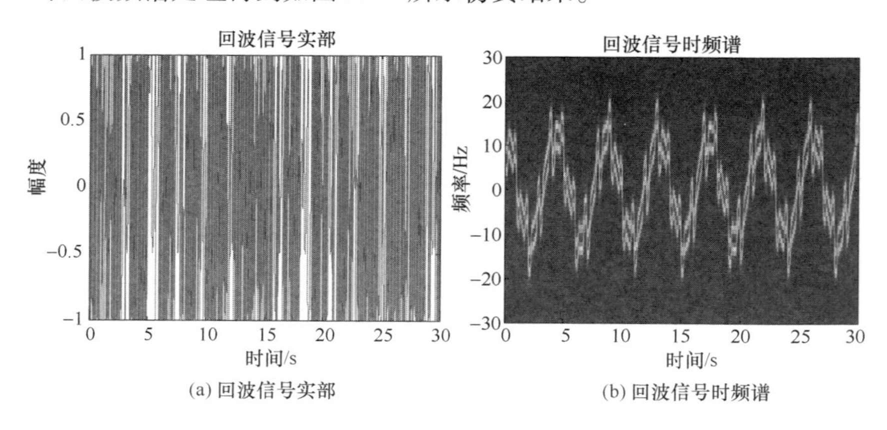

(a) 回波信号实部　(b) 回波信号时频谱

图 5.29　回波实部及时频谱(见彩图)

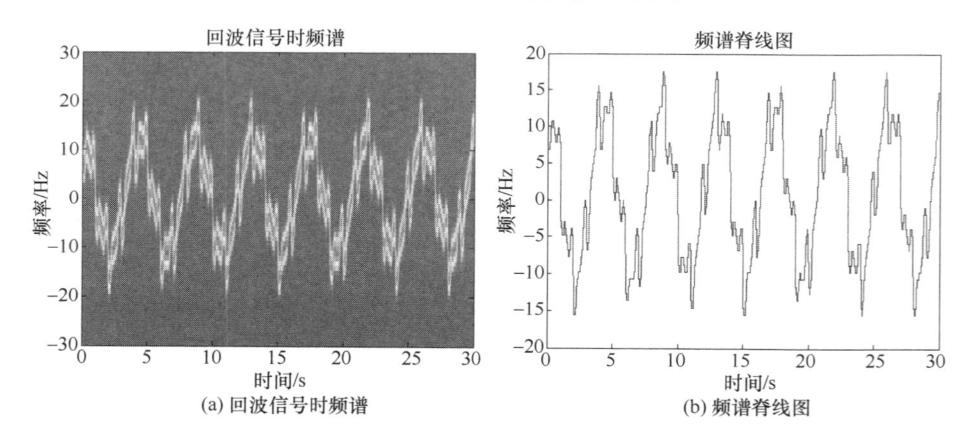

(a) 回波信号时频谱　(b) 频谱脊线图

图 5.30　回波时频谱及其脊线图(见彩图)

通过频谱脊线的提取,回波信号的时频关系就成为一条曲线,使我们能清楚的看到任意一个时间点处的频率值,这样大大方便了后续频率的分离。

但是,采用脊线处理信号频谱存在明显的缺点,当频率向的分辨力不高时,即频率方向点数较少时,最大值往往不能准确代表瞬时时频关系,脊线会出现跳变、不连续性和过数字化,仿真结果如图 5.31 所示。

从图 5.31 可以看出,当频率向分辨力很低时,信号时频谱能量分布均匀化,这就直接导致了频谱脊线图离散跳跃,过数字化的特征十分明显。这样的脊线不利于后续心跳呼吸频率的分离。鉴于此,就得考虑使用其他方法解决频率向分辨力低时出现的问题。

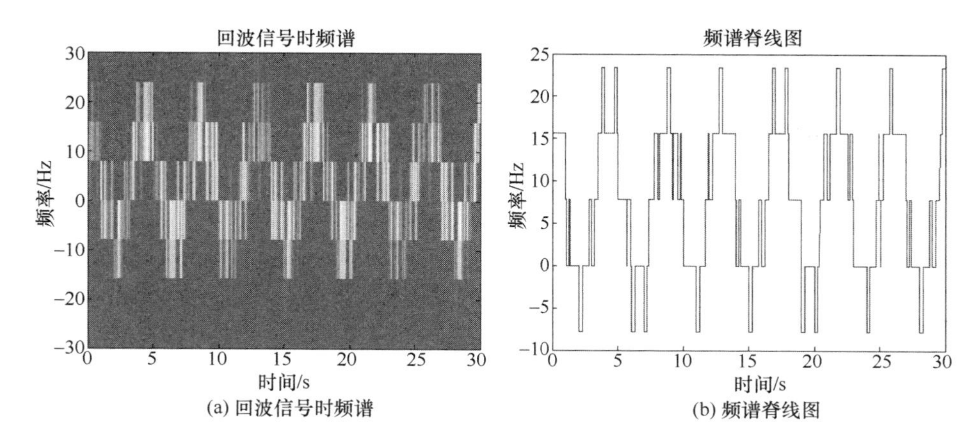

(a) 回波信号时频谱
(b) 频谱脊线图

图5.31 频率向分辨力较低时的回波时频谱及其脊线图(见彩图)

为了解决在频率向分辨力不高时所带来的问题,从脊线原理出发,当人体回波信号经过时频分析求得频谱之后,脊线的取值仅仅是取其任意时间 t 处的最大值。如果此时频率点数较少,少量的样本并不能反应出当时的时频关系,所以脊线这种方法并不适合低频率分辨力时信号频谱处理。观察图5.29(b)所示的回波信号频谱,如果不考虑任意时间点出的频谱最大值,考虑任意时刻对应的很多组频率频谱值,把每组 (t,ω) 所对应的频谱值 $|(W_g f)(t,\omega)|^2$ 求加权平均,这样,每组 (t,ω) 的信息都得到了利用,增加了样本利用率,得到频谱质心曲线。

质心曲线:对任意时间点 t 对应的频谱值求加权平均,求得几组 $|(W_g f)(t,\omega)|^2$ 的平均幅度值。这里将所有的对应的点 (t,ω) 连成的曲线就是频谱质心曲线,其表达式为

$$\text{centroid}(t) = \frac{\int_{-\infty}^{\infty} x(\omega)\text{STFT}(t,\omega)_{\text{spectrum}}}{\int_{-\infty}^{\infty} \text{STFT}(t,\omega)_{\text{spectrum}}} \tag{5.90}$$

式中:$x(\omega)$ 为每组点的加权函数。

为了分析方便,令 $x(\omega)=\omega$,这样式(5.26)则变为

$$\text{centroid}(t) = \frac{\int_{-\infty}^{\infty} \omega \cdot \text{STFT}(t,\omega)_{\text{spectrum}}}{\int_{-\infty}^{\infty} \text{STFT}(t,\omega)_{\text{spectrum}}} \tag{5.91}$$

对回波频谱处理得到如图5.32所示的仿真结果。

从图5.32所示的仿真图可以看出,当频率向分辨力很高时,脊线和质心曲线外形轮廓大致相似,但是仔细的观察可以看出,即便是当分辨力很高时,脊线图5.30回波时频谱及其脊线图仍然有类似于阶梯状跳跃现象存在,而质心曲线

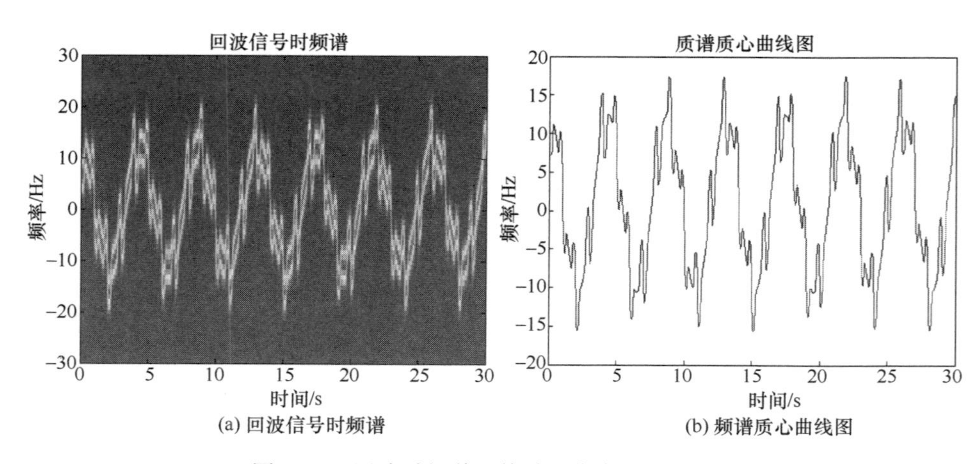

(a) 回波信号时频谱　(b) 频谱质心曲线图

图 5.32　回波时频谱及其质心曲线图(见彩图)

平滑,没有跳跃情况,每个时间点处的频率值都是平滑过度的,其对比如图 5.33 所示。

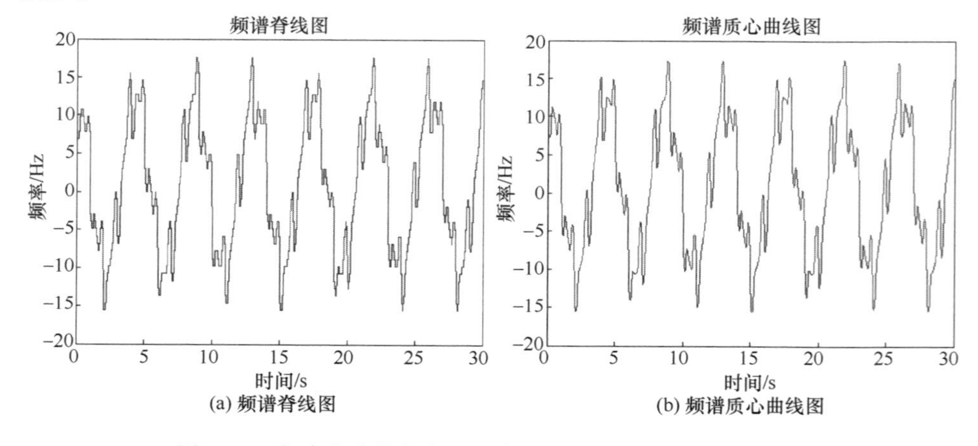

(a) 频谱脊线图　(b) 频谱质心曲线图

图 5.33　频率向分辨较高时的脊线图及其质心曲线图的对比

为进一步进行分析对比,通过仿真得到当频率向分辨力较低时的质心曲线图,如图 5.34 所示。图中,当频率向分辨力较低时,回波的时频谱也发生了改变,虽然其采样点数的减少导致了频谱的均匀化,但是这时的质心曲线跟频率分辨力较高时的曲线一样,并没有受到频率分辨力降低的影响。结合脊线图 5.31(b),频谱脊线与频谱质心曲线在频率向分辨力低时的对比情况如图 5.35 所示。

由上述的仿真结果及分析可以看出,当使用质心曲线分析信号频谱时,对频谱频率向分辨力要求不高,而脊线图则对分辨力依赖性很强。对这两种频谱分析方法的性能差异,会在后续心跳呼吸频率提取过程中体现。

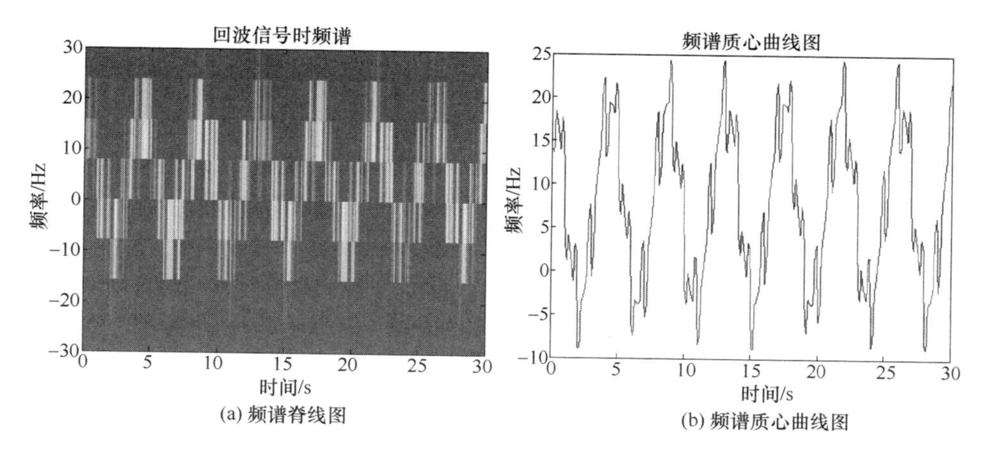

(a) 频谱脊线图
(b) 频谱质心曲线图

图5.34 频率向分辨较低时的回波时频谱及其质心曲线图(见彩图)

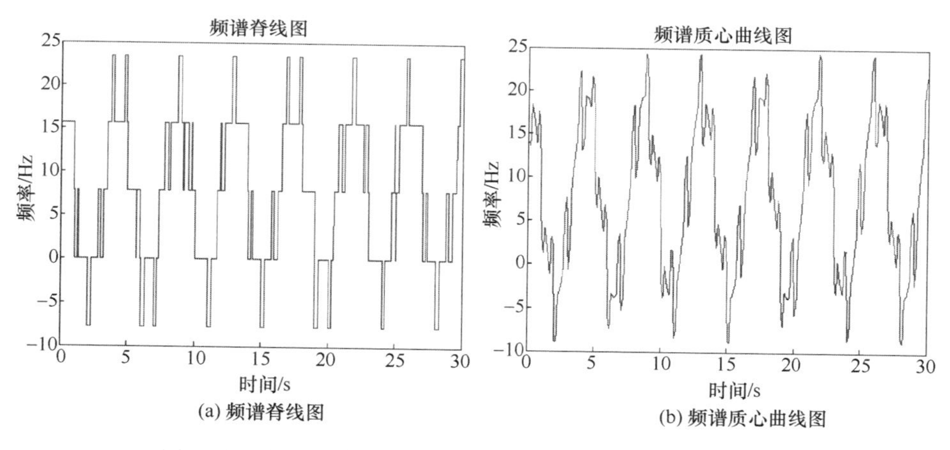

(a) 频谱脊线图
(b) 频谱质心曲线图

图5.35 频率向分辨较低时的脊线图及其质心曲线图的对比

5.4.2 特征参数提取

在上一节中对频谱分析的两种方法做了细致分析和仿真对比,两种方法都是对速度信号$\dot{R}(t)$作近似逼近。$\dot{R}(t)$中包含着心跳呼吸的全部参数,为了分离提取这些参数,文中采用第二次时频分析来对脊线或质心曲线进行处理,过程与第一次时频方法类似。为了便于脊线和质心曲线的性能对比,下面分别作了在频率向分辨力较高和较低两种情况下的仿真分析,仿真结果如图5.36和图5.37所示。

首先,在回波频谱频率向分辨力较高情况下,对脊线和质心曲线分别作时频分析就能得到如图5.36(b)所示的脊线时频谱图,以及如图5.36(d)所示的质心时频谱图。在图 5.36 中,时频能量主要分布在 0.23Hz 和 1Hz 处,这分别是人体的呼吸和心跳频率。可以看出,当回波频谱频率向分辨力较高时,不仅其脊线和质心曲线相似,第二次时频处理的结果也是相似的,也就是说,当分辨力较高时,可采用任意一种频谱优化方法。

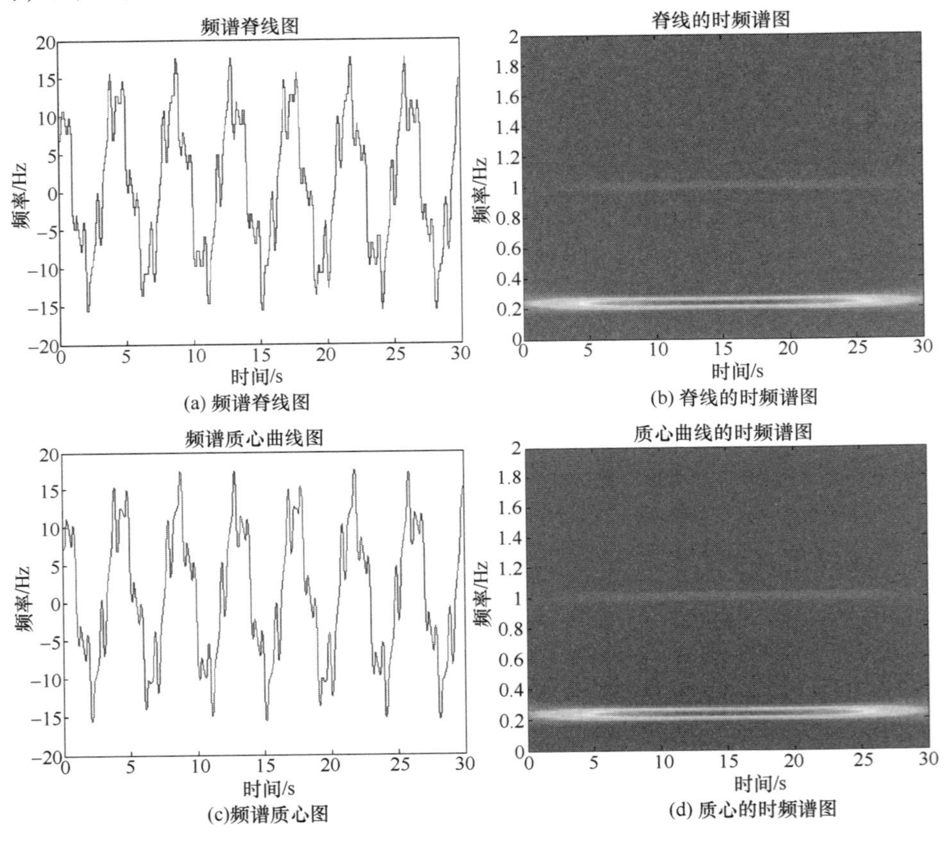

图 5.36　频率向分辨较高时的时频谱图(见彩图)

然后分析回波频谱频率向分辨力较低时的情况。图 5.37(a)为此情况下的脊线,由于频率向分辨力不高,出现了跳不连续性和过数字化;图 5.37(b)为其相应的频谱,在频率成分 0.23Hz 与 1Hz 处有值,但 0.23Hz 处频率能量呈离散化,不集中,在 1Hz 处的频率也过于模糊。而对于质心曲线,尽管频率向的点数较少,分辨力较低,但是提取的曲线还是平滑无跳跃尖点,这样更加近似回波速度信号;图 5.37(d)为质心相应的时频谱,在 0.23Hz 处为呼吸频率,代表人体目标大约每 4s 呼吸一次,1Hz 为心跳频率,即是心脏每秒跳动一次。

在整个信号处理的过程中,用到了两次时频分析,由此可得到算法处理流程图,如图 5.38 所示。

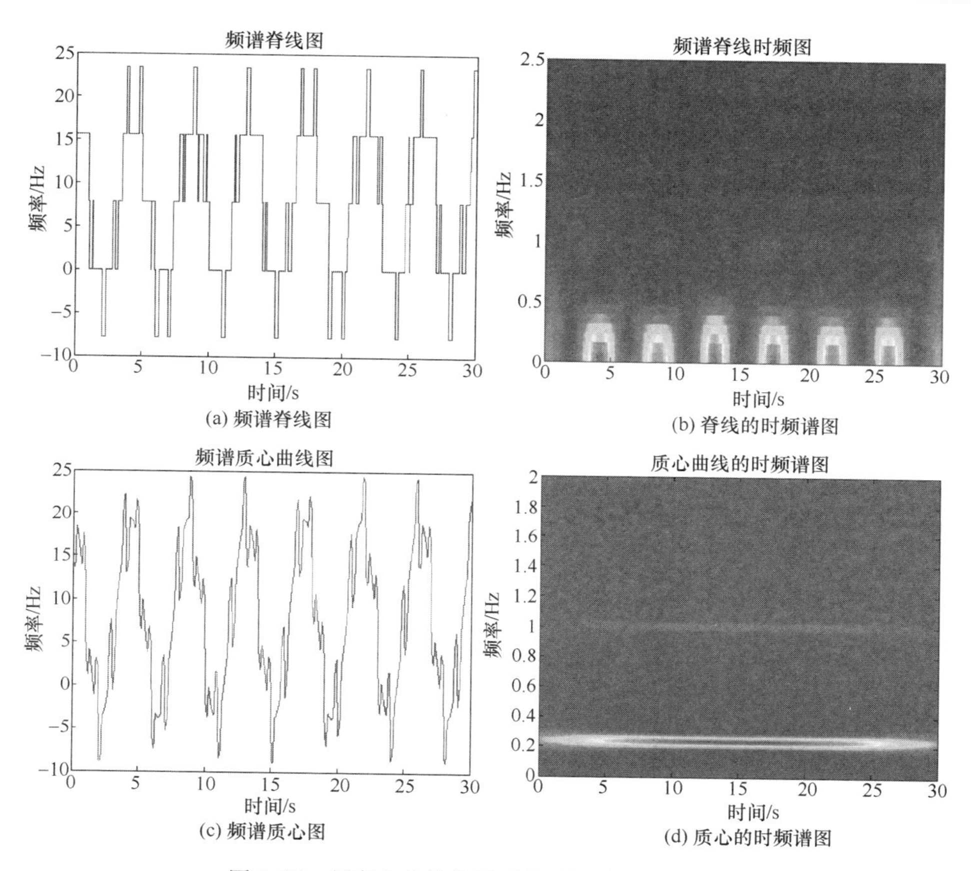

(a) 频谱脊线图　(b) 脊线的时频谱图

(c) 频谱质心图　(d) 质心的时频谱图

图 5.37　频率向分辨较低时的时频谱图(见彩图)

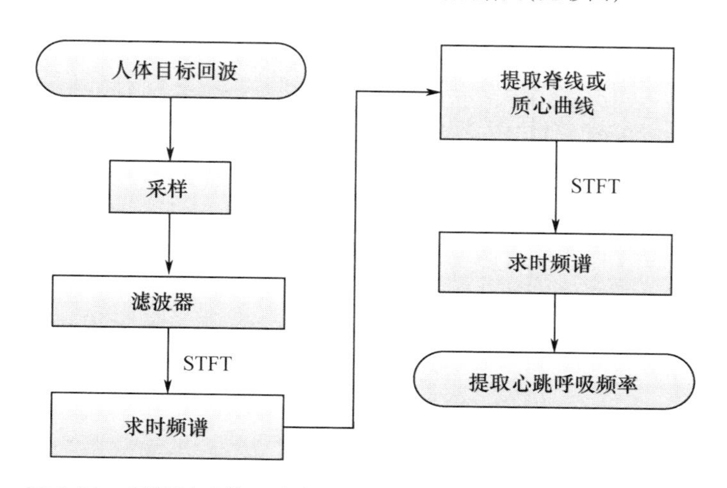

图 5.38　采用短时傅里叶变换的心跳呼吸频率提取的算法流程图

1. 非线性时频方法的优势

采用短时傅里叶变换来分析人体回波信号,这种线性的时频分析方法在两次的使用过程中,都需要求其频谱值,即回波信号作 STFT 变换后取其平方值,为了增加算法运行效率,尝试采用非线性的时频分析方法。非线性变换的意义在于反映了信号瞬时频率的密度和强度关系,表现为即时频率的二维函数。这种函数相当于把信号能量分布在时间和频率的一个二维平面内分析,这样做时频分析时就不用再求频谱了。信号经过非线性时频分析后就可以直接用于后续处理,减少算法步骤的同时,也提高了效率。从之前的分析知道,频谱质心曲线相比于脊线更适用,在分辨力很低的情况下,都能较好的处理信号频谱,所以在非线性方法的应用过程中,只考虑质心曲线方法。非线性时频分析的代表就是 Wigner - Ville 分布,以及其衍生的 PWVD 和 SPWVD。

2. 心跳呼吸频率非线性时频提取

下面分别对三种非线性时频分析方法做了相应的仿真分析,并对各种时频分析方法的适用性进行讨论。

1) Wigner - Ville 分布

脊线的表达式为

$$\text{ridgeline}(t) = \arg\max_{\omega \in R} \text{WVD}(t,\omega) \tag{5.92}$$

质心曲线的表达式为

$$\text{centroid}(t) = \frac{\int_{-\infty}^{\infty} x(\omega)\text{WVD}(t,\omega)}{\int_{-\infty}^{\infty} \text{WVD}(t,\omega)} \tag{5.93}$$

其仿真结果如图 5. 39 所示。

从图 5. 39(a)可以看出,WVD 时频分析能量分布较为均匀,聚焦效果不太好,但时频分辨力很高;而从图 5. 39(c)可以看到,当目标有多个频率成分时,回波的 WVD 分析,并不仅仅是各自分量的 WVD 之和,还存在交叉项。从结果图可以看到,0. 23Hz 为自项的表现,其余基本是交叉项的干扰。虽然该方法较之 STFT 解决了时间和频率分辨力问题,但是聚焦效果不佳,干扰项使得频率的提取也较为困难。

2) 伪 Wigner - Ville 分布(PWVD)

质心曲线的表达式为

$$\text{centroid}(t) = \frac{\int_{-\infty}^{\infty} x(\omega)\text{PWVD}(t,\omega)}{\int_{-\infty}^{\infty} \text{PWVD}(t,\omega)} \tag{5.94}$$

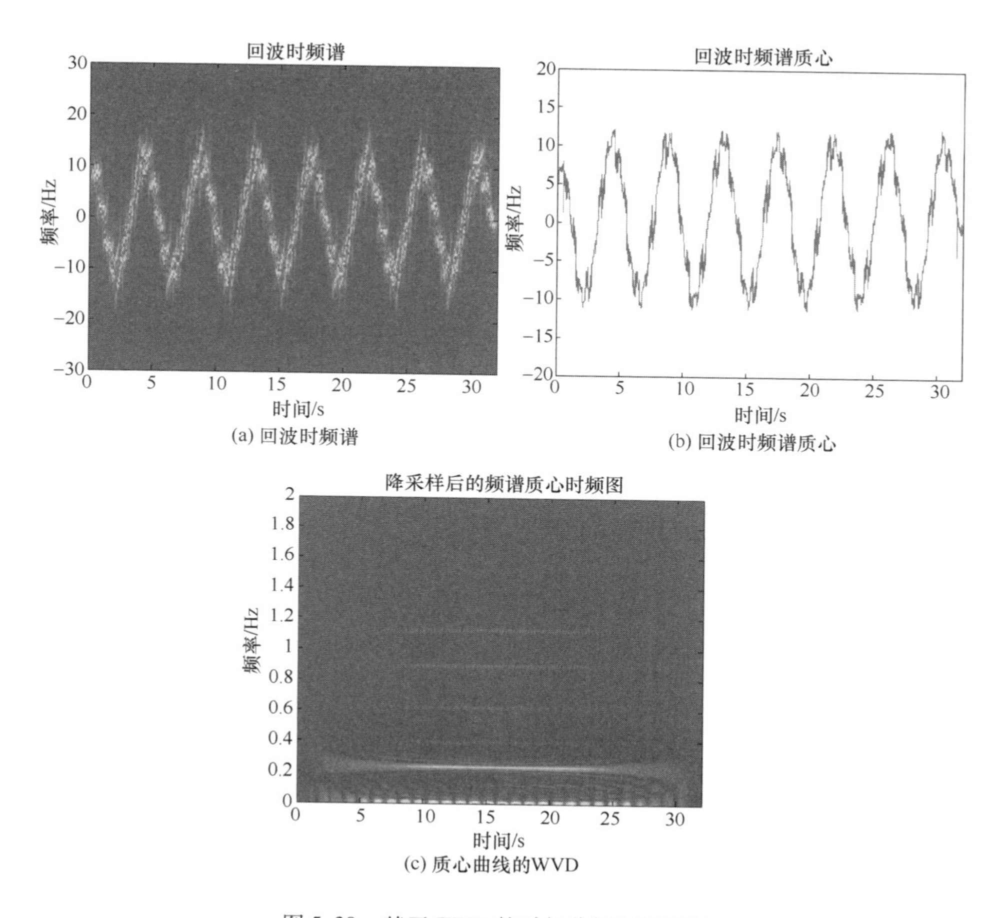

(a) 回波时频谱
(b) 回波时频谱质心
(c) 质心曲线的WVD

图 5.39　基于 WVD 的时频分析(见彩图)

其仿真结果如图 5.40 所示。

PWVD 是 WVD 的改进,它是通过加窗来抑制交叉项的干扰。对比采用 WVD 进行的频率提取,使用 PWVD 之后,虽然交叉项减少很多,但时频分辨力降低了。为了解决分辨力与交叉项这两个主要问题,下面仿真分析采用 SPWVD 进行处理的结果。

3）平滑伪 Wigner - Ville 分布(SPWVD)

质心曲线的表达式为

$$\text{centroid}(t) = \frac{\int_{-\infty}^{\infty} x(\omega)\text{SPWVD}(t,\omega)}{\int_{-\infty}^{\infty} \text{SPWVD}(t,\omega)} \tag{5.95}$$

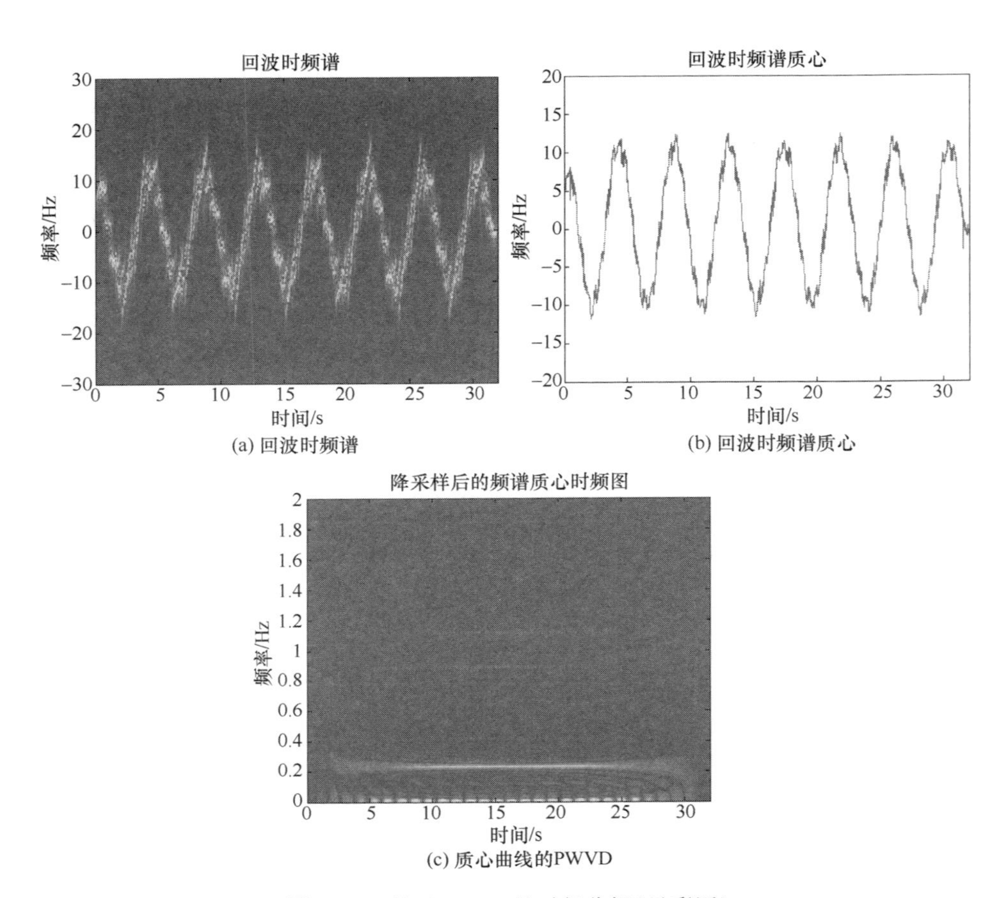

图 5.40　基于 PWVD 的时频分析(见彩图)

其仿真结果如图 5.41 所示。

SPWVD 是在 WVD 基础上,对时间频率都加窗,从图 5.41 可以看出对于之前的 WVD 和 PWVD,交叉项几乎没有了,待检测的频率成分时频聚焦效果好。交叉项的减弱是因为在一定程度上牺牲了时频分辨力,也使频率能量在一定范围内展宽。只要控制好窗的类型和长度,那么时频分辨力和交叉项的减弱就都有较好表现。

进一步来讲,对于多个频率成分的检测,非线性的 SPWVD 的效果明显要好于线性的 STFT。这主要是由于 STFT 采用了单一的窗口,这就限制了时间和频率的分辨力表现。特别是在检测混合高频和低频信号时,窗口大小的选取将直接影响到检测效果,而 SPWVD 的两个窗口优势则就显现出来,更多的仿真性能分析在下一小节中有阐述。综上所述,非线性时频分析方法较线性时频分析方法更具优势,而且在非线性的时频分析方法中,应该首选 SPWVD。

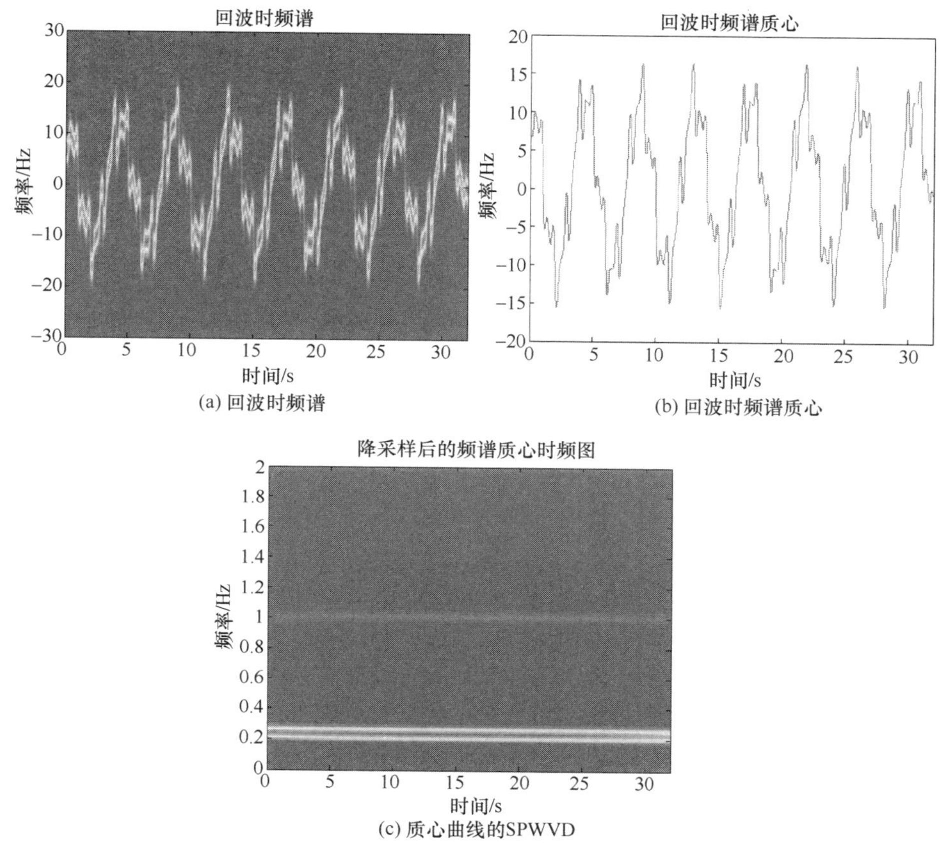

(a) 回波时频谱
(b) 回波时频谱质心
(c) 质心曲线的SPWVD

图 5.41 基于 SPWVD 的时频分析(见彩图)

3. 线性时频分析与非线性时频分析性能比较

在前面的分析中,分别采用 STFT 和 SPWVD 两种时频分析方法,对人体心跳呼吸的频率进行提取。与采用 STFT 方法相比,采用 SPWVD 方法处理信号,能减少两次在时频分析时求频谱值的步骤。但是,到底选择哪种时频分析方法,还要考虑到信号处理的环境。人体心跳呼吸信号相对于周围的环境,属于微弱信号,人体心跳呼吸信号频率的提取对环境就有很高的要求,如果噪声较强,那么很容易将微弱的生命信号淹没。

为了得到在噪声环境下效果较好的时频分析方法,这里在低信噪比条件下,作 STFT 和 SPWVD 两种时频分析方法的对比分析。假设在回波信号中加入满足正态分布的噪声,信噪比为 -12dB,仿真结果如图 5.42 所示。

可以观察到,采用 STFT 对信号作时频分析,其检测效果明显降低,如图 5.42(c)所示,噪声对信号的影响十分严重,在其他频率范围都有值存在。而

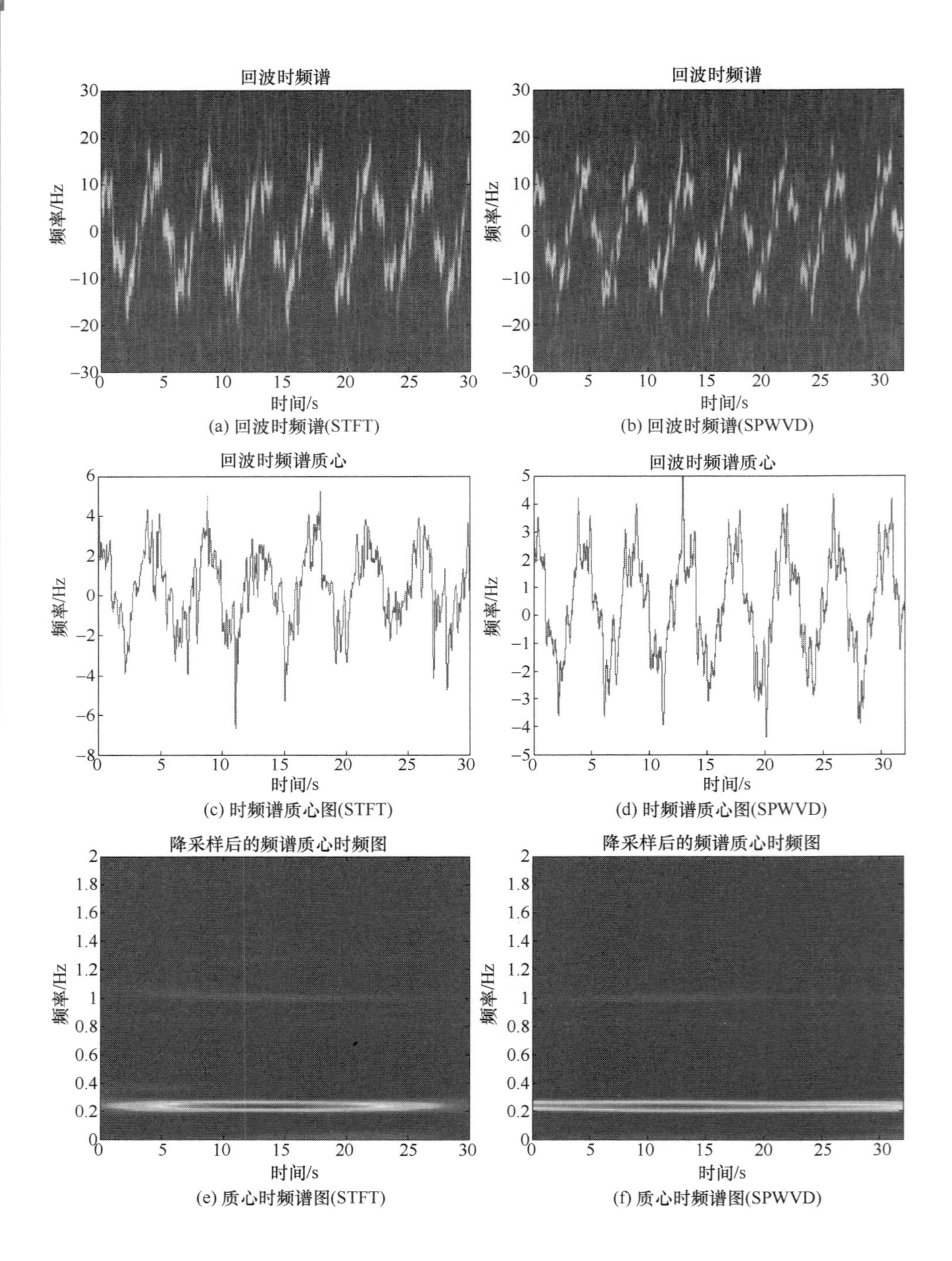

图 5.42　低 SNR 时 STFT 与 SPWVD 检测效果对比图(见彩图)

采用 SPWVD 对信号作时频分析,其检测的频率成分能量集中,依然保持了良好的时频聚焦度,噪声干扰较少,时频图很纯净。可见,相比于 STFT,SPWVD 对噪声的敏感度不高,适用于微弱信号的分析。

5.5 小 结

本章首先分析了目标微动对太赫兹频段雷达目标检测可能带来的影响,通过理论推导证明了运用传统算法进行微动目标检测会使检测性能下降,并分析了导致检测概率下降的原因。介绍了基于太赫兹雷达的联合微动特征检测方法,该方法结合参数提取技术建立了微动目标检测信号模型,针对微动点目标有较好的检测性能。通过将太赫兹频段(0.34THz)与其他频段的目标检测进行仿真对比,验证了利用太赫兹雷达对微动目标进行检测比常规波段雷达更有优势,在同样的信噪比和虚警概率条件下能获得更高的检测概率。

其次,建立了人体心跳呼吸模型及各自的雷达回波模型;研究了基于频谱特征的心跳呼吸频率提取方法,仿真对比了频谱优化方法脊线与质心曲线、线性时频分析与非线性时频分析对于心跳呼吸频率提取算法性能的影响。

第6章 太赫兹雷达ISAR成像

6.1 引　言

成像就是利用某一种或几种探测设备对感兴趣场景中的目标给出其某一特性或几种特性的二维或三维图谱[108,109]。利用电磁波中的光学频段探测目标在该频段下的光学反射系数分布进而获得图像的方式属于光学成像,如红外探测器、光学摄像等。与光学成像类似,雷达成像是探测目标在电磁波某一频段(微波、毫米波、太赫兹波等)下的电磁散射(反射)系数并获得二维或三维图像的过程[110-112]。在雷达成像中,应用最多的是合成孔径雷达。雷达利用发射大带宽的信号可以实现距离向的高分辨力,利用方位向(横向、纵向)的孔径合成技术可以获得相应方位的高分辨力。

从目前已知的太赫兹电磁波的潜在应用来讲,利用太赫兹技术可实现对物质的无损探伤、爆炸物检测、太赫兹光谱分析、生物医学诊断、站开式透视成像检测和光谱成像等[113-118]。就太赫兹波的成像而言,目前常用的成像模式有:空间扫描形式、二维太赫兹波探测阵列[119-121]、飞行时间扫描、合成孔径等几种方式。其中,前三种方式主要利用光学的方法实现对目标的成像,其利用光学透镜形成极窄针状波束对目标进行扫描;这三种方式主要基于光学成像的手段。除光学的成像方式外,合成孔径方式是一种不受探测元件光学孔径限制的成像模式,其利用雷达与目标间的相对运动可实现方位向的高分辨力。目前广泛开展的用于机场、地铁等场所的太赫兹雷达安检成像方法主要针对转台模型。这种方式下,其孔径合成方式有逆合成孔径和圆周合成孔径两种。此外,与传统雷达成像中所使用的电磁波相比,太赫兹频段的电磁波波长更短,导致由天线或目标辐射的电磁波的近场区范围更大。太赫兹频段下对目标进行成像时,其成像场景落于辐射近场区的机率显著增大。

按照成像过程中对回波数据处理时所在域的不同,可以将数据处理方式分为时域处理(空间域)和频域处理(波数域)两种。合成孔径雷达成像中,由于获得合成孔径时需要雷达和目标之间的相对运动,因此,按照雷达运动与否,可将成像分为合成孔径成像和逆合成孔径成像。雷达与目标之间的运动轨迹有多种多样，如直线、圆周、螺旋线、水平往复等方式。由这些运动方式可构成诸如条带合成孔径雷达、聚束合成孔径雷达以及圆周合成孔径雷达等许多不同的成像方式[122-131]。本章在结合合成孔径雷达特点以及太赫兹波特性的基础上，介绍了太赫兹频段下的合成孔径远场和近场成像方法。

6.2　二维 ISAR 远场成像算法

早期雷达的主要功能是用于对空中、水面或陆上目标进行检测和跟踪。在该种模式下，雷达的分辨力一般都很低。在一个分辨单元内，可以包含多个目标，因此，常将目标看作点目标。随着对雷达用途的扩展，要求雷达能够在空间上具有高分辨，实现对目标进行成像。

在合成孔径雷达成像中，依靠雷达发射的大带宽信号可以获得距离向的高分辨力，同时利用雷达平台的运动对静止目标进行观测，从而获得方位向的高分辨力。按照运动的相对性，雷达不动目标运动同样可以实现合成孔径，从而获得目标方位向的高分辨力。这种利用静止的雷达对运动的目标进行观测，从而获取目标图像的手段称为逆合成孔径雷达成像[132-138]。

逆合成孔径雷达一般用来对诸如飞机、舰船甚至导弹等目标进行成像，针对的目标是非合作的，即目标的运动轨迹未知。因此，逆合成孔径雷达的合成孔径构成比合成孔径雷达要复杂得多。合成孔径雷达中，孔径的合成方式可以主观控制；在逆合成孔径雷达中，孔径的合成方式在于目标的运行轨迹，目标的各项运动参数都会对孔径的合成造成直接影响。要获得运动目标的高分辨力雷达图像，需要目标在雷达的整个观测期间内产生观测角。因此在伴随目标运动的过程中需要有转动分量产生。通常，这点是容易满足的。雷达视线与目标运动轨迹之间一般都会产生一个斜视角，该斜视角使得目标上各部件相对雷达视线产生旋转效应，从而获得不同的多普勒频率。该多普勒频率的变化导致了方位向高分辨。

此外，逆合成孔径雷达所探测的目标尺寸比合成孔径雷达观测的场景要小很多。在此情况下，电磁波远场的平面波假设更容易满足，这也为后续成像的分析提供了便利。逆合成孔径雷达的几何构成如图 6.1 所示。

逆合成孔径雷达成像过程中，目标相对于雷达的运动可以分解为平动和转动两个分量。平动是指目标沿着雷达视线方向运动，其姿态一直保持不变。远场条件下，相对于雷达，目标散射点的距离变化量是相同的，各散射点的多普勒频率是相同的。目标在平动时，其距离像的形状不会发生变化。而转动分量是指目标围绕其某一参考点进行旋转，该部分可以用转台模型来代替。在整个合

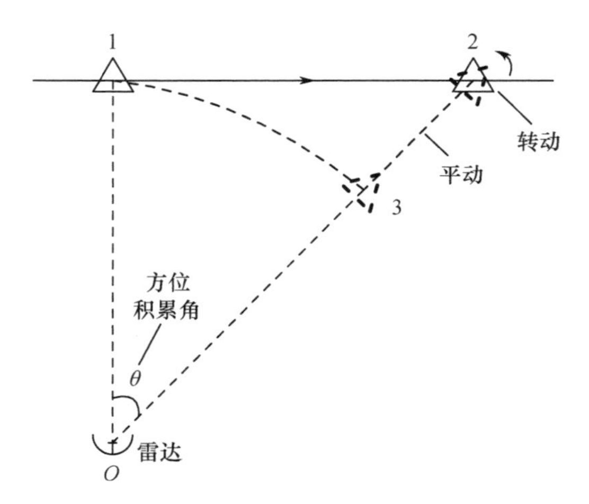

图 6.1　逆合成孔径雷达目标运动几何

成孔径期间,目标的转动角通常很小,可近似为在该角度内,其转速是均匀的。

从上图可以看到,雷达的位置在 O 点,目标进入雷达波束的起始点在 1 处。在合成孔径期间,目标从位置 1 运动至位置 2。在此时间段内,完成雷达对目标的观测,利用该观测数据进行后续处理后实现对目标成像。

目标由位置 1 到位置 2 的运动轨迹可以分解为三个阶段。

第一阶段是目标由位置 1 旋转至位置 3。由于目标与雷达之间的距离始终保持不变,而且对雷达来说,其姿态也没有发生任何变化,因此回波中相位没有变化,此段运动对成像没有实际贡献。

第二阶段是目标从位置 3 运动至位置 2 虚线位置。在此阶段内,目标的运动形式仅为平动。在雷达回波中,目标的距离像形状没有发生变化,只是在回波数据中距离像会产生平移。

第三阶段是目标在位置 2 由虚线旋转至实线位置。该阶段为目标的转动分量,该部分运动即是雷达成像中所需的。正是利用该阶段的转动所带来的雷达回波中相位的变化从而实现方位向的高分辨力。

对雷达回波数据进行平动补偿后,目标相对雷达的运动就被等效至转台模型,如图 6.2 所示。等效至转台模型后,目标上所有点围绕参考点进行旋转。在旋转过程中,目标上单个散射点与雷达之间的距离变化使得雷达回波中相位发生变化,从而产生了多普勒频率。在远场假设下,雷达辐射的电磁波到达目标表面时为平面波。由于探测距离远远大于目标扩展尺寸,因此沿 Y 轴方向会形成与 X 轴平行的等距离线,如图中虚线所示。目标中所有在同一条虚线上的目标点都被视为与雷达的距离相同,同一虚线上的这些点的雷达回波幅度相同,边缘与中心点的相位差小于 $\pi/8$。

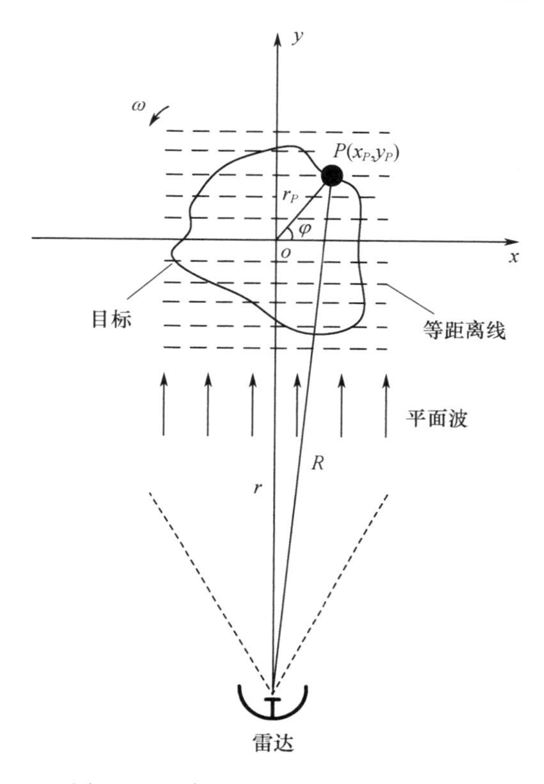

图 6.2 逆合成孔径雷达成像转台模型

如图 6.2 所示，笛卡儿坐标系原点 O 建立在目标转动的中心点上，假设目标上的一个散射点 P 的坐标为 (x_P, y_P)，其极坐标为 (r_P, φ)，雷达的直角坐标为 (x, y)，极坐标为 $(r, -\pi/2)$，转动角速度为 ω，则雷达与目标点 P 的距离为

$$R = \sqrt{(x - x_P)^2 + (y - y_P)^2} = \sqrt{(x^2 + y^2) + (x_P^2 + y_P^2) - (2xx_P + 2yy_P)} \tag{6.1}$$

将上式转换为极坐标形式后，其表达式变为

$$R = \sqrt{r^2 + r_P^2 + 2rr_P\sin(\omega t + \varphi)} \tag{6.2}$$

式中：t 为相干积累时间。该式即为逆合成孔径雷达成像中目标与雷达的瞬时距离公式。该瞬时距离的变化直接影响着回波中相位的变化。

远场条件下，雷达与目标之间的距离远远大于目标的尺寸，即 $r >> r_P$，则式(6.2)简化为

$$R \approx r + r_P\sin(\omega t + \varphi) = r + x_P\sin(\omega t) + y_P\cos(\omega t) \tag{6.3}$$

通常，在逆合成孔径雷达工作模式下，目标的积累角都比较小，即 $\omega t <<$

0.1。因此,瞬时距离可以得到进一步简化,其结果为

$$R \approx r + y_P \tag{6.4}$$

从式(6.4)可以看出,在远场模式和小转角条件下,目标上各散射点与雷达之间的距离只与其 Y 轴坐标值有关而与其横向坐标无关,也就是说,只要 Y 轴上具有相同坐标值的目标,其与雷达之间的距离都相等。上述近似从理论上说明了远场条件下对目标进行等距离线划分的合理性。

在转台模式下,由于目标的转动会产生多普勒频率 f_{d},其形式为

$$f_{\mathrm{d}} = \frac{2}{\lambda}\frac{\mathrm{d}R}{\mathrm{d}t} = \frac{2x_P\omega}{\lambda}\cos(\omega t) - \frac{2y_P\omega}{\lambda}\sin(\omega t) \tag{6.5}$$

式中:λ 为雷达发射信号的波长。小转角情况下,目标的多普勒频率简化为

$$f_{\mathrm{d}} = \frac{2x_P\omega}{\lambda} \tag{6.6}$$

从式(6.6)中可以看出,目标形成的多普勒频率与点目标的横坐标值和目标旋转速度成正比。因此,利用该多普勒频率值可以获得点目标的横坐标值。

基于转台模型的成像,其二维分辨力是指沿雷达视线方向的距离分辨力以及垂直于雷达视线方向的方位向分辨力。从第 2 章对雷达系统的介绍中可知,太赫兹雷达系统采用的是去调频方式对回波进行接收,由于线性调频信号的脉冲持续时间远大于接收信号往返的时间延迟,因此逆合成孔径雷达的距离向分辨力主要由发射信号的带宽决定。距离向分辨力为

$$\rho_{\mathrm{r}} = \frac{c}{2B} = \frac{c}{2(f_{\max} - f_{\min})} \tag{6.7}$$

提高距离分辨力的有效手段是增加发射信号的带宽。而方位向分辨力则依靠其相干积累时间,其分辨力形式为

$$\rho_{\mathrm{a}} = \frac{\lambda}{2\omega t} = \frac{\lambda}{2\Delta\theta} \tag{6.8}$$

式中:$\Delta\theta$ 为方位积累角。方位积累角越大其方位向分辨力越高。

逆合成孔径雷达成像的基本流程如图 6.3 所示。

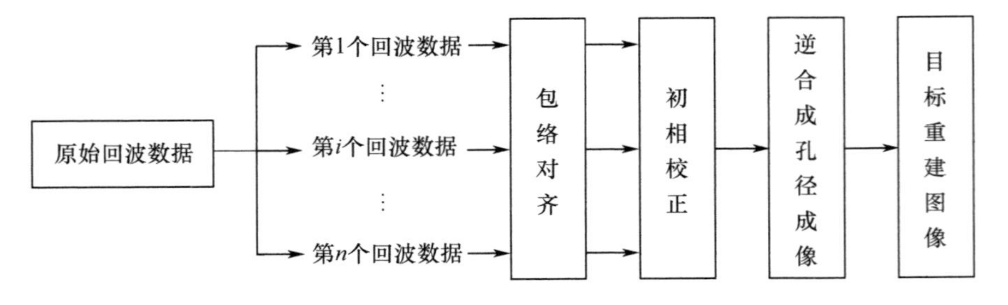

图 6.3 逆合成孔径雷达成像基本流程

在逆合成孔径模式下，目标的运动可分解为平动和转动两个阶段。平动过程对成像没有贡献，而目标的转动分量是成像中获取方位向高分辨的关键。因此，对逆合成孔径雷达成像的问题通常基于匀速旋转的转台模型进行研究。如无特别说明，在介绍太赫兹雷达的逆合成孔径成像算法中都将基于匀速旋转的转台模型进行分析和阐述。

6.2.1　二维快速傅里叶变换算法

太赫兹雷达系统接收机采用了去调频的方式，所以太赫兹雷达的发射信号被目标反射经去调频接收后的回波模型为

$$s(t_r,t_a) = \sum_n \sigma_n \mathrm{rect}\left[\frac{t_r - 2R_n/c}{T}\right]\mathrm{rect}\left[\frac{t_a}{T_a}\right] \exp\left\{-\mathrm{j}\left(\frac{4\pi f_c R_n}{c} + \frac{4\pi\gamma R_n}{c}t_r - \frac{4\pi\gamma R_n^2}{c^2}\right)\right\} \tag{6.9}$$

式中：n 为散射点数；T_a 为合成孔径时间。

由去调频接收理论可知，单个目标反射的雷达回波中，仅包含一个单频信号。该信号的频率与雷达和目标间的距离成正比。与雷达间具有相同距离的点目标，其频率值都是相同的。不同的目标，与雷达间的距离不相同时，其对应的单频频率值不同。因此，把上述回波信号的距离向时域信号变换至频域后，可以得到其对应的频谱图。频谱中不同的频率值对应不同的距离。回波变换至频域后的表示式为

$$\begin{aligned} S_1(f_r,t_a) &= \mathrm{FFT}_r\{s_r(t_r,t_a)\} \\ &= \sum_n \sigma_n T\mathrm{sinc}\left[T\left(f_r + \frac{2\gamma}{c}R_n\right)\right]\mathrm{rect}\left[\frac{t_a}{T_a}\right] \\ &\quad \cdot \exp\left\{-\mathrm{j}\left(\frac{4\pi f_c}{c}R_n + \frac{4\pi\gamma}{c^2}R_n^2 + \frac{4\pi f_r}{c}R_n\right)\right\} \end{aligned} \tag{6.10}$$

式(6.10)中的三个相位项，第一项为多普勒项，这是获得方位向高分辨所需的项；第二项为剩余视频相位项，第三项为包络斜置项。由于后两项对成像没有贡献，且会影响其成像质量，因此应去除。

观察发现这两项都与距离有关，而距离与频率是相对应的，所以将相位中的距离变换为频率后，将其消除。

由于 $f_r = -2\gamma R_n/c$，上述两个相位项可写为

$$\Delta\Theta = -\frac{4\pi\gamma}{c^2}R_n^2 - \frac{4\pi f_r}{c}R_n = \frac{\pi f_r^2}{\gamma} \tag{6.11}$$

将式(6.10)与下式

$$S_2(f_r) = \exp\left\{-j\frac{\pi f_r^2}{\gamma}\right\} \tag{6.12}$$

相乘便可消除剩余视频相位项和包络斜置项。消除后的信号为

$$\begin{aligned} S_3(f_r, t_a) &= S_1(f_r, t_a) \cdot S_2(f_r) \\ &= \sum_n \sigma_n T\text{sinc}\left[T\left(f_r + \frac{2\gamma}{c}R_n\right)\right]\text{rect}\left[\frac{t_a}{T_a}\right]\exp\left\{-j\frac{4\pi}{\lambda_c}R_n\right\} \end{aligned} \tag{6.13}$$

式中:$\lambda_c = c/f_c$ 为发射信号中心频率。

在前面逆合成孔径雷达成像的基本原理分析中,对远场情况下小转角时雷达与目标之间的距离进行了近似处理,为方便分析,这里重新给出该式

$$R_n = r + y_n \tag{6.14}$$

式中:r 为散射点与转台中心之间的距离;y_n 为笛卡儿坐标系下散射点的 Y 轴坐标值。

将上式代入式(6.13)的 sinc 函数中,则其变为

$$S_4(f_r, t_a) = \sum_n \sigma_n T\text{sinc}\left[T\left(f_r + \frac{2\gamma}{c}(r + y_n)\right)\right]\text{rect}\left[\frac{t_a}{T_a}\right]\exp\left\{-j\frac{4\pi}{\lambda_c}R_n\right\} \tag{6.15}$$

上式说明,距离向信号经傅里叶变换后,频谱中的 sinc 函数峰值点对应每个 Y 轴坐标值为 y_n 的散射点。即等距离线上的散射点经距离向傅里叶变换后,都处于同一个距离单元中。频谱中不同频率峰值点对应不同的等距离线。这样便完成了雷达原始回波的距离向压缩,得到了距离向与方位向上的频率-时间数据矩阵。

如图 6.4 所示,目标反射的雷达回波经接收后,形成一行距离向数据。不同的方位向形成不同的距离维数据,这样便构成雷达回波原始数据矩阵。对该矩阵每一行(距离向)做傅里叶变换后,得到脉压后的数据矩阵。当有散射点在相应的距离上时,则在距离向上会出现具有 sinc 函数形状的峰。从图中可以看出,不同的距离对应于不同的 Y 轴坐标值。小角度条件下,假设目标点不发生跨距离单元徙动现象,则多个散射点具有同一 Y 轴坐标值时,其数据经距离向傅里叶变换后,都被压缩至同一距离门上且在所有的方位向上这些散射点都在同一距离门没有发生跨距离单元现象,即都位于脉压后数据矩阵的同一列上。此时,便获得了多散射点距离向上的目标像。由于等距离线上的所有散射点都在同一距离门内,所以下一步需要针对每一距离门数据,将不同散射点目标进行分离。

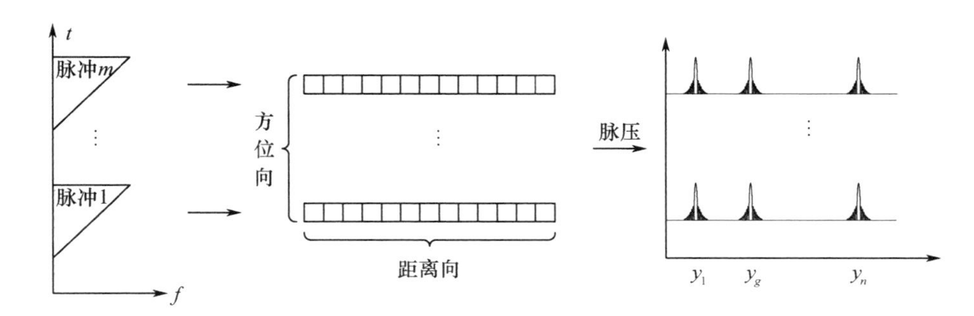

图 6.4　距离向傅里叶变换(脉压)后数据形式

由于转台旋转角为小角度,在方位向上,散射点的回波位于同一列,因此,可以对脉压后的回波数据矩阵每一列进行单独处理,即对式(6.15)进行方位向傅里叶变换。式中,关于方位向时间 t_a 的有两项,一个为矩形函数 $\text{rect}[t_a/T_a]$,另一个是相位项 $\exp\{-j4\pi R_n/\lambda_c\}$,相位项中变量 t_a 包含于距离 R_n 表达式中。在转台模型下的点目标多普勒频率可以近似表示为

$$f_a = \frac{2\omega x_n}{\lambda_c} \tag{6.16}$$

因此,式(6.15)可以写成关于方位向时间 t_a 的形式

$$S_5(f_r, t_a) = \sum_n \sigma_n T \text{sinc}\left[T\left(f_r + \frac{2\gamma}{c}(r + y_n)\right)\right] \text{rect}\left[\frac{t_a}{T_a}\right] \exp\left\{-j\frac{4\pi\omega x_n}{\lambda_c} t_a\right\} \tag{6.17}$$

式(6.17)中,后两项满足傅里叶变换中的频移特性,因此对上式进行关于方位向的傅里叶变换,其结果为

$$S_6(f_r, t_a) = \sum_n \sigma_n T T_a \text{sinc}\left[T\left(f_r + \frac{2\gamma}{c}(r + y_n)\right)\right] \text{sinc}\left[T_a\left(f_a + \frac{2\omega x_n}{\lambda_c}\right)\right] \tag{6.18}$$

从该结果中可知,当转台转速一定时,方位向的多普勒频率仅与散射点的 X 轴坐标值有关。一个频率对应一个 X 轴坐标值。由于雷达与转台中心的距离为定值,因此两个 sinc 函数峰值点分别对应散射点在 X 和 Y 的坐标值。因此,对上式取模后,得到散射点的二维图像。

$$S_7(f_r, t_a) = \sum_n \sigma_n T T_a \left| \text{sinc}\left[T\left(f_r + \frac{2\gamma}{c}(r + y_n)\right)\right] \text{sinc}\left[T_a\left(f_a + \frac{2\omega x_n}{\lambda_c}\right)\right] \right| \tag{6.19}$$

至此,通过上述步骤完成了散射点目标的重建。图 6.5 所示为通过对方位

向进行傅里叶变换后重建的目标图像示意图。

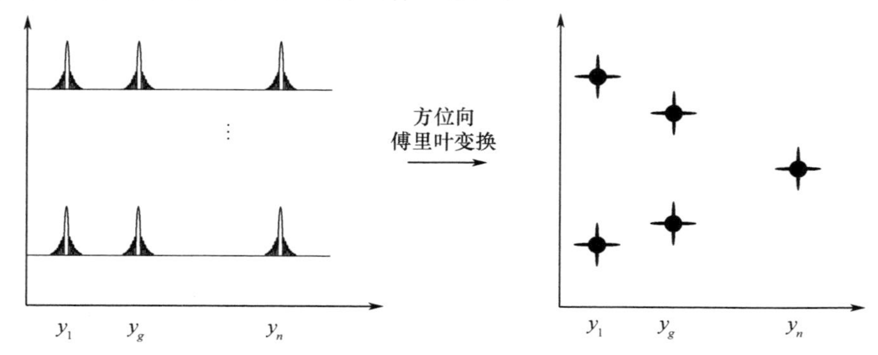

图 6.5　方位向傅里叶变换后目标图像

图 6.5 中,十字形状图形为重建后散射点目标所在位置。由于重建结果在距离和方位向上都为 sinc 函数,因此在重建散射点处目标形状为十字形图案。

一般地,转台成像中,原始散射点回波数据是存在二维数据耦合现象的,也就是说散射点回波在不同的方位向上存在距离徙动,数据经距离向脉压后,同一散射点的数据会弥散在不同的距离单元中。但是,在远场及小角度条件下,对该现象的发生进行了假设,即在小角度下,目标是不存在跨距离单元徙动的。该假设下,二维数据不存在耦合现象,可以在距离向和方位向分别完成信号的聚焦处理。基于此,采用上述描述的算法是可行且有效的。

纵观整个算法描述过程可以发现,对原始回波数据进行去剩余视频相位项及去斜置处理后,分别对距离向和方位向进行了傅里叶变换。从公式推导过程中可以发现对回波数据进行了二维傅里叶变换后得到了目标的聚焦图像。

基于二维傅里叶变换算法的成像流程如图 6.6 所示。从流程图可以看出,采用二维傅里叶变换算法步骤简单且易于理解,该算法最大的优点是运行速度快。其不足之处在于只能针对小角度下的逆合成孔径雷达成像,当相干积累角增大时,在满足上述对距离和多普勒频率近似的前提下,由于目标发生的跨距离单元徙动,导致运用二维傅里叶变换算法时会使图像发生散焦现象。通常,针对跨距离单元徙动,需要在做方位向傅里叶变换之前增加一个距离单元徙动校正步骤。通过校正之后的数据再进行成像可获得良好的聚焦效果。所以在算法运算速度和成像效果方面需要进行折中。

6.2.2　卷积逆投影算法

逆合成孔径雷达成像的实质就是从雷达回波中恢复出目标的原始位置及散射系数信息。在转台模式下,雷达录取目标回波数据的形式为极坐标格式。其在不同角度观测目标,进而获得目标在不同观测角下的反射信号。同时,由于去

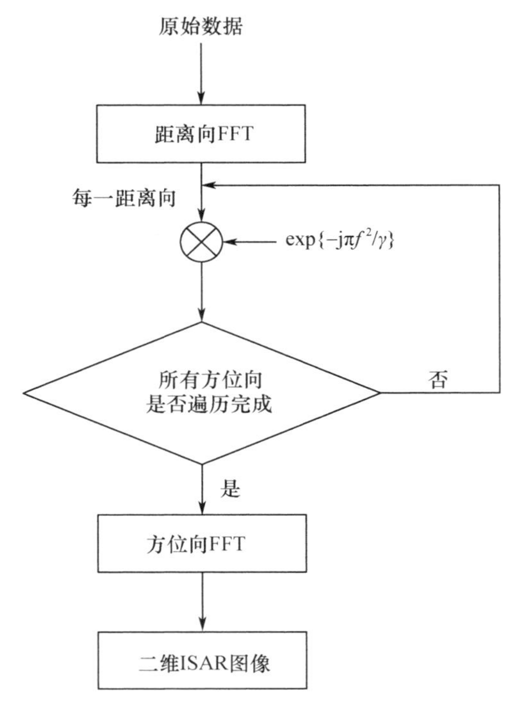

图 6.6　逆合成孔径雷达二维傅里叶变换成像算法流程图

调频接收模式的特殊性,雷达回波经去除剩余视频相位项及包络斜置项后,目标在时域的信号便是波数域的形式。即在时域中,该信号直接表征了信号的波数与观测角的关系。因此,可以利用该条件来重建目标图像。

逆合成孔径雷达在转台模型下,目标旋转,而雷达不动,这时可以建立两个不同的坐标系:一个为雷达观测坐标系,另一个是目标旋转坐标系,如图 6.7 所示。

图 6.7 中,两个坐标系的原点重合,$x-y$ 坐标系为目标旋转坐标系,$u-v$ 坐标系是雷达所在的坐标系。逆合成孔径雷达成像中,雷达位于 v 轴的一个固定值不动,目标以坐标原点 O 为中心旋转。图中,两个坐标系间的转换关系为

$$\begin{cases} u = x\cos\theta - y\sin\theta \\ v = x\sin\theta + y\cos\theta \end{cases} \tag{6.20}$$

或

$$\begin{cases} x = u\cos\theta + v\sin\theta \\ y = v\cos\theta - u\sin\theta \end{cases} \tag{6.21}$$

由空间域和波数域的变换关系可知,目标空间域二维散射函数 $f(x,y)$ 可由

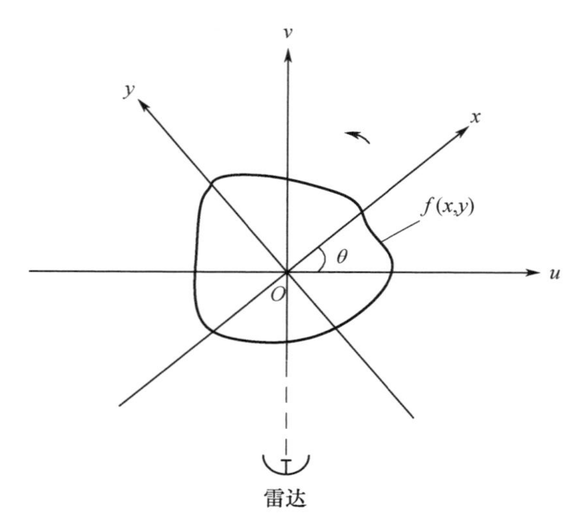

图 6.7　观测与旋转坐标系

其波数域的二维傅里叶逆变换表示，即

$$f(x,y) = \int_{k_x}\int_{k_y} F(k_x,k_y)\exp\{\mathrm{j}(k_x x + k_y y)\}\,\mathrm{d}k_x\mathrm{d}k_y \tag{6.22}$$

在雷达观测角为 θ 时，目标反射的雷达回波沿 u 轴方向的信号为

$$p_\theta(u) = \int_{-\infty}^{\infty} f(u\cos\theta + v\sin\theta, v\cos\theta - u\sin\theta)\,\mathrm{d}v \tag{6.23}$$

式(6.23)经关于 u 的一维傅里叶变换后，得

$$\begin{aligned} p_\theta(k) &= \int_{-\infty}^{\infty} p_\theta(u)\exp\{-\mathrm{j}ku\}\,\mathrm{d}u \\ &= \int_{-\infty}^{\infty}\int_{-\infty}^{\infty} f(x,y)\exp\{-\mathrm{j}k(x\cos\theta - y\sin\theta)\}\,\mathrm{d}x\mathrm{d}y \\ &= F(k\cos\theta, -k\sin\theta) \end{aligned} \tag{6.24}$$

由式(6.24)可知，散射函数在某一方向上的投影函数的傅里叶变换是散射函数的二维傅里叶变换函数。因此可以推知，雷达在某一方向上获得极坐标形式的数据便是散射函数关于变量 k_x 和 k_y 的二维傅里叶变换函数。

在远场条件下，雷达波前假设为平面波，则雷达与目标之间的距离可近似为

$$R \approx r + v = r + x\sin\theta + y\cos\theta \tag{6.25}$$

因此，雷达回波经去除剩余视频相位项和距离去扭后的信号形式为

$$\begin{aligned} s(k,\theta) = &\int_x\int_y \sigma(x,y)\left[\frac{\boldsymbol{k} - k_c}{2\pi B/c}\right] \\ &\cdot \exp\{-\mathrm{j}2\boldsymbol{k}(r + x\sin\theta + y\cos\theta)\}\,\mathrm{d}x\mathrm{d}y \end{aligned} \tag{6.26}$$

将式(6.26)代入式(6.22)中,得

$$\begin{aligned}\sigma(x,y) &= \int_{k_x}\int_{k_y} s(\boldsymbol{k},\theta)\exp\{\mathrm{j}(\boldsymbol{k}_x x + \boldsymbol{k}_y y)\}\,\mathrm{d}\boldsymbol{k}_x\mathrm{d}\boldsymbol{k}_y \\ &= \int_{\theta}\int_{k} s(\boldsymbol{k},\theta)\exp\{\mathrm{j}\boldsymbol{k}(x\sin\theta + y\cos\theta)\}\left|\frac{\partial(\boldsymbol{k}_x,\boldsymbol{k}_y)}{\partial(\boldsymbol{k},\theta)}\right|\mathrm{d}\boldsymbol{k}\mathrm{d}\theta \\ &= \int_{\theta}\int_{k} \boldsymbol{k}s(\boldsymbol{k},\theta)\exp\{\mathrm{j}\boldsymbol{k}v\}\,\mathrm{d}\boldsymbol{k}\mathrm{d}\theta\end{aligned} \tag{6.27}$$

由于观测波数矢量中方向的关系,上式中 $\boldsymbol{k}_x = \boldsymbol{k}\sin\theta, \boldsymbol{k}_y = \boldsymbol{k}\cos\theta$。

令

$$G(\boldsymbol{k},\theta) = \boldsymbol{k}\cdot s(\boldsymbol{k},\theta) \tag{6.28}$$

该式为波数域中径向波数矢量 $\boldsymbol{k}$ 与雷达时域回波 $s(\boldsymbol{k},\theta)$ 的乘积。由傅里叶变换的理论可知,两函数波数域的乘积等于其对应的空间域函数的卷积。这也正是该算法中卷积名称的由来。同时,与匹配滤波方式不同,由于去调频方式下的雷达回波的波数域与时域相对应,因此波数域的乘积对应于频域中的卷积。

对式(6.27)进行关于变量 $\boldsymbol{k}$ 的一次积分后,可得到函数 $G(\boldsymbol{k},\theta)$ 的空间域信号 $g(v-r,\theta)$。该函数为雷达在单次观测角下获得雷达回波数据。对该函数进行整个观测角(相干积累角)下的数据累积,即可完成目标的图像重建。该过程即对函数 $g(v-r,\theta)$ 进行关于 θ 的积分。

纵观整个目标重建过程,该算法基本可以概括为两个步骤:①雷达回波数据与波数矢量相乘(频域卷积);②逆傅里叶变换得到 $g(v-r,\theta)$,将该数据按照场景网格点沿 θ 方向积分。图 6.8 所示为该算法流程图。

与二维 FFT 算法和极坐标格式算法相比,卷积逆投影算法由于需要对场景中每个点的每个方位向数据进行插值处理获取其相应数据,因此该算法运算效率较低。但是,该算法最大特点是不受目标转角限制。无论转角大小该算法都是对回波中所有的方位向回波数据进行累加进而实现目标图像的重建。

6.2.3 极坐标格式算法

在远场条件下,逆合成孔径雷达不动,转台旋转可实现方位向的合成孔径。该运动模式可等效为转台静止,即雷达围绕转台面进行运动,如图 6.9(a)所示。

这个运动过程中,雷达在观测角范围内围绕目标按照圆周轨迹进行运动。运动的同时发射脉冲并接收目标反射的雷达回波。从数据录取的几何构成上可以发现,雷达是按照极坐标的格式来录取回波数据的。

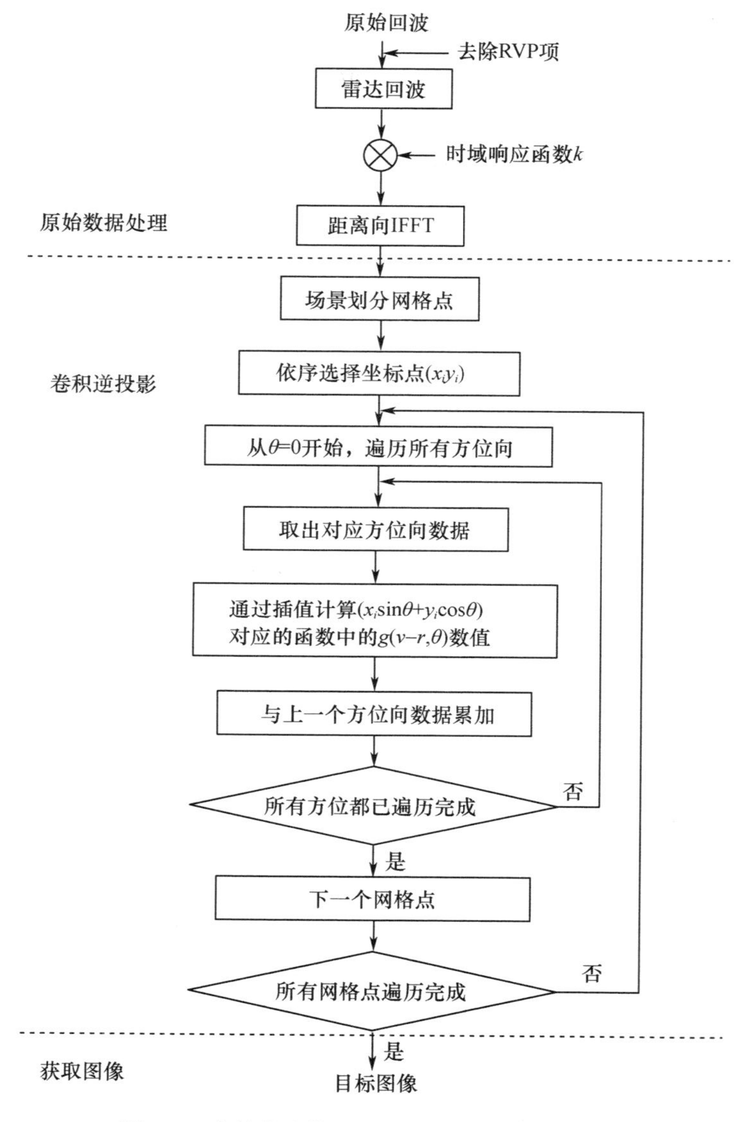

图 6.8　太赫兹成像雷达卷积逆投影算法流程图

对远场小场景目标成像,可将雷达在某一方位向接收的雷达回波用同一指向的径向波数矢量来统一表征。在本节中,将用坐标原点 O 指向雷达天线相位中心的波数矢量来统一表示。如图 6.9(b)所示,雷达在方位角为 θ 时,录取的回波数据以波数矢量 $\boldsymbol{K}$ 的指向记录于波数平面内。随着雷达的运动,波数指向角 θ 也随之变化。在整个方位积累角内,数据在波数域中以极坐标格式进行记录。

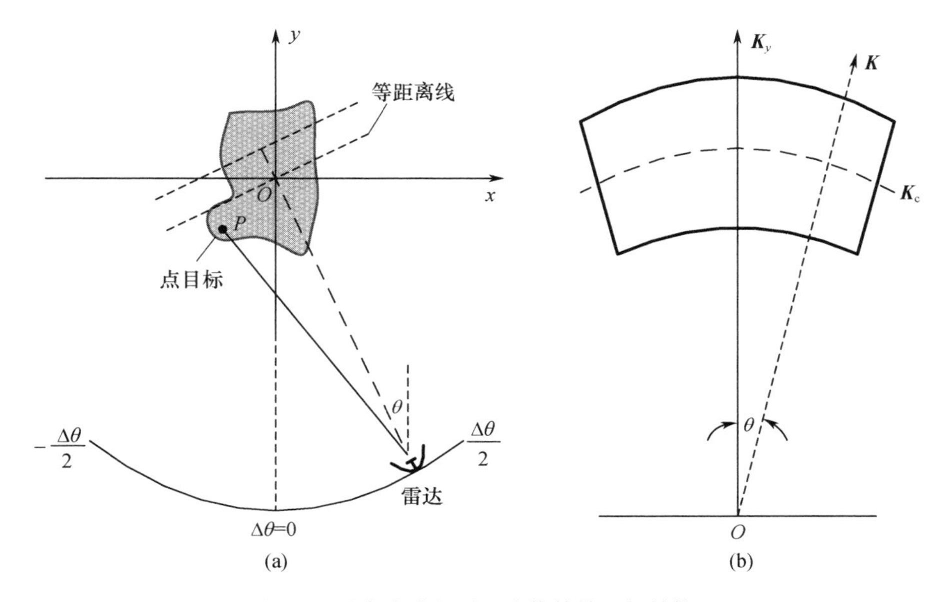

图 6.9　逆合成孔径雷达成像等效几何结构

以极坐标格式记录的点目标雷达回波数据可表示为

$$s(t_r)=\sigma(x,y)\operatorname{rect}\left[\frac{t_r-2R/c}{T}\right]\cdot\exp\left\{-\mathrm{j}\left(\frac{4\pi f_c R}{c}+\frac{4\pi\gamma R}{c}t_r-\frac{4\pi\gamma R^2}{c^2}\right)\right\}\tag{6.29}$$

由于式(6.29)中包含的剩余视频相位项及包络斜置项会降低成像质量，因此对这两项消除后得到的雷达回波为

$$s_1(t_r)=\sigma(x,y)\operatorname{rect}\left[\frac{t_r}{T}\right]\exp\left\{-\mathrm{j}\,\frac{4\pi(f_c+\gamma t_r)}{c}R\right\}\tag{6.30}$$

从式(6.30)可以看到，因子$(f_c+\gamma t_r)$为发射信号的频率，又知远场条件下雷达与目标之间的距离 R_n 可以用式(6.3)近似表示。因此，上式可改写为

$$s_2(k,\theta)=\sigma(x,y)\left[\frac{k-k_c}{2\pi B/c}\right]\exp\{-\mathrm{j}2k(r+x\sin\theta+y\cos\theta)\}\tag{6.31}$$

式中：$\theta=\omega t_a$；B 为发射信号带宽；$k_c=2\pi f_c/c$。

从逆合成孔径雷达等效结构图 6.9(a)中可知，径向波数矢量 $\boldsymbol{k}$ 可以分解为 $\boldsymbol{k}_x$ 和 $\boldsymbol{k}_y$，其形式为

$$\begin{cases}\boldsymbol{k}_x=\boldsymbol{k}\sin\theta\\ \boldsymbol{k}_y=\boldsymbol{k}\cos\theta\end{cases}\tag{6.32}$$

将式(6.32)代入式(6.31)后,可得

$$s_3(\boldsymbol{k}_x,\boldsymbol{k}_y)=\sigma(x,y)\mathrm{rect}\left[\frac{\boldsymbol{k}-k_c}{2\pi B/c}\right]\exp\{-\mathrm{j}2\boldsymbol{k}r\}\exp\{-\mathrm{j}2(\boldsymbol{k}_x x+\boldsymbol{k}_y y)\} \tag{6.33}$$

式中,由于变量 r 为雷达与转台中心的距离是一个常数,因此第一个指数项的主要作用是对频域信号的固定搬移,而第二个指数项是有关于目标的坐标在空间位置的信息,此项用来完成对目标的重建。

观察式(6.33)中第二个指数项的构成,可以看出此项是由空间域至波数域进行二维变换的公式。因此,要获得散射点的反射系数可通过对上式左边得到的雷达回波进行二维傅里叶逆变换来实现散射点目标的重建,即

$$\sigma(x,y)=F^{-1}_{k_x,k_y}\{s_4(\boldsymbol{k}_x,\boldsymbol{k}_y)\} \tag{6.34}$$

式中:函数 s_4 为经过二维插值后的数据矩阵。

在实际的雷达回波录取中,极坐标格式下 $\boldsymbol{k}_x$ 和 $\boldsymbol{k}_y$ 与径向波数矢量 $\boldsymbol{k}$ 具有下列关系

$$\boldsymbol{k}_x=\sqrt{\boldsymbol{k}^2-\boldsymbol{k}_y^2} \tag{6.35}$$

同时,由于发射信号的径向波数矢量的模是固定的,所以矢量 $\boldsymbol{k}_x$ 和矢量 $\boldsymbol{k}_y$ 的模值是分布于圆上的一系列点,这些点构成了扇形区域。而上面介绍重建目标图像时需要执行二维傅里叶逆变换,傅里叶变换要求频域支撑域的数据格式为矩形网格点。因此对式(6.33)不能直接进行二维傅里叶逆变换,需对扇形区域进行插值来得到矩形网格波数谱,如图6.10所示。

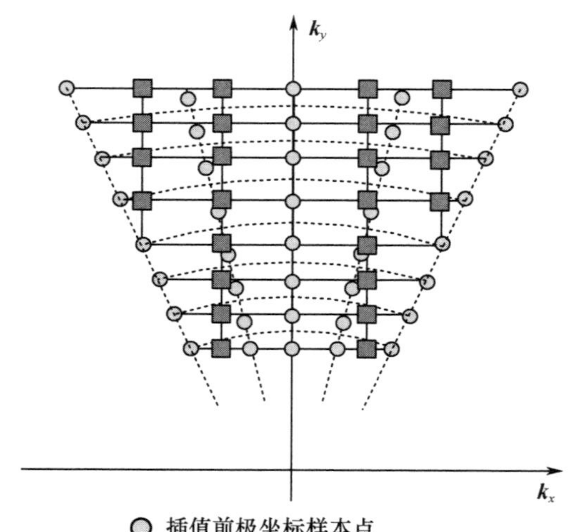

图6.10　逆合成孔径波数平面坐标转换

上述插值过程可以采用两种方式实现：一种为直接进行二维插值，另一种则是进行两次一维插值过程完成二维插值。第一种插值可以一次性实现坐标的变换过程，其不足是二维插值会使算法的运行效率降低；第二种方法在运行效率上会比第一种高，其带来的缺点是需将插值过程分解，使得算法的复杂度有所增加。

由上述对极坐标格式算法的描述可知：整个算法中，极坐标到直角坐标的插值过程是整个算法的关键，插值的精度和效率会直接影响成像的质量。

从上面给出的极坐标到直角坐标转换图中可以发现，当方位积累角很小时，极坐标格式下的数据近似为矩形格式，这时可以对极坐标下的数据直接进行二维傅里叶逆变换得到目标图像。但是该方法对成像目标的尺寸大小有一定限制。

将式(6.3)展开为泰勒级数的形式，则

$$R = r + x_P \sum_{m=0}^{\infty} \frac{(-1)^m}{(2m+1)!}\theta^{2m+1} + y_P \sum_{m=0}^{\infty} \frac{(-1)^m}{(2m)!}\theta^{2m} \tag{6.36}$$

在远场条件下，要得到不模糊的二维图像，则要求目标的脉压信号包络关于 θ 的一次项以及相位关于 θ 的二次项都能够被忽略不计。因此，可以得到成像目标的最大尺寸需满足下式

$$\begin{cases} X < \dfrac{4\rho_{\mathrm{r}}\rho_{\mathrm{a}}}{\lambda} \\ Y < \dfrac{4\rho_{\mathrm{a}}^2}{\lambda} \end{cases} \tag{6.37}$$

在目标尺寸不满足上述要求时，则需要通过插值处理来进行坐标转换。本文论述的成像算法用于太赫兹频段的雷达成像系统，因此，与微波波段的雷达系统相比，太赫兹雷达系统要求的插值精度更高。此外，与上一节介绍的二维快速傅里叶变换算法相比，极坐标格式算法直接针对时域信号进行处理，中间通过对原始回波数据进行插值处理，最后对该信号实行二维傅里叶逆变换，从而获得目标的散射系数，其算法流程如图 6.11 所示。

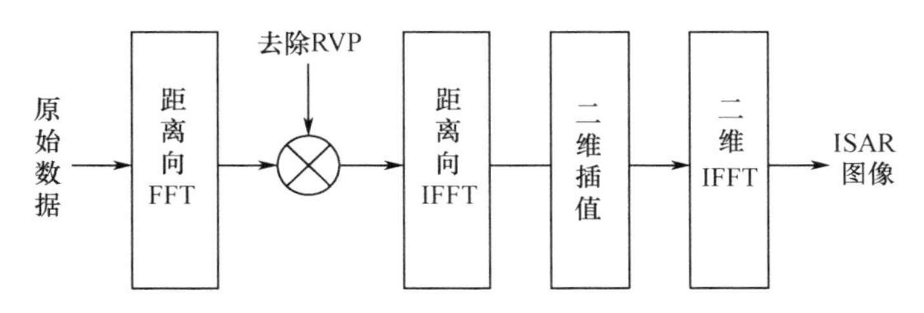

图 6.11　太赫兹逆合成孔径雷达极坐标格式算法流程图

6.2.4 数值仿真实验结果及分析

前三小节从雷达原始回波详细分析了对目标图像进行重建的三种算法。本节将对上述算法在太赫兹频段下的逆合成孔径远场成像的性能及有效性进行验证。图6.12是对位于场景中心的点目标分别采用二维FFT算法、极坐标格式算法以及卷积逆投影算法得到的成像结果、主瓣宽度以及峰值旁瓣比图。其中,图6.12(a)~图6.12(c)为三种算法得到的成像结果;图6.12(d)~图6.12(f)是距离向主瓣宽度及峰值旁瓣比;图6.12(g)~图6.12(i)为方位向主瓣宽度及峰值旁瓣比。

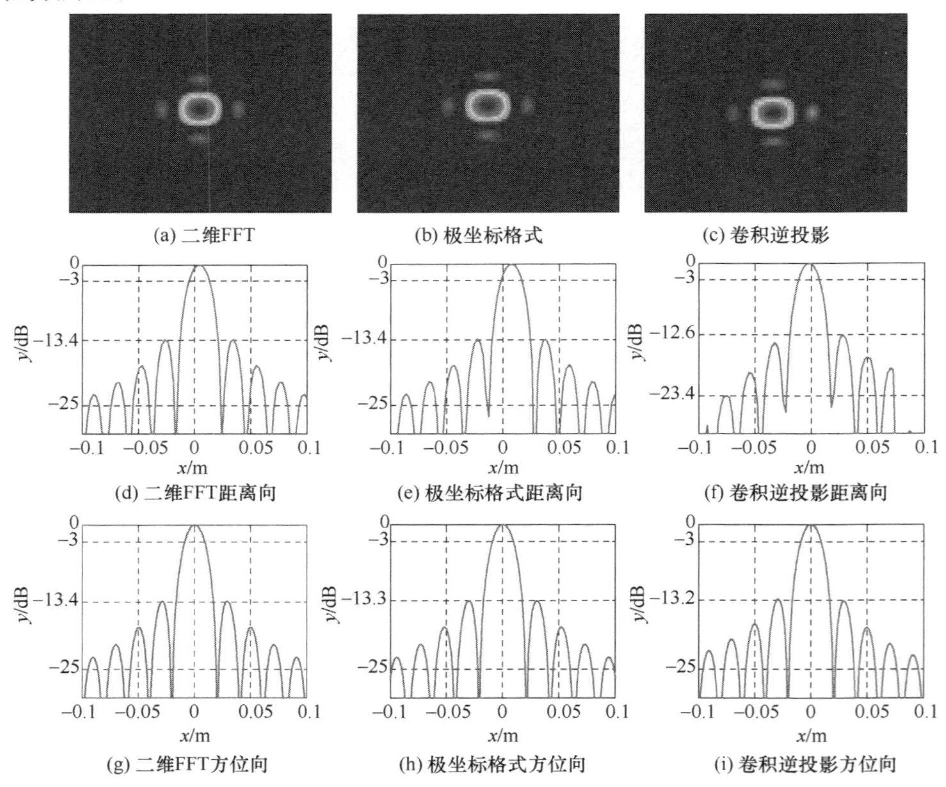

图6.12 点目标成像结果及算法的相应成像指标(见彩图)

从图6.12中可以看到,点目标回波数据经三种算法重建后,在距离向和方位向都得到了良好的聚焦。三种算法在距离向上的峰值旁瓣比基本位于−13dB附近,这与前述理论分析中回波数据经脉压后得到的sinc函数峰值旁瓣比基本一致。在重建的峰值点位置上,由于远场条件下对目标与雷达之间的距离进行了近似,导致重建后的点目标位置发生了偏移。但是该偏移量很小,对重建后目标的几何结构不会构成影响。在方位向上,三种算法得到的峰值旁瓣比基本相同且重建的峰值点位置与理论值相一致,该现象与三种算法在理论推导过程中所得出的结论相吻合。表6.1和表6.2分别为三种算法在距离向和方位向的峰值旁瓣比、积分旁瓣比以及-3dB主瓣宽度值。-3dB主瓣宽度表征了成像算法的分辨力,该值为常用SAR分辨力的0.886倍,为方便换算常常忽略因子0.886。对表6.1和表6.2中的-3dB主瓣宽度换算后可知,三种算法在距离向和方位向的分辨力基本与理论分辨力2.08cm相吻合。由于受距离近似的影响,主瓣宽度较理论值出现略微展宽。三种算法中,卷积逆投影算法的主瓣展宽较其他两种算法小。同时,对比三种算法的峰值旁瓣比可以发现,在距离向和方位向该值基本维持在-13dB附近。从积分旁瓣比的指标上可得知:卷积逆投影算法的旁瓣收敛速度较其他两种算法快,能量泄露较其他两种算法低。

表6.1 距离向主瓣宽度及旁瓣比指标

名称	峰值旁瓣比/dB	积分旁瓣比/dB	-3dB主瓣宽度/cm
二维FFT算法	-13.4252	-9.6777	1.8942
极坐标格式算法	-13.4127	-9.6788	1.8821
卷积逆投影算法	-12.6995	-14.3672	1.8615

表6.2 方位向主瓣宽度及旁瓣比指标

名称	峰值旁瓣比/dB	积分旁瓣比/dB	-3dB主瓣宽度/cm
二维FFT算法	-13.4128	-9.6817	1.8646
极坐标格式算法	-13.3457	-9.6815	1.8637
卷积逆投影算法	-13.2373	-10.1130	1.8529

在三种算法的运算效率测试上,采用的测试标准为算法完成一次单点目标图像重建所需运行的时长。其中,被测目标采用位于转台中心且各项同性的点目标。测试中,仿真环境采用微软Windows7-64位操作系统,处理器为酷睿i7-870,内存6G。对三种算法进行测试后得到的运行时间分别为:1.08s(二维FFT算法)、3.14s(极坐标格式算法)和20.72s(卷积逆投影算法)。从运行时间上可以看出,由于二维快速傅里叶变换算法仅对原始数据进行直接傅里叶变换,因此其运算效率最高。卷积逆投影算法由于需要对场景中的每个网格点进行插值运算导致其运算效率最低。极坐标格式算法的运算效率居中。在运算效率的测试上,不同的傅里叶变换点数、网格点点数以及插值精度都会对算法的运算效率产生影响。在保证相关指标的前提下,运算效率与成像性能之间需要进行一定的折中进而满足成像的需求。

为验证上述三种算法在太赫兹频段下的逆合成孔径远场成像有效性,这里采用如表6.3中的雷达系统参数进行回波仿真。

表 6.3 雷达仿真参数

名称	参数值
载波频率/THz	0.34
信号工作带宽/GHz	7.2
距离向采样点数	1000
方位向积累角/(°)	1.25
雷达与场景中心距/km	4.5
场景半径/m	0.5

图 6.13 为仿真时的成像场景。其中,雷达位于 x 轴负半轴 2.7km 处且对放置于半径为 0.5m 转台上的目标进行照射,目标旋转积累角 1.25°。成像模型由电子科技大学英文缩写词 UESTC 五个字母组成,共 125 个点,点目标间距 3cm,如图 6.14(a)所示。

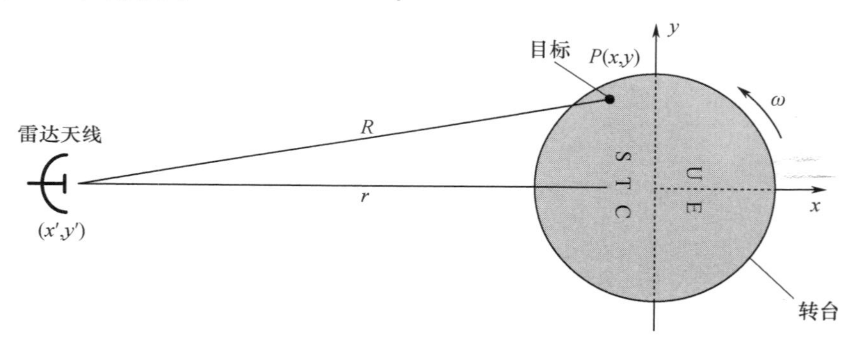

图 6.13 仿真成像场景

图 6.14(b)~图 6.14(d)是由三种算法得到的点目标成像结果。总体上看,三种算法都能够实现远场条件的点目标成像,但是在细节上会有些差别。对比①和②标示的区域,靠近转台边缘处的点目标聚焦效果比靠近转台中心的稍差。而且,由 4 标注的区域可以看出,聚焦效果随着离转台中心逐渐变远时逐渐变差。造成上述现象的主要原因是离转台中心处较近的目标越能满足远场条件下对距离的近似,更符合算法推导过程中对回波模型的近似;随着目标横向扩展尺寸的增加,这种近似条件越来越弱从而导致点目标散焦。对比区域③和区域⑤,由卷积逆投影获得的成像结果中,边缘的散焦现象较前两种算法弱,这与其成像算法采用网格点数据相干累加有关。区域 6 中,五个点目标离转台中心都较近,但还是有个别的点聚焦效果不理想。其根本原因在于数据累加过程中,相邻网格点与雷达距离一致,在回波中都能取到相应的值进行累加,从而导致相邻点出现混叠现象造成聚焦不理想。

从三种算法的成像指标及成像结果分析中可以看出,远场条件下对雷达与

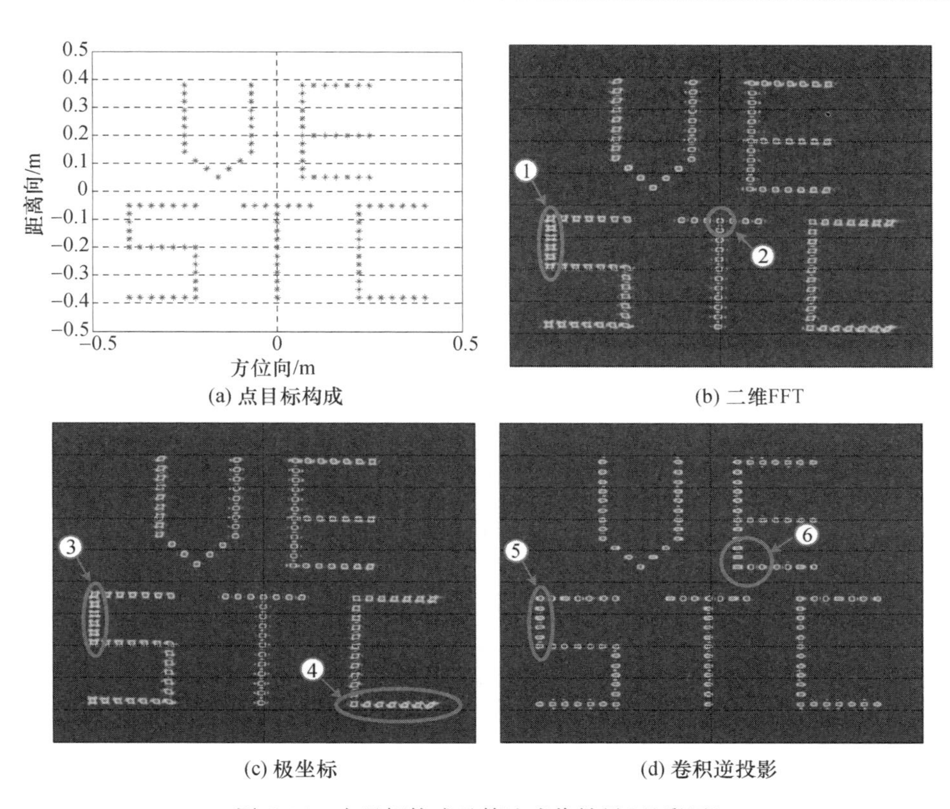

(a) 点目标构成

(b) 二维FFT

(c) 极坐标

(d) 卷积逆投影

图 6.14 点目标构成及算法成像结果(见彩图)

目标间距离进行一定近似后,可以简化算法步骤实现太赫兹频段下目标的二维成像。三种算法中,二维 FFT 算法的运算效率最高,卷积逆投影算法的分辨力较其他两种算法高且可实现大转角成像。

6.3 二维 ISAR 近场成像算法

目前,合成孔径雷达成像的研究主要集中在远场条件下孔径的合成方式以及与之相对应的成像算法上[139-148]。对雷达与目标之间的距离采用不同程度的近似,可以实现算法的不同演化。针对太赫兹频段下的雷达成像问题,6.2 节中对远场条件下采用合成孔径方式实现目标成像的算法进行了详细的分析研究。除远场成像外,研究近场条件下的太赫兹频段雷达成像方式及方法也是当前太赫兹波研究领域的热点之一[149-152]。

在 6.2 节中,对逆合成孔径雷达的二维成像原理进行了介绍。该模式下,通过提高太赫兹雷达发射信号的带宽可以获得距离向的高分辨力,而方位向的高分辨则是通过在方位向形成大的合成孔径来获取的。在远场成像模式下,通过对雷达回波模型中瞬时距离的近似,可以在一定条件下实现对算法的简化。但是,在近场情况下,由于受球面波波前弯曲的限制,近场成像对雷达与目标间瞬时距离的变化敏感性增强。而且,相比于微波波段,太赫兹频段下的电磁波波长更短,在成像算法设计上,对模型中和波长有关的数学近似准确性将直接影响最终的成像质量。基于以上的考虑,本节将介绍三种用于太赫兹雷达近场成像的算法。

6.3.1 后向投影算法

假设雷达处于成像场景的近场区,则太赫兹雷达发射的探测信号经场景中一点目标 P 反射后的雷达回波信号形式为

$$s(t_r,t_a)=\frac{\sigma_P}{R^2}\mathrm{rect}\left[\frac{t_r-2R/c}{T}\right]\exp\left\{-\mathrm{j}\left(\frac{4\pi f_c R}{c}+\frac{4\pi\gamma R}{c}t_r-\frac{4\pi\gamma R^2}{c^2}\right)\right\} \tag{6.38}$$

式中:R 为 t_a 的函数。

将式(6.38)对快时间进行傅里叶变换,得到基带信号在差频域的表达式

$$\begin{aligned}S_1(f_r,t_a)=\mathrm{FFT}_r\{s_r(t_r,t_a)\}&=\frac{\sigma_P T}{R^2}\mathrm{sinc}\left[T\left(f_r+\frac{2\gamma}{c}R\right)\right]\\&\quad\cdot\exp\left\{-\mathrm{j}\left(\frac{4\pi f_c}{c}R+\frac{4\pi\gamma}{c^2}R^2+\frac{4\pi f_r}{c}R\right)\right\}\end{aligned} \tag{6.39}$$

式(6.39)中的后两项对成像无贡献且在一定程度上会影响成像质量,因此得去除剩余视频相位项和包络斜置项的差频域信号表达式,即

$$S_2(f_r,t_a)=\frac{\sigma_P T}{R^2}\mathrm{sinc}\left[T\left(f_r+\frac{2\gamma}{c}R\right)\right]\exp\left\{-\mathrm{j}\frac{4\pi}{\lambda_c}R\right\} \tag{6.40}$$

从式(6.40)可以看出,回波信号在快时间域进行傅里叶变换后,点目标在距离向得到了压缩。在频率轴上,与距离相对应的位置处被压缩为具有 sinc 函数形状的峰。对单个点目标来说,当方位向慢时间 t_a 变化时,sinc 函数峰值点的位置也会随之变化。在压缩后的回波数据中则表现为沿着方位向,该点目标对应的峰值点在不同的距离上进行游动,如图 6.15 所示。

通过图 6.15 可以发现,对脉压数据中点目标在不同方位向的数据进行相干累加作为该目标的散射强度值,即可完成对成像场景的重建,其表达形式为

$$\hat{\sigma}_P=\int_{t_a}S_2(f_r,t_a)R^2\exp\left\{\mathrm{j}\frac{4\pi}{\lambda_c}R\right\}\mathrm{d}t_a \tag{6.41}$$

式(6.41)的表述形式即为合成孔径雷达的后向投影算法。

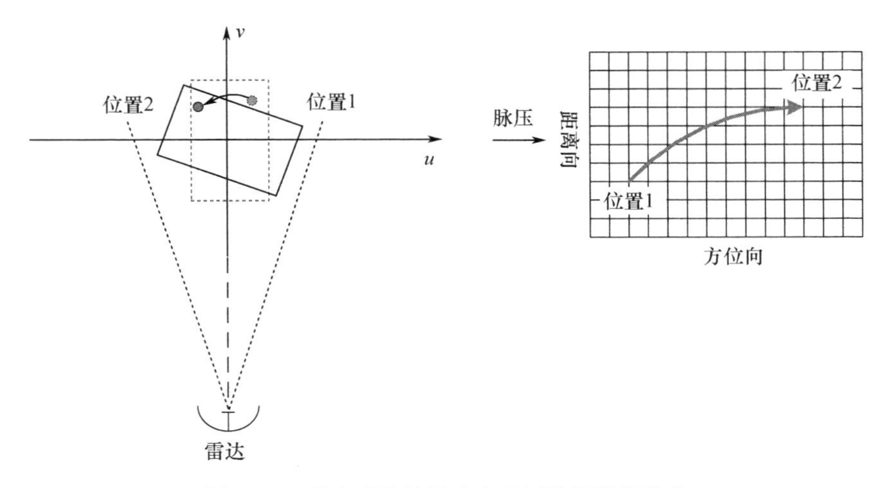

图 6.15　逆合成孔径雷达点目标脉压数据分布

该算法要求对回波中脉压后的数据采样点进行相位补偿后,进而完成相干积累。在近场条件下,依据场景中目标所在位置的不同,点目标在脉压数据中的曲线形状也不尽相同。不能简单的从脉压数据中按照曲线的形状来提取目标在不同方位向的数据。通常,合成孔径雷达对目标重建时,直接利用回波数据来重建原始场景中的目标。而后向投影算法则是对成像场景进行假设,即假定场景是由许多网格组成的。图 6.16 是逆合成孔径雷达后向投影算法成像的原理等效图。图中将雷达不动而目标的转动等效为雷达围绕静止目标进行旋转照射。

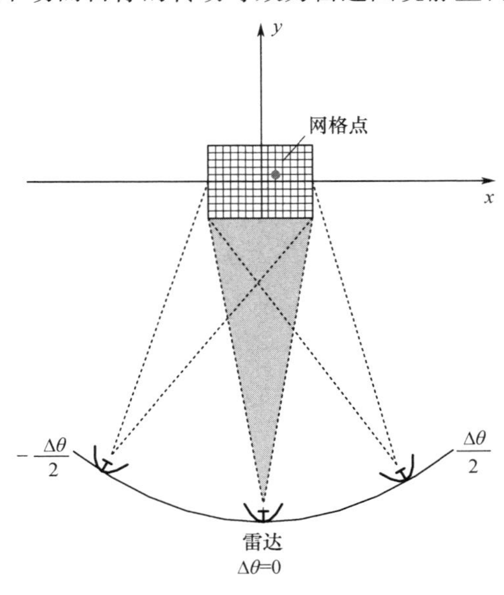

图 6.16　后向投影算法等效示意图

在对场景划分网格后,可以认为这些网格点即为场景中的散射点。后向投影算法的原理即是相干累加每一方位向上该网格点对应在脉压回波中的数据点。这一寻找空间某一点在脉压数据中对应值的过程便是后向投影过程。这里所谓的后向投影是相对于雷达对目标的数据录取过程而言的。针对场景中所有的网格点,寻找每一方位向上对应的脉压数据进行相干累加后便可实现对场景目标的成像。

完成上述后向投影算法基于这样两个假设:

(1) 网格点在整个合成孔径期间都可以被雷达照射到。

(2) 划分场景后的网格点在雷达的脉压回波数据中有相应的采样值。

在二维逆合成孔径雷达成像中,条件1通常是成立的。而条件2的假设,无论是理想情况还是实际情况都不能完全满足。由于A/D采样的原因,采样数据不可能完全包含所有网格点的回波采样值。因此,在太赫兹逆合成孔径雷达成像中,为能够满足条件2的假设,针对每一网格点需要在脉压的回波数据中通过插值手段来估计该网格点的数据。由于是通过插值的方法来实现对网格点数据的估计,因此插值的精度将影响成像的质量。在合成孔径雷达成像处理中,sinc函数插值是常用的一种方法。依据不同插值精度可以选用不同的插值核点数。插值核点数越多插值精度越高。

太赫兹逆合成孔径雷达后向投影算法的成像步骤如下:

步骤1　将原始回波数据 $s(t_{\mathrm{r}},t_{\mathrm{a}})$ 对快时间进行一维傅里叶变换得 $S_1(f_{\mathrm{r}},t_{\mathrm{a}})$。

步骤2　在步骤1的傅里叶变换结果中去除剩余视频相位项和斜置项得 $S_2(f_{\mathrm{r}},t_{\mathrm{a}})$。

步骤3　将成像场景划分为网格。

步骤4　在每一方位向上,计算雷达与场景中所有网格点 (x_n,y_n) 的距离 R_n。

步骤5　在数据 $S_2(f_{\mathrm{r}},t_{\mathrm{a}})$ 中,根据 R_n 找到坐标点 (x_n,y_n) 对应的数据值,乘以补偿因子 $R_n^2\exp\{\mathrm{j}4\pi R_n/\lambda_{\mathrm{c}}\}$ 并投影到其对应的空间位置上。

步骤6　对所有方位向,重复步骤4~步骤5,对投影至相应空间位置的数据进行叠加。

步骤7　获得目标图像。

该算法的成像流程图如图6.17所示。

从流程图中可以看到,用于太赫兹雷达近场成像的后向投影算法其主要思想是从雷达脉压数据中找到场景中点目标对应的数据,并对该点的所有方位向数据进行相干累加,进而获得点目标的重建图像。

在进行该方法的算法推导过程中,雷达与目标之间的距离从对原始回波的

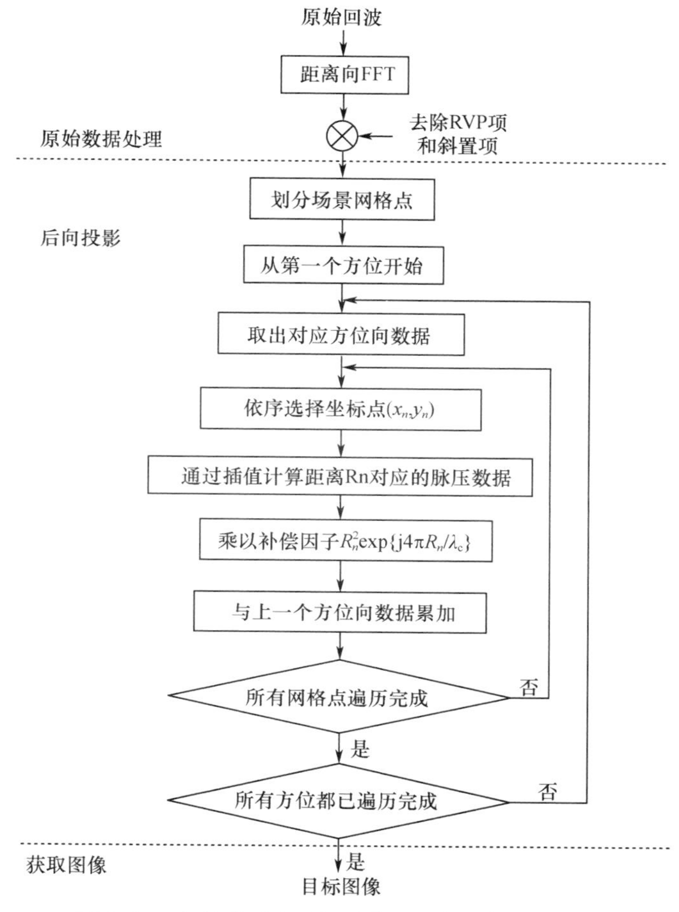

图 6.17 太赫兹雷达近场成像后向投影算法流程图

处理到重建图像的获取始终保持着其完整性,即在场景重建的过程中并没有对雷达与目标之间的距离近似。因此,利用后向投影算法可以实现近场条件太赫兹频段下的成像。

6.3.2 二重积分算法

由于太赫兹频段的波长很短,其近场区范围会较微波波段扩大很多。当太赫兹雷达处于目标的辐射近场区时,散射系数为 $\sigma(x,y)$ 的点目标经太赫兹波照射后,雷达接收的点目标回波信号形式为

$$s(t_r,t_a)=\frac{\sigma(x,y)}{R^2}\mathrm{rect}\left[\frac{t_r-2R/c}{T}\right]\exp\left\{-j\left(\frac{4\pi f_c R}{c}+\frac{4\pi\gamma R}{c}t_r-\frac{4\pi\gamma R^2}{c^2}\right)\right\} \tag{6.42}$$

式中:R 为雷达与点目标之间的瞬时距离。

对式(6.42)去除剩余视频相位项后,得到由波数表示的雷达回波形式,即

$$s_1(k)=\frac{\sigma(x,y)}{R^2}\mathrm{rect}\left[\frac{k-k_c}{2\pi B/c}\right]\exp\{-\mathrm{j}2kR\} \tag{6.43}$$

式中:k 为 $2\pi(f_c+\gamma t_r)/c$;B 为雷达工作带宽。

逆合成孔径雷达成像中,在一个完整的孔径时间内,假设场景中的目标始终能够被雷达照射到且在此时段内目标各向同性,则雷达在某一观测角接收到的场景内目标总的散射场为

$$s_2(k,\theta)=\int_x\int_y\frac{\sigma(x,y)}{R^2}\mathrm{rect}\left[\frac{k-k_c}{2\pi B/c}\right]\exp\{-\mathrm{j}2kR\}\mathrm{d}x\mathrm{d}y \tag{6.44}$$

将上式用以表征点目标的笛卡儿坐标系转换为极坐标系后,式(5.7)变为

$$s_3(k,\theta)=\int_\phi\int_\rho\frac{\sigma(\rho,\phi)}{R^2}\mathrm{rect}\left[\frac{k-k_c}{2\pi B/c}\right]\exp\{-\mathrm{j}2kR\}\rho\mathrm{d}\rho\mathrm{d}\phi \tag{6.45}$$

从式(6.45)可以看出,成像场景内目标散射形成的总散射场是由两个积分表征的。雷达位于某一观测角时,其接收的雷达回波为成像场景内各个点目标的散射场之和。反过来,目标进行图像重建时可以利用全孔径数据的积分来实现。因此,对式(6.45)利用积分相似逆变换,则目标的散射系数函数可以表示为

$$\sigma(\rho,\phi)=\int_\theta\int_k s_3(k,\theta)R^2\exp\{\mathrm{j}2kR\}k\mathrm{d}k\mathrm{d}\theta \tag{6.46}$$

式中,由极坐标格式表示的雷达与目标之间距离形式为

$$R(\rho,\phi-\theta)=\sqrt{r^2+\rho^2-2r\rho\cos(\phi-\theta)} \tag{6.47}$$

式(6.46)中,因子 $R^2\exp\{\mathrm{j}2kR\}k$ 用以补偿原始回波数据中沿电磁波传播路径上不同距离处的相位项 $\exp\{-\mathrm{j}2kR\}/R^2$。通过该项的补偿,原始的回波数据中只剩下点目标的散射系数函数。因此,通过式(6.46)的二重积分可实现对近场区目标的重建。

从整个算法的过程来看,算法对距离没有做任何近似处理,保留了原始信号中相位的全部信息。

观察式(6.46)中的相位项 $\exp\{\mathrm{j}2kR\}$,该项中包含有距离 R。该变量表征了不同目标至雷达的距离。要完成对场景目标的重建需要知道场景每个点目标的位置,进而计算出与雷达之间的距离。为实现这一步骤,同样需要将成像场景划分为网格,计算网格点与雷达之间的距离来得到对应位置的散射系数值。

基于二重积分法的太赫兹逆合成孔径雷达近场成像步骤如下:

步骤 1 对原始回波数据 $s(t_r,t_a)$ 去除剩余视频相位项得到由波数表示的目标总散射场 $s_3(k,\theta)$。

步骤 2 对场景进行网格划分。

步骤 3 在每个观测角上,计算雷达与每个网格点之间的距离。

步骤 4 利用步骤 3 中计算的距离结果,计算相位项 $R^2\exp\{j2kR\}$。

步骤 5 将步骤 4 得到的结果与因子 k 相乘,获得补偿因子。

步骤 6 将步骤 5 的结果与目标总散射场 $s_3(k,\theta)$ 相乘后,在波数方向完成积分。

步骤 7 对所有观测角,重复步骤 3 ~ 步骤 6 并累加步骤 6 得到的结果。

步骤 8 获得目标二维成像结果。

太赫兹雷达近场成像算法流程如图 6.18 所示。

对比该算法与后向投影算法可以发现,这两种算法存在些许相似之处:

(1) 通过数据的累加完成目标的重建。

(2) 对场景需划分网格。

除上述两点相同之处外,其不同点主要体现在:

(1) 积分次数不同。后向投影算法只对方位向积分而二重积分法对波数域和方位向都积分。

(2) 算法运算的域不同。后向投影算法对实现脉压后的频域数据进行积分而二重积分法直接在时域进行第一次积,之后对时域数据实现全孔径累加。

(3) 插值处理不同。后向投影算法需针对不同网格点,在脉压数据中通过插值估计相应的回波数据,而二重积分法则是利用波数域信号的距离匹配度实现信号间的相干叠加来提高重建目标图像的信噪比。

上述两种算法都用到了对场景的网格划分。划分网格的大小会直接影响最终重建的图像的质量。因此,划分网格需结合实际的应用需求进行选择。如果网格尺寸远大于分辨单元,则获得的成像结果较为粗糙,无法清晰展示目标的几何结构;如果划分网格单元远小于分辨单元,则其会增加运算时间,影响算法成像效率。通常,网格单元的尺寸选择为雷达成像分辨力的 1/3 即可满足需求。

6.3.3 基于格林函数分解的二维成像算法

太赫兹逆合成孔径雷达近场成像可以等效为转台模型。在笛卡儿坐标系下,太赫兹雷达的坐标为 (x',y'),点目标的坐标可以表示为 (x,y)。雷达与点目标之间的距离可以表示为

$$R(\theta)=\sqrt{(x-x')^2+(y-y')^2} \tag{6.48}$$

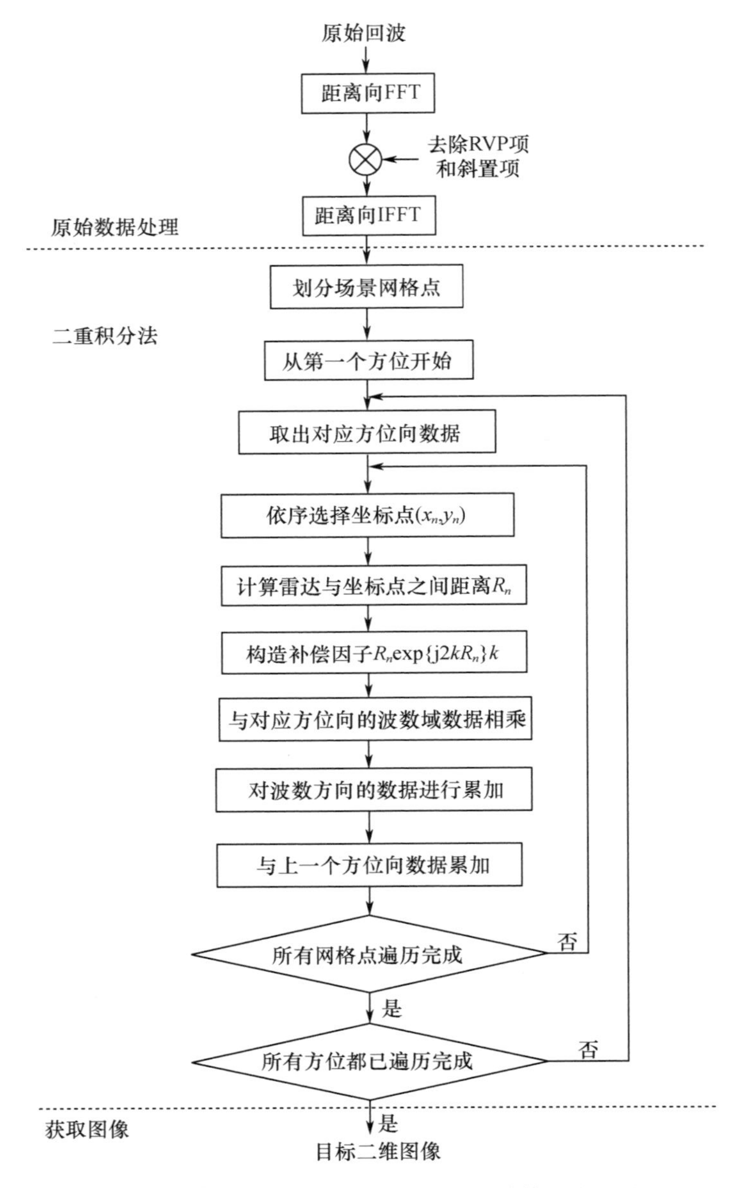

图 6.18　太赫兹雷达近场成像二重积分算法流程图

太赫兹雷达的近场目标总散射场表示式为

$$\begin{aligned} s(k,\theta) &= \int_x\int_y \frac{\sigma(x,y)}{R^2}\mathrm{rect}\left[\frac{k-k_c}{2\pi B/c}\right]\cdot\exp\left\{-j2k\sqrt{(x'-x)^2+(y'-y)^2}\right\}\mathrm{d}x\mathrm{d}y \\ &= \int_x\int_y \frac{\sigma(x,y)}{R^2}\mathrm{rect}\left[\frac{k-k_c}{2\pi B/c}\right]g^*(k,\theta)\mathrm{d}x\mathrm{d}y \end{aligned} \tag{6.49}$$

式中

$$g(k,\theta)=\exp\{\mathrm{j}2k\sqrt{(x-x')^2+(y-y')^2}\} \tag{6.50}$$

式(6.50)为逆合成孔径雷达成像系统的水平面格林函数[153]。该函数包含了场景中目标的距离信息,并记 $\varphi(k,\theta)=2kR$。

对回波中 R^2 进行补偿后的回波信号变为

$$s_1(k,\theta)=\int_x\int_y\sigma(x,y)\mathrm{rect}\left[\frac{k-k_c}{2\pi B/c}\right]g^*(k,\theta)\mathrm{d}x\mathrm{d}y \tag{6.51}$$

利用积分相似逆变换,可得目标后向散射函数为

$$\sigma(x,y)=\int_\theta\int_k s_1(k,\theta)g(k,\theta)k\mathrm{d}k\mathrm{d}\theta \tag{6.52}$$

雷达视线方向波数 k 可以利用调制信号傅里叶变换分解为 x 和 y 方向的波数 k_x 和 k_y。

因此,可利用 k_x 和 k_y 方向的平面波叠加形式来表征式(6.50),即

$$\begin{aligned}g(k,\theta)&=\exp\{\mathrm{j}2k\sqrt{(x-x')^2+(y-y')^2}\}\\&=\iint\exp\{\mathrm{j}k_x(x-x')+\mathrm{j}k_y(y-y')\}\mathrm{d}k_x\mathrm{d}k_y\end{aligned} \tag{6.53}$$

将式(6.53)代入式(6.52)中,得

$$\begin{aligned}\sigma(x,y)=&\iint\left\{\iint ks_1(k,\theta)\exp\{-\mathrm{j}k_xx'-\mathrm{j}k_yy'\}\mathrm{d}k\mathrm{d}\theta\right\}\\&\cdot\exp\{\mathrm{j}k_xx+\mathrm{j}k_yy\}\mathrm{d}k_x\mathrm{d}k_y\end{aligned} \tag{6.54}$$

观察式(6.54)可以发现:通过对大括号内的积分项进行二维傅里叶逆变换可以得到相应点目标的散射系数函数。

为方便对信号进行分析,式(6.54)中大括号内的二重积分可以表示为极坐标的形式

$$H(\rho,\phi)=\iint ks_1(k,\theta)\exp\{-\mathrm{j}\rho r\cos(\theta-\phi)\}\mathrm{d}k\mathrm{d}\theta \tag{6.55}$$

式中:$\rho=\sqrt{k_x^2+k_y^2}$;$\phi=\arctan(k_y/k_x)$。

式(6.55)是关于变量 k 和 θ 的积分,因此该式可分解为两个单独的积分过程。第一积分过程为

$$K(\theta,\rho,\phi)=\int_k ks_1(k,\theta)\mathrm{d}k \tag{6.56}$$

此过程采用因子对雷达回波进行距离向滤波。第二过程为

$$J(\rho,\phi) = \int_{\theta} K(\theta,\rho,\phi)\exp\{-\mathrm{j}\rho r\cos(\theta-\phi)\}\mathrm{d}\theta \tag{6.57}$$

该过程在方位向对滤波后的波数域数据进行相干累积，进而获得点目标在波数域的散射系数函数。

转台模式下，由于回波数据格式为极坐标形式，因此，由式(6.57)得到的二重积分结果为极坐标格式，不能直接采用二维傅里叶逆变换形式进行转换。为获得式(6.57)的空间域点目标散射系数函数，可以通过插值方法将极坐标格式的 $J(\rho,\phi)$ 转换为矩形数据 $J(k_x,k_y)$，式中

$$\begin{aligned} k_x &= \rho\cos\phi \\ k_y &= \rho\sin\phi \end{aligned} \tag{6.58}$$

对转换后的数据 $J(k_x,k_y)$，利用二维傅里叶逆变换得到点目标散射系数函数，即

$$\sigma(x,y) = F_{k_x,k_y}^{-1}[J(k_x,k_y)] \tag{6.59}$$

基于格林函数分解的太赫兹雷达近场成像算法步骤如下：

步骤1　对原始回波数据求关于快时间一维傅里叶变换去除剩余视频相位项。

步骤2　对步骤1结果补偿距离平方项后，得到波数形式目标回波 $s_1(k,\theta)$。

步骤3　将滤波因子 k 与步骤2中得到的目标总散射场相乘，完成滤波处理。

步骤4　在距离向上，对步骤3中的结果进行累加，完成第一次积分。

步骤5　将空变滤波因子 $\exp\{-\mathrm{j}\rho r\cos(\theta-\phi)\}$ 与步骤4中积分结果相乘并完成波数域方位累加过程。

步骤6　将步骤5中的极坐标形式的积分结果 $J(\rho,\phi)$ 通过插值方法变为直角坐标形式后，对其进行二维傅里叶逆变换，获取二维逆合成孔径雷达图像。

图6.19所示为太赫兹逆合成孔径雷达基于格林函数分解的二维成像流程。

上述三种用于近场太赫兹合成孔径雷达的成像算法，要求雷达系统的采样准则需满足一定的要求。去调频接收模式下，回波信号的频率与雷达和目标的距离成正比，其表达式为

$$f_{\mathrm{IF}} = \frac{2\gamma R}{c} \tag{6.60}$$

则，在距离向对回波信号的采样频率 f_s 需满足

$$f_s \geqslant 2f_{\mathrm{IF\_max}} = \frac{4\gamma R_{\max}}{c} \tag{6.61}$$

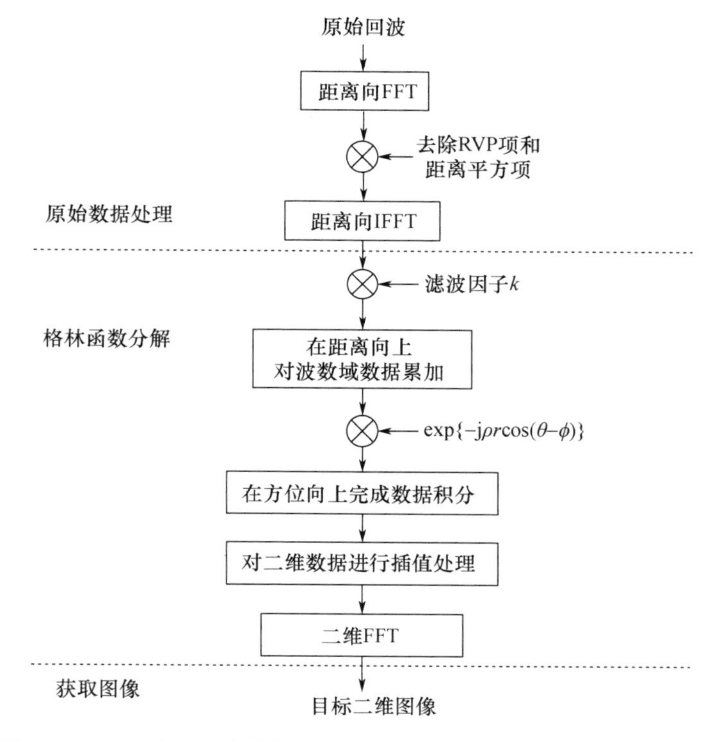

图 6.19　基于格林函数分解的太赫兹逆合成孔径雷达成像算法流程图

在方位向，信号的脉冲重复频率（PRF）必须满足采样定理才能使其不发生混叠。在太赫兹雷达转台成像系统中，方位向多普勒频率形式为

$$f_{\mathrm{d}}=\frac{2}{\lambda}\frac{\mathrm{d}R}{\mathrm{d}t}=\frac{2}{\lambda}\frac{rr_0\omega\cos(\omega t+\theta_0)}{R} \tag{6.62}$$

式中：r_0 为点目标极径，ω 为转台转速，θ_0 为点目标极角。

式（6.62）表明，方位向多普勒频率与雷达的位置、转台的角速度以及目标位于转台的位置有关。在小角度逆合成孔径雷达成像模式下，远场（$r\gg r_0$）目标的多普勒频率可简化为 $f_{\mathrm{d}}=2\omega r_0\cos\theta_0/\lambda$。而在近场条件下，发射信号需满足的 PRF 为

$$\mathrm{PRF}\geqslant\frac{4}{\lambda}\frac{rr_{0\max}\omega\cos(\omega t+\theta_0)}{R_{\min}} \tag{6.63}$$

6.3.4　数值仿真实验结果及分析

在合成孔径雷达成像中，算法的运算效率、重建后点目标的主瓣宽度、峰值旁瓣比以及积分旁瓣比是评价成像算法性能的主要指标。通常，这些指标主要

从重建目标的点散布函数中进行提取。图 6.20 是由后向投影算法、二重积分算法以及格林函数分解算法得到的目标点散布函数(Point Spread Function,PSF)、主瓣宽度和峰值旁瓣比图。其中,图 6.20(a)~图 6.20(c)为三种算法的点散布函数图,从图中可以直观地看到三种算法都能够很好地对点目标进行重建;图 6.20(d)~图 6.20(f)是三种算法在距离向的主瓣宽度及峰值旁瓣比图;图 6.20(g)~图 6.20(i)为方位向主瓣宽度及峰值旁瓣比图。在距离向和方位向上,三种算法得到的点散布函数第一副瓣比主瓣低 13dB 左右。同时,对比三种算法在距离向与方位向的 -3dB 主瓣宽度可以看到经三种算法重建后的点目标其分辨力基本一致且重建后的峰值点位置与理论值相吻合。

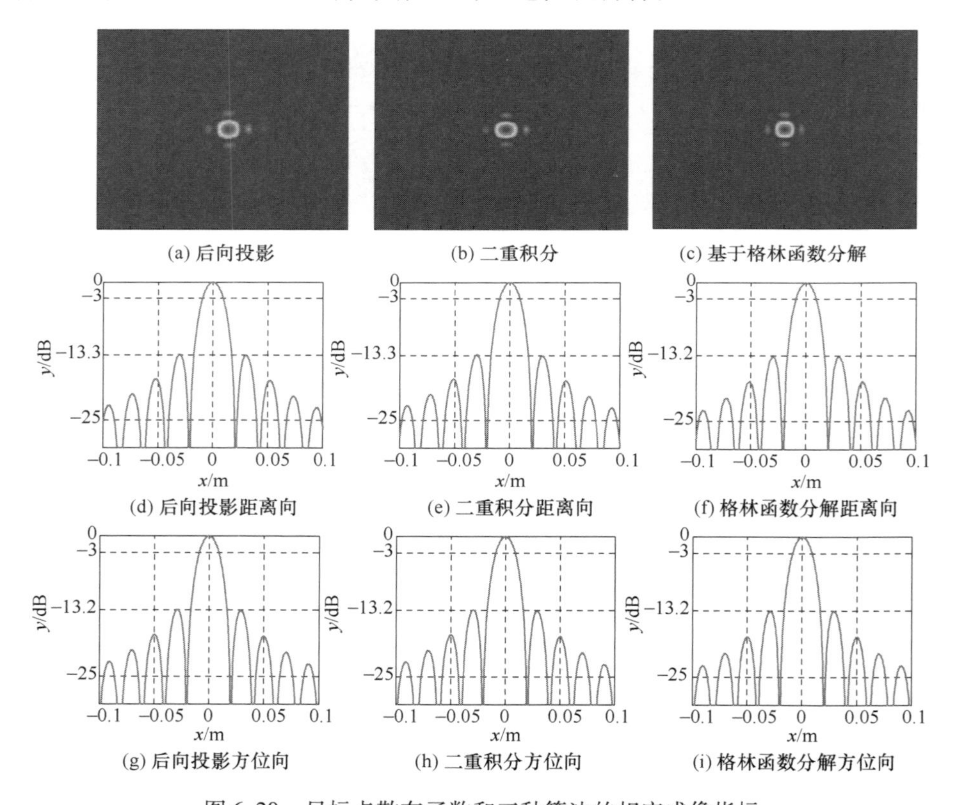

图 6.20　目标点散布函数和三种算法的相应成像指标

表 6.4 和表 6.5 为后向投影算法、二重积分算法以及基于格林函数分解算法在距离向与方位向的成像性能指标。从表中可以看出,三种算法在峰值旁瓣比、积分旁瓣比以及主瓣宽度三个指标方面基本相同。总体上,基于格林函数分解算法的 -3dB 主瓣宽度比其他两种算法稍小,但是其第一旁瓣水平稍高;而后向投影算法的旁瓣收敛速度较快,但是其主瓣宽度略宽。

表6.4 距离向主瓣宽度及旁瓣比指标

名称	峰值旁瓣比/dB	积分旁瓣比/dB	-3dB主瓣宽度/cm
后向投影算法	-13.3489	-9.6912	1.8489
二重积分算法	-13.3373	-9.6567	1.8465
格林函数分解算法	-13.2396	-9.6787	1.8453

表6.5 方位向主瓣宽度及旁瓣比指标

名称	峰值旁瓣比/dB	积分旁瓣比/dB	-3dB主瓣宽度/cm
后向投影算法	-13.2432	-9.8889	1.8353
二重积分算法	-13.2465	-9.8376	1.8341
格林函数分解算法	-13.2398	-9.8047	1.8332

除上述三个指标外,对三种算法运算效率的测试将采用与6.2节相同的测试方法进行。由于后向投影算法和二重积分算法需要对场景进行网格点的划分,而网格点的数量将直接影响算法的运算速度,因此,在保证三种算法最终成像结果分辨力指标一致的前提下,前两种算法中的网格单元尺寸选取为成像分辨力的二分之一,即保证一个分辨力单元内包含两个网格点。在此基础上,获得的三种算法运算效率测试结果为:21.43s(后向投影算法),45.26s(二重积分算法)以及5.68s(基于格林函数分解算法)。三种算法中二重积分算法虽然无需进行插值处理,但是由于对每个网格点需进行波数域方向的相位补偿及积分过程,导致其算法的复杂度增加而后向投影算法的插值及补偿过程无需进行积分,因此其复杂度较二重积分算法低。格林函数算法的运算过程同样需要进行波数域方向的相位补偿及积分过程,但是其是针对整个孔径数据进行的操作无需对每个点进行循环操作,因此该算法的运算量最低,效率最高。三种算法中,后向投影算法和二重积分算法的循环操作限制了其运算效率,但是其所需的硬件资源少;而基于格林函数分解的算法虽然其运算效率高,但是由于算法需对整个孔径数据进行操作,因此其占用的硬件资源较多。

除对上述成像指标进行分析对比外,本小节将采用图6.21所示的二维仿真几何模型验证上述三种算法在近场条件下成像的有效性。仿真模型的长和宽为0.22m。图6.22(a)为仿真中所用的点之间的位置关系,这些点由具有相同反射系数且各向同性的点目标构成。雷达至转台中心距2.5m,雷达发射中心频率为0.34THz的线性调频信号。在信号带宽7.2GHz和方位积累角1.25°时获得的太赫兹雷达距离向和方位向的理论分辨力都为2cm,分辨力的一致保证了重建图像的比例合理性。

图6.22(b)~图6.22(d)为分别采用后向投影算法、二重积分法以及基于格林函数分解算法得到的仿真结果。从结果中可以看到,三种算法对仿真目标

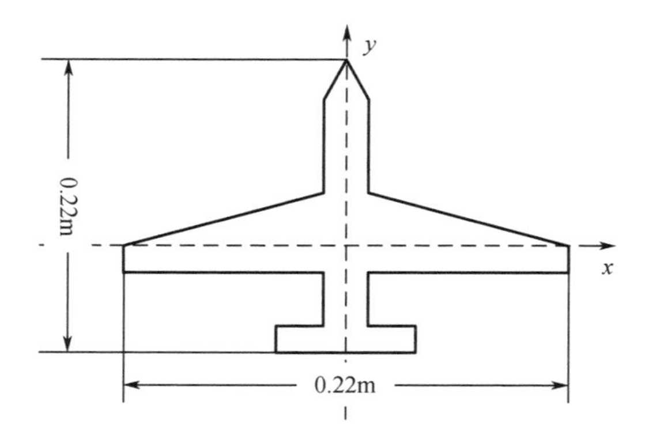

图 6.21　目标仿真几何尺寸

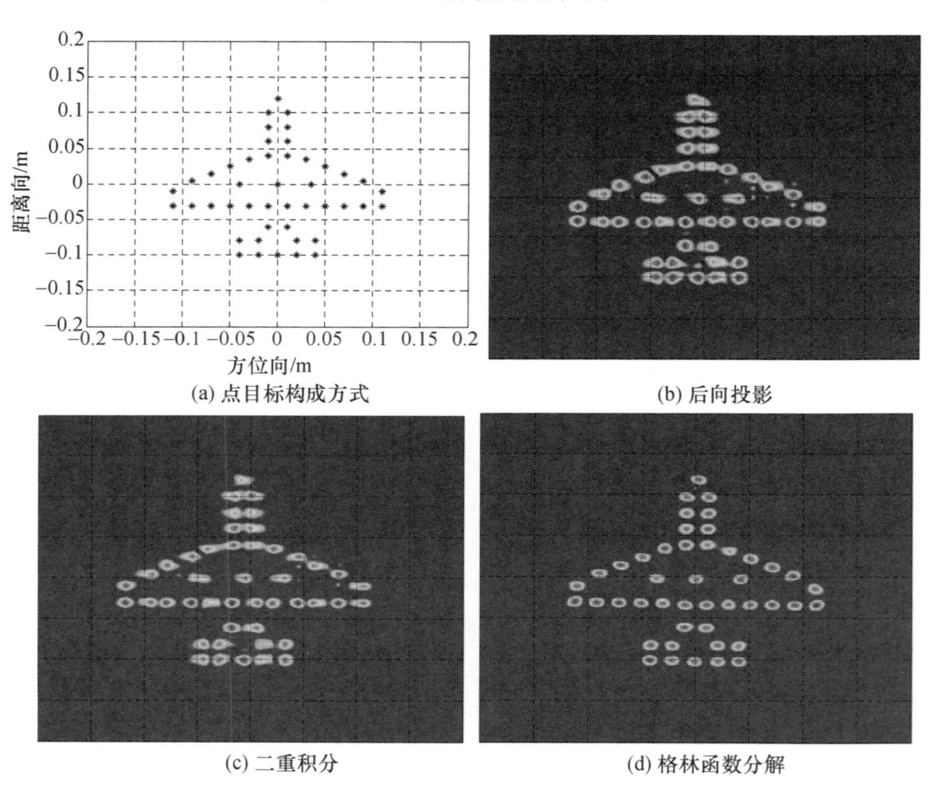

(a) 点目标构成方式　(b) 后向投影

(c) 二重积分　(d) 格林函数分解

图 6.22　三种算法仿真结果(见彩图)

模型都得到了清晰的目标轮廓图,而且每种算法对仿真点的聚焦效果较为良好。

对比三种算法得到的仿真结果可以发现,由后向投影算法和二重积分法重建的图像,有个别点目标出现了不同程度的散焦现象。该现象主要是由算法的成像原理导致的。在对这两种算法进行理论推导时,对场景进行了网格划分。

针对场景中的网格点由于需要逐点计算其回波值并进行相干累加。这个过程中，两个相邻的网格点与雷达之间的距离十分接近，导致在回波中都能取到相应的投影值，进而在图像中都有对应的点出现。

在小角度情况下，相邻的两个网格点的累加值会比较接近，从而使两个网格点混叠在一起，造成了成像结果的散焦。随着观测角度的增加，两个网格点与雷达之间的距离会越来越不同，相干累加的值也会相差越来越大，这个时候的点目标成像结果便获得了聚焦。与其他两种算法不同，基于格林函数分解的算法由于其成像结果是直接由频域数据通过二维傅里叶变换一次完成的，因此其点目标的聚焦效果基本一致。

图6.23(a)为采用远场条件下的二维FFT算法针对上述仿真参数得到的成像结果，图6.23(b)为基于格林函数分解算法获得二维图像。对比可以发现，由于二维FFT算法对距离进行了近似，使得该算法在近场条件下的聚焦效果不理想。许多点散焦严重导致相互影响而失去分辨能力。

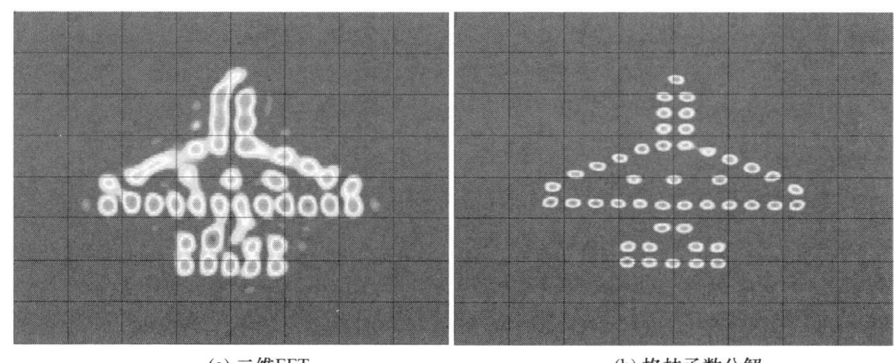

(a) 二维FFT　　(b) 格林函数分解

图6.23　远场与近场算法成像结果对比(见彩图)

从上述对三种算法的成像指标及成像有效性进行的分析结果中可以得知：三种算法在分辨力、旁瓣水平以及积分旁瓣比指标上基本相同；运算效率上，基于格林函数分解的算法其效率最高，后向投影算法次之，二重积分算法最低。就算法的适用性上，后向投影算法和二重积分算法其可以适用于对任意积累角进行成像，而格林函数受积累角的影响较大，适用于对小角度模式下的目标成像。

6.3.5　实测数据结果及分析

为能够真实验证上述三种算法在重建太赫兹雷达近场目标上的正确性，本小节将利用课题组研制的工作频率0.34THz，工作带宽7.2GHz，脉冲重复频率1kHz的线性调频太赫兹雷达成像系统进行实测数据的录取和成像。图6.24为太赫兹雷达逆合成孔径成像系统几何结构[69]。

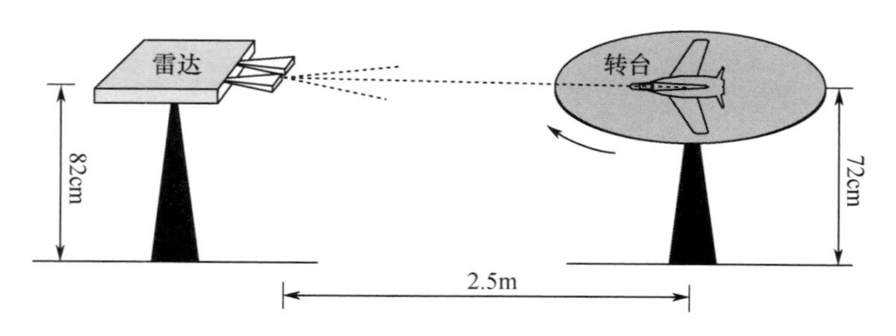

图 6.24　太赫兹雷达逆合成孔径成像系统几何结构

在该成像系统中，太赫兹雷达采用了发射天线与接收天线分置的系统结构方式。由于发射天线与接收天线夹角很小，则天线的相位中心可认为在两天线的中点处。图 6.24 中，系统所用的转台放置于雷达天线的视线方向上，天线相位中心与转台中心距离为 2.5m，该距离可根据实际需要进行调整。太赫兹雷达平台高度 82cm。系统中所用转台具有高度升降功能且转台转速可调，本次实验中为能够使雷达对目标进行俯视照射，转台高度调整为 72cm。雷达系统发射信号的带宽为 7.2GHz，则成像系统的距离向分辨力为 2cm。为能够使距离向与方位向在空间中的分辨力相匹配，则根据方位向分辨力计算公式可得所需的目标相干积累角为 1.22°。同时，为给实验中的数据处理留有一定余量，这里相干积累角定为 1.25°，转台转速设定为 1°/s。

在基于实测数据的成像算法验证中，主要包含两个部分：第一部分是对点目标进行成像验证；另一部分则是对面目标进行成像实验及算法验证。通过这两部分的实验来检验近场条件下逆合成孔径雷达二维成像算法的实际处理能力及成像效果。对点目标进行成像验证的实验场景如图 6.25 所示。边长为 1.5cm 的三个角反射器分别放置于转台，其中一个角反射器放置于转台中心。三个角反射器在雷达视线方向和垂直于雷达视线方向的间隔都为 5cm。转台按 1°/s

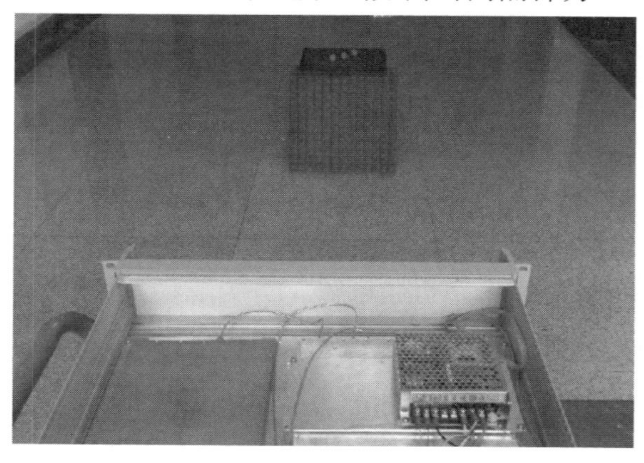

图 6.25　角反射器成像场景图

匀速旋转的同时,雷达对目标进行照射并接收目标反射的回波。当转台积累角为 1.25°时,结束回波数据录取过程。

由于受雷达收发链路中器件功率转换效率等因素的影响,雷达接收的回波会存在由调频非线性导致的信号恶化现象,因此在对实测数据成像之前需完成数据的非线性校正[102-103]。为此,将同尺寸的单个角反射器放置于雷达视线方向且距离雷达天线 2.5m 处,对该角反射器采集单次回波数据作为太赫兹雷达的校正信号。利用该校正信号采用参考点校正方法对实测数据中每个脉冲回波进行校正。图 6.26 为转台单次脉冲数据非线性校正前后对比图。图 6.26(a)为取自实测数据中第 75 个脉冲回波的原始脉压信号。从图中可以看到,三个点目标的原始脉压信号叠加在一起无法分辨。该信号经非线性校正后,三个目标的谱峰清晰可辨,如图 6.26(b)所示。

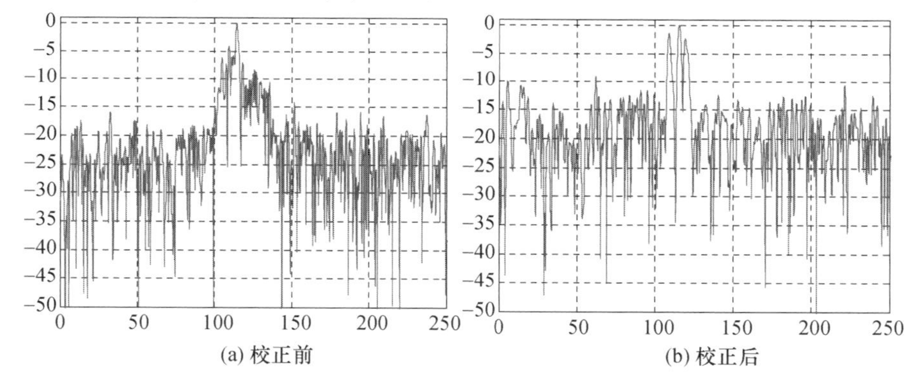

图 6.26　第 75 个脉冲回波实测数据非线性校正前后对比

图 6.27 是利用三种成像算法对非线性校正后的点目标实测数据进行处理获得的成像结果。图 6.27(a)为三个角反射器空间几何布局图;图 6.27(b)~图 6.27(d)是分别采用后向投影算法、二重积分算法以及基于格林函数分解算法获得的成像结果。

从成像结果可以看出,三种算法都很好地实现了对点目标的聚焦成像。重建后三个点目标图像的相对位置与图 6.27(a)基本吻合。图 6.27(b)和图 6.27(c)中,点目标重建后的位置稍有偏移。该现象是由于后向投影算法在距离计算及插值过程中引入的误差造成的。由于二重积分算法中需运用网格点与雷达之间距离进行相位的补偿,因此也存在一定的位置偏差。但是采用上述两种算法重建的点目标位置偏差很小,对成像结果影响很小。此外,对比图中重建的三个点目标可以发现,三个目标的明暗程度存在一定的差异,左侧的角反射器其亮度最低,位于转台中心的角反射器亮度最高,右侧角反射器次之。其原因主要是由于转台的旋转方向为顺时针,位于左侧的角反射器在转台旋转过程中远离雷

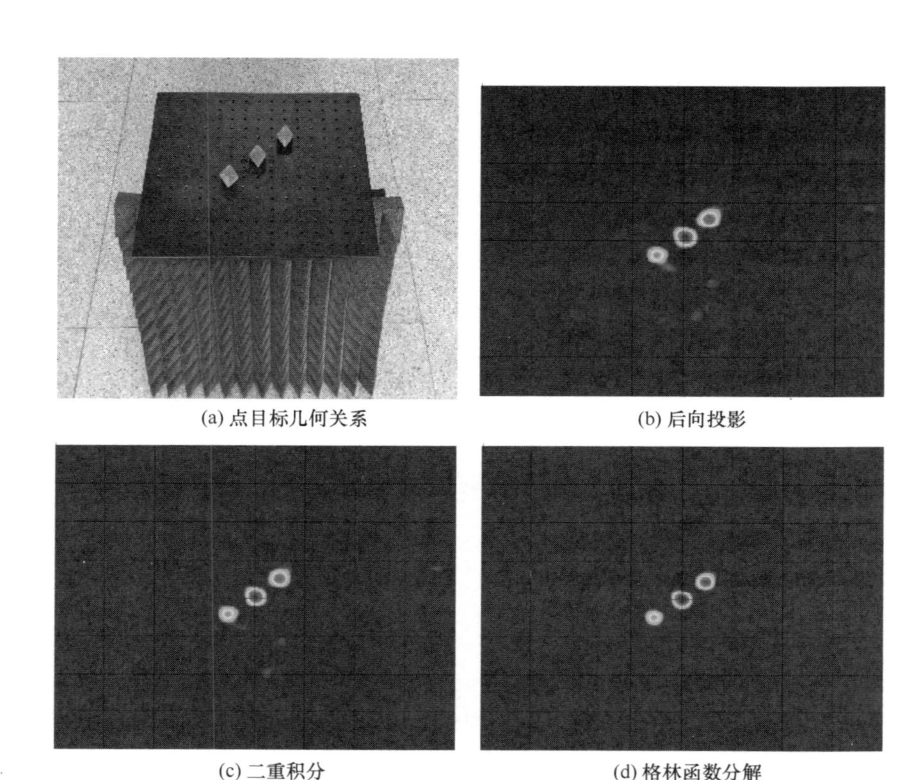
(a) 点目标几何关系
(b) 后向投影
(c) 二重积分
(d) 格林函数分解

图 6.27　角反射器成像结果

达天线且角反射器口向雷达发射天线偏转,右侧的角反射器在此过程中接近雷达天线且角反射器口向雷达接收天线偏转,从而造成了录取数据过程中能量发生变化,从而导致重建的点目标其亮度存在差异。位于转台中心的角反射器在转台旋转过程中,其与雷达天线的距离始终保持不变且在旋转过程中反射的回波能量变化幅度小,因此该点目标的亮度最高。

对面目标成像的实验场景图如图 6.28 所示。面目标采用具有三角翼面的飞机模型,该模型长 38cm,宽 18cm。将其放置于顺时针匀速旋转的转台上,转台旋转速度 1°/s。雷达天线与转台中心距离 2.5m,目标旋转相干积累角 1.25°。

图 6.29(a)为三角翼面飞机模型的几何布局图。图 6.29(b)~图 6.29(d)为分别采用上述三种算法得到的成像结果。总体上看,三种算法都能够很好地完成基于实测数据的太赫兹成像。从成像结果上可以看出,目标的太赫兹雷达图像是由许多点构成的,从一个侧面也验证了太赫兹频段对目标照射时同样满足电磁散射的局部性原理。由三种算法得到的成像结果,由于存在算法上的差异,其成像的性能稍有区别,这个从重建图像的细节上可以发现。

对比图中标示的①、③和⑤这三点,可以看出三种算法对基于实测数据的点

图6.28 三角翼面飞机模型成像场景图

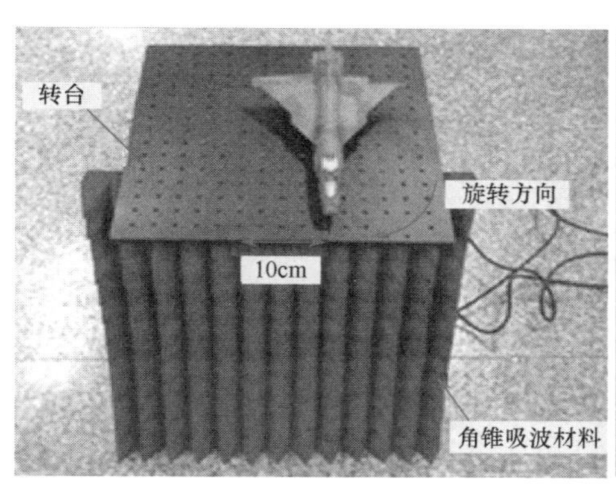

(a) 模型结构

(b) 后向投影

(c) 二重积分

(d) 格林函数分解

图6.29 三种算法实测数据成像结果(见彩图)

目标的聚焦效果良好。但是,在聚焦点的数量及质量上会略有不同。图 6.29(b)和图 6.29(c)由于采用划分网格点的方法来模拟场景,因此在聚焦点的数量上基本一致;与区域⑥内的模糊点相比,②和④区域内重建的三个点清晰可见。在聚焦质量上,后向投影算法得到聚焦质量较二重积分法稍好。对比图中②和④标示的区域内的点可以看出,位于②区内的点的形状近似为圆形,而④中的点发生了较大的形变。在成像的整体结构上,基于格林函数分解算法获得图像较为紧凑,而由前两种算法得到的图像有些点已落于轮廓之外。这是由于在搭建成像场景时对雷达与转台中心点的距离测量的偏差造成的。

除上述对点目标和面目标进行的基于实测数据的成像算法及性能验证外,实验中为能够验证太赫兹雷达系统对实心及空心结构目标的成像能力,选用了方形铁块和汽车轮毂作为成像的对象,其几何结构及成像结果如图 6.30 所示。

(a) 铁块结构

(b) 轮毂结构

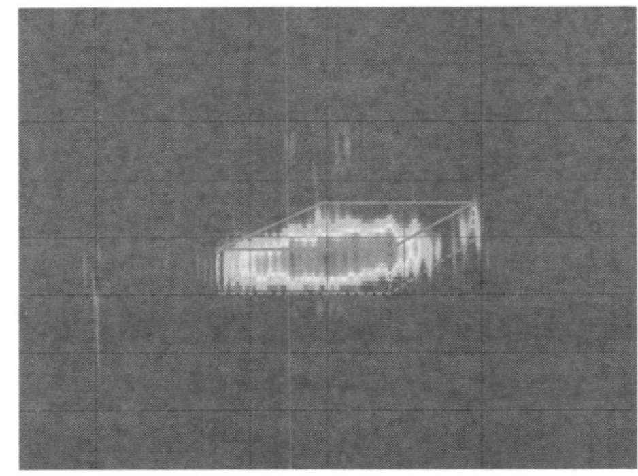

(c) 铁块成像结果

(d) 轮毂成像结果

图 6.30　目标成像结果(见彩图)

在图 6.30(a)和图 6.30(b)中,方形铁块边长为 15cm,汽车轮毂直径为 38cm。对上述两个目标进行成像后获得的结果如图 6.30(c)和图 6.30(d)所示。从方形铁块的成像结果中可以看出，目标棱角反射的信号较顶部平面强得多，因此其上部最前沿棱线的像清晰可见；在右侧面棱角处同样有回波返回，相较前沿棱线其强度较弱。该现象也从实验上验证了目标的边缘不连续处其反射的电磁波较连续平面处强。图6.30(d)中，能够较为清楚的辨认轮毂的八个辐条。由于轮毂中上部强散射点的出现使得成像结果中辐条的强度较低。由于上述目标成像受系统距离向分辨力的限制，因此在距离向上目标的点数较少，无法清晰展示其成像结果。在下一阶段的雷达设计中，将进一步提高雷达系统的发射信号带宽，以求获得更为清晰的太赫兹频段目标雷达图像。

在利用实测数据验证成像算法有效性的基础上，本文同时也对太赫兹频段下的目标多角度成像开展了初步的实验研究。图6.31为雷达多角度成像时目标的场景图。图6.32为对A380飞机模型在太赫兹频段下测得的从 $-30°$ 到 $30°$ 旋转角的成像结果，选用了其中六幅图像来说明多角度成像的效果。

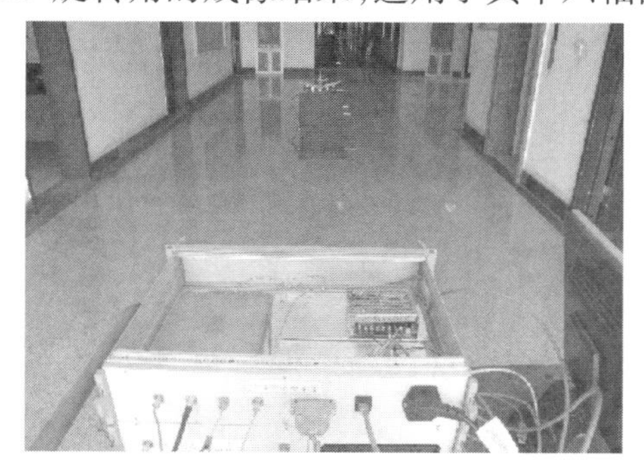
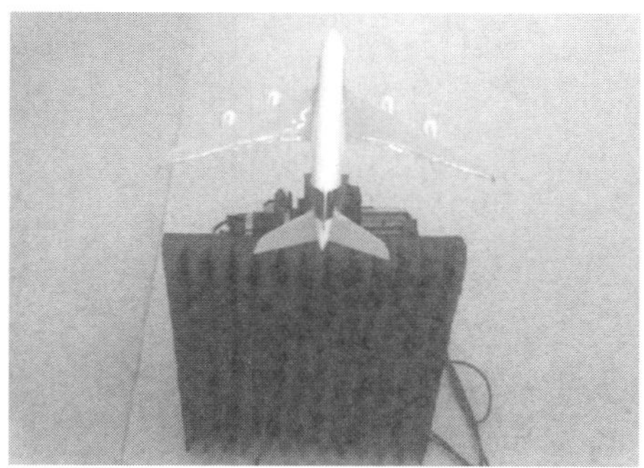

图6.31 目标多角度成像场景图

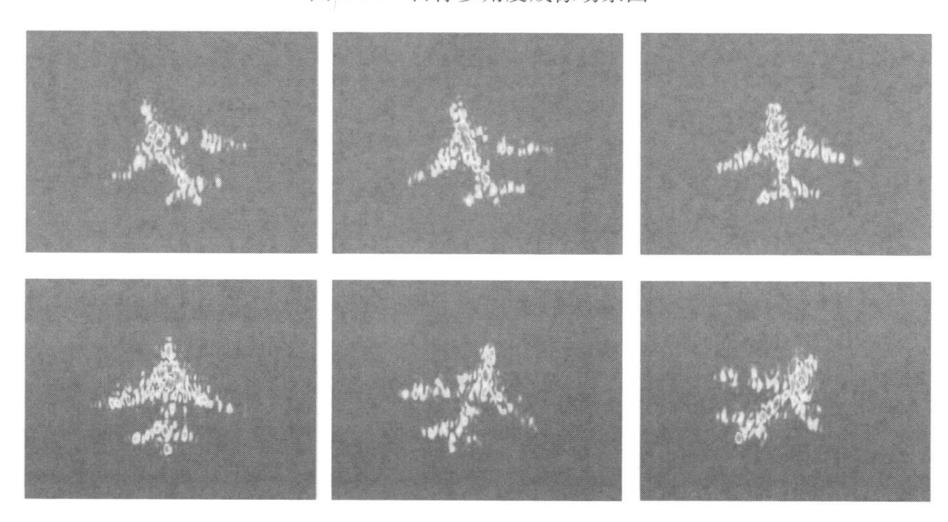

图6.32 A380飞机模型多角度成像结果(见彩图)

成像目标选用 A380 宽体客机模型可便于观测成像过程中目标图像的连变状态,该飞机模型长 40cm,宽 45cm。实验中,将该模型置于转台上,转台中心点与雷达天线之间的距离为 8m,转台按照 1°/s 匀速旋转。雷达对目标进行连续照射的同时,将采集到的数据按照子孔径的模式做成像处理从而达到对目标的连续多角度成像。由于太赫兹雷达系统带宽为 7.2GHz,则其距离向分辨力为 2cm。为使方位向与距离向分辨力相匹配,则所需相干积累角为 1.22°,这里子孔径的孔径积累角选为 1.25°,即每隔 1.25s 对目标成一次像。成像算法采用基于格林函数分解的方法以求达到成像的快速性。从结果中可以看到,飞机在旋转的过程中,其散射点在不断地发生变换。有的从强到弱,有的从弱转强。在不同的视角下,目标反射的雷达回波不同从而呈现出不同的姿态。而且从六幅图像中可以看到,图中机翼存在不同程度的断裂现象。其原因是由于目标在旋转过程中垂直尾翼的角度始终发生变化,从而导致其对机翼的不同部位存在遮挡效应。在成像过程中,与垂直尾翼在同一方位的机翼会被遮挡一部分,使得重建后的目标图像中机翼出现断裂现象。

6.4 小　结

本章在对成像相关内容进行简单介绍的基础上,针对太赫兹频段下逆合成孔径雷达成像的问题,提出了相应的成像算法。针对远场条件下的逆合成孔径雷达二维成像的问题,给出了二维快速傅里叶变换算法、极坐标格式算法以及卷积逆投影三种算法的推导过程。二维快速傅里叶变换算法能够实现小角度下目标的二维快速成像;极坐标格式算法通过对极坐标下的数据进行矩形插值可以实现较大角度的目标二维成像;而卷积逆投影算法则可以实现对更大角度的二维成像。三种算法中,二维快速傅里叶变换算法其运算效率最高,但是其成像的角度最小,卷积逆投影可以实现最大的成像角度,但是其运算效率最低,极坐标格式算法其性能居中。在逆合成孔径雷达的二维近场成像中,对采用后向投影算法、二重积分法和基于格林函数分解的成像算法给出了详细的算法推导过程,最后通过数值仿真和实测结果验证了上述三种算法的有效性。上述三种算法中,由于后向投影算法和二重积分法需要对成像场景划分网格点后逐点计算,因此其运算效率较基于格林函数分解的算法要低。

第7章 太赫兹雷达SAR成像

7.1 引　言

太赫兹雷达的高工作频率,使得视频合成孔径雷达(视频SAR)的实现成为可能。视频SAR能够在短时间内获得观测区域的多幅图像,形成视觉上的活动影像,可以更为直观地感知目标区域的动态,具有光学及红外传感器不具备的全天候监测能力。

7.2 视频SAR成像原理

7.2.1 回波信号模型

视频SAR系统的基本组成主要包括发射机、接收机、天线以及信号处理单元等,发射机与接收机是系统重要的核心组成部分,采用非相干双源与超外差接收相结合的方法实现信号相干接收,系统总体框图如图7.1所示。

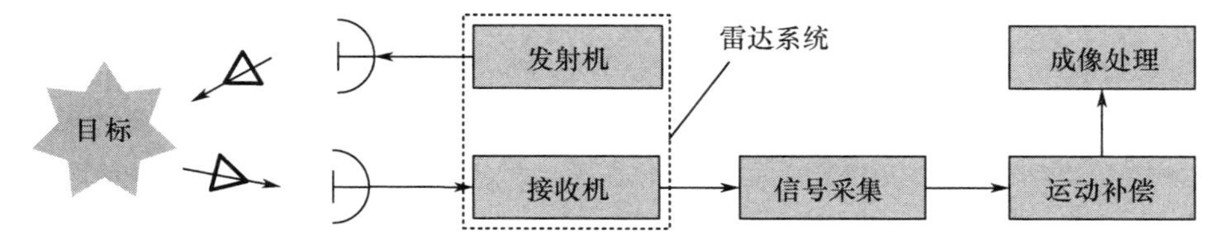

图7.1　视频SAR系统框图

该系统中,两个独立频率源分别作为发射信号源与接收机本振信号源,以减少信号分路产生的影响,降低对信号功率的要求。将两个信号源引出的非相干信号进行混频后获得信号源之间的相位差,将该相位差与回波中频信号进行混频便可消除由两个信号源引入的非相干相位噪声,从而实现相干雷达系统。该方案既能保证视频SAR雷达发射系统与接收系统的相干性,又能够使系统具有较高的可实现性。

载机在条带模式下完成相关区域普查后，对重点区域可利用视频 SAR 系统实现对地面移动目标的实时探测。要达到实时侦察功能，视频 SAR 系统需要满足一定的工作模式要求，在考虑系统各项指标之间相互关联的基础上，拟采用圆周聚束模式实现对移动目标的实时侦测，示意图如图 7.2 所示。

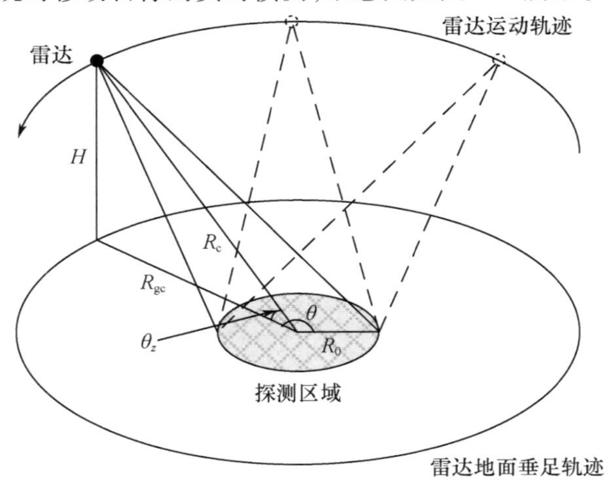

图 7.2 视频 SAR 工作模式

图 7.2 中，雷达载机在一定高度沿圆周飞行，飞行过程中雷达波束中心始终指向地面成像场景中心。与条带 SAR 模式相比，该模式下的雷达在整个合成孔径时间内能够始终接收来自成像场景的回波信号，使得该模式可以获得比条带 SAR 更高的方位向分辨力，因而更容易满足视频 SAR 系统对成像帧率的要求。

7.2.2 视频 SAR 成像帧率

视频 SAR 系统主要任务是利用雷达载机在低空飞行过程中对地面机动目标进行探测。其主要探测距离范围在 1 ~ 10km 之间，主要探测目标为机动人员、车辆等移动目标。目标的横向加速度 a 为 0.1 ~ 1g，其中 $g=9.8\mathrm{m/s^2}$，为重力加速度；移动速度为 1 ~ 10m/s 之间。

在 SAR 图像中，能够精确区分地面移动部队、车辆，甚至单人移动目标所需的距离向及方位向分辨力应达到 $\delta=\delta_a=\delta_r=0.2\mathrm{m}$。而成像帧率 F_r 主要取决于成像分辨力以及目标横向加速度，其公式为

$$F_r=\sqrt{\frac{a}{2\delta}} \tag{7.1}$$

图 7.3 为三种不同成像分辨力下，帧率与目标横向加速度之间的曲线。

由图可见，在分辨力为 $\delta=0.2\mathrm{m}$ 的情况下，观测最大横向加速度为 1g 的移动目标所需的帧率约为 $F_r=5\mathrm{Hz}$。

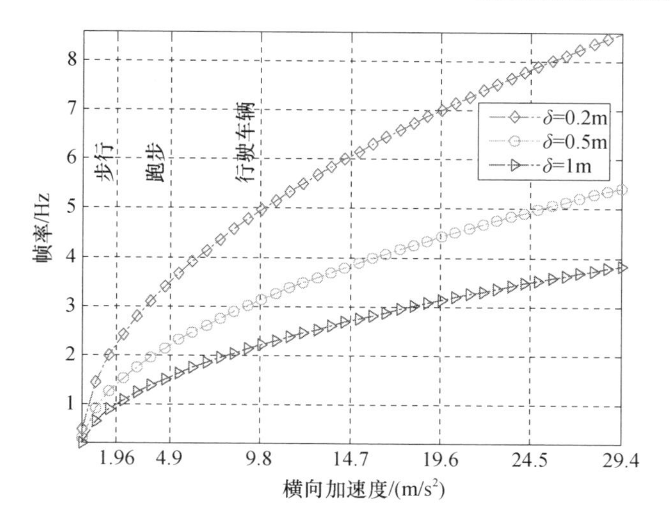

图 7.3 帧率与目标横向加速度关系曲线

依据前述分析可知,要实现对地面移动车辆等目标的探测,成像帧率必须大于等于 5Hz,即雷达载机围绕成像场景飞行过程中,每秒钟至少需重建五幅图像,如图 7.4 所示。

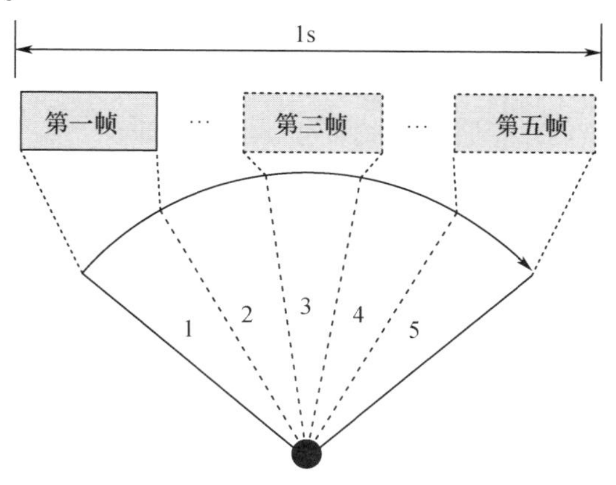

图 7.4 高帧率 SAR 成像示意图

同时,由于视频 SAR 系统要求成像场景分辨力需达到 0.2m,结合系统工作模式和系统对成像场景重建图像分辨力的要求,可计算出雷达信号相干积累角 $\Delta\theta$,其公式为

$$\Delta\theta = \frac{\lambda_c}{2\delta} \tag{7.2}$$

利用式(7.2)可得,在满足重建图像 0.2m 分辨力的前提下,0.22THz 系统所需的相干积累角为 0.19°,0.34THz 系统所需相应的相干积累角为 0.13°。

7.3 视频 SAR 成像算法

7.3.1 子孔径加权成像算法

视频 SAR 系统设计帧率大于 5Hz,方位分辨力为 0.2m,工作模式为聚束式。由于人类眼睛的特殊生理结构,画面帧率大于 16 时,才会认为是连贯的。为了满足该要求,需要将孔径划分为更多的子孔径,因此视频 SAR 相邻帧间存在互相重叠的子孔径。

为了充分利用帧图像间的“孔径重叠效应”,采用划分子孔径的方式处理。划分子孔径后,单个子孔径产生的图像方位向分辨力较差,为满足视频 SAR 系统对分辨力的要求,需对多个孔径图像进行线性累加以恢复方位向分辨力。然而,对子孔径图像直接累加将会出现方位向的高旁瓣,且会在子孔径始末位置引入虚假目标。因此在利用子孔径图像形成帧图像时,还需考虑到方位向的加权处理,在方位处理前将脉冲作为一个方位函数,沿方位向进行加权处理。而方位向加窗需要对形成帧图像的数据滑动,导致运算量增大,可采用一种子孔径加权技术来近似加窗。该技术使用分段多项式逼近窗函数,可以达到和理想加窗处理近似的效果。为平衡内存、速度和旁瓣性能,可采用二次多项式,对每个子孔径数据产生三幅加权图像(常数、一次和二次加权图像)。不同子孔径形成的加权图像是相互独立的,进行加权累加即可产生帧图像。

1. 子孔径内加权

子孔径加权算法的第一步为子孔径内加权,即对每个子孔径内的每个脉冲,先使用三个不同的权系数加权,产生三幅独立图像。

设 c_n,l_n,q_n 为子孔径内脉冲的加权系数,其计算式为

$$\begin{aligned} c_n &= 1 \\ l_n &= \frac{\theta_n - P_{i-1}}{P_i - P_{i-1}} \\ q_n &= \left(\frac{\theta_n - P_{i-1}}{P_i - P_{i-1}}\right)^2 \end{aligned} \tag{7.3}$$

式中:P_i 为第 i 个子孔径方位向边界值;θ_n 为第 n 个脉冲对应的方位角,满足 $P_{i-1} \leqslant \theta_n \leqslant P_i$。假设一帧图像包含 6 个子孔径,即帧子孔径数 $M_s = 6$,如图 7.5 所示。得到的相邻帧图像间包含高度重叠的子孔径,有利于并行运算,可进一步加快成像效率。而子孔径的大小可以根据平台运动速度不同改变,现假设子孔径大小为等间隔的,即每个子孔径方位向跨度为 $\Delta\theta$,这样最后得到的帧图像方位向跨度为 $6\Delta\theta$。

第三帧
第二帧
第一帧
1
2
3
4
5
6
7
8
P_0
P_1
P_2
P_3
P_4
P_5
P_6
P_7
P_8

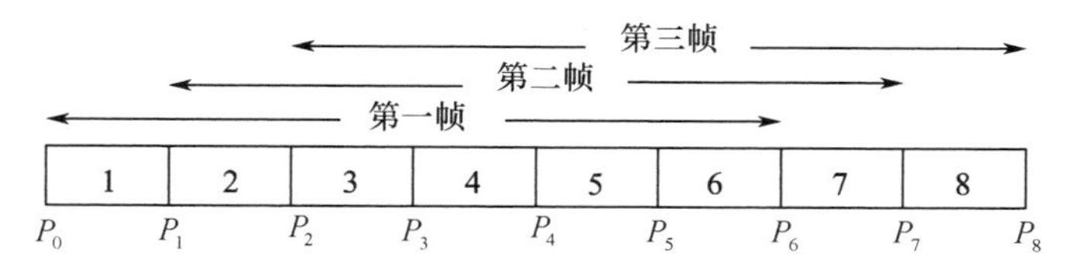

图7.5 多个子孔径产生ViSAR的帧图像

2. 子孔径间加权

子孔径加权算法的第二步为子孔径间加权,即将各子孔径的三幅独立图像,按不同子孔径分别进行加权累加形成一幅全分辨力图像。每个子孔径产生三幅加权的图像,经过子孔径间加权得到18幅子图,最终累加形成一帧图像。由于子孔径分割时使用了方位向固定的角度$\Delta\theta$,子孔径图像变换的加权因子可以只计算一次,在接下来的连续帧图像产生过程中均可重复利用,与直接叠加方法相比,增加的计算量并不大。

设$\omega_0 \sim \omega_{12}$为形成一帧图像的6个子孔径窗函数的系数,$C_i$,$L_i$,$Q_i$表示第$i$个子孔径为根据窗函数系数计算得到的三幅独立加权图像(常数加权图像、一次加权图像及二次加权图像)对应的权值。窗函数与子孔径边界间的关系如图7.6所示,对第i个子孔径,利用二次多项式得到近似窗函数$W_i(x)$有

$$W_i(x) = Q_i x^2 + L_i x + C_i \tag{7.4}$$

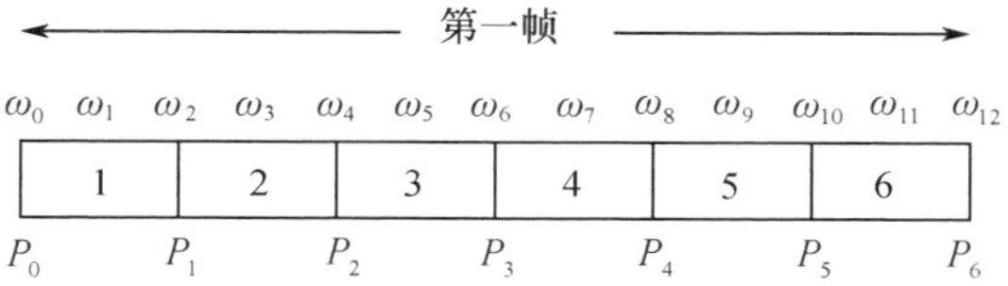

第一帧
ω_0 ω_1 ω_2 ω_3 ω_4 ω_5 ω_6 ω_7 ω_8 ω_9 ω_{10} ω_{11} ω_{12}
1
2
3
4
5
6
P_0
P_1
P_2
P_3
P_4
P_5
P_6

图7.6 窗函数系数与子孔径边界间的关系

利用子孔径边界和中心处的权值作为限定条件,应满足

$$\begin{aligned} W_i(0) &= C_i = \omega_{2i-2} \\ W_i\left(\frac{1}{2}\right) &= \frac{Q_i}{4} + \frac{L_i}{2} + C_i = \omega_{2i-1} \\ W_i(1) &= Q_i + L_i + C_i = \omega_{2i} \end{aligned} \tag{7.5}$$

解得

$$\begin{aligned} C_i &= \omega_{2i-2} \\ L_i &= 4\omega_{2i-1} - 3\omega_{2i-2} - \omega_{2i} \\ Q_i &= 2\omega_{2i-2} + 2\omega_{2i} - 4\omega_{2i-1} \end{aligned} \tag{7.6}$$

对任意窗函数,利用式(7.6)即可得到二次项多项式的常数项系数、一次项系数及二次项系数 C_i,L_i,Q_i,再分别与第 i 个子孔径的常数加权图像 S_{C_i}、一次加权图像 S_{L_i} 及二次加权图像 S_{Q_i} 加权累加即可得到一帧图像 F_i,以帧子孔径数 6 的情况为例,有

$$F_i = \sum_{i=1}^{6} C_i S_{C_i} + L_i S_{L_i} + Q_i S_{Q_i} \tag{7.7}$$

对于一帧图像,仅需存储 18 幅子孔径图像作为中间结果。而对于下一帧图像,只需用当前子孔径图像覆盖前一帧首个子孔径图像后,再对加权系数矢量进行一次圆周移位,即可重新加权相加得到新的一帧图像。本算法在减小内存开销的同时,提高了运算效率,且有利于成像算法的并行处理。

图 7.7 为利用二次多项式近似参数为 6 的 Kaiser 窗的仿真结果,可以看出,利用二次多项式可以得到近似的窗函数,且满足窗函数的一般特点。

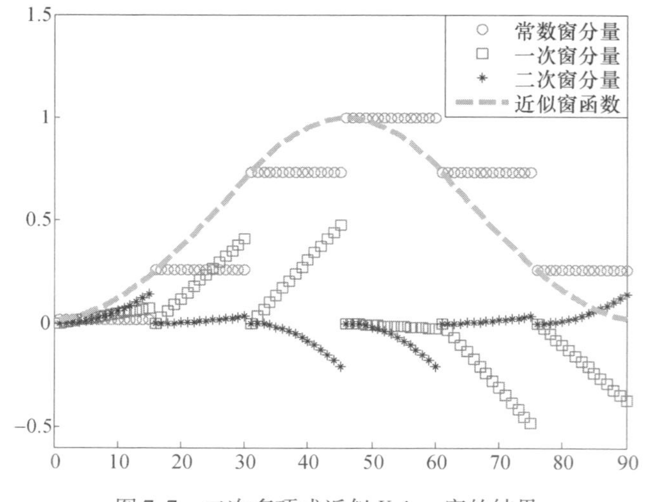

图 7.7　二次多项式近似 Kaiser 窗的结果

图 7.8 为采用二次多项式得到的近似窗函数与理想窗函数的对比。从图中可以看出,近似窗十分接近理想窗,采用二次多项式可以得到很好的近似效果。

子孔径加权算法的流程图如图 7.9 所示。

图 7.10 为子孔径加权算法与其他算法的对比。其中图 7.10(a)为对子孔径图像直接累加得到的图像,方位向旁瓣很高,成像效果较差。图 7.10(b)为直接对全孔径数据 BP 成像得到的图像,图 7.10(c)和图 7.10(d)分别为采用子孔径加权及对全孔径数据采用理想窗函数加权得到的图像。可以看出,采用子孔径加权的图像与全孔径加权的图像效果近似,均远强于子孔径直接累加的图像,而与全孔径数据直接成像相比,仅仅在方位向上主瓣略有展宽。

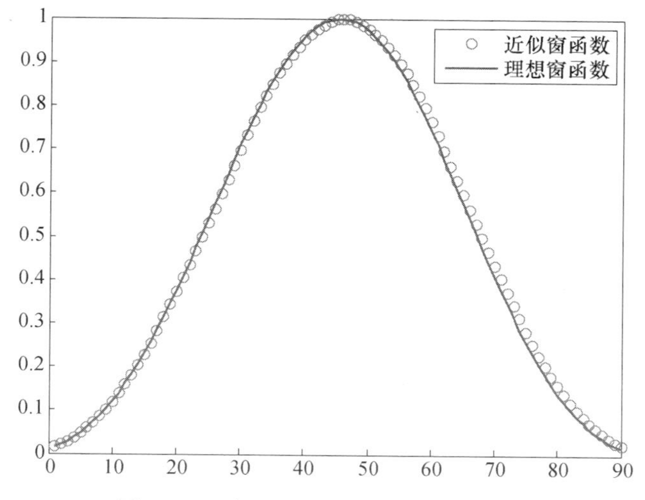

图7.8 近似窗函数与理想窗函数的对比

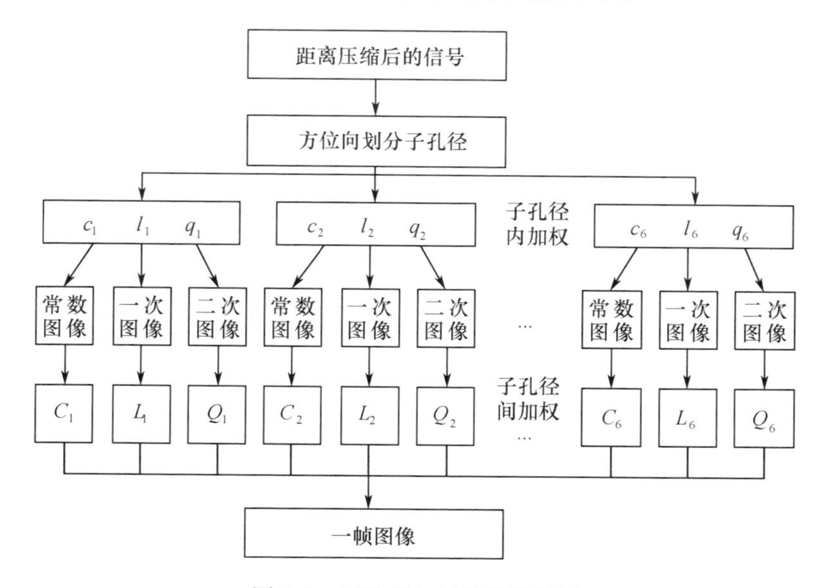

图7.9 子孔径加权算法流程图

从时间上比较,得到图7.10中4幅图像的时间分别如表7.1所列。

表7.1 子孔径加权与其他算法成像时间的对比

	图7.10(a) 直接累加	图7.10(b) 全孔径BP	图7.10(c) 子孔径加权	图7.10(d) 全孔径理想窗
时间/s	22	131	27	134

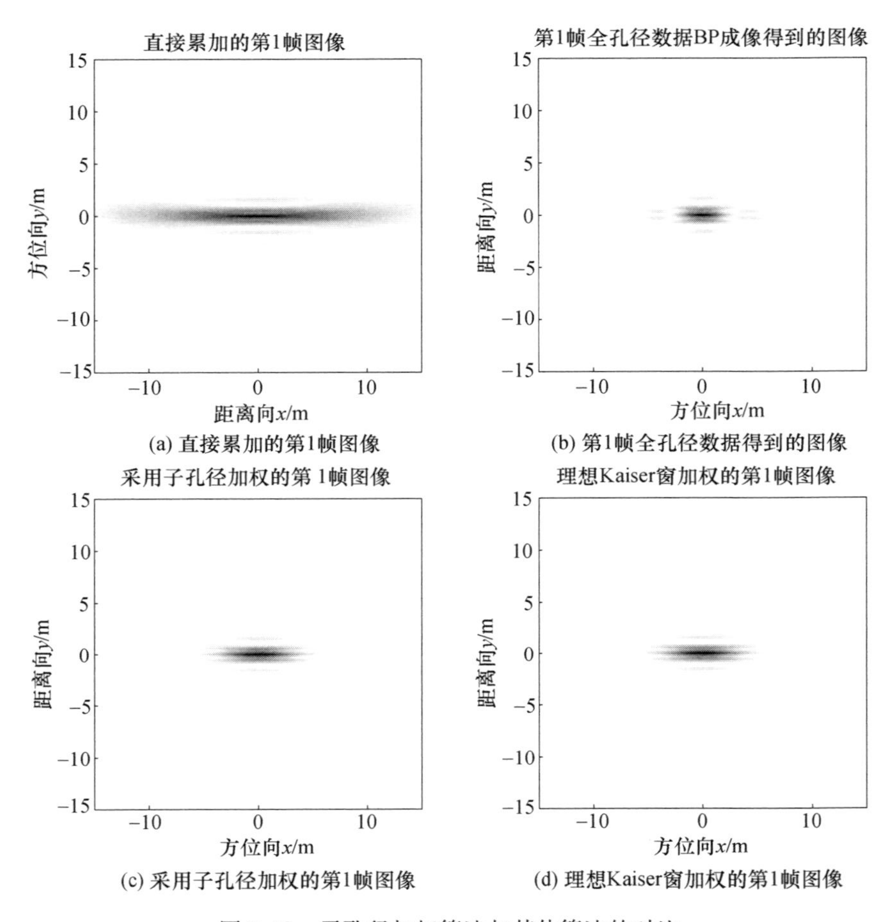

(a) 直接累加的第1帧图像 (b) 第1帧全孔径数据得到的图像

(c) 采用子孔径加权的第1帧图像 (d) 理想Kaiser窗加权的第1帧图像

图 7.10 子孔径加权算法与其他算法的对比

从表 7.1 可以看出，子孔径加权算法利用远低于全孔径成像所需的时间，得到了接近全孔径成像的效果，兼顾了成像分辨力和成像时间，是成像效果和效率的一个较好折衷。

7.3.2 基于 AR 模型的迭代算法

视频 SAR 帧图像形成方法，除了利用子孔径加权算法以外，还可以采用基于 AR 模型的迭代算法。该算法采用迭代更新的方法，利用先前数幅子孔径图像与当前子孔径图像的线性组合得到输出图像。

传统的子孔径成像处理，利用最近的 J 次测量值加权形成当前时刻 k 的图像 I_k，即

$$I_k = \sum_{j=0}^{j=J-1} \omega_j R(r_{k-j}) \tag{7.8}$$

式中：r_{k-j}为时刻$k-j$的测量值；R_{k-j}为由r_{k-j}得到的子孔径图像；$\{\omega_j\}$为权值序列，即方位向窗函数。直接对上式进行计算将涉及到大量的内存开销和计算量，采用迭代计算虽然不能减少内存开销，但可以减少计算量。

特殊地，对于矩形窗的情况，即

$$\omega_j^R = \begin{cases} 1, & 0 \leqslant j \leqslant J-1 \\ 0, & \text{其他} \end{cases} \tag{7.9}$$

采用传统子孔径直接累加的成像过程可以表示为

$$I_k = \sum_{j=0}^{J-1} R_{k-j} \tag{7.10}$$

而利用迭代计算得到SAR图像的过程为

$$I_k = I_{k-1} + R_k - R_{k-J} \tag{7.11}$$

设子孔径图像含N_m个像素点，采用迭代算法每次形成一幅图像仅需$2N_m$次加法，远小于直接累加所需的$(J-1)N_m$次。内存开销二者相同，均需要储存前J次的子孔径图像。

然而，矩形窗由于存在高旁瓣，一般不使用。对于一般的窗函数，采用迭代算法可以表示为

$$\begin{aligned} I_k &= \sum_{j=0}^{J-1} \omega_{k-j} R_{k-j} = \sum_{j=1}^{J-1} \omega_{k-j} R_{k-j} + \omega_k R_k \\ &= \sum_{j=1}^{J-1} \omega_{k-1-(j-1)} R_{k-1-(j-1)} + \omega_k R_k \\ &= \sum_{m=0}^{J-1} \omega_{k-1-m} R_{k-1-m} + \omega_k R_k - \omega_{k-J} R_{k-J} \\ &= I_{k-1} + \omega_k R_k - \omega_{k-J} R_{k-J} \end{aligned} \tag{7.12}$$

由于不同时刻的子图像权值不相同，需对权值矢量进行圆周移位，此外也需存储前J个子孔径图像。

若将迭代估计理论引入到迭代成像流程，利用AR模型近似窗函数，将帧图像的形成过程等效为自回归$\mathrm{AR}(M_\mathrm{a})$模型的迭代估计过程，可以得到一种高效的视频SAR图像迭代生成方法，即

$$I_k = \sum_{m=1}^{M_\mathrm{a}} \alpha_m I_{k-m} + \beta R_k \tag{7.13}$$

式中：$M_\mathrm{a} \ll J$，为AR模型阶数。式(7.13)相比于直接迭代计算，在内存开销上存在巨大优势，而计算量只是略有增加，只需存储M_a幅N_m个像素点的帧图像和$M_\mathrm{a}N_\mathrm{m}$次加法。

将 R_k 作为输入，I_k 作为输出，用 AR(M_a)过程近似窗函数，则有

$$Z(\omega)=\frac{\beta}{A_{M_a}(z^{-1})}=\frac{\beta}{1-\alpha_1 z^{-1}-\alpha_2 z^{-2}-\cdots-\alpha_{M_a}z^{-M_a}}$$
$$\omega=Z^{-1}\left[\frac{\beta^*}{A_{M_a}(z^{-1})}\right] \tag{7.14}$$

对于 AR(1)模型有

$$\omega_j=Z^{-1}\left[\frac{\beta}{1-\alpha_1 z^{-1}}\right]=\beta\alpha_1^j u[j] \tag{7.15}$$

取 $\alpha_1=1-2/N_w$，N_w 为窗函数点数，则可以得到 AR(1)近似矩形窗的结果，如图 7.11 所示。

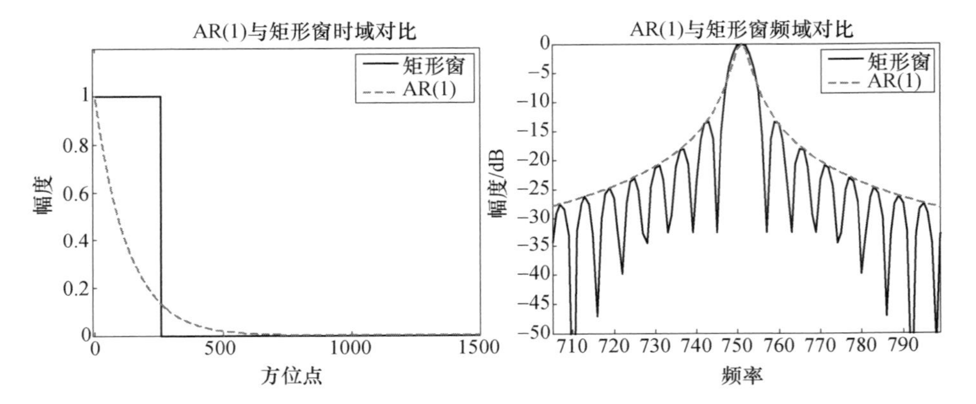

图 7.11 AR(1)与矩形窗对比

由图 7.11 可以看出，采用 AR(1)近似矩形窗，虽然在时域上二者相差较大，但在频域上 AR(1)可以近似得到矩形窗的包络。由于 β 不影响窗口函数形状，只影响幅度，因此取 $\beta=1$。此时有

$$I_k=\alpha_1 I_{k-1}+\beta R_k \tag{7.16}$$

对于 AR(2)模型，有

$$\omega_j=Z^{-1}\left[\frac{\beta}{1-\alpha_1 z^{-1}-\alpha_2 z^{-2}}\right]=\beta\lambda^j\sin(j\mu) \tag{7.17}$$

取 $\mu=\pi/1.1N_w$，$\lambda=1-2.8/N_w$ 可以得到 AR(2)近似三角窗的结果，如图 7.12 所示，可以看出，采用 AR(2)也能得到三角窗的近似包络。

而对于 AR(3)模型，则有

$$\omega_j=Z^{-1}\left[\frac{\beta}{1-\alpha_1 z^{-1}-\alpha_2 z^{-2}-\alpha_3 z^{-3}}\right]=(Aa^j+B(a^*)^j+Cb^j)u[j] \tag{7.18}$$

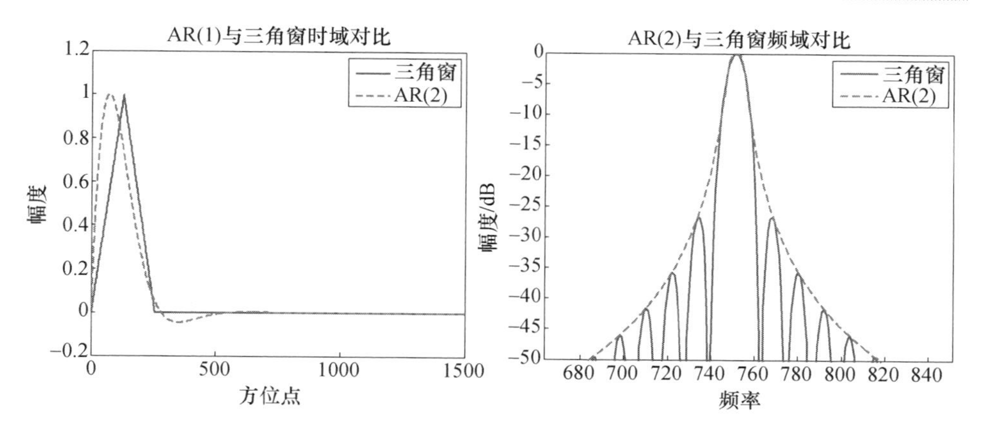

图 7.12　AR(2)与三角窗对比

式中

$$A=\frac{\alpha\beta}{(a-a^*)(a-b)}$$

$$B=\frac{\alpha^*\beta}{(a^*-a)(a^*-b)} \tag{7.19}$$

$$C=\frac{b\beta}{(b-a)(b-a^*)}$$

当 $a=(1-2.8/N_w)\exp(\mathrm{j}3\pi/2N_w)$，$b=1-3/N_w$ 时，可以得到 AR(3)近似 Hanning 窗的结果，如图 7.13 所示，此时由于 Hanning 窗本身相邻旁瓣间较为“平坦”，此时采用 AR(3)模型近似的已经十分接近理想 Hanning 窗。

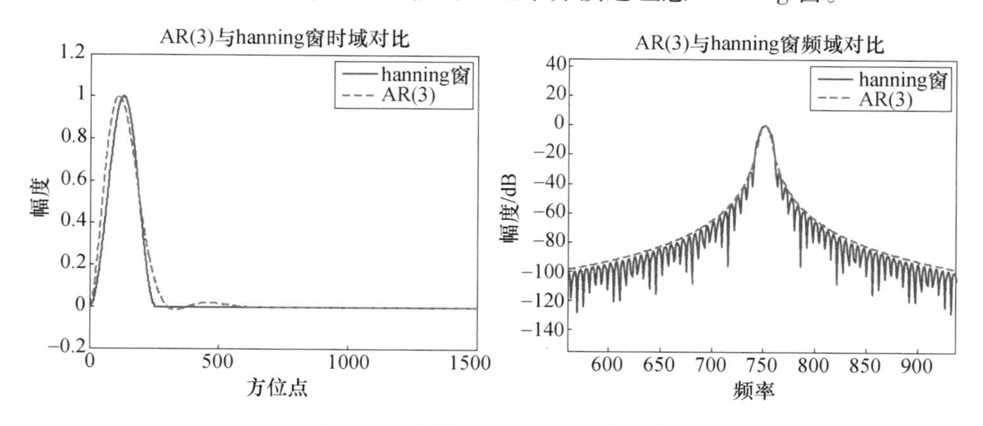

图 7.13　AR(3)与 Hanning 窗对比

因此，为平衡内存开销、计算效率以及近似效果，可以采用 AR(3)模型近似理想窗函数，此时有

$$I_k = \alpha_1 I_{k-1} + \alpha_2 I_{k-2} + \alpha_3 I_{k-3} + \beta R_k \tag{7.20}$$

式中

$$\begin{aligned} \alpha_1 &= a + a^* + b \\ \alpha_2 &= -(a^2 + ab + a^* b) \\ \alpha_3 &= a^2 b \\ \beta &= 1 \end{aligned} \tag{7.21}$$

从以上仿真结果可以看出,利用 AR(3)模型就可以得到 Hanning 窗等常用窗函数相近的加窗效果,而内存开销和计算量却大大减小,从而可以大大提高算法效率。

基于 AR 模型的迭代算法流程图(以 AR(3)模型为例)如图 7.14 所示。

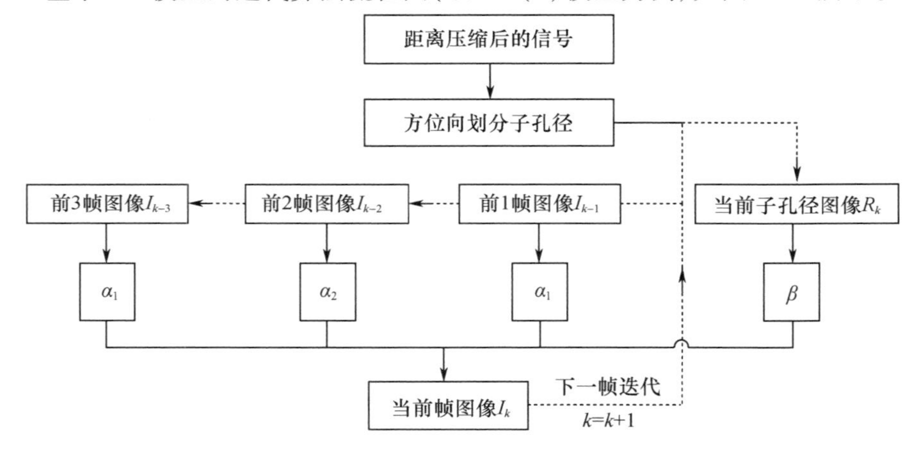

图 7.14 基于 AR 模型的迭代算法流程图

使用 AR 模型的迭代算法能够得到与加窗近似的效果,避免直接累加算法产生的高旁瓣,因而在视频 SAR 成像中具有显著优势。

7.3.3 算法对比

设子孔径内方位点数为 N_s,得到一幅子孔径图像的点数为 N_m。对于 AR 模型迭代算法,假设其阶数为 M_a,对于子孔径加权算法,假设其一帧图像含 M_s 个子孔径,并且采用二次多项式近似窗函数。

采用 AR 模型迭代算法,在完成 BP 算法距离向插值后,对于每一个像素点的方位向需要 N_s-1 次加法运算,所以形成一幅含 N_m 点的子孔径图像需要 $N_m(N_s-1)$次加法运算,而形成一帧图像需要 M_a+1 幅图像,所以需要 $N_m(N_s-1)(M_a+1)$次加法。形成一帧图像还需要对当前子孔径图像以及前 M_a 帧图像分别加权然后累加,需 N_mM_a 次加法和 N_mM_a 次乘法。因此,AR(M_a)模型的迭代算法形成一帧图像的总计算量为 $N_m(N_sM_a+N_s-1)$ 次加法和 N_mM_a 次乘法。

对于子孔径加权算法,需要对子孔径内每个脉冲分别加权形成常数图像、一次图像和二次图像,需要 $2N_s$ 次乘法和 $3(N_s-1)$ 次加法,对总共 M_s 个子孔径和 M_m 个像素点,则需要 $2N_mN_sM_s$ 次乘法和 $3N_m(N_s-1)M_s$ 次加法。再对每个子孔径的常数图像、一次图像和二次图像分别加权累加得到一帧图像,需要 $3N_mM_s$ 次乘法和 $N_m(3M_s-1)$ 次加法。因此,对于帧子孔径数为 M_s 的子孔径加权算法,总的计算量为 $N_m(2N_s+3)M_s$ 次乘法和 $N_m(3M_sN_s-1)$ 次加法。

对于更新一帧图像的情况,采用 $AR(M_a)$ 模型算法的计算量为 N_mM_a 次乘法和 $N_m(M_a+N_s-1)$ 次加法,需要的内存开销为 M_a+1 个 N_m 点矩阵。而对于帧子孔径数为 M_s 的子孔径加权算法,更新一帧图像的计算量为 $N_m(3M_s+2N_s)$ 次乘法和 $N_m(3M_s+3N_s-4)$ 次加法,需要的内存开销为 $3M_s$ 个 N_m 点矩阵。

综上所述,两种算法形成一帧图像、更新一帧图像的计算量以及内存开销如表 7.2 所列。

表 7.2　两种算法计算量对比

算法对比	$AR(M_a)$ 模型的迭代算法	帧子孔径数为 M_s 的加权算法
形成一帧图像的计算量	加法为 $N_m(N_sM_a+N_s-1)$	加法为 $N_m(3M_sN_s-1)$
	乘法为 N_mM_a	乘法为 $N_m(2N_s+3)M_s$
更新一帧图像的计算量	加法为 $N_m(M_a+N_s-1)$	加法为 $N_m(3M_s+3N_s-4)$
	乘法为 N_mM_a	乘法为 $N_m(3M_s+2N_s)$
内存开销	N_m 点矩阵为 M_a+1 个	N_m 点矩阵为 $3M_s$ 个

分别利用 AR 模型迭代算法和子孔径加权算法对多个点目标的情况进行了仿真,参数设置与单个目标时的相同,得到的帧图像如图 7.15 所示。其中左列为采用 AR 模型迭代算法得到的帧图像结果,右列为采用子孔径加权的结果,二者孔径划分情况相同,采用的理想窗函数均为 Hanning 窗。由图可知,两种算法方位向分辨力随时间而增加,均需要经过一定的时间的累加才能得到所需的方位向分辨力,而最终 AR(3) 模型算法达到的分辨力要高于子孔径加权算法。

分别利用 AR(3) 模型迭代算法、帧子孔径数为 6 的子孔径加权算法以及直接累加对 Gotcha 数据进行了成像处理,得到的结果如图 7.16 所示。

其中左边一列为对子孔径图像直接累加得到的不同帧图像结果,中间一列为采用 AR(3) 模型迭代算法的结果,右边一列为采用子孔径加权算法的结果。从仿真图可以看出,对于三种算法,分辨力均随累加的子孔径数的增加而增加。对于相同的帧数,采用 AR(3) 模型迭代算法和子孔径加权算法得到的成像效果相近,均远强于直接累加的结果。

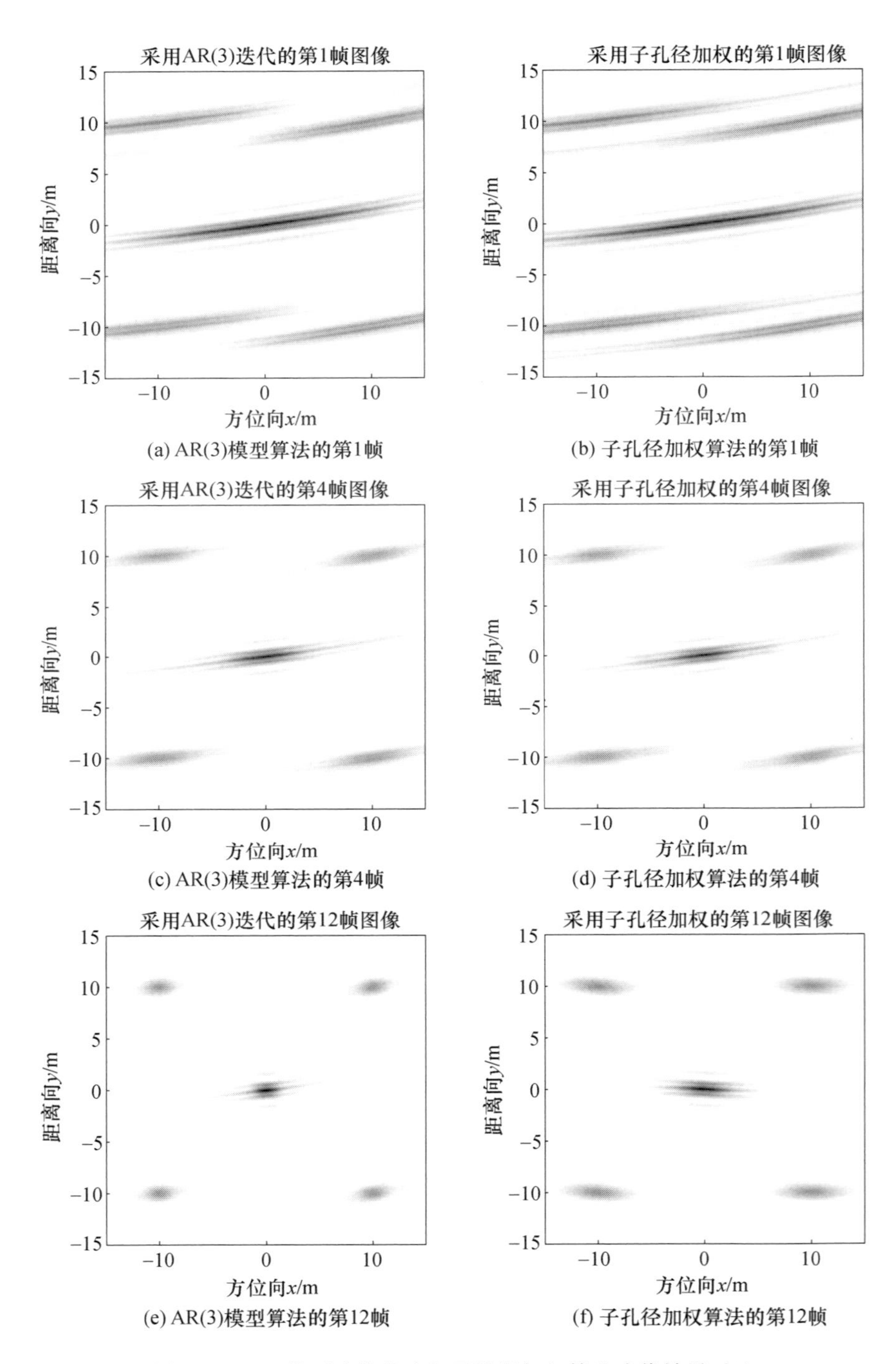

(a) AR(3)模型算法的第1帧　(b) 子孔径加权算法的第1帧

(c) AR(3)模型算法的第4帧　(d) 子孔径加权算法的第4帧

(e) AR(3)模型算法的第12帧　(f) 子孔径加权算法的第12帧

图 7.15　AR 模型迭代算法与子孔径加权算法成像效果对比

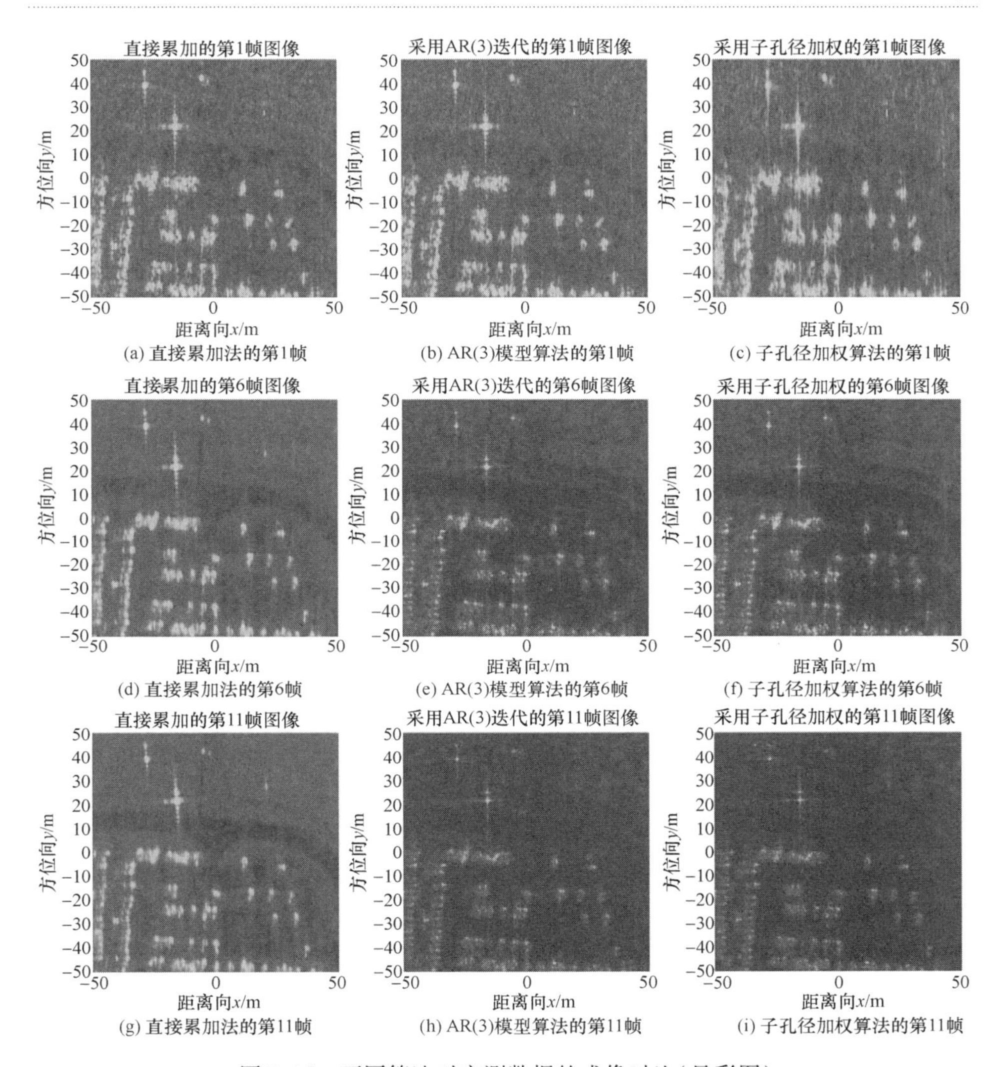

(a) 直接累加法的第1帧　(b) AR(3)模型算法的第1帧　(c) 子孔径加权算法的第1帧

(d) 直接累加法的第6帧　(e) AR(3)模型算法的第6帧　(f) 子孔径加权算法的第6帧

(g) 直接累加法的第11帧　(h) AR(3)模型算法的第11帧　(i) 子孔径加权算法的第11帧

图 7.16　不同算法对实测数据的成像对比(见彩图)

7.4　三维成像算法

目前,在对地观测系统中,使用最多的孔径合成方式有条带合成孔径、聚束合成孔径以及扫描合成孔径等多种形式。而在这几种模式中,合成孔径轨迹一般为直线。探测器(雷达)沿直线飞行的同时,对地面场景中的目标进行电磁波的发射和接收,以此获得目标的相关信息。在条带模式下,雷达平台运动的过程中,天线的指向始终保持不变且匀速扫过地面,进而获得连贯的图像;在扫描模式下，随着平台的移动，天线沿着距离向进行多次扫描，以此获得宽的测绘带；在聚束模式下，雷达平台在直线飞行过程中，其天线波束中心始终指向地面上一个点，以此形成雷达照射的固定区域，通过对固定场景增加合成孔径长度来获得方位向的高分辨。

上述三种模式由于其平台运动轨迹为直线，因此都属于直线合成孔径雷达。在该几何模式下，会存在由于地形起伏引起的目标遮挡、阴影等合成孔径雷达图像所固有的现象，同时由于合成孔径轨迹为直线，在一个孔径观测时间内雷达观测目标的角度受限，仅仅能够获得目标的部分信息，这为合成孔径雷达图像的解译与识别带来困难。

与上述三种合成孔径方式不同，圆周合成孔径雷达的运动轨迹为一个完整的圆[154-155]。雷达平台在围绕地面场景运动的过程中，天线波束中心始终指向场景中心。与条带、聚束及扫描方式下的直线轨迹相比，圆周合成孔径雷达的轨迹为圆周形式，其属于曲线合成孔径雷达模式下的一种特例[156-174]。圆轨迹的孔径合成方式有下面几个优点：首先，可以实现对场景目标更长的观测时间，以此获得更高的分辨力；其次，可以实现对目标的全方位观测，为后续合成孔径雷达的图像解译和识别提供更多更全的方位信息；最后，在理想条件的圆轨迹运动下，天线无需采用伺服系统对波束指向进行控制，天线在调整好入射角后，平台围绕场景旋转过程中，其波束指向始终定位于场景中心。

此外，与直线轨迹的合成孔径雷达相比，圆轨迹下的合成孔径雷达还可以获取目标的三维信息实现对目标的三维成像，也就是说圆周合成孔径可以获得目标高度向的信息，这是直线合成孔径所不具备的。而且圆周合成孔径能够有效减小雷达图像中迭掩、遮挡现象的发生。

正是由于圆周合成孔径雷达以上的诸多优点，使得基于该模式下的雷达成像得到了快速发展和广泛关注。

圆周合成孔径雷达成像几何结构如图 7.17 所示。雷达在高度为 H，半径为 R_g 的圆周轨道上围绕场景进行匀速旋转。雷达在空间域的坐标可表示为

$$\boldsymbol{r}_s=(X,Y,Z)=(R_g\cos\theta,R_g\sin\theta,H) \tag{7.22}$$

式中：$\theta\in[0,2\pi)$，该变量为雷达的方位旋转角。雷达围绕目标进行圆周运动过程中，天线波束始终指向以场景 O 点为中心，半径为 R_0 的区域上。

雷达与场景中心点的斜距为

$$R_c=|\boldsymbol{r}_S-\boldsymbol{r}_O|=\sqrt{R_g^2+H^2} \tag{7.23}$$

式中：矢量 $\boldsymbol{r}_0$ 为三维直角坐标系原点。

在雷达匀速圆周运动过程中，天线波束中心始终指向 $x-y$ 平面上的原点 O 处，而成像的场景为高度 h，半径 R_0 的三维目标。假设场景中有一目标点 P，其

坐标为(x_P, y_P, z_P)，则雷达在某一时刻与该点目标 P 之间的瞬时距离可表示为

$$\begin{aligned} R_P(\theta) &= |\boldsymbol{r}_S - \boldsymbol{r}_P| \\ &= \sqrt{(x_P - X^2) + (y_P - Y)^2 + (z_P - Z)^2} \\ &= \sqrt{(x_P - R_g\cos\theta)^2 + (y_P - R_g\sin\theta)^2 + (z_P - H)^2} \\ &= R_c\sqrt{1 - \frac{2Xx_P}{R_c^2} - \frac{2Yy_P}{R_c^2} - \frac{2Zz_P}{R_c^2} - \frac{2Zz_P}{R_c^2} + \frac{x_P^2 + y_P^2 + z_P^2}{R_c^2}} \end{aligned} \tag{7.24}$$

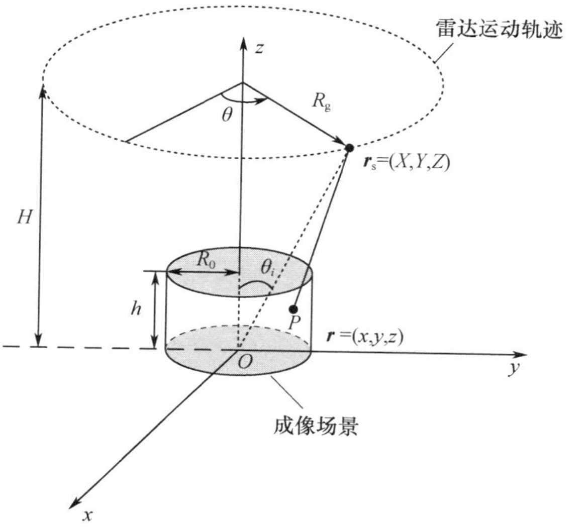

图 7.17　圆周合成孔径雷达成像几何构成

太赫兹雷达接收机在圆周合成孔径内接收到的点目标 P 的雷达回波信号为

$$\begin{aligned} s(t_r, \theta) = \sigma_P \mathrm{rect}\left[\frac{t_r - 2R_P/c}{T}\right]\mathrm{rect}\left[\frac{\theta - (\theta_{\max} + \theta_{\min})/2}{\theta_{\max} - \theta_{\min}}\right] \\ \cdot \exp\left\{-\mathrm{j}\left(\frac{4\pi f_c R_P}{c} + \frac{4\pi\gamma R_P}{c}t_r - \frac{4\pi\gamma R_P^2}{c^2}\right)\right\} \end{aligned} \tag{7.25}$$

式中：σ 为目标反射系数函数；c 为电磁波传播速度；$\theta_{\min}$ 和 $\theta_{\max}$ 为雷达观测目标时的起始角和终止角。

对式(7.25)表述的回波信号进行距离去扭和剩余视频相位消除后，信号变为

$$s_k(k, \theta) = \sigma_P \mathrm{rect}\left[\frac{k - k_c}{2\pi B/c}\right]\mathrm{rect}\left[\frac{\theta - (\theta_{\max} + \theta_{\min})/2}{\theta_{\max} - \theta_{\min}}\right]\exp\{-\mathrm{j}2kR_P\} \tag{7.26}$$

式中：k 为 $2\pi(f_c+\gamma t_r)/c$；B 为发射信号带宽。式 7.26 为圆周合成孔径雷达三维成像的基本公式。

与直线合成孔径雷达相比，圆周合成孔径由于其合成孔径的相干积累角更大，其在 $x-y$ 平面获得的分辨力将达到其最佳的分辨力。假设有一各向同性的点目标位于场景原点中心，即雷达在整个合成孔径期间能够接收来自该目标的任意方位向的回波信号，则在该孔径模式下的距离和方位向的分辨力主要由点散布函数(Point Spread Function，PSF)确定。位于场景中心的空间域点散布函数为

$$\mathrm{PSF}(x,y)=\rho_{\max}\frac{J_1(r_0\rho_{\max})}{r_0}-\rho_{\min}\frac{J_1(r_0\rho_{\min})}{r_0} \tag{7.27}$$

式中：$r_0=\sqrt{x^2+y^2}$；J_1 为第一类一阶贝塞尔函数。

$$\begin{aligned}\rho_{\max}&=2k_{\max}\sin\theta_i\\ \rho_{\min}&=2k_{\min}\sin\theta_i\end{aligned} \tag{7.28}$$

式中：$k_{\min}$ 和 $k_{\max}$ 为雷达发射信号的最小与最大波数；θ_i 为雷达波束入射角。通常，一幅图像的分辨力可以用点散布函数的主瓣宽度决定。此处选择点散布函数的 3dB 主瓣宽度作为距离和方位的分辨力值。圆周合成孔径雷达距离、方位向以及高度向的分辨力为

$$\begin{aligned}\Delta x=\Delta y&\approx\frac{2.4}{2k_c\sin\theta_i}\\ \Delta z&\approx\frac{2c}{\sqrt{2\pi}B\cos\theta_i}\end{aligned} \tag{7.29}$$

式中：k_c 为 $2\pi f_c/c$。从式(7.29)中可以看出 $x-y$ 平面的最佳理论分辨力与波束入射角和雷达载波频率有关。该理论分辨力只在坐标中心点能够获得，当目标偏移中心点时，其分辨力会降低。一般对于偏移坐标原点的点目标，获取该点的散布函数的解析解和分辨力是困难的。但是，可以通过数值分析方法来解决。

对一般偏移中心点的目标来说，目标在整个圆周孔径上由于存在遮挡，不能够保证其所有方位向都有回波，因此其分辨力会降低。假设目标在圆周孔径期间的积累角范围为 $[\phi_n-\phi_0,\phi_n+\phi_0]$，$\phi_n$ 为目标 n 在空间域的方位角。通常，ϕ_0 为雷达对目标的可观测角，其值取决于目标特性及物理尺寸，典型值为 $\pi/4$。在此情形下，目标的分辨力为

$$\begin{aligned}\Delta x&\approx\frac{\pi}{\rho_{\max}-\rho_{\min}}\\ \Delta y&\approx\frac{\pi}{2k_c\sin\theta_i\sin\phi_0}\end{aligned} \tag{7.30}$$

该式表明目标在偏移场景中心后，其距离向分辨力与雷达发射信号的带宽有关，而方位向分辨力与目标的最大观测角、雷达波束入射角以及载波频率有关。同时也看出，这些偏移中心点的目标的分辨力相比场景中心点要低。离中心点越远，其分辨力越低。

圆周合成孔径雷达成像与转台成像模型类似，一个为目标旋转，一个是雷达旋转。由运动的相对性可知，这两种模式下对目标形成的合成孔径方式相同，因此其成像机理也基本相同。圆周合成孔径雷达通过围绕目标旋转形成方位向合成孔径进而获得方位分辨力。与小角度下的逆合成孔径成像不同，理想条件下的圆周合成孔径成像目标在整个孔径形成期间都可反射雷达回波。在单个脉冲照射期间，存在距离向和方位向的关系，但是在整个圆孔径上，由于雷达围绕目标进行照射，距离向与方位向没有明确的界定关系。在利用整个孔径数据对目标进行成像时，在 $x-y$ 水平面上重建的图像分辨力是由方位向分辨力确定的，如式(7.29)。在实际情况中，由于存在遮挡等现象，目标在整个合成孔径期间只有部分角度能够反射雷达回波，因此其距离向和方位向分辨力存在区别，如式(7.30)。

与直线合成孔径雷达相比，圆周合成孔径除了能够获得比条带、聚束等模式更高的分辨力外，还能够获得目标的高度向信息，为三维成像提供了可能。通常，获得目标的高度向信息，可以采用干涉合成孔径成像方式或者直接在高度向形成合成孔径的方式。圆周合成孔径可以在单次轨迹固定高度旋转一周来区别目标的高度信息，如图 7.18 所示。

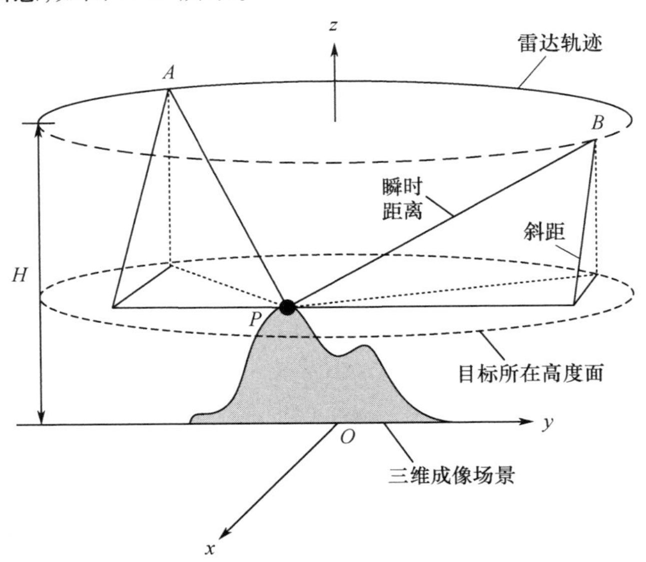

图 7.18　圆周孔径三维成像与高度信息示意图

假设三维场景中有一个点目标 P,其坐标为(x,y,z),则雷达与该点的瞬时距离为

$$R=\sqrt{(x-R_{g}\cos\theta)^{2}+(y-R_{g}\sin\theta)^{2}+(z-H)^{2}} \tag{7.31}$$

雷达与目标之间的斜距为

$$R_{s}=\sqrt{(x-R_{g}\cos\theta)^{2}+(z-H)^{2}} \tag{7.32}$$

观察式(7.32)发现,与直线合成孔径不同的是,该斜距随着雷达的旋转而变化。该量的变化主要是由雷达在 x 轴的变化引起的。不同的观测位置,其斜距不同。对处于不同高度面的两个点目标来说,假设同一时刻,两个点目标与雷达之间的距离相同,但是当雷达运动到下一位置后,其斜距发生了变化,目标在回波中的轨迹不再相同。因此,可以利用该变化来提取目标的高度维信息。下面将结合具体算法来说明圆周合成孔径雷达三维成像能力。

7.4.1 基于广义 Radon 变换的远场三维成像算法

Radon 变换是计算机图像检测领域应用较为广泛的方法之一,其通过累加图像中某一方向的图像幅度值来检测图像中是否存在直线线段。该方法将图像域中的直线检测问题变换至另一空间域中幅度值的大小问题,大大简化了图像检测的复杂度。经不断改进,Radon 变换具有了可以检测图像中任意曲线线段的能力。经发展后 Radon 变换也被称为广义 Radon 变换。不论是 Radon 变换还是广义 Radon 变换,其都是将图像中具有一定形状的线段变换至参数域空间,该空间中的峰值与图像域中的曲线一一对应[167]。

上述理论采用数学形式进行表述后,其形式为

$$R(\rho,\theta)=\int_{-\infty}^{\infty}\int_{-\infty}^{\infty}f(x,y)\delta(\rho-x\cos\theta-y\sin\theta)\mathrm{d}x\mathrm{d}y \tag{7.33}$$

式中:$f(x,y)$为图像域中数据。

通过将图像域中的数据按照一定的方向进行累加后,可实现对任意曲线的检测。在圆周合成孔径雷达模式下,距离压缩后的目标回波在数据录取矩阵中的轨迹具有一定的规律性,因此依据该规律可以实现对目标的图像重建。

1. 远场条件下圆周合成孔径雷达信号分析

通常,在远场成像中,假设目标的扩展尺寸要远远小于雷达与目标之间的距离,即假设雷达电磁波波前为平面波。针对三维目标来说,即雷达与场景中心的距离 R_{c} 远远大于场景半径 R_{0} 和高度 h,则式(7.32)可近似为

$$\begin{aligned}R_{P}(\theta)&\approx R_{c}-\frac{X}{R_{c}}x_{P}-\frac{Y}{R_{c}}y_{P}-\frac{Z}{R_{c}}z_{P}\\&=R_{c}-\frac{R_{g}}{R_{c}}x_{P}\cos\theta-\frac{R_{g}}{R_{c}}y_{P}\sin\theta-\frac{H}{R_{c}}z_{P}\end{aligned}$$

$$= R_c - x_P \sin\theta_i \cos\theta - y_P \sin\theta_i \sin\theta - z_P \cos\theta_i \tag{7.34}$$

由于雷达在观测过程中,波束入射角始终保持不变,同时为方便后续算法的分析,这里将目标在空间域的坐标值进行尺度变换

$$\begin{cases} x' = x_P \sin\theta_i \\ y' = y_P \sin\theta_i \\ z' = z_P \sin\theta_i \end{cases} \tag{7.35}$$

则式(7.34)变为

$$R_P(\theta) = R_c - x'\cos\theta - y'\sin\theta - z' \tag{7.36}$$

将式(7.36)代入式(7.26)中,得

$$s_1(k,\theta) = \sigma_P \mathrm{rect}\left[\frac{k-k}{2\pi B/c}\right]\mathrm{rect}\left[\frac{\theta-(\theta_{\max}+\theta_{\min})/2}{\theta_{\max}-\theta_{\min}}\right] \cdot \exp\{-\mathrm{j}2k(R_c - x'\cos\theta - y'\sin\theta - z')\} \tag{7.37}$$

该式为远场条件假设下得到的圆周合成孔径雷达点目标回波。

利用参考函数

$$H_1 = \exp\{\mathrm{j}2kR_c\} \tag{7.38}$$

将式(7.37)中的残余相位消除,得到

$$s_2(k,\theta) = \sigma_P \mathrm{rect}\left[\frac{k-k_c}{2\pi B/c}\right]\mathrm{rect}\left[\frac{\theta-(\theta_{\max}+\theta_{\min})/2}{\theta_{\max}-\theta_{\min}}\right] \cdot \exp\{\mathrm{j}2k(x'\cos\theta + y'\sin\theta + z')\} \tag{7.39}$$

在前面已经提到,去调频方式下的波数域信号与时间域为同一个域。要实现对距离向信号的压缩处理,可以直接对采集的时域信号进行傅里叶变换得到。因此,对式(7.39)进行关于波数域的一维傅里叶变换后,可以得到距离向压缩后的回波信号

$$s_3(r,\theta) = \sigma_P B \cdot \mathrm{rect}\left[\frac{\theta-(\theta_{\max}+\theta_{\min})/2}{\theta_{\max}-\theta_{\min}}\right] \cdot \mathrm{sinc}\left[\frac{2\pi B}{c}(r + x'\cos\theta + y'\sin\theta + z')\right] \cdot \exp\{\mathrm{j}2k_c(r + x'\cos\theta + y'\sin\theta + z')\} \tag{7.40}$$

观察式(7.40)可以发现:在圆周合成孔径模式下得到的雷达回波,其距离向压缩后的信号随雷达旋转角的不同,其峰值点在距离向出现走动现象。与小角度逆合成孔径中距离向走动会对成像造成散焦不同的是,在圆周合成孔径模式下,脉压后的目标回波峰值点走动具有规律性。该规律性主要体现为:随着雷达视角的变化脉压回波峰值点呈现正弦曲线变化的规律,如图 7.19 所示。

图 7.19 中,该脉压数据表征了目标点在随着视角变化的同时,其距离发生的变化。在整个场景中,除位于场景中心点的目标脉压回波轨迹为一条直线外,

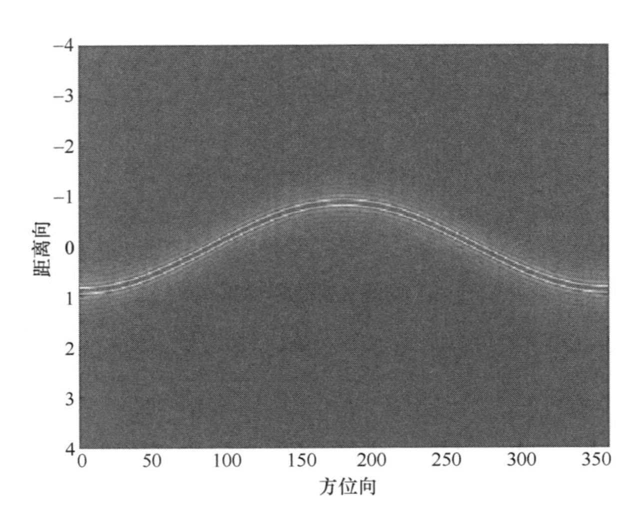

图 7.19 圆周合成孔径模式下点目标脉压后数据形式(见彩图)

其他所有的目标都具有上述正弦曲线变化的特性。只是由于其各点所处的场景的位置不同,其正弦曲线的波峰值出现的位置不同。

同时,由于脉压后的雷达回波数据中不同的正弦曲线代表了场景中不同的目标点,因此通过对脉压回波数据中不同距离向上的数据进行正弦曲线检测即可提取出目标在场景的位置及目标散射系数。

2. 估计目标空间位置

在合成孔径雷达成像中,成像算法的目的是利用采集的雷达回波数据对场景中的目标进行位置及散射系数的估计。针对圆周合成孔径雷达,由于其目标脉压轨迹具有正弦曲线变化的规律,因此,可以借助计算机图像检测领域中Radon变换方法,来实现对目标的重建。

由式(7.40)可以看到,点目标雷达回波经脉压后的 sinc 函数中,该函数的峰值点变化轨迹为

$$r = -x'\cos\theta - y'\sin\theta - z' \tag{7.41}$$

该轨迹曲线是参数 x',y'以及 z'的函数。而这三个参数表征了目标在三维空间域中位置。因此,可以针对场景中不同位置的点目标在脉压数据中利用广义 Radon 变换寻找其对应的曲线,通过检测曲线在参数域中的位置,进而估计点目标的空间位置。

在太赫兹频段下,由于其波长远小于场景中目标的尺寸,因此其满足局部性原理。成像场景中的目标可假设为多个散射中心。雷达在某一位置处录取的回波数据可看作是多个散射中心子回波的和,在脉压后距离方位域中,多个散射中心对应的多条正弦曲线会出现交叉点处幅度值增大或部分曲线断裂等现象。但

是,与计算机数字图像处理中所采用的方法一样,可以把雷达回波经脉压后得到的距离方位数据看作是一幅图像。通过采用广义 Radon 变换可以正确估计目标点的位置及散射系数值。

采用广义 Radon 变换进行雷达成像的主要优点如下:

(1) 可以对交叉的曲线进行检测。

(2) 对噪声及干扰不敏感。

(3) 可以实现对断裂曲线的有效检测。

利用该变换可以将复杂的圆周合成孔径成像算法转换为较为简单的参数域峰值检测问题,大大简化了成像算法的步骤。

针对本文中圆周合成孔径雷达的成像问题,广义 Radon 变换其形式为

$$I(x,y,z) = \sum_{n=0}^{N-1} g[n,\varepsilon(n;x,y,z)] = \sum_{n=0}^{N-1} g(n,\xi) \tag{7.42}$$

式中:I 为图像中曲线经广义 Radon 变换后的结果;函数 g 为某种特定曲线 ε 下得到图像轨迹值;$\xi = \varepsilon(n;x,y,z)$ 定义为某种特定曲线。由式(7.42)可以看到,上述变换是在图像中沿着某种指定轨迹对曲线上的值求和。

在圆周合成孔径雷达成像中,为了能够在距离方位域对正弦曲线进行检测,首先需要利用一维傅里叶变换将原始回波数据进行脉压后得到距离方位域数据图像,然后对该数据图像进行广义 Radon 变换,得到参数域峰值图。式(7.42)中的 n 为方位向慢时间,$\varepsilon(n;x,y,z)$ 则是指距离向和方位向数据图像中的曲线 $r = -x'\cos\theta - y'\sin\theta - z'$。

结合 Radon 变换的定义式,则在圆周合成孔径雷达成像中用到的广义Radon 变换其形式为

$$s_4(x',y,'z') = \sum_{\theta_{\min}}^{\theta_{\max}} \left| s_3(\theta, x'\cos\theta + y'\sin\theta + z') \right| \tag{7.43}$$

式(7.43)表明,场景中一个散射点在距离方位域中对应一条曲线,该数据图像经广义 Radon 变换后在参数域中对应一个峰值点。对所有散射点而言,通过在参数域中搜索峰值点所在位置可以实现对场景中散射点的估计。这里采用 8 个位于场景不同位置的散射点进行仿真以此说明基于广义 Radon 变换的成像算法流程。假设雷达波束入射角 $\pi/3$,总观测角为 2π。8 个散射点中有 4 个位于零高度面,剩余 4 个则位于高度为 0.8 的位置。8 个散射点经脉压后的雷达回波如图 7.20 所示,经广义 Radon 变换后,得到的参数空间峰值图,如图 7.21 ~ 图 7.23 所示。

从上述图中可以看出:位于对应高度面的散射点脉压回波经 Radon 空间变换后,其相应高度面的散射点被准确的反应至参数空间中。在固定高度面上,只

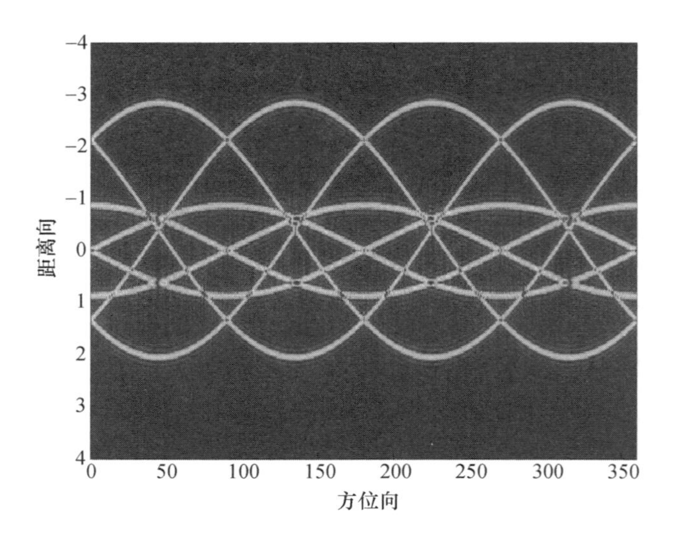

图 7.20　八个散射点雷达回波经脉压后的数据图像

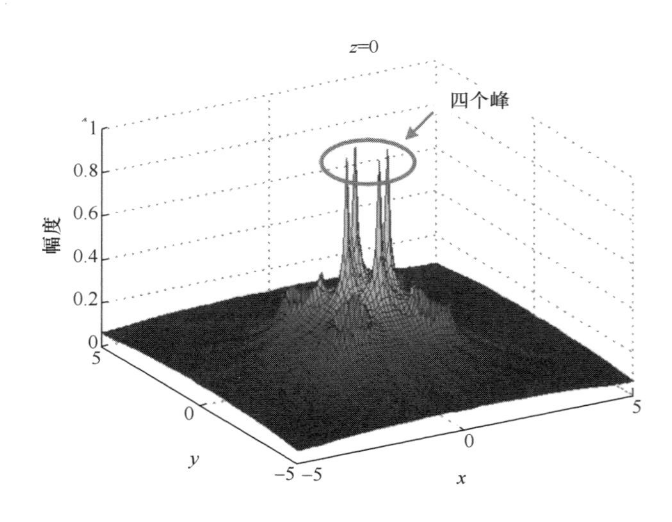

图 7.21　位于零高度面的 4 个散射点脉压回波经广义 Radon 变换后结果(见彩图)

有其对应的散射点位置出现峰。在没有散射点的高度面上,变换后的参数域空间没有峰出现。因此,通过控制在不同高度面的空间变换,可以实现对场景中散射点目标的位置估计。

3. 估计目标散射系数

通过上述广义 Radon 变换,场景中散射点的三维位置信息可以被准确地估计。在成像处理中,除目标的空间位置信息外,场景中散射点的散射系数也是反

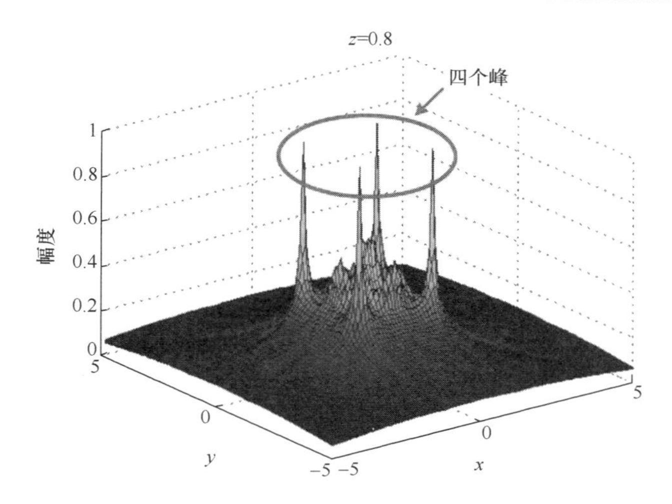

图 7.22　高度面为 0.8 的 4 个散射点脉压回波经广义 Radon 变换后结果(见彩图)

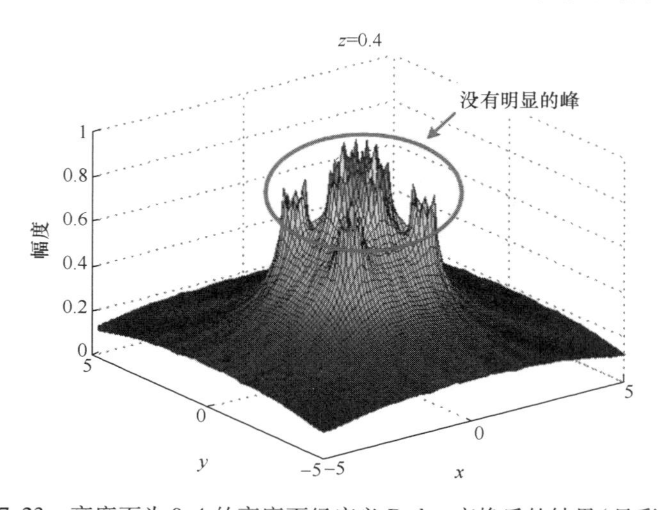

图 7.23　高度面为 0.4 的高度面经广义 Radon 变换后的结果(见彩图)

映场景中目标性质的重要指标之一,只有对其进行准确估计后才能真正完成对目标成像的处理。下面将对该问题进行阐述。对目标空间位置进行估计后,目标的点散布函数可以表示为

$$X_P(r,\theta)=B\cdot\mathrm{rect}\left[\frac{\theta-(\theta_{\max}+\theta_{\min}/2)}{\theta_{\max}-\theta_{\min}}\right]\cdot\mathrm{sinc}\left[\frac{2\pi B}{c}(r+x'\cos\theta+y'\sin\theta+z')\right]\cdot\exp\{\mathrm{j}2k_{\mathrm{c}}(r+x'\cos\theta+y'\sin\theta+z')\}\quad(7.44)$$

对目标散射系数进行估计,可以采用最小二乘法来实现。假设待估计的目标散射系数为$\hat{\sigma}_P$,则利用最小二乘法对目标散射系数进行估计的表达式为

$$\hat{\sigma}_P = \arg \min_{\hat{\sigma}_P} I(\hat{\sigma}_P) = \arg \min_{\hat{\sigma}_P} \sum_{r,\theta} \left| s(r,\theta) - \hat{\sigma}_P X_P(r,\theta) \right|^2 \tag{7.45}$$

对$I(\hat{\sigma}_P)$求关于$\hat{\sigma}_P$的一阶导,并使该导数等于零,则得到的目标散射系数估计值为

$$\hat{\sigma}_P = \frac{\sum s(r,\theta) X_P^*(r,\theta)}{\sum \left| X_P(r,\theta) \right|^2} \tag{7.46}$$

式中:$X_P^*(r,\theta)$为$X_P(r,\theta)$的共轭。

至此,通过上述两个步骤完成了点目标的三维空间位置信息以及散射系数的估计。在实际成像处理中,雷达对场景照射时太赫兹频段下场景中的目标满足局部性原理,雷达回波是由众多的散射中心点构成的。因此,雷达回波在经过脉压后,不同高度和不同水平位置的点目标在脉压数据图像中出现交叉和叠加等现象。此外,由于太赫兹雷达信号为带限信号,脉压后的回波在距离向会产生旁瓣。而且,由于调制的发射信号为有限的时宽脉冲信号,经一维傅里叶变换得到的脉压信号主瓣为 sinc 函数的形式,其主瓣会有一定的展宽。以上这些现象的发生,都会导致脉压数据图像经广义 Radon 变换后得到的参数域空间中的峰值位置发生变化。

因此,为消除上述现象对参数域峰值位置估计的影响,本小节结合图像处理中的 CLEAN 技术,对基于圆周合成孔径模式的雷达数据采用广义 Radon 变换与 CLEAN 技术相结合的成像算法来进行处理。

基于广义 Radon - CLEAN 技术的圆周合成孔径雷达成像算法基本步骤如下:

步骤 1　对脉压数据图像经广义 Radon 变换获取参数域空间峰值点的三维坐标值。

步骤 2　结合坐标点点散布函数,用最小二乘法估计该位置处点目标散射系数。

步骤 3　采用 CLEAN 技术,在原始的脉压回波数据图像中减去上述估计出的单个点目标回波信号,其形式为

$$s_{\text{new}} = s - \hat{\sigma}_P X_P \tag{7.47}$$

步骤 4　对由步骤 3 得到的新数据图像,重复上述步骤直至估计的能量值$\hat{\sigma}X$低于门限值时停止重复,并利用估计的参数恢复场景图。

基于上述步骤的算法流程如图 7.24 所示。

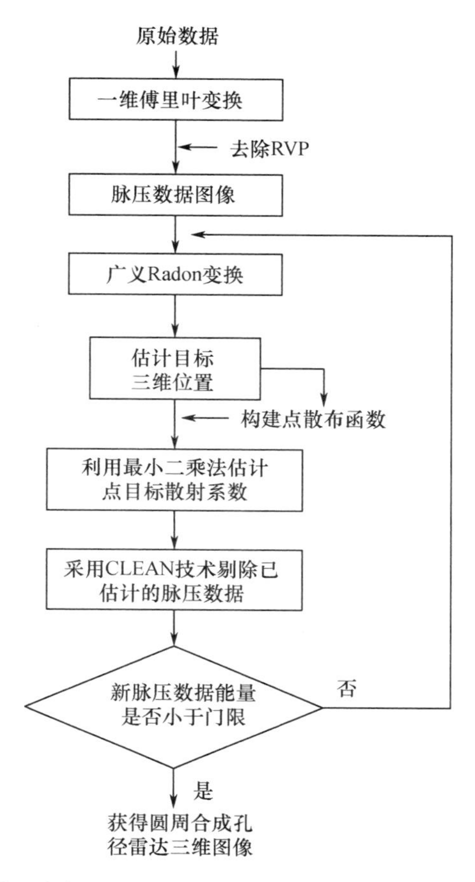

图 7.24　基于广义 Radon－CLEAN 技术的 CSAR 三维成像算法流程

7.4.2　数值仿真实验结果及分析

为验证上述成像算法在太赫兹雷达圆周合成孔径模式下的可行性，在仿真中采用了理想情况、遮挡情况以及存在噪声和遮挡情况这三种情形分别进行分析验证。仿真中采用的系统参数如表 7.3 所列，太赫兹雷达发射信号为线性调频信号，并假设目标点在整个圆周孔径上其散射系数不发生变化。

表 7.3　太赫兹圆周 SAR 主要系统参数

名称	参数值	名称	参数值
载波频率 f_c/THz	0.34	雷达与场景中心距 R_c/km	53
信号工作带宽 B/GHz	7.2	场景半径/m	50
距离向采样点数 N_r	401	波束入射角 θ_i/(°)	60
方位向采样点数 N_a	3600		

图 7.25 是由 9 个散射点组成的三维几何结构模型。其中,4 个散射点位于该几何模型的底部,其坐标值分别为[1.2 1.2 −0.6],[−1.2 −1.2 −0.6],[−1.2 1.2 −0.6]和[1.2 −1.2 −0.6],与这 4 个散射点相应的散射系数分别为 0.7,0.65,0.65 以及 0.65。

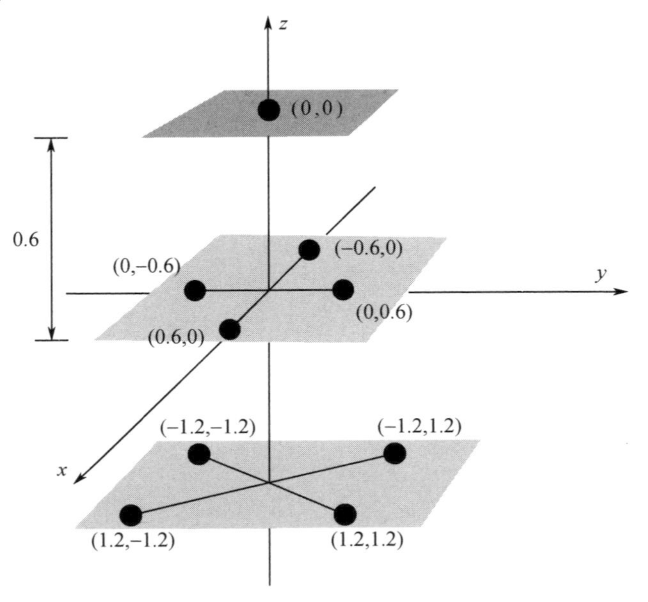

图 7.25　三维目标几何结构

向上一层同样为 4 个散射点,这些点位于该几何模型的中点层,其构成的图形与底层的图形角度成 45°,其坐标为[0.6 0 0],[−0.6 0 0],[0 0.6 0]和[0 −0.6 0],相对应的散射系数为 0.7,0.65,0.65 以及 0.65。最上一层有一个坐标点,位于[0 0 0.6],其散射系数为 0.75。

1. 理想情况下的成像结果

理想情况下,假设位于场景中的所有散射点在整个孔径合成期间能够始终被雷达照射到并反射回波。图 7.26 所示为原始回波经脉压后得到的数据图像。从图中可以看到,由 9 个散射点在不同视角下形成了连续的曲线且都互有交叉。其中,8 条曲线为正弦曲线,其都有完整的周期。而位于水平面坐标原点的散射点形成的脉压回波为一条直线,这与雷达在整个旋转过程中与该散射点的距离始终保持不变有关。位于 Z 轴上的散射点目标,都具有该项特性,只是由于其所处 Z 轴的位置不同,使得其在脉压后的回波中所处的距离会有所变化。采用广义 Radon − CLEAN 成像算法得到的三维目标成像结果如图 7.27 所示。从整体结构上看,重建的三维目标几何结构与仿真时的几何模型十分吻合。

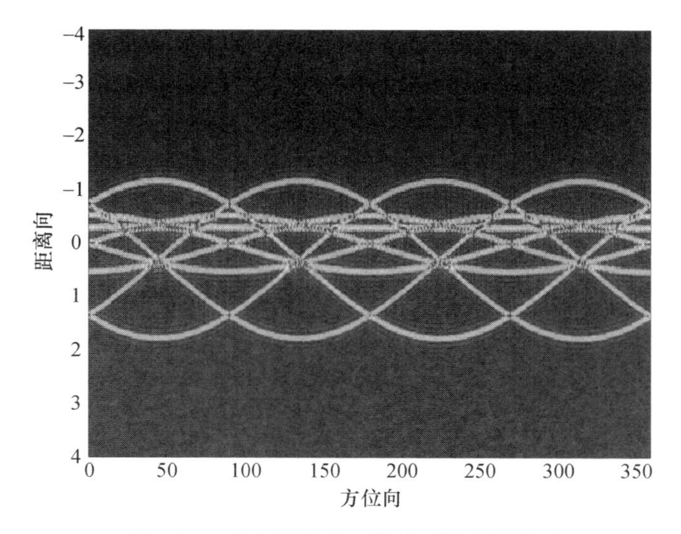

图7.26　理想情况下三维目标脉压数据图

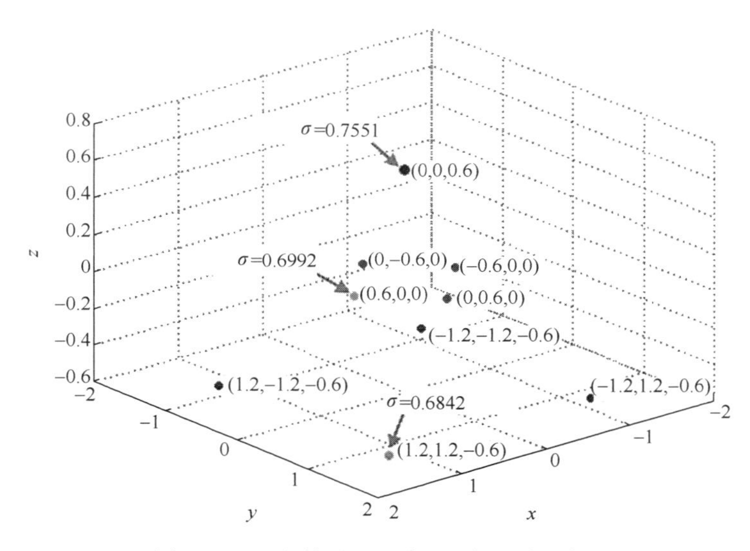

图7.27　理想情况下重建的目标三维几何图

重建的散射点分为三层,底层由4个点构成,位于Z轴高度为-0.6的平面上且估计的散射点位置与理论值相等;中间层同样为4个点,其估计的三维位置同样与理论值吻合;位于高度为0.6的平面上的散射点被准确地重建于水平面$x-y$坐标原点处。

表7.4为对9个散射点的散射系数进行估计后的结果。从表7.4中的显示结果可以看出,估计的散射系数与其对应理论值十分接近。

表 7.4　理想情况下估计的散射系数

x/m	y/m	z/m	散射系数
0	0	0.6	0.7551
0	0.6	0	0.6493
0.6	0	0	0.6992
0	-0.6	0	0.6497
-0.6	0	0	0.6486
1.2	1.2	-0.6	0.6842
-1.2	1.2	-0.6	0.6353
1.2	-1.2	-0.6	0.6351
-1.2	-1.2	-0.6	0.6354

从上述成像结果可知，在理想情况下，利用广义 Radon - CLEAN 算法可以很好地实现对圆周 SAR 模式下的三维目标成像。其对点目标位置及散射系数的估计十分准确，正确地反映了散射点目标在空间中的相对位置关系及散射强度。

2. 遮挡情况下的成像结果

理想情况下，雷达围绕目标场景作圆周运动，波束始终指向场景中心。整个孔径时间内目标都有回波被雷达接收，目标的 360°信息完全被雷达收集，这时的目标信息是完整的。反映至脉压后的雷达回波中，与目标对应的正弦曲线是连续的一条曲线。但是，在实际的圆周 SAR 成像中，由多散射中心构成的目标不可能在整个孔径合成期间都能被雷达观测到，目标之间势必存在遮挡效应。因此，这些散射点的回波经脉压后在数据图像中会出现断裂的现象。图 7.28 为

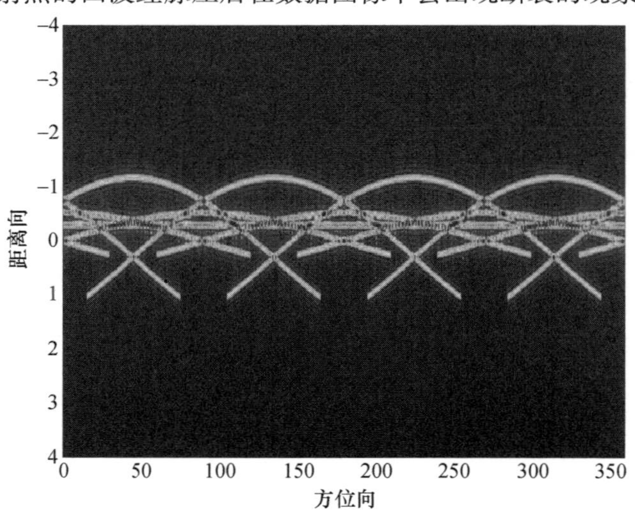

图 7.28　遮挡情况下散射点脉压数据图

假设所有散射点目标的合成孔径积累角为 240°时得到的脉压数据图。图中每个正弦曲线在两个位置出现断裂,每个位置断裂的长度是 60°。

图 7.29 为遮挡情况下得到的目标三维成像结果。从图中可以看出,虽然雷达录取点目标回波数据时在整个孔径内无法保证散射点的全方位采集,从而导致脉压数据出现断裂,但是采用广义 Radon - CLEAN 成像方法同样能够很好地完成目标的三维位置重建及散射系数的估计,很好地重建了目标的三维几何结构,反映了目标点间的相对位置。

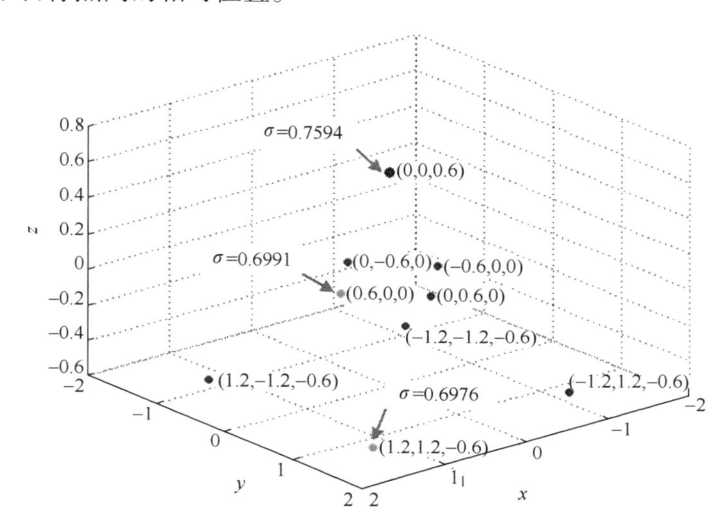

图 7.29 遮挡情况下得到的三维目标重建结果

表 7.5 为 9 个散射点在遮挡情况下的散射系数估计结果。与理论值相比,各散射点的散射系数值与理论值基本吻合,良好反映了不同强度散射点之间的差异。

表 7.5 遮挡情况下散射点散射系数

x/m)	y/m	z/m	散射系数
0	0	0.6	0.7594
0	0.6	0	0.6490
0.6	0	0	0.6991
0	−0.6	0	0.6495
−0.6	0	0	0.6493
1.2	1.2	−0.6	0.6976
−1.2	1.2	−0.6	0.6475
1.2	−1.2	−0.6	0.6475
−1.2	−1.2	−0.6	0.6475

从上述仿真结果中可以得知:在遮挡情况下,采用广义 Radon - CLEAN 算法可以几乎不受影响地实现对遮挡目标的位置及散射系数估计。从侧面也进一步说明,该方法对数据采集中出现的干扰能够良好地滤除,体现了其优良的抗干扰性能。

3. 噪声和遮挡情况下的成像结果

图 7.30 为遮挡条件下加入高斯白噪声目标信噪比降至 - 14dB 时获得的目标回波脉压数据图,每个散射点形成的正弦曲线与背景的对比度明显降低。

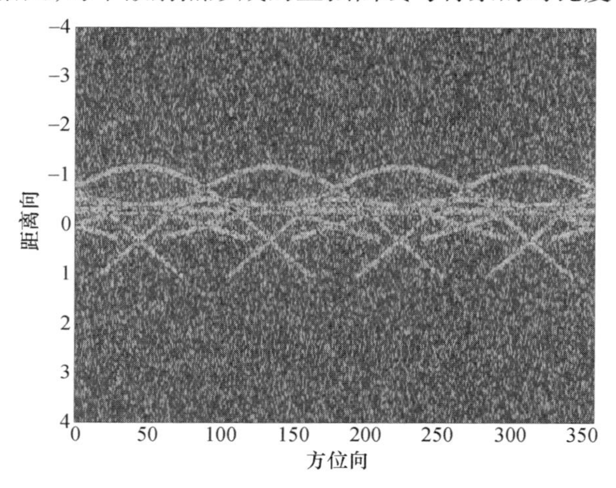

图 7.30　在噪声及遮挡情况下散射点脉压数据图

图 7.31 为噪声和遮挡条件下,经广义 Radon - CLEAN 算法得到的目标三维重建图像。从三维几何构型上来看,重建的三维目标其几何结构与理论结构十

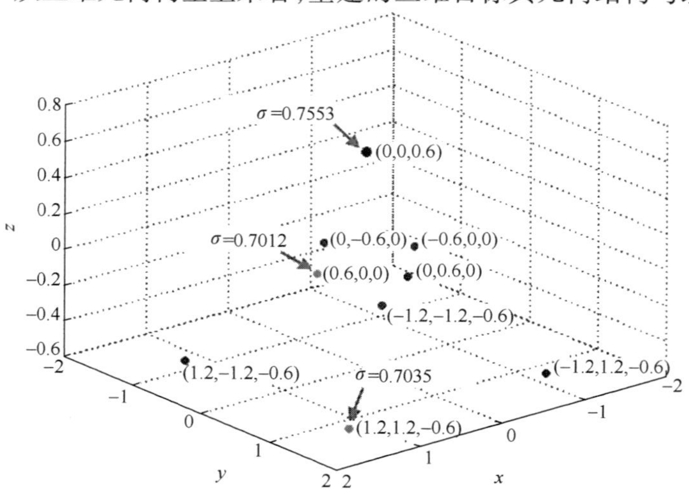

图 7.31　噪声和遮挡条件下得到的目标三维重建图像

分吻合。

表7.6为噪声和遮挡情况下估计的9个散射点的散射系数估计值。与理论相比,估计值虽然有些偏差,但是其误差十分小。表中的结果准确地说明了该算法的有效性和正确性。

表7.6 噪声和遮挡条件下散射系数估计值

x/m	y/m	z/m	散射系数
0	0	0.6	0.7553
0	0.6	0	0.6479
0.6	0	0	0.7042
0	-0.6	0	0.6465
-0.6	0	0	0.6448
1.2	1.2	-0.6	0.7035
-1.2	1.2	-0.6	0.6537
1.2	-1.2	-0.6	0.6454
-1.2	-1.2	-0.6	0.6378

从上述三种不同条件下获得的成像结果中可以发现,采用广义Radon-CLEAN算法可以很好地实现对太赫兹频段下圆周SAR原始回波数据的三维目标成像。在该算法中,目标位置及散射系数可以被准确地估计。同时,通过上述仿真结果可以看出该算法对噪声和数据断裂具有良好的抗干扰能力。

与传统的成像算法相比,该算法在对去调频后的太赫兹雷达回波信号进行距离去扭和剩余视频相位去除后,通过距离向傅里叶变换完成脉压,获得脉压数据图像并直接采用了图像处理的办法来实现对目标的成像,省去了对数据进行的方位向多普勒信息的处理以及各种域的变换,使得算法原理易懂、实现方法简单。此外,该算法得到的图像分辨力与传统的成像算法也存在些许差异。由于是利用参数域中的峰值点所在位置和散射系数估计值来重建目标,重建后的点目标仅仅表征目标点的位置和强度。这与传统算法得到的三维图像是不同的。

7.4.3 基于球面波分解的近场三维成像算法

在圆周合成孔径雷达模式下,雷达位于高度为H的圆周轨道上围绕目标运动,笛卡儿坐标系下坐标为(x',y',z')的雷达与坐标为(x,y,z)的点目标之间的距离可以表示为

$$R=\sqrt{(x'-x)^2+(y'-y)^2+(z'-z)^2}=\sqrt{(x'-x)^2+(y'-y)^2+H_z^2} \tag{7.48}$$

式中:$H_z=z'-z$。

雷达原始回波信号去除剩余视频相位项和包络斜置项后的波数域表示形式为

$$s(k,\theta) = \int_x\int_y \sigma[x,y,z(x,y)]/R^2\exp\{-\mathrm{j}2kR\}\mathrm{d}x\mathrm{d}y \tag{7.49}$$

式中：$\sigma[x,y,z(x,y)]$为位于高度$z(x,y)$，水平坐标为(x,y)的点目标的散射系数函数。

式(7.49)中的相位项表示由坐标(x',y',z')发射的球面波。该球面波可以分解为平面波的叠加形式

$$\begin{aligned}\exp\{-\mathrm{j}2kR\} &= \exp\{-\mathrm{j}2k\sqrt{(x'-x)^2+(y'-y)^2+(z'-z)^2}\}\\ &= \int_{k_{x'}}\int_{k_{y'}}\exp\{\mathrm{j}k_{x'}(x'-x)+\mathrm{j}k_{y'}(y'-y)+\mathrm{j}k_{z'}H_z\}\mathrm{d}k_{x'}k_{y'}\end{aligned} \tag{7.50}$$

式中：$k_{x'}$和$k_{y'}$为对应于空间域变量x和y的波数。其形式为

$$\begin{aligned}k_{x'} &= \frac{\partial\varphi}{\partial x'} = -2k\frac{x'-x}{R}\\ k_{y'} &= \frac{\partial\varphi}{\partial y'} = -2k\frac{y'-y}{R}\end{aligned} \tag{7.51}$$

因此，通过对波数的分解可知：在空间z方向上的波数矢量$k_{z'}$可以表示为

$$k_{z'} = -\sqrt{4k^2-k_{x'}^2-k_{y'}^2} \tag{7.52}$$

对回波距离平方项补偿后的信号形式为

$$s_1(k,\theta) = \int_x\int_y \sigma[x,y,z(x,y)]\exp\{-\mathrm{j}2kR\}\mathrm{d}x\mathrm{d}y \tag{7.53}$$

对目标散射系数的估计可以通过积分相似逆变换的形式来获得，其形式为

$$\sigma(x,y,z) = \int_\theta\int_k ks_1(k,\theta)\exp(\mathrm{j}2kR)\mathrm{d}k\mathrm{d}\theta \tag{7.54}$$

式(7.54)中，对波数矢量k的积分可以看作是对函数$ks_1(k,\theta)$的傅里叶逆变换过程。因此，利用后向投影算法可以求解上述二重积分。此外，将因子$\exp\{\mathrm{j}2kR\}k$看作补偿因子，则其正好是上面介绍的聚焦因子算法所采用的思路。

本小节中，利用球面波分解理论式(7.54)中的相位项$\exp\{\mathrm{j}2kR\}$将分解为平面波的叠加。该相位项为式(7.50)的共轭，即

$$\begin{aligned}\exp\{\mathrm{j}2kR\} &= \exp\{\mathrm{j}2k\sqrt{(x'-x)^2+(y'-y)^2+(z'-z)^2}\}\\ &= \int_{k_{x'}}\int_{k_{y'}}\exp\{-\mathrm{j}k_{x'}(x'-x)-\mathrm{j}k_{y'}(y'-y)-\mathrm{j}k_{z'}H_z\}\mathrm{d}k_{x'}k_{y'}\end{aligned} \tag{7.55}$$

将式(7.55)代入式(7.54)，得

$$\sigma(x,y,z) = \int_k \int_\theta F(k,\theta)\mathrm{d}k\mathrm{d}\theta \tag{7.56}$$

式中

$$F(k,\theta) = \int_{k_{x'}} \int_{k_{y'}} ks_1(k,\theta) \cdot \exp\{\mathrm{j}k_{x'}(x-x')\mathrm{j}k_{y'}(y-y') - \mathrm{j}k_{z'}H_z\}\mathrm{d}k_{x'}\mathrm{d}k_{y'} \tag{7.57}$$

由于雷达与目标都处于同一个坐标系中,因此指向目标的波数矢量可以用指向雷达波数矢量来替换,则式(7.54)变为

$$\sigma(x,y,z) = \int_\theta \left\{\int_{k_x} \int_{k_y} G(\theta,k_x,k_y)\exp\{\mathrm{j}k_x x + \mathrm{j}k_y y\}\mathrm{d}k_x\mathrm{d}k_y\right\}\mathrm{d}\theta \tag{7.58}$$

式中

$$G(\theta,k_x,k_y) = \int_k Q(k,\theta,k_x,k_y)\exp\{-\mathrm{j}k_z H_z\}\mathrm{d}k \tag{7.59}$$

$$Q(k,\theta,k_x,k_y) = ks_1(k,\theta)\exp\{-\mathrm{j}(k_x x' + k_y y')\} \tag{7.60}$$

从式(7-58)中可以看出,函数 $G(\theta,k_x,k_y)$ 是雷达在一次观测中目标散射系数函数的二维傅里叶变换结果。式(7.59)中的相位补偿项用于补偿由近场球面波引起的相位干涉。通过该项的补偿,位于补偿平面的图像将得到聚焦。

在式(7.58)中,需要对函数 $G(\theta,k_x,k_y)$ 进行二维傅里叶逆变换,但是圆周合成孔径雷达录取的回波数据为极坐标格式,不能对该数据直接进行二维傅里叶逆变换。因此,需要将函数 $G(\theta,k_x,k_y)$ 的数据通过插值方法变换为直角坐标格式,通常采用线性插值来实现。在本算法中,为提高算法的运算效率引入基于最大与最小准则的二维非均匀快速傅里叶逆变换(NUIFFT)的方法来实现。

对上述二维傅里叶逆变换的结果沿方位向进行累加,获得对应高度 z 的二维成像结果。

$$\sigma(x,y,z) = \int_\theta F_{k_x,k_y}^{-1}[G(\theta,k_x,k_y)]\mathrm{d}\theta \tag{7.61}$$

式中:F_{k_x,k_y}^{-1} 为对波数矢量 k_x 和 k_y 的二维傅里叶逆变换。

在等高度面上,生成目标的二维图像,之后组合不同高度面图像完成三维目标成像。

基于球面波分解的太赫兹圆周合成孔径雷达的三维成像步骤如下:

步骤1 将原始回波数据从快时间域变换至频域后,完成剩余视频相位项以及距离平方项的去除,从频域再变换至时间域。

步骤2 将因子 $k\exp\{-\mathrm{j}(k_x x' + k_y y')\}$ 与步骤1结果相乘,得到函数 $Q(k,\theta,k_x,k_y)$。

步骤3 对函数 $Q(k,\theta,k_x,k_y)$ 通过相位补偿因子 $\exp(-\mathrm{j}k_z H_z)$ 后,得到对应高度面的函数 $G(\theta,k_x,k_y)$。

步骤4　对步骤3中的结果利用二维非均匀快速傅里叶逆变换，得到对应高度面对应方位向的目标散射函数。

步骤5　累加由步骤4得到的所有方位的结果，获得对应高度向的目标图像。

步骤6　重复步骤3～步骤5，获得不同高度面的二维图像。

步骤7　组合步骤6中的结果，获得目标三维图像。

基于以上步骤，这里给出该算法的成像流程图，如图7.32所示。

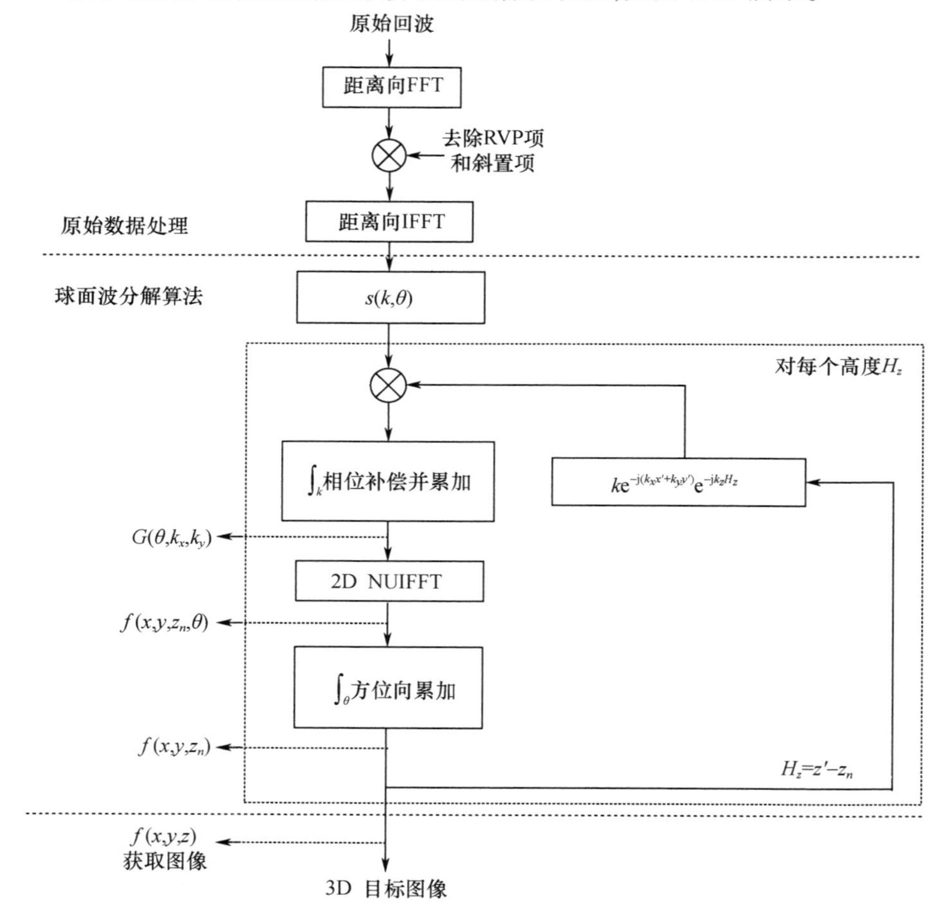

图7.32　基于球面波分解理论的圆周SAR近场三维成像算法流程图

7.4.4　数值仿真实验结果及分析

本小节将采用两组数值仿真实验来验证上述三种成像算法的成像性能。第一组实验：对三种算法的点散布函数、峰值旁瓣比以及成像时间进行比较；第二组实验:用三种算法分别对点目标构成的三维几何模型进行成像并验证其有效性。

在圆周合成孔径雷达成像中,目标的点散布函数是指由位于场景中心的点目标的重建图像。该函数的 -3dB 主瓣宽度表征了圆周合成孔径雷达水平面的二维成像分辨力,利用该函数可以估计重建图像的旁瓣水平。因此,这里采用点散布函数来检测成像算法的性能。图7.33是分别利用三种算法对位于场景中心的点目标成像获得的点散布函数结果。对比这三个结果可以发现,基于球面波分解理论的成像算法获得的点散布函数是由许多组理想的同心圆环构成的。这种现象说明由该算法重建的点目标图像是一个理想环形点,而由其他两种算法得到的点目标图像形状为斜十字形状。

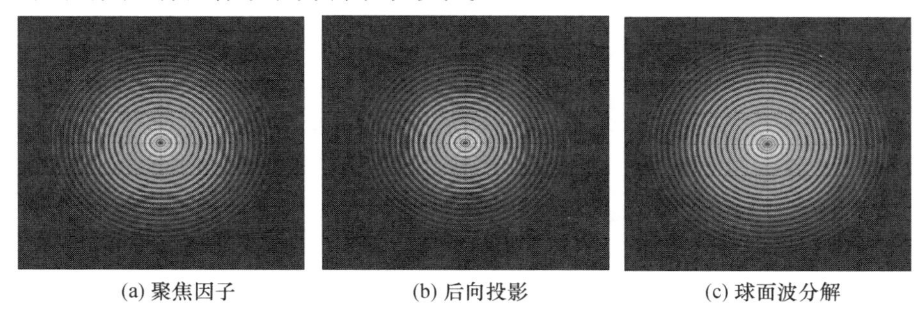

图7.33　三种算法的点散布函数图(见彩图)

图7.34为三种算法的主瓣宽度与旁瓣峰值图。表7.7列出了三种算法的主瓣宽度、峰值旁瓣比、积分旁瓣比以及运算时间。

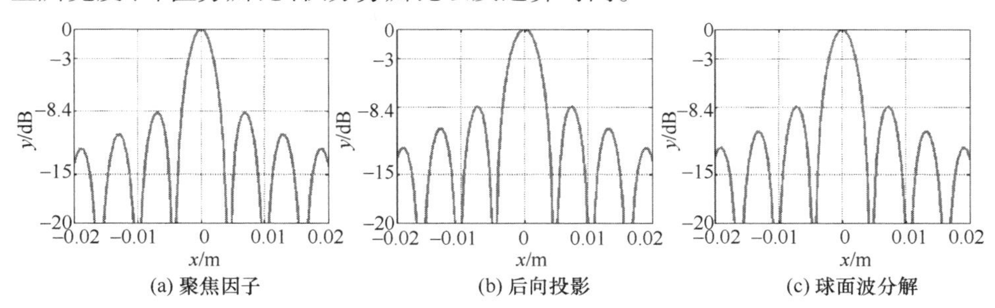

图7.34　三种算法的主瓣宽度及峰值旁瓣比

三种算法中,聚焦因子算法可以获得最低的峰值旁瓣比和最高的成像分辨力;后向投影算法和基于球面波分解理论算法的峰值旁瓣比比聚焦因子算法稍高,其值为 -8.0dB。在运算时间上,后向投影算法与聚焦因子算法由于采用逐点成像的方法,从而导致其成像效率很低,尤其聚焦因子算法其运行效率最低。从总体上看,三种算法的分辨力及旁瓣比指标基本接近,但是在运算的效率上,基于球面波分解理论的成像算法较其他两种算法高。

表 7.7　三种算法成像性能对比

名称	峰值旁瓣比/dB	积分旁瓣比/dB	$X-Y$ 平面分辨力/mm	运行时间/s
聚焦因子	-8.4012	-6.4126	6.45	8329.5
后向投影	-8.0263	-6.5425	6.49	341.8
球面波分解	-8.0456	-6.3689	6.47	12.2

为验证上述三种算法的近场三维成像能力，本小节采用了由 9 个点目标组成的三维几何结构模型，如图 7.35 所示。其中，顶层和底层分别有 4 个点，中间层有一个点，模型最大横向扩展尺寸为 2.8m。雷达工作频率 0.34THz，工作带宽 7.2GHz，脉冲重复频率 1kHz。雷达与场景中心距离 8m，转台半径 2m，波束入射角 70°。根据远场和近场距离界定公式可知，雷达处于目标的近场区。

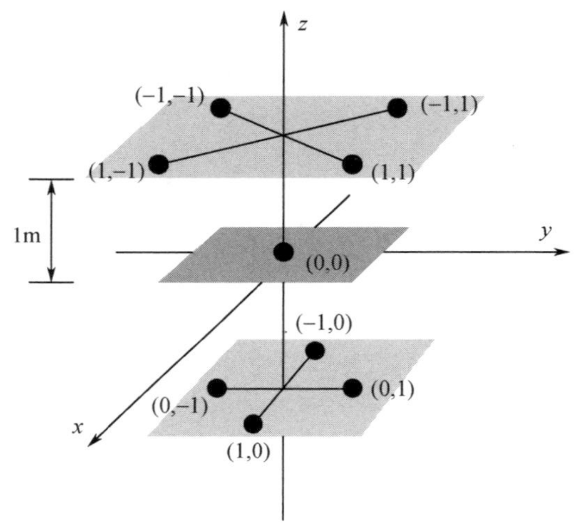

图 7.35　三维几何结构模型

图 7.36 ~ 图 7.38 为三种算法得到的三维成像结果及各层的剖面图。从三维成像的结果中可以看到，三种算法都很好地完成了对三维目标的近场重建。9 个点的重建位置与仿真模型基本相同。后向投影算法和聚焦因子算法由于采用划分网格点的方法，因此重建点的位置都很准确。基于球面波分解算法在重建点时由于采用了二维 FFT 步骤可以一次完成图像的恢复，其重建点的位置与仿真点位置稍有偏差，但是其对图像的影响很小，因此该差值可以忽略。

从上述对三种算法进行的成像指标及仿真结果分析中可以看到，三种算法都能够实现对三维目标的重建且聚焦效果良好。由三种算法重建后点目标的主瓣宽度、峰值旁瓣比以及积分旁瓣比指标都较为接近。聚焦投影算法的峰值旁瓣比较其他两种算法低，但是由于算法在距离向和方位向进行的加运算和乘运算较多，导致算法在执行效率上较后向投影算法和基于球面波分解的成像算法

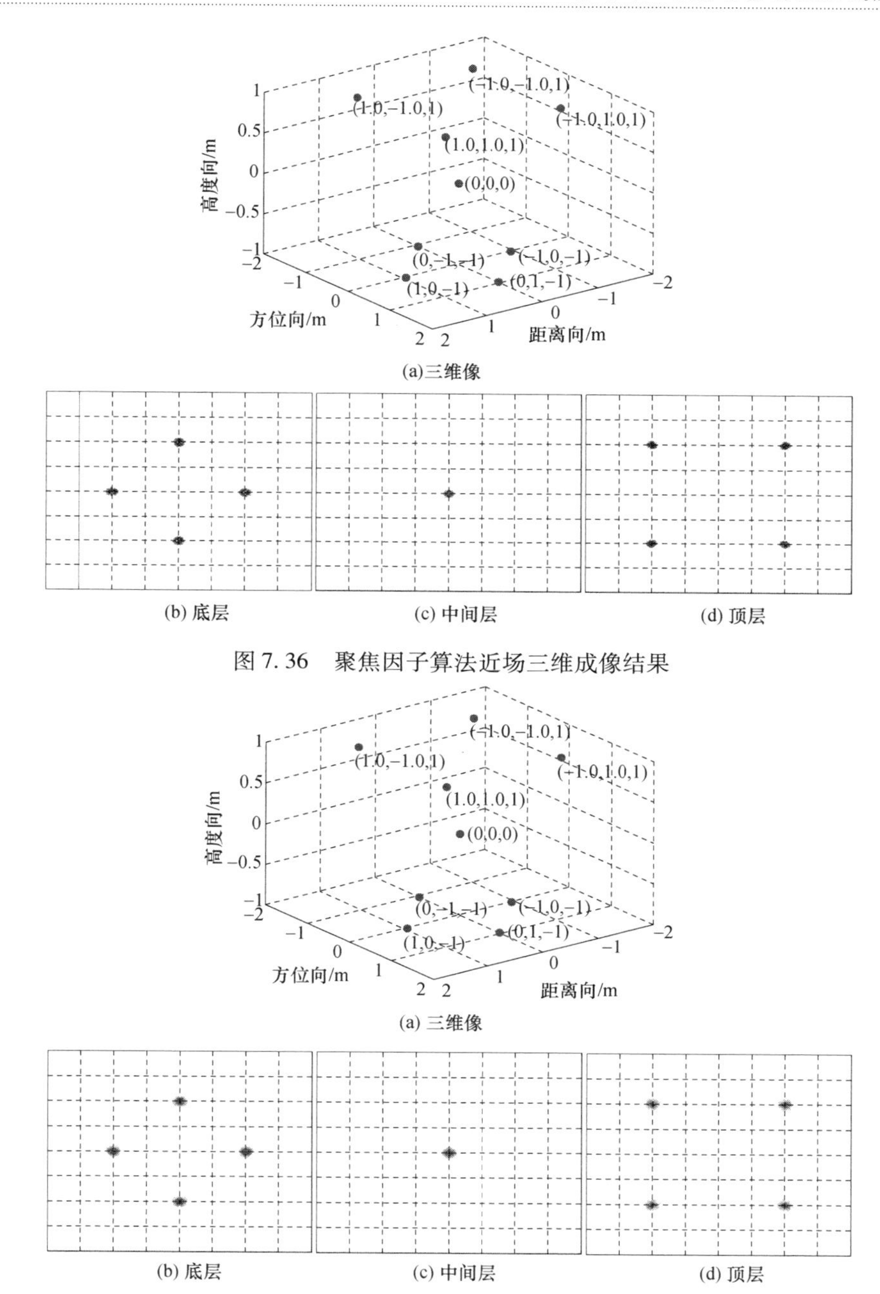

图 7.36　聚焦因子算法近场三维成像结果

图 7.37　后向投影算法近场三维成像算法

低。对比三种算法的积分旁瓣比指标，后向投影算法其副瓣的收敛速度较其他两种算法快，能量较为集中。

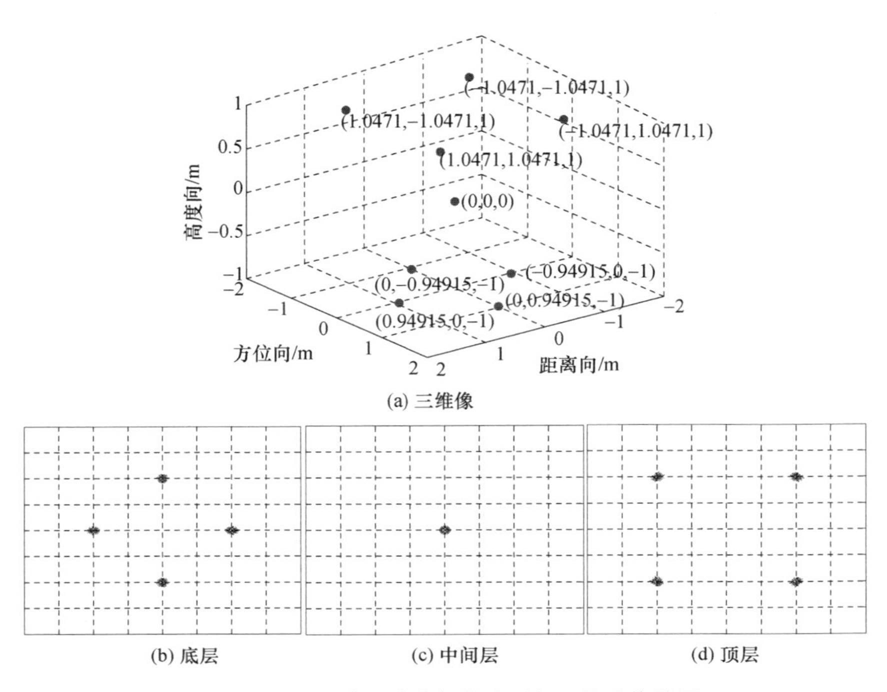

图 7.38　基于球面波分解算法近场三维成像结果

7.5　小　　结

太赫兹雷达的高载频使得视频 SAR 的实现成为可能，经理论计算，要满足视频 SAR 系统的分辨力、帧率、目标加速度等的要求，视频 SAR 应采用聚束模式，且工作频率应位于太赫兹频段。

本章在推导视频 SAR 成像参数的基础上，介绍了两种视频 SAR 成像算法：子孔径加权成像算法和基于 AR 模型的迭代算法，详细介绍了两种算法的原理和具体实现步骤，并对二者的成像效果进行了比较。在圆周合成孔径雷达远场成像中，提出了基于广义 Radon－CLEAN 算法用于对三维目标成像。该算法具有良好的抗干扰性能且算法原理简单易于实现。针对太赫兹圆周合成孔径雷达的近场三维成像，第 6 章和第 7 章分别研究了后向投影算法、聚焦因子算法以及基于球面波分解理论的三维成像算法，给出了算法的理论分析过程。同时，在算法的描述过程中，对三种算法的不同及相似之处进行了阐述。最后，通过仿真实验验证了三种算法对太赫兹圆周合成孔径雷达近场三维成像的有效性。综合比较三种算法，基于球面波分解理论的算法由于其主要过程采用了傅里叶变换，因此较其他两种算法在运行效率上要高很多。

第8章 展望

太赫兹雷达成像技术是当前科学研究领域的前沿课题,20世纪90年代至今,太赫兹雷达成像技术研究主要集中于系统理论研究、关键元部件研制、原理样机搭建及原理验证实验等领域,为进一步开展太赫兹雷达技术的应用研究提供了坚实的理论依据与技术支持。

展望未来,太赫兹雷达技术在空间目标探测、运动目标视频成像以及非接触式安全监控等应用领域仍有许多问题需要深入研究。

(1)空间目标探测。空间碎片包括由人造飞行器产生的轨道碎片和宇宙中的微小流星体。空间碎片的高速运动对人类的航天活动和在轨运行的卫星产生了严重的危害。随着载人航天的推进以及空间探测研究的迅速发展,对空间碎片防护的要求日益迫切。天基雷达探测是目前空间碎片探测的主要发展方向,尤其是探测中小尺度的危险碎片。随着太赫兹雷达技术的突破,对碎片进行高分辨力ISAR成像识别提供了技术手段。特别是,针对空间碎片存在细微的自旋现象,太赫兹雷达对这类细微变化引起的多普勒变化非常敏感。因此,太赫兹雷达可以对具有自旋和切线运动分量的空间碎片运动目标实现三维ISAR立体成像,从而实现对空间碎片目标的识别与监控。

(2)运动目标视频成像。太赫兹技术的快速发展,为视频合成孔径雷达(Video Synthetic Aperture Radar)的实现奠定了基础。视频SAR通过雷达照射方式实时获取目标区域图像,并逐帧显现渐变静态影像,形成视觉上的活动图像。该技术能够实现全天候对地实时监测,可更为直观地感知目标区域的动态,有利于地面运动目标的检测,符合当前SAR成像技术的高分辨、高帧率、小型化、抗干扰的发展方向。视频SAR兼具太赫兹和SAR的双重优势,拥有广阔的应用前景,该技术将在运动目标实时探测方面发挥重要作用。

(3)非接触式安检。近年来,恐怖爆炸袭击事件频繁发生,对于远距离非接触安检提出了更高的要求。在人员密集区域的公共场所(广场、地铁站、机场、火车站、会场等)实现对隐藏武器(刀具、枪支、炸药等危险品)快速探测与预警是目前亟需解决的一大难题。太赫兹雷达应用于安检具有如下优势:太赫兹波具有穿透衣物、纸板等非极性材料和保持高分辨力的特性，能实现对隐匿危险品的高分辨透视成像；作用距离远，目前的探测距离可以达到20m，未来可以达到百米量级，在危险品袭击半径之外提供早期威胁预警；对人体无伤害，太赫兹光子能量低，远小于人体皮肤电离能，能消除人们对于辐射损伤的疑虑。基于太赫兹波的上述特性，配合光谱技术和视频监控，结合主、被动和多频段探测方式，太赫兹雷达在隐藏武器探测、安全检查、反恐维稳、重点区域监控与防护等方面有着广阔的应用前景。

参考文献

[1] Chattopadhyay G. Terahertz Science, Technology, and Communication[C]. Computers and Devices for Communication (CODEC), 2012 5th International Conference on, Kolkata, 2012: 1 - 4.

[2] 吴顺君,梅晓春. 雷达信号处理和数据处理技术[M]. 北京: 电子工业出版社,2008.

[3] Stanko S, Caris M, Wahlen A, et al. Millimeter Resolution with Radar at Lower Terahertz[C]. Radar Symposium (IRS), 2013 14th International, Dresden, 2013, 235 - 238.

[4] 许景周,张希成. 太赫兹科学技术和应用[M]. 北京:北京大学出版社,2007.

[5] Rivera-Lavado A, Preu S, Garcia-Munoz L E, et al. Ultra-wideband Dielectric Rod Waveguide antenna as photomixer-based THz emitter[C]. Antennas and Propagation (EuCAP), 2014 8th European Conference on. IEEE, 2014: 3550 - 3554.

[6] Song H, Nagatsuma T. Present and Future of Terahertz Communications[J]. Terahertz Science and Technology, IEEE transactions on, 2011, 1(1): 256 - 263.

[7] Fritz J, Scally L, Gasiewski A. J, et al. A Sub-Terahertz Real Aperture Imaging Radar[C]. Radar Conference, 2014 IEEE, Cincinnati, OH, 2014:1165 - 1169.

[8] Appleby R, Saenz E, Wylde R, et al. Scattering in the THz Region, Measurement Prediction and Extrapolation[C]. Antennas and Propagation (EuCAP), 2014 8th European Conference on, Hague, Netherlands, 2014:2475 - 2477.

[9] Koch M. Terahertz communications: A 2020 vision in Terahertz Frequency Detection and Identification of Materials and Objects[J]. The Netherlands: Springer Netherlands, 2007, 19, 325 - 338.

[10] Jastrow C, Munter K, Piesiewicz R, et al. 300 GHz Transmission System[J]. Electron. Lett., 2008, 44:213 - 215.

[11] Liu H B, Zhong H, Karpowicz N, et al. Terahertz Spectroscopy and Imaging for Defense and Security Applications[J]. Proc. IEEE, 2007, 8(95):1514 - 1527.

[12] De Luica F C. Science and Technology in the Submillimeter Region[J]. Optics and Photonics News, 2003, 14(8):44 - 50.

[13] Wallace H B. Analysis of RF Imaging Applications at Frequencies Over 100GHz[J]. Appl. Opt., 2010, 49(19):38 - 47.

[14] Cantalloube H, Koeniquer E C. High Resolution SAR Imaging along Circular Trajectories [C]. Proc. IGARSS, 2007, 850 - 853.

[15] Fortuny J. Efficient Algorithms for Three-Dimensional Near-Field Synthetic Aperture Radar

Imaging[D]. University of Karslruhe,2001.

[16] Beylkin G. Imaging of Discontinuities in the Inverse Scattering Problem by Inversion of a Causal Generalized Radon Transform [J]. Journal of Mathematical Physics, 1985, 26: 99 - 108.

[17] Tsao J, Steinberg B D. Reduction of Sidelobe and Speckle Artifacts in Microwave Imaging: The CLEAN Technique [J]. IEEE Trans. on Antennas Propagation. 1988,36(4):543 - 556.

[18] Benedek C, Martorella M. Moving Target Analysis in ISAR Image Sequences with a Multiframe Marked Point Process Model[J]. Geoscience and Remote Sensing, IEEE Transactions on,2014,52(4): 2234 - 2246.

[19] Fontana A, Berens P. Super-resolution ISAR Imaging of Maritime Targets using PAMIR Data [C]. EUSAR 2014; 10th European Conference on Synthetic Aperture Radar; Proceedings of, Berlin, Germany 2014,1 - 4.

[20] Spicer J B. Terahertz Spectroscopy for Condensed Phase, Energetic Chemical Species Detection[J]. seminar at Lawrence Livermore National Laboratory, Livermore, California, USA, 2005,6.

[21] Rahman A, Rahman A K. Effective Testing for Wafer Reject Minimization by Terahertz Analysis and Sub-Surface Imaging [C]. Advanced Semiconductor Manufacturing Conference (ASMC),2014 25th Annual SEMI, Saratoga Springs, NY,2014,151 - 155.

[22] Weg C A, Spiegel W V, Henneberger R, et al. Fast Active THz Cameras with Ranging Capabilities[J]. Infrared, Millimeter, Terahertz Waves,2009,30(12): 1281 - 1296.

[23] Llombart N, Blázquez B. Refocusing a THz Imaging Radar: Implementation And Measurements[J]. IEEE transactions on antennas and propagation,2014,62(3): 1529 - 1534

[24] Siegel P H. Terahertz Technology in Biology and Medicine[J]. Microwave Theory and Techniques, IEEE Transactions on,2004,52(10): 2438 - 2447.

[25] Appleby R, Wallace H B. Standoff Detection of Weapons and Contraband in the 100GHz to 1 THz Region[J]. IEEE Trans. Antennas Propagation. 2007, AP - 55(11): 2944 - 2956.

[26] Chan W, Deibel J, Mittleman D. Imaging with Terahertz Radiation [J]. Rep. Prog. Phys., 2007,70(8): 1325 - 1379.

[27] Kemp M C, Taday P F, Cole B E, et al. Security Applications of Terahertz Technology[C]. AeroSense 2003. International Society for Optics and Photonics,2003: 44 - 52.

[28] Peter B St, Yngvesson S, Siqueira P, et al. Development and Testing of A Single Frequency Terahertz Imaging System for Breast Cancer Detection[J]. Terahertz Science and Technology, IEEE Transactions on,2013,3(4): 374 - 386.

[29] Tsurkan M V, Smolyanskaya O A. Impact of Terahertz Radiation on Cells[C]. Microwave Conference Proceedings (APMC),2013 Asia-Pacific, Seoul,2013,630 - 632.

[30] Pejcinovic B. Examination of Silicon Material Properties Using THz Time-Domain Spectroscopy [C]. Information and Communication Technology, Electronics and Microelectronics

(MIPRO),2014 37th International Convention on,Opatija,2014: 22 – 26.

[31] Siegel P H. THz Instruments for Space[J]. Antennas and Propagation,IEEE Transactions on,2007,55(11): 2597 – 2965.

[32] Chattopadhyay G. Technology,Capabilities,and Performance of Low Power Terahertz Sources. IEEE Transactions on Terahertz Science and Technology,2011. 1(1):33 – 53.

[33] Woodward R, Wallace V, Arnone D,et al. Terahertz Pulsed Imaging of Skin Cancer in the Time and Frequency Domain[J]. J. Biol. Phys. ,2003,2(29):257 – 259.

[34] Wilmink G J,Rivest B D,Roth C C,et al. In Vitro Investigation of the Biological Effects Associated with Human Dermal Fibroblasts Exposed to 2. 52 THz Radiation[J]. Lasers in Surgery and Medicine,2011,43(2): 152 – 163.

[35] Yang B B,Kirley M P,Booske J H. Theoretical and Empirical Evaluation of Surface Roughness Effects on Conductivity in the Terahertz Regime[J]. Terahertz Science and Technology, IEEE Transactions on,2014,4(3): 368 – 375.

[36] Song H J,Ajito K,Wakatsuki A,et al. Terahertz Wireless Communication Link at 300GHz [J]. inProc. Int. Topical Meeting Microw. Photon. (MWP) 2010:42 – 45.

[37] Sizov F,Reva V,Golenkov O,et al. THz/Sub-THz Direct Detector Challenges: Rectification and Thermal Detectors for Active Imaging[C]. Microwaves,Radar,and Wireless Communication (MIKON),2014 20th International Conference on,Gdansk,Poland,2014: 1 – 4.

[38] Attygalle M,Stepanov D. Photonic Technique for Phase Control of Microwave to Terahertz Signals[J]. Microwave Theory and Techniques,IEEE Transactions on,2014,62(6):1381 – 1386.

[39] Sinclair G N,Appleby R,Coward P R,et al. Passive millimeter-wave Imaging in Security Scanning[C]. AeroSense 2000. International Society for Optics and Photonics,2000:40 – 45.

[40] Appleby R,Anderton R N,Price S,et al. Mechanically Scanned Real-time Passive Millimeter-Wave Imaging at 94GHz[C]. AeroSense 2003. International Society for Optics and Photonics,2003: 1 – 6.

[41] Bjarnason J E,et al. MIllimeter-wave,Terahertz,and Mid-infrared Transmission Through Common Clothing[J]. Applied Physics Letters,2004. 85(4): 519 – 521.

[42] Dengler R J,et al. 600GHz Imaging Radar with 2cm Range Resolution[J]. Proceedings of the IEEE International Microwave Symposium,2007:1371 – 1374.

[43] 黄培康,等. 小角度旋转目标微波成像[J]. 电子学报,1992,20(6): 54 – 60.

[44] Blazquez B,Cooper K B,Lombart N. Time-Delay Multiplexing with Linear Arrays of THz Radar Transceivers[J]. Terahertz Science and Technology,IEEE Transactions on 2014,4(2): 232 – 239.

[45] Cooper K B,Dengler R J,Lombart N,et al. Penetrating 3-D Imaging at 4 and 25 Meter Range Using a Submillimeter-Wave Radar[J]. IEEE Trans. Microw. Theory Tech. ,2008,56: 2771 – 2778.

[46] Cooper K B, Dengler R J, Chattopadhyay G, et al. A High-Resolution Imaging Radar at 580GHz[J]. IEEE Microw. Wireless Compon. Lett. ,2008,18(1): 64 –66.

[47] Dengler R J, Cooper K B, Chattopadhyay G, et al. 600GHz Imaging Radar with 2cm Range Resolution[C]. IEEE/MTT-S Int. Microw. Symp. ,2007:1371 –1374.

[48] Cooper K B, Dengler R J, Llombart N, et al. THz Imaging Radar for Standoff Personnel Screening[J]. IEEE Trans. Terahertz Science and Tech. ,2011, 1(1): 169 –182.

[49] Essen H, Wahlen A, Sommer R, et al. High-Bandwidth 220GHz Experimental Radar[J]. Electronic Letters,2007,43(20): 1114 –1116.

[50] Essen H, Wahlen A, Sommer R, et al. Development of a 220-GHz Experimental Radar[C]. Microwave Conference (GeMIC), German,2008:1 –4.

[51] Essen H, Stanko S, Sommer R, et al. High Performance 220-GHz Broadband Experimental Radar[C]. Infrared, Millimeter and Terahertz Waves,2008. IRMMW-THz 2008. 33rd International Conference on, Pasadena, CA,2008,1.

[52] Am Weg C, von Spiegel W, Henneberger R, et al. Fast Active THz Camera with Range Detection by Frequency Modulation[C]//SPIE OPTO: Integrated Optoelectronic Devices. International Society for Optics and Photonics,2009: 72150F-72150F –8.

[53] Llombart N, Dengler R J, Cooper K. Terahertz Antenna System for a Near Video Rate Radar Imager[J]. IEEE Antennas Propagation. Mag. ,2010,5(52):251 –259.

[54] Cooper K B, Reck T A, Jung-Kubiak C, et al. Transceiver Array Development for Submillimeter-wave Imaging Radars[C]. SPIE Defense, Security, and Sensing. International Society for Optics and Photonics,2013: 87150A-87150A-8.

[55] Dengler R J, Cooper K B, Llombart N, et al,. Siegel. Toward Real-time Penetrating Imaging Radar at 670GHz[J]. in 2009 IEEE MTT-S Int. Microw. Symp. Dig. ,2009:941 –944.

[56] Sheen D M, McMakin D L, Hall T E. Three-dimensional millimeter-wave Imaging for Concealed Weapon Detection[J]. IEEE Transactions on Microwave Theory and Techniques, 2001. 49(9): 1581 –92.

[57] Cooper K B, Dengler R J, Llombart N. Impact of Frequency and Polarization Diversity on a Terahertz Radar's Imaging Performance[C]. SPIE Defense, Security, and Sensing. International Society for Optics and Photonics,2011: 80220D-80220D-8.

[58] Sheen D M, et al. , Concealed Explosive Detection on Personnel Using a Wideband Holographic Millimeter-wave Imaging System[J]. Proceedings of the SPIE-AEROSENSE Aerospace/Defense Sensing and Controls,1996. 2755: 503 –13.

[59] McMakin D L, Sheen D M, Griffin J W, et al. Extremely High-frequency Holographic Radar Imaging of Personnel and Mail[C]. Defense and Security Symposium. International Society for Optics and Photonics,2006: 62011W-62011W-12.

[60] Sheen D M, Hall T E, Severtsen R H, et al. Active Wideband 350GHz Imaging System for Concealed-weapon Detection[C]. SPIE Defense, Security, and Sensing. International Society for Optics and Photonics,2009: 73090I-73090I-10.

[61] McMakin D L, et al. Detection of Concealed Weapons and Explosives on Personnel Using a Wide-band Holographic Millimeter-wave Imaging System[J]. in American Defense Preparedness Association Security Technology Division Joint Security Technology SymposiumWilliamsburg, VA. ,1996.

[62] Sheen D M, Hall T E, Severtsen R H, et al. Standoff Concealed Weapon Detection Using a 350-GHz Radar Imaging System[C]. SPIE Defense, Security, and Sensing. International Society for Optics and Photonics,2010: 767008-767008-12.

[63] Sheen D M, Douglas L M, Hall T E. Active Millimeter-Wave Standoff and Portal Imaging Techniques for Personnel Screening[C]. Technologies for Homeland Security,2009. HST'09. IEEE Conference on, Boston, MA,2009,440 – 447.

[64] Ding J, Kahl M, Loffeld O, et al. THz 3-D Image Formation Using SAR Techniques: Simulation, Processing and Experimental Results[J]. Terahertz Science and Technology, IEEE Transactions on,2013,3(5): 606 – 616.

[65] Arusi R, Pinhasi Y, Kapilevitch B, et al. Linear FM Radar Operating in the Terahertz Regime for Concealed Objects Detection[C]. Proc. Int. Conf. Microw. , Commun. , Antennas Electron. Syst. ,2009:1 – 4.

[66] Kapilevich B, Pinhasi Y, Anisimov M, et al. Hardon: Single Pixel THz Detector for Remote Imaging[J]. Presented in the IEEE COMCAS 2009.

[67] 丁鹭飞,耿富录. 雷达原理[M]. 西安:西安电子科技大学出版社,2008.

[68] Meta A, Hoogeboom P, Ligthart L P. Signal Processing for FMCW SAR[J]. Geoscience and Remote Sensing, IEEE Transactions on,2007,45(11): 3519 – 3532.

[69] Zhang B, Pi Y, Li J. Terahertz Imaging Radar with Inverse Aperture Synthesis Techniques: System Structure, Signal Processing, and Experiment Results[J]. IEEE Sensors Journal, 2015,15(1): 290 – 299.

[70] Yao G, Zhang B, Min R. A High-Resolution Terahertz LFMCW Experimental Radar[C]. The International Conference on Communications, Signal Processing, and Systems, Tianjin, China, Oct. ,2013:12 – 20.

[71] Yu Y, Li J, Yang X. Target Detection with Distributed Terahertz Sensors[J]. International Journal of Distributed Sensor Networks,2015,501: 275676.

[72] 皮亦鸣,杨建宇. 合成孔径雷达成像原理[M]. 成都:电子科技大学出版社,2007.

[73] 向敬成,张明友. 雷达系统[M]. 成都:电子科技大学出版社,1997.

[74] Zhang B, Pi Y, Min R. A near-field 3D circular SAR imaging technique based on spherical wave decomposition[J]. Progress In Electromagnetics Research,2013,141: 327 – 346.

[75] 保铮,刑孟道,王彤. 雷达成像技术[M]. 西安:电子工业出版社,2004.

[76] Lönnqvist A, Tamminen A, Mallat J, et al. Monostatic Reflectivity Measurement of Radar Absorbing Materials at 310 GHz[J]. IEEE Transactions on Microwave theory and techniques, 2006,54(9):3486 – 3491.

[77] Räisänen A, Lonnqvist A, Mallat J, et al. A Compact RCS-range Based on a Phase Hologram

for Scale Model Measurements at Sub-mm-wavelengths[C]. International Topical Meeting on Microwave Photonics, Budapest, 2003: 55 – 58.

[78] Jansen C, Krumbhholz N, Geise R, et al. Alignment and Illumination Issues in Scaled THz RCS Measurements[C]. 34th International Conference on Infrared, Millimeter, and Terahertz Waves, Busan, 2009: 1 – 2.

[79] Iwaszczuk K, Heiselberg H, Jepsen P. Terahertz Radar Cross Section Measurements[C]. 35th International Conference on Infrared Millimeter and Terahertz Waves, Rome, 2010: 1 – 3.

[80] Du L, Liu H, Bao Z, et al. A Two-Distribution Compounded Statistical Model for Radar HRRP Target Recognition[J]. IEEE Transactions on Signal Processing. 2006, 54(6): 2226 – 2238.

[81] Yu Y, Pi Y M. Terahertz Target Radar Cross-section measurement with ISAR Technique[J]. Journal of Infrared and Millimeter Waves, 2015, 34(5): 545 – 550.

[82] Yu Y, Li J, Min R. A Scattering Model Based on GTD in Terahertz Band[C]. The Proceedings of the Second International Conference on Communications, Signal Processing, and Systems, Tianjin, 2013, 246: 879 – 886.

[83] 喻洋，皮亦鸣. 太赫兹高分辨力雷达杂波测量与分析[J]. 雷达学报, 2015(2): 217 – 221.

[84] 郭澜涛，牧凯军，邓朝，等. 太赫兹波普与成像技术[J]. 红外与激光工程, 2013, 42(1): 51 – 56.

[85] 关键，等. 分布式 OS-CFAR 检测在多脉冲非相干积累条件下的性能分析[J]. 电子科学学报, 2000, 22(05): 747 – 752.

[86] 吉书龙，等. 一种新的雷达恒虚警(CFAR)处理器[J]. 国防科技大学学报, 1990, 12(4): 116 – 121.

[87] 齐国青. 单元平均恒虚警率检测器性能的改善[C]. CCSP D3-9, 1992: 517 – 520.

[88] 顾新锋，等. 一种基于波形的距离扩展目标检测方法[J]. 海军航空工程学院学报, 2008, 23(6): 659 – 661, 668.

[89] Conte E, De Maio A, Ricci G. GLRT-Based Adaptive Detection Algorithms for Range-Spread Targets[J]. IEEE Transactions on Signal Processing, 2001, 49(7): 1336 – 1348.

[90] Conte E, De Maio A, Galdi C. Statistical Analysis of Real Clutter at Different Range Resolutions[J]. IEEE Transactions on Aerospace and Electronic Systems, 2004, 40(3): 903 – 918.

[91] Gong S, Pan M, Long W, et al. Distributed Fuzzy Maximum-censored Mean Level Detector-constant False Alarm Rate Detector Based on Voting Fuzzy Fusion Rule[J]. IET Radar, Sonar and Navigation, 2015, 9(8): 1055 – 1062.

[92] De Maio A, Farina A, Gerlach K. Adaptive Detection of Range Spread Targets with Orthogonal Rejection[J]. IEEE Transactions on Aerospace and Electronic Systems, 2007, 43(2): 738 – 752.

[93] Bon N, Khenchaf A, Garello R. GLRT Subspace Detection for Range and Doppler Distributed Targets[J]. IEEE Transactions on Aerospace and Electronic Systems, 2008, 44(2):

678 – 696.

[94] Dong Y, Zhang X, Huang Y, et al. Order-statistic-based Subspace Detector for Range and Doppler Distributed Target[C]. IEEE CIE International Conference on Radar, Chengdu, 2011, 1: 472 – 475.

[95] Carretero-Moya J, Gismero-Menoyo J, Blanco-del-Campo Á, et al. Statistical Analysis of a High-Resolution Sea-Clutter Database[J]. IEEE Transactions on Geoscience and Remote Sensing, 2009, 48(4): 2024 – 2037.

[96] Mezache A, Soltanni F, Sahed M, et al. Model for Non-rayleigh Clutter Amplitudes Using Compound Inverse Gaussian Distribution: an Experimental Analysis[J]. IEEE Transactions on Aerospace and Electronic Systems, 2015, 51(1): 142 – 153.

[97] Gerlach K, Steiner M. Adaptive Detection of Range Distributed Targets[J]. IEEE Transactions on Signal Processing, 1999, 47(7): 1844 – 1851.

[98] Moser G, Zerubia J, Serpico S. SAR Amplitude Probability Density Function Estimation Based on a Generalized Gaussian Model[J]. IEEE Transactions on Image Processing, 2006, 15(6): 1429 – 1442.

[99] Szajnowski W. Estimator of Log-normal Distribution Parameters[J]. IEEE Transactions on Aerospace and Electronic Systems, 1977, AES-13(5): 533 – 536.

[100] Oliver C. Optimum Texture Estimators for SAR Clutter[J]. Journal of Physics D, Applied Physics, 1993, 26(11): 1824 – 1835.

[101] Stacy E. A Generalized of the Gamma Distribution[J]. The Annals of Mathematical Statistics, 1962, 33(3): 1187 – 1192.

[102] Li H, Hong W, Wu Y, et al. On the Empirical-statistical Modeling of SAR Images with Generalized Gamma Distribution[J]. IEEE Journal of Selected Topics in Signal Processing, 2011, 5(3): 386 – 397.

[103] Nicolas J. Introduction to Second Kind Statistics: Application of Logmoments and Log-cumulants to Second Kind Statistics: Application of Logmoments and Log-cumulants to Analysis of Radar Images[J]. Traitement du signal, 2002, 19(3): 139 – 167.

[104] Li J, Pi Y, Yang X. Micro-Doppler Signature Feature Analysis in Terahertz Band[J]. Journal of Infrared Millimeter & Terahertz Waves, 2010, 31(3): 319 – 328.

[105] 李晋,皮亦鸣. 基于原子分解的微多普勒特征分析[C]. 第十四届全国信号处理学术年会(CCSP-2009)论文集, 2009.

[106] Gray J. The Effect Of Non-Uniform Motion On The Doppler Spectrum Of Scattered Continuous Wave Waveform. IEE Proceedings on Radar, Sonar and Navigation, 2003, 150(4): 262 – 270.

[107] Vavriv D M, et al. High-Accuracy Doppler Signal Processing: Techniques And Applications, IEEE MSMW'07 Symposium Proceedings, Kharkov, 2007: 25 – 30.

[108] Yujir L. Passive Millimeter Wave Imaging[J]. Microwave Symposium Digest. IEEE MTT-S International, 2006: 98 – 101.

[109] Petkie D T, De Lucia F C, Castro C, et al. Active and Passive Millimeter-and Sub-millimeter-wave Imaging[C]. European Symposium on Optics and Photonics for Defence and Security. International Society for Optics and Photonics, 2005 598918-598918-8.

[110] Friederich F, Spiegel W, Bauer M, et al. THz Active Imaging Systems with Real-Time Capabilities[J]. IEEE transactions on terahertz science and technology, 2011, 1(1): 183 – 200.

[111] Öjefors E, Pfeiffer U R, Lisauskas A, et al. A 0.65 THz Focal-Plane Array in a Quarter-Micron CMOS Process Technology[J]. IEEE journal of solid-state circuits, 2009, 44(7): 1968 – 1976.

[112] Brahm A, Bauer M, Hoyer T, et al. All-electronic 3D Computed THz Tomography[C]. Infrared, Millimeter and Terahertz Waves (IRMMW-THz), 2011 36th International Conference on, Houston, TX, 2011: 3 – 4.

[113] Dickinson J C, Goyette T M, Gatesman A J, et al. Terahertz Imaging of Subjects with Concealed Weapons[C]. Proc. SPIE. 2006, 6212: 62120Q.

[114] Redó-Sánchez A, Karpowicz N, Xu J, et al. Damage and Defect Inspection with Terahertz Waves[M]. N. Dartmouth, MA, 2006.

[115] Maestrini A, Thomas B, Wang H, et al. Schottky Diode-Based Terahertz Frequency Multipliers and Mixers. Comptes Rendus Physique[C]. Terahertz electronic and optoelectronic components and systems-Composants et systemes pour l' electronique et l' optoelectronique terahertz, August-October 2010: 480 – 495.

[116] Huguenin G R. Millimeter Wave Focal Plane Array Imager[C]. Millimeter and Submillimeter Waves and Applications: International Conference. International Society for Optics and Photonics, 1994: 300 – 301.

[117] Hadi R A, Sherry H, Grzyb J, et al. A Broadband 0.6 to 1THz CMOS Imaging Detector with an Integrated Lens[C]. Proc. Microw. Symp. Di-gest (MTT), 2011 IEEE MTT-S Int., 2011, 1 – 4.

[118] Cumming I G, Wong F H. Digital Processing of Synthetic Aperture Radar Data: Algorithms and Implementation [M]. Norwood, MA, USA: Artech House, 2005.

[119] Trichopoulos G C, Mosbacker H L, Burdette D, et al. A Broadband Focal Plane Array Camera for Real-time THz Imaging Applications[J]. Antennas and Propagation, IEEE Transactions on, 2013, 61(4): 1733 – 1740.

[120] Trichopoulos G C, Topalli K, Sertel K. Imaging Performance of a THz Focal Plane Array[J]. inProc. Antennas Propag. (APSURSI), 2011 IEEE Int. Symp., 2011, 3 – 8: 134 – 136.

[121] Trichopoulos G C, Mumcu G, Sertel K, et al. A Novel Approach for Improving Off Axis Pixel Performance of Terahertz Focal Plane Arrays[J]. IEEE Trans. Microw. Theory Tech., 2010: 7(58).

[122] Meta A, Hoogeboom P, Ligthart L P. Range Non-linearities Correction in FMCW SAR[C]. Geoscience and Remote Sensing Symposium, 2006. IGARSS 2006. IEEE International Conference on. IEEE, 2006: 403 – 406.

[123] Chew W C, Michielssen E, Song J M, et al. Fast and Efficient Algorithms in Computational Electromagnetics[M]. Artech House, Inc. ,2001.

[124] Balanis C A. Antenna theory : analysis and design[J]. New York, 2005, 72(7): 989 – 990.

[125] Fessler J A, Sutton B P. Nonuniform Fast Fourier Transforms Using Min-Max Interpolation[J]. IEEE Transactions on Signal Processing, 2003, 51(2): 560 – 574.

[126] Wang P, Liu W, Chen J, et al. A High-Order Imaging Algorithm for High-Resolution Spaceborne SAR Based on a Modified Equivalent Squint Range Model[J]. IEEE Transactions on Geoscience & Remote Sensing, 2015, 53(3): 1225 – 1235.

[127] Demirci S, Cetinkaya H, Yigit E, et al. A Study on Millimeter-Wave Imaging of Concealed Objects: Application Using Back-Projection Algorithm[J]. Progress in Electromagnetics Research, 2012, 128(1): 457 – 477.

[128] Zeng T, Yang W, Ding Z, et al. Advanced Range Migration Algorithm for Ultra-high Resolution Spaceborne Synthetic Aperture Radar[J]. IET Radar, Sonar Navigat, 2013, 7(7): 764 – 772.

[129] Knaell K K, Cardillo G P. Radar Tomography for the Generation of Three-Dimensional Images[J]. IEE Proc. of Radar, Sonar, Navigation, 1995, 142(2): 54 – 60.

[130] Oka S, Togo H, Kukutsu N, et al. Latest Trends in Millimeter-Wave Imaging Technology[J]. Progress In Electromagnetics Research Letters, 2008, 1: 197 – 204.

[131] Tonouchi M. Cutting-edge Terahertz Technology[J]. Nature Photonics, 2007, 1(2): 97 – 105.

[132] Cheng B, Jiang G, Wang C, et al. Real-Time Imaging with a 140 GHz Inverse Synthetic Aperture Radar[J]. Terahertz Science and Technology, IEEE transactions on, 2013, 3(5): 594 – 605.

[133] Özdemir C. Inverse Synthetic Aperture Radar Imaging With MATLAB Algorithms[M]. Hoboken, NJ, USA: Wiley, 2012.

[134] Sheen D M, McMakin D L, Hall T E. Three-dimensional Millimeter-Wave Imaging for Concealed Weapon Detection[J]. IEEE Trans. on Microwave Theory and Techniques, 2001, 49(9): 1581 – 1592.

[135] Zhang B, Pi Y M, Yang X B. Terahertz Imaging Radar with Aperture Synthetic Techniques for Object Detection[C], Communications Workshops (ICC), 2013 IEEE International Conference on, Budapest, Hungary, Jun. ,2013, 921 – 925.

[136] Cantalloube H. Inverse Synthetic Aperture Radar Imaging: Air-to-Air and Air-to-Surface Examples[C]. Geoscience and Remote Sensing Symposium (IGARSS), 2013 IEEE International, Melbourne, VIC, 2013: 3554 – 3557.

[137] Brisken S, Worms J G. Methods in ISAR Motion Estimation Error Analysis[C]. Radar Conference (RADAR), 2013 IEEE, Ottawa, ON, 2013: 1 – 5.

[138] Pang L, Zhang S, Tian X. Robust Two-dimensional ISAR Imaging Under Low SNR via Com-

pressed Sensing[C]. Radar Conference,2014 IEEE,Cincinnati,OH,2014:0846 - 0849.

[139] Zheng J,Su T,Zhu W,et al. ISAR Imaging of Targets With Complex Motions Based on the Keystone Time-Chirp Rate Distribution[J]. Geoscience and Remote Sensing Letters,IEEE, 2014,11(7): 1275 - 1279.

[140] Broquetas A,Palau J,Jofre L,et al. Spherical Wave Near-field Imaging and Radar Cross-section Measurement[J]. IEEE Trans. Antennas Propag. 1998,46(5): 730 - 735.

[141] Broquetas A,Jofre L,and Cardama A. A Near-field Spherical Wave Inverse Synthetic Aperture Radar Technique[C]. IEEE AP-S Symp. Dig. ,Chicago,1992,2(II):1114 - 1117.

[142] Wang J,Kasilingam D. Global Range Alignment for ISAR[J]. IEEE Transactions on Aerospace and Electronic Systems. 2003,39(1):351 - 357.

[143] Martorella M,Berizzi F. Time windowing for highly focused ISAR image reconstruction[J]. IEEE Transactions on Aerospace and Electronic Systems. 2005,41(3):992 - 1007.

[144] Mohammadpoor M,Abdullah R R,Ismail A,et al. A Ground Based Circular Synthetic Aperture Radar[C]. Radar Symposium (IRS),2013 14th International,Dresden,2013,521 - 526.

[145] Haegelen M,Briese G,Essen H,et al. Millimetre Wave Near Field SAR Scanner for Concealed Weapon Detection[C]. Synthetic Aperture Radar (EUSAR),2008 7th European Conference on. VDE,2008:1 - 4.

[146] Bjarnason J E,Chan T L J,Lee A W M,et al. Millimeter-wave,Terahertz, and Mid-infrared Transmissionthrough Common Clothing[J]. Applied Physics Letters, 2004, 85 (4): 519 - 521.

[147] Nicholson K J,Wang C H. Improved Near-Field Radar Cross-Section Measurement Technique[J]. IEEE Antennas & Wireless Propagation Letters,2009,8(4):1103 - 1106.

[148] Vaupel T,Eibert T F. Comparison and Application of Near-field ISAR Imaging Techniques for Far-field Radar Cross Section Determination[J]. IEEE Transactions on Antennas & Propagation,2006,54(1):144 - 151.

[149] Sheen D,McMakin D,Hall T. Near-field three-dimensional Radar Imaging Techniques and Applications[J]. Applied Optics,2010,49(19): E83 - E93.

[150] Kabacik P,Byndas A. Investigations into 3D Imaging Reconstruction of Hidden Objects with use of the Bi-polar near-field System[C]. Antennas and Propagation (EuCAP),2014 8th European Conference on. IEEE,2014: 112 - 116.

[151] Lee J S,Song T L,Du J K,et al. Near-field to far-field Transformation Based on Stratton-chu Fomula for EMC Measurements[C]. Antennas and Propagation Society International Symposium (APSURSI),2013 IEEE. IEEE,2013: 606 - 607.

[152] 黄培康,殷红成,许小剑. 雷达目标特性[M]. 北京:电子工业出版社,2005.

[153] 张彪,皮亦鸣,李晋. 采用格林函数分解的太赫兹逆合成孔径雷达近场成像算法[J]. 信号处理,2014,30(9): 993 - 999.

[154] Zhang B,Pi Y M. A 3D Imaging Technique for Circular Radar Sensor Networks Based on

Radon Transform[J]. International Journal of Sensor Networks,2013, 13(4): 199 – 207.

[155] Zhang B,Pi Y M,Min R. A CGRT-CLEAN Method for Circular SAR Three Dimensional Imaging[C]. The International Conference on Communications, Signal Processing, and Systems. Beijing,China,Sep. ,2012: 43 – 54.

[156] Ponce O,Prats-Iraola P,Scheiber R,et al. Polarimetric 3-D Reconstruction from Multicircular SAR at P-band[J]. Geoscience and Remote Sensing, IEEE Transactions on,2014,11(4): 803 – 807.

[157] Jehanzeb B,Barnes C F. Slant Plane CSAR Processing Using Householder Transform[J]. IEEE Transactions on Image Processing A Publication of the IEEE Signal Processing Society,2008,17(10):1900 – 7.

[158] Soumekh M. Reconnaissance with Slant Plane Circular SAR Imaging[J]. IEEE Transactions on Image Processing,1996,5(8): 1252 – 1265.

[159] Bryant M L,Gostin L L,Soumekh M. 3-D E-CSAR imaging of a T-72 tank and synthesis of its SAR reconstructions[J]. IEEE Transactions on Aerospace & Electronic Systems,2003, 39(1):211 – 227.

[160] Soumekh M. Synthetic Aperture Radar Signal Processing With MATLAB Algorithms[M]. 1st ed. Malden,MA,USA: Wiley-Interscience,1999.

[161] Ishimaru A,Chan T K,Kuga Y. An Imaging Technique Using Confocal Circular Synthetic Aperture Radar[J]. Geoscience & Remote Sensing IEEE Transactions on,1998,36(5): 1524 – 1530.

[162] Demirci S,Yigit E,Ozdemir C. Wide-field Circular SAR Imaging: 2D Imaging Results for Simulation Data[C]. Recent Advances in Space Technologies (RAST),2013 6th International Conference on,Istanbul,2013:421 – 424.

[163] Ponce O,Rommel T,Younis M,et al. Multiple-input Multiple-output Circular SAR[C]. Radar Symposium (IRS),2014 15th International,Gdansk,2014:1 – 5.

[164] Leilei,Kou Xiaoqing,et al. Circular SAR Processing Using an Improved Omega-k Type Algorithm[J]. Systems Engineering & Electronics Journal of,2010,21(21):572 – 579.

[165] Dallinger A,Schelkshorn S,Detlefsen J. Efficient ω-k-algorithm for Circular SAR and Cylindrical Reconstruction Areas[J]. Advances in Radio Science,2006,4(5):85 – 91.

[166] Ponce O,Prats P,Rodriguez M,et al. Processing of Circular SAR Trajectories with Fast Factorized Back-Projection[C]. IEEE International Geoscience & Remote Sensing Symposium, Vancouver,Canada,2011: 3692 – 3695.

[167] Ponce O,Prats-Iraola P,Pinheiro M,et al. Fully-Polarimetric High-Resolution 3-D Imaging with Circular SAR at L-Band[J]. IEEE Transactions on Geoscience & Remote Sensing, 2014,52(6):1 – 17.

[168] Ponce O,Prats P,Scheiber R,et al. First Demonstration of 3-D Holographic Tomography with Fully Polarimetric Multi-Circular SAR at L-band[C]. Geoscience and Remote Sensing Symposium (IGARSS),2013 IEEE International. IEEE,2013: 1127 – 1130.

[169] 吴雄峰,王彦平,吴一戎,等. 圆周合成孔径雷达投影共焦三维成像算法[J].系统工程与电子技术. 2008,30(10),1874-1878.

[170] 林赟,谭维贤,洪文,等. 圆迹SAR极坐标格式算法研究[J].电子与信息学报, 2010, 32(12),2802-2807.

[171] 洪文. 圆周SAR成像技术发展研究进展[J]. 雷达学报,2012,1(2): 124-135.

[172] Tan W, Hong W, Wang Y, et al. A Novel Spherical-wave Three-dimensional Imaging Algorithm for Microwave Cylindrical Scanning Geometries [J]. Progress In Electromagnetics Research,2011,111:43-70.

[173] Yan W,Xu J D,Li N J,et al. A Novel Fast Near-field Electromagnetic Imaging Method for Full Rotation Problem[J]. Progress In Electromagnetics Research,2011,120: 387-401.

[174] Ding J,Kahl M,Loffeld O,et al. THz 3-D Image Formation Using SAR Techniques:Simulation,Processing and Experimental Results[J]. Terahertz Science and Technology, IEEE Transactions on,2013,3(5): 606-616.

主要符号表

A	信号幅度
$a(t)$	信号包络
B	信号带宽
c	光速
$F(x(t))$	$x(t)$的傅里叶变换
f_b^+	正扫频频段差拍信号频率
f_b^-	负扫频频段差拍信号频率
f_0	雷达载波中心频率
f_b	差拍信号频率
f_d	多普勒频率
f_{IF}	中频频率
f_{LO}	本振频率
f_{manD}	微机动目标微多普勒频率
f_{max}	信号最高频率
f_{mD}	微多普勒频率
f_{RF}	射频频率
f_s	采样频率
f_{vibD}	振动目标多普勒频率
f_v	目标振动频率
f	信号频率
G	天线增益
$H(f,t)$	希尔伯特谱
$I_0(\cdot)$	第一类零阶修正贝塞尔函数
k_B	玻耳兹曼常数
L_c	连接损耗
L	大气衰减系数
N_f	接收机噪声系数
NF	噪声系数

N	采样位数
P_d	检测概率
P_e	误码率
P_{fa}	虚警概率
$Q(a,b)$	马库姆(Marcum)Q 函数
Q	量化电平
$R(i,k)$	瞬时自相关矩阵
R_{max}	雷达最大作用距离
R	目标距离
$S_b(t)$	差拍信号
$S_r(t)$	回波信号
$S_t(t)$	发射信号
s_{IF}	中频信号
s_r	接收信号
T_0	绝对温度
TG	采样区间
THz	太赫兹波
T_s	采样周期
T	调制周期
V_{FSR}	满量程电压
v	目标相对雷达径向运动速度
$W_z(t,f)$	Wigner - Ville 分布
$x(\hat{t})$	$x(t)$的希尔伯特变换
θ	信号初始相位
λ	雷达载波波长
μ	调频斜率
$\rho(x,y,z)$	散射点在目标坐标系中(x,y,z)处的反射系数
$\bar{\sigma}$	雷达散射截面
$\tau(t)$	回波延时
$\varphi(t)$	发射信号相位
φ_0	发射信号初始相位
φ	相位延迟
ω	信号角频率

缩略语

ADC	Analogy-Digital Converter	模数转换器
APSTEC	Applied Physics Science and Technology Center	应用物理科学技术中心
CFAR	Constant False Alarm Rate	恒虚警率
DARPA	Defense Advanced Research Projects Agency	国防高级研究计划局
DFG	Deutsche Forschungsgemeinschaft	德国科学基金会
DSB	Double Side Band	双边带
ECG	Electrocardiogram	心电图
EIO 或 EIK	Extended Interaction Oscillator	扩展互作用振荡器
EMD	Empirical Mode Decomposition	经验模态分解
FEL	Free Electronic Laser	自由电子激光器
FFT	Fast Fourier Transform	快速傅里叶变换
FGAN	Forschungsgesellschaft fur Angewandte Naturwissenschaften	德国应用科学研究所
FHR	Fraunhofer Institute for High Frequency Physics and Radar Techniques	德国高频物理学和雷达技术弗劳恩霍夫研究所
FMCW	Frequency Modulated Continuous Wave	调频连续波
FOV	Field of View	视场
GMSD	Generalized Matched Subspace Detector	广义匹配子空间检测器
HAPS	High Altitude Platform Station	高空平台
HBV	Heterostructure Barrier Varactor	异质结
HEB	Hot Electron Bolometer	热电子测热电阻
HRR	High Range Resolution	高距离分辨力
ISAR	Inverse Synthetic Aperture Radar	逆合成孔径雷达

JPL	Jet Propulsion Laboratory	美国喷气推进实验室
LFM	Linear Frequency Modulated	线性调频
LFMCW	Linear Frequency Modulated Continuous Wave	线性调频连续波
MDS	Minimum Detectable Signal	最小可检测信号
MIT	Massachusetts Institute of Technology	麻省理工学院
MSD	Matched Subspace Detector	匹配子空间检测器
MS-SRIP	Microwave System for Secret Remote Inspection of People	人员秘密遥控监测微波系统
NUIFFT	Non-uniform Inverse Fast Fourier Transform	非均匀逆傅里叶变换
PNNL	Pacific Northwest National Laboratory	太平洋西北国家实验室
PSF	Point Spread Function	点散布函数
PWVD	Pseudo- Wigner-Ville Distribution	伪魏格纳-威利分布
RAL	Rutherford-Appleton Laboratory	英国卢瑟福阿普莱顿实验室
RCS	Radar Cross Section	雷达截面积
RTD	Resonant Tunneling Diodes	谐振隧道二极管
RVP	Residual Video Phase	剩余相位
SAR	Synthetic Aperture Radar	合成孔径雷达
SFDR	Spurious-free Dynamic Range	无杂散动态范围
SIS	Superconductor Insulator Superconductor	超导体－绝缘体－超导体
SM	Subharmonic Mixer	亚谐波混频器
SPWVD	Smooth Pseudo-Wigner-Ville Distribution	平滑伪魏格纳－威利分布
SSB	Signal Side Band	单边带
STFT	Short Time Fourier Transform	短时傅里叶变换
THz	Terahertz	太赫兹
VDI	Virginia Diodes, Inc	弗吉尼亚二极管公司
WVD	Wigner-Ville Distribution	魏格纳－威利分布

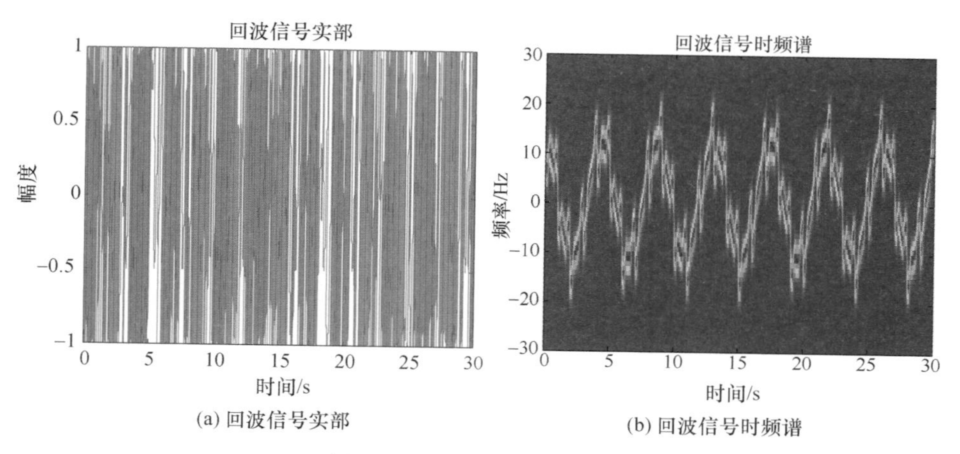

(a) 回波信号实部 (b) 回波信号时频谱

图 5.29 回波实部及时频谱

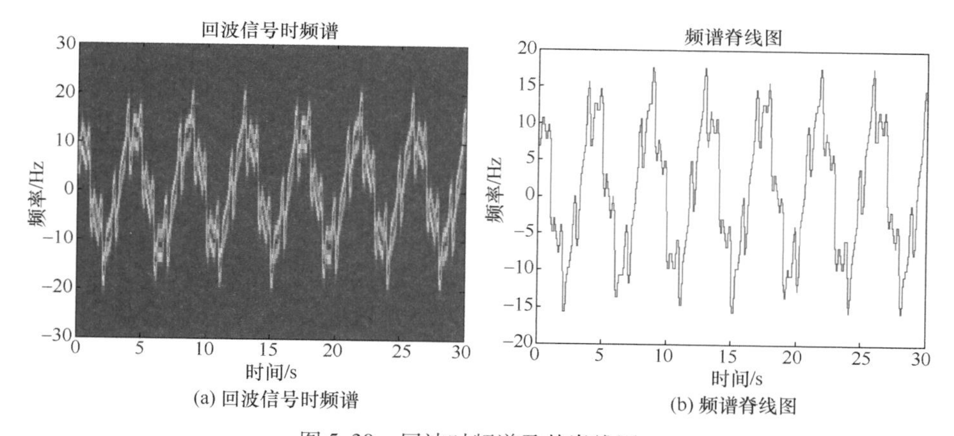

(a) 回波信号时频谱 (b) 频谱脊线图

图 5.30 回波时频谱及其脊线图

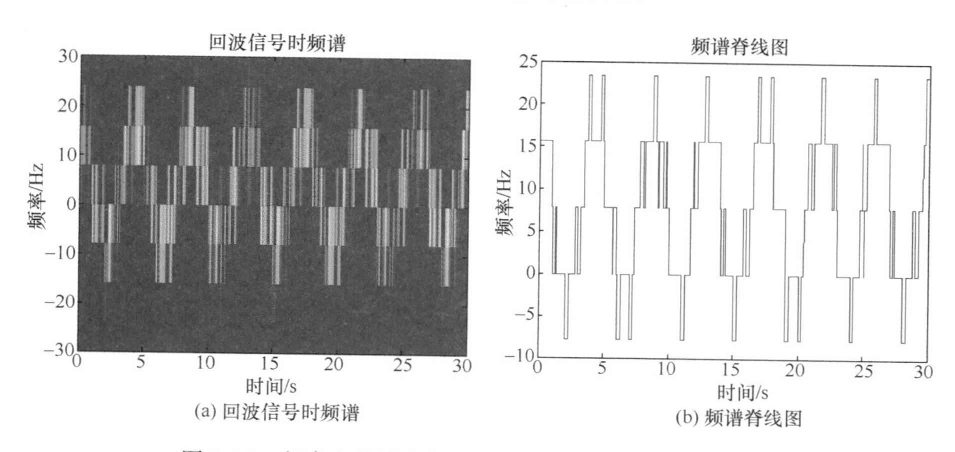

(a) 回波信号时频谱 (b) 频谱脊线图

图 5.31 频率向分辨率较低时的回波时频谱及其脊线图

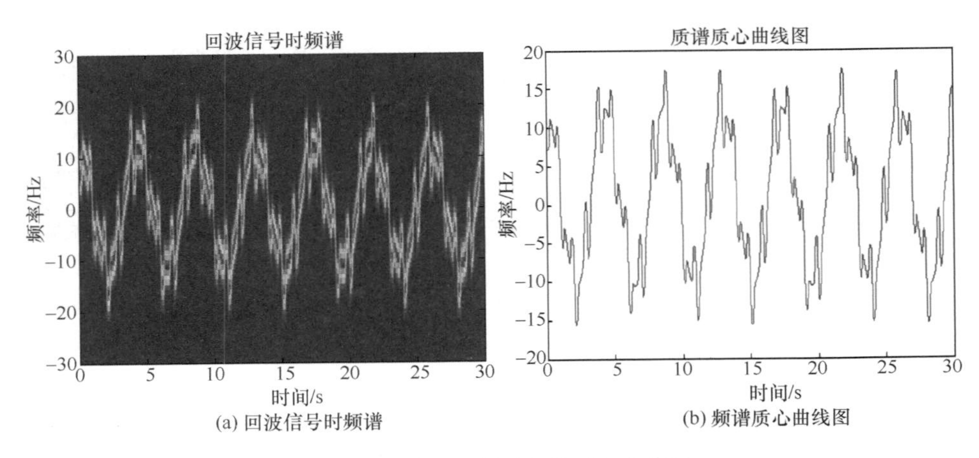

(a) 回波信号时频谱　(b) 频谱质心曲线图

图 5.32　回波时频谱及其质心曲线图

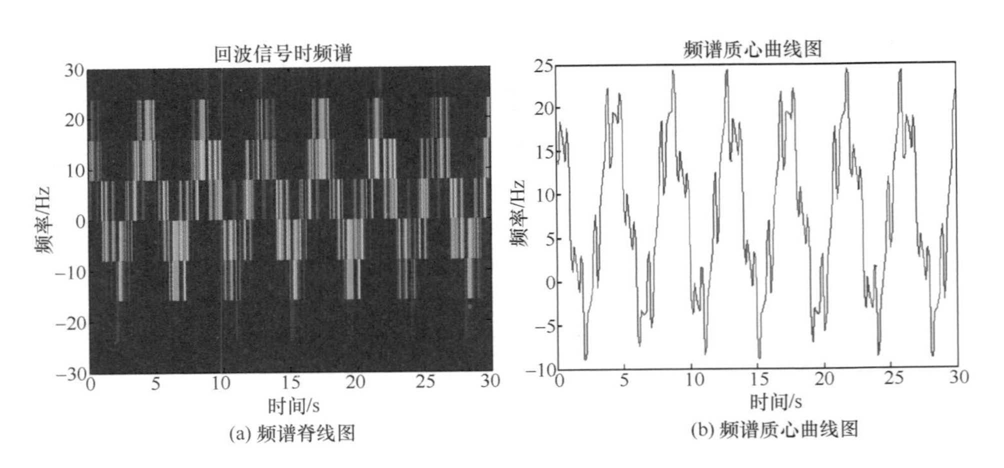

(a) 频谱脊线图　(b) 频谱质心曲线图

图 5.34　频率向分辨较低时的回波时频谱及其质心曲线图

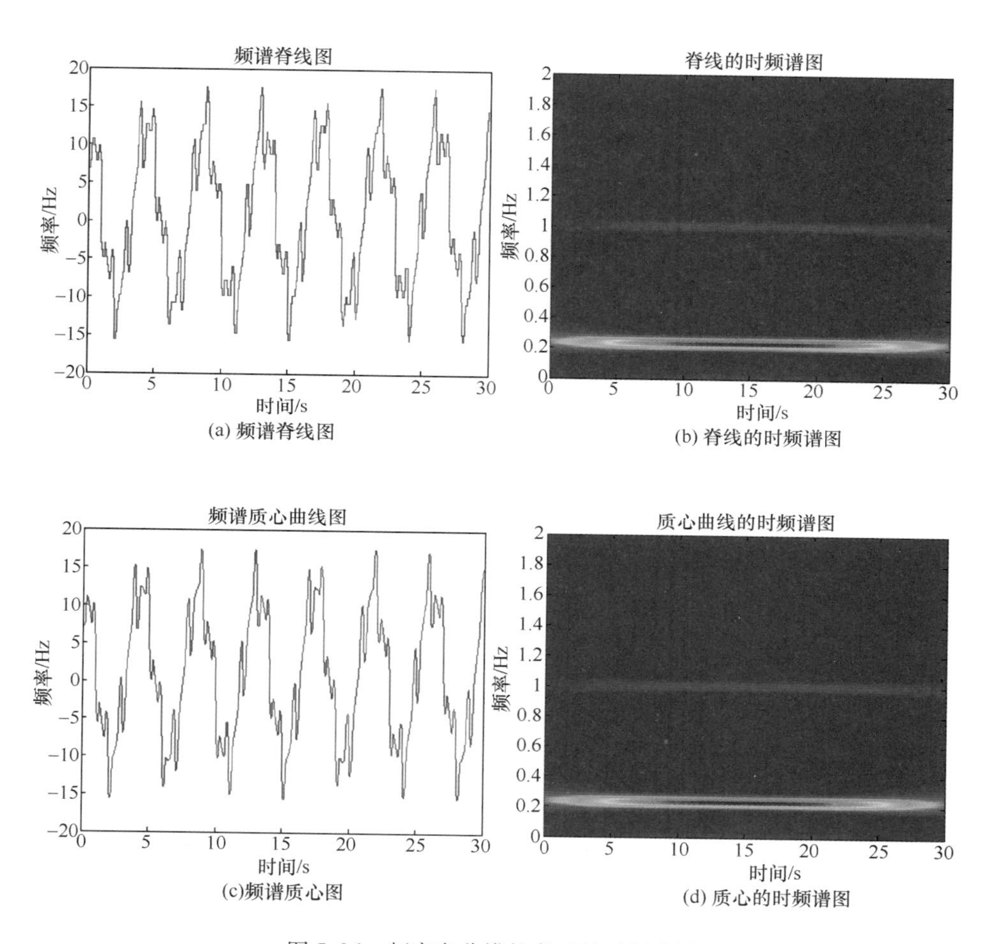

图 5.36　频率向分辨较高时的时频谱图

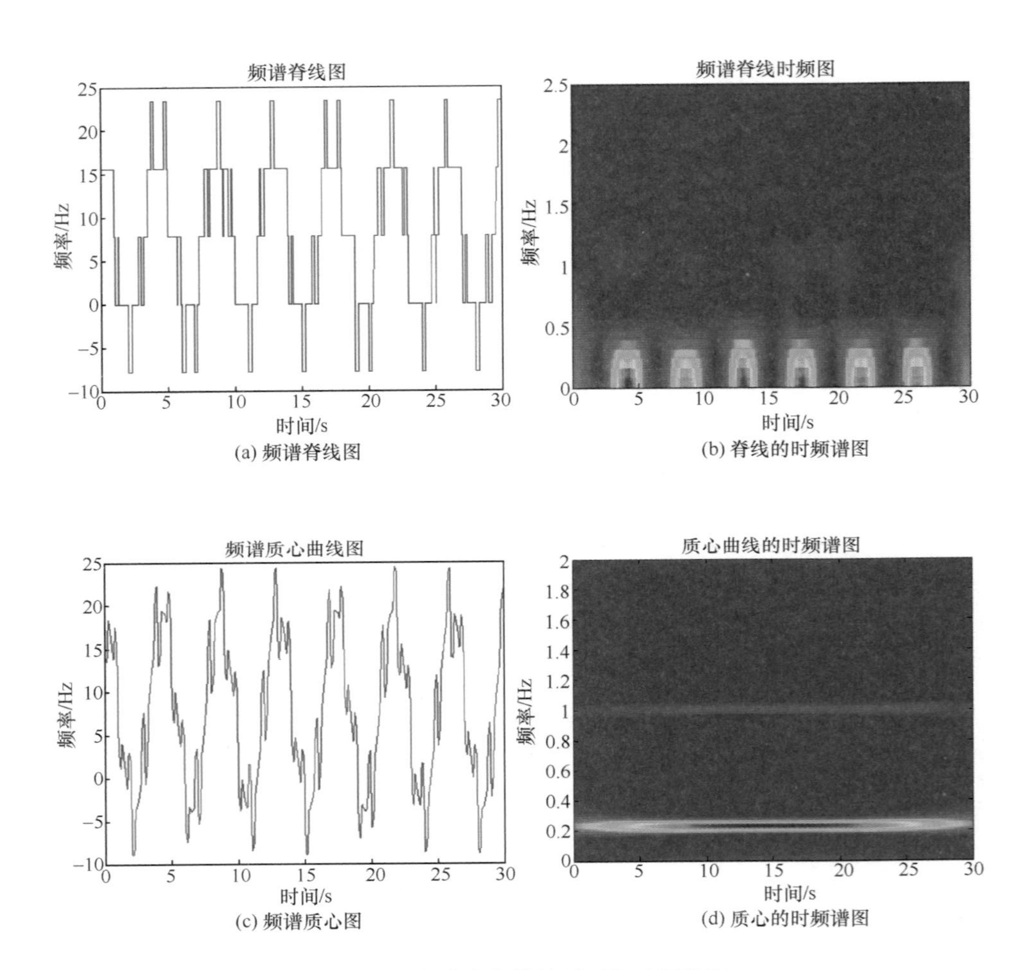

(a) 频谱脊线图　(b) 脊线的时频谱图

(c) 频谱质心图　(d) 质心的时频谱图

图 5.37　频率向分辨较低时的时频谱图

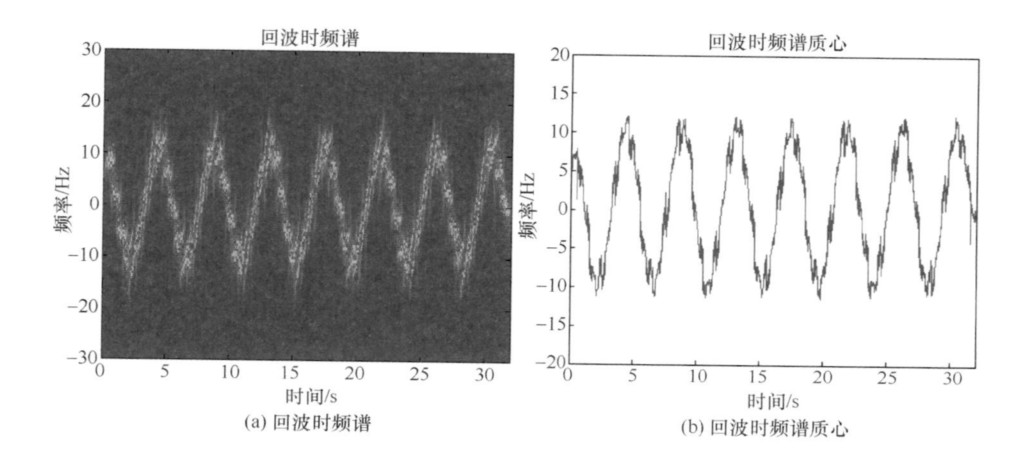

(a) 回波时频谱

(b) 回波时频谱质心

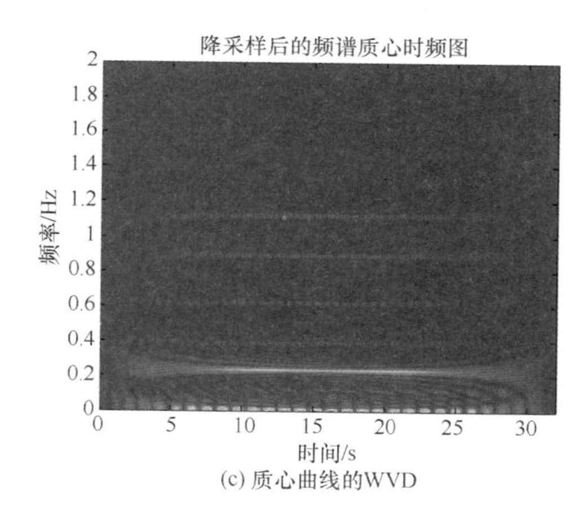

(c) 质心曲线的WVD

图 5.39　基于 WVD 的时频分析

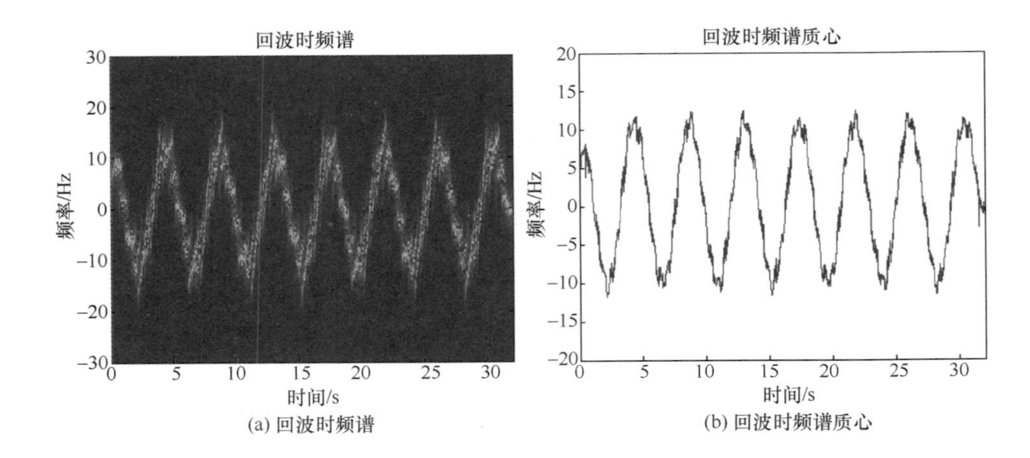

(a) 回波时频谱　(b) 回波时频谱质心

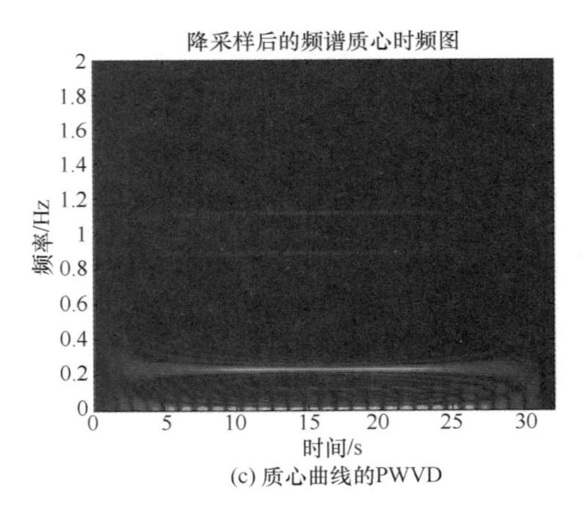

(c) 质心曲线的PWVD

图 5.40　基于 PWVD 的时频分析

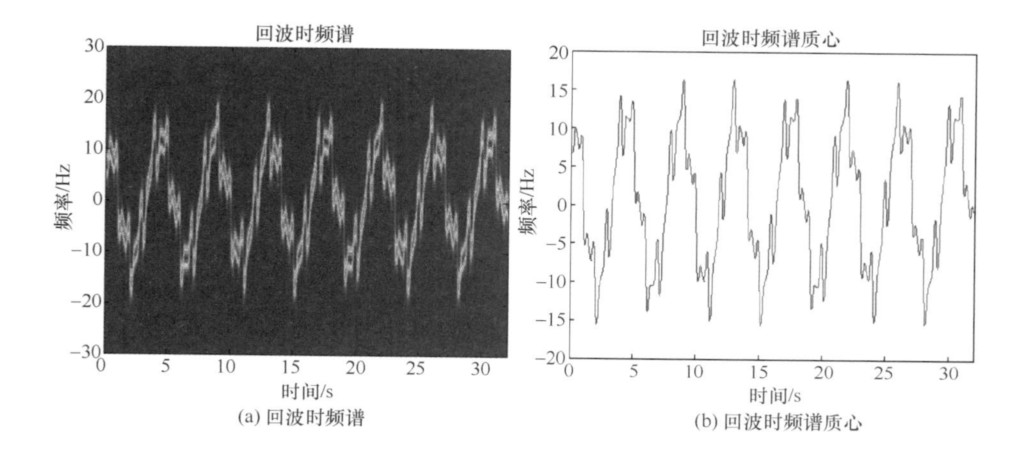

(a) 回波时频谱　　(b) 回波时频谱质心

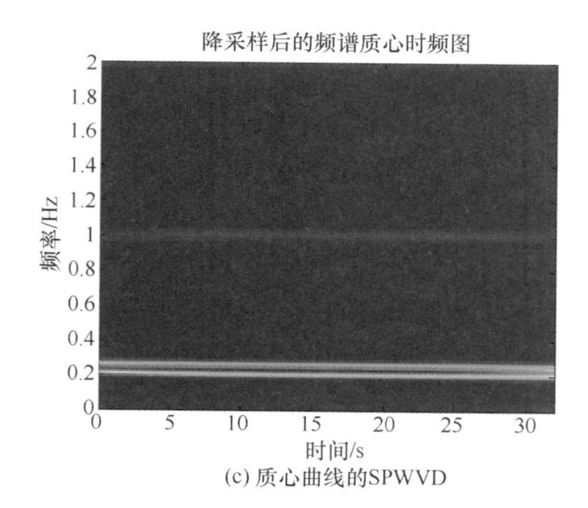

(c) 质心曲线的SPWVD

图 5.41　基于 SPWVD 的时频分析

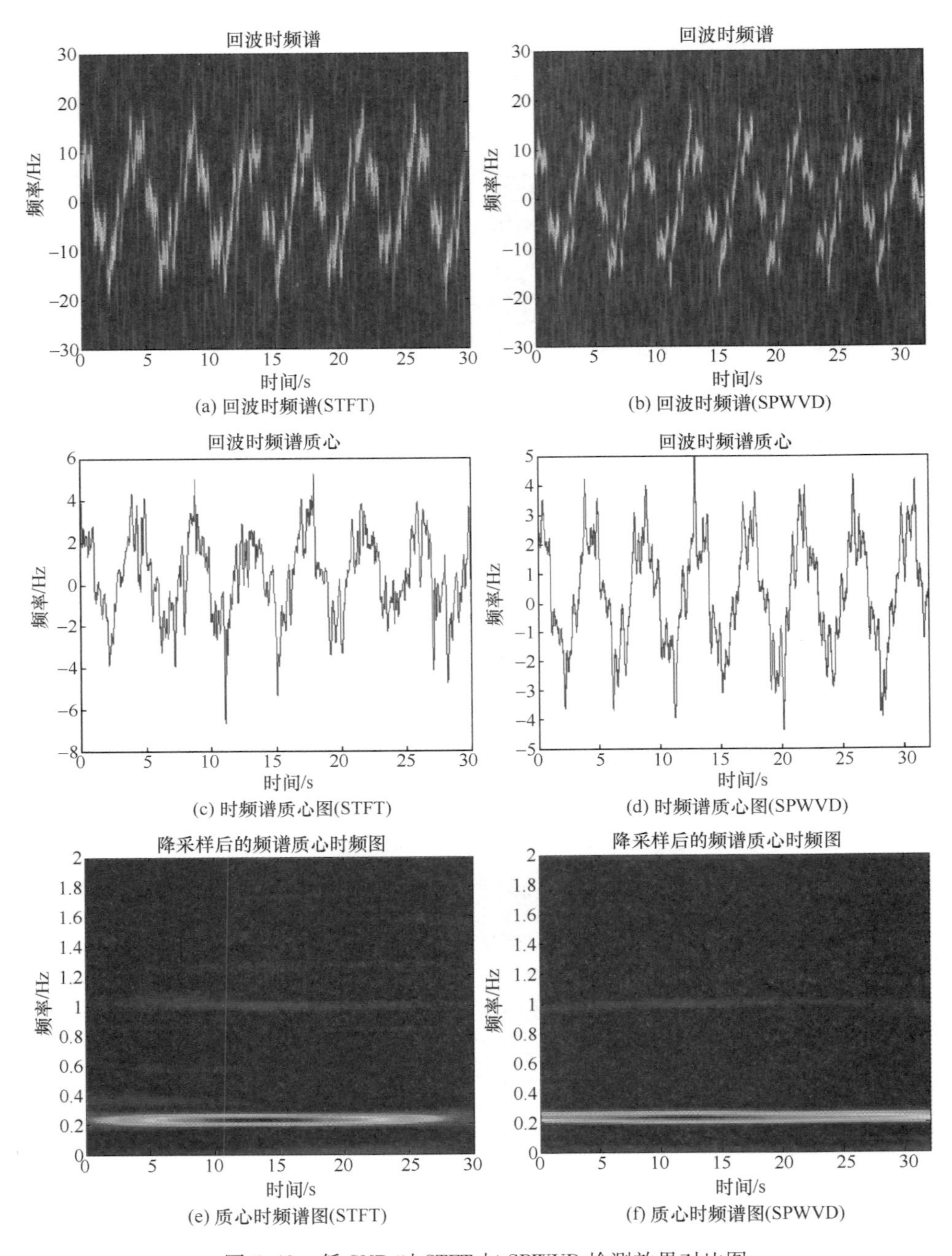

图 5.42　低 SNR 时 STFT 与 SPWVD 检测效果对比图

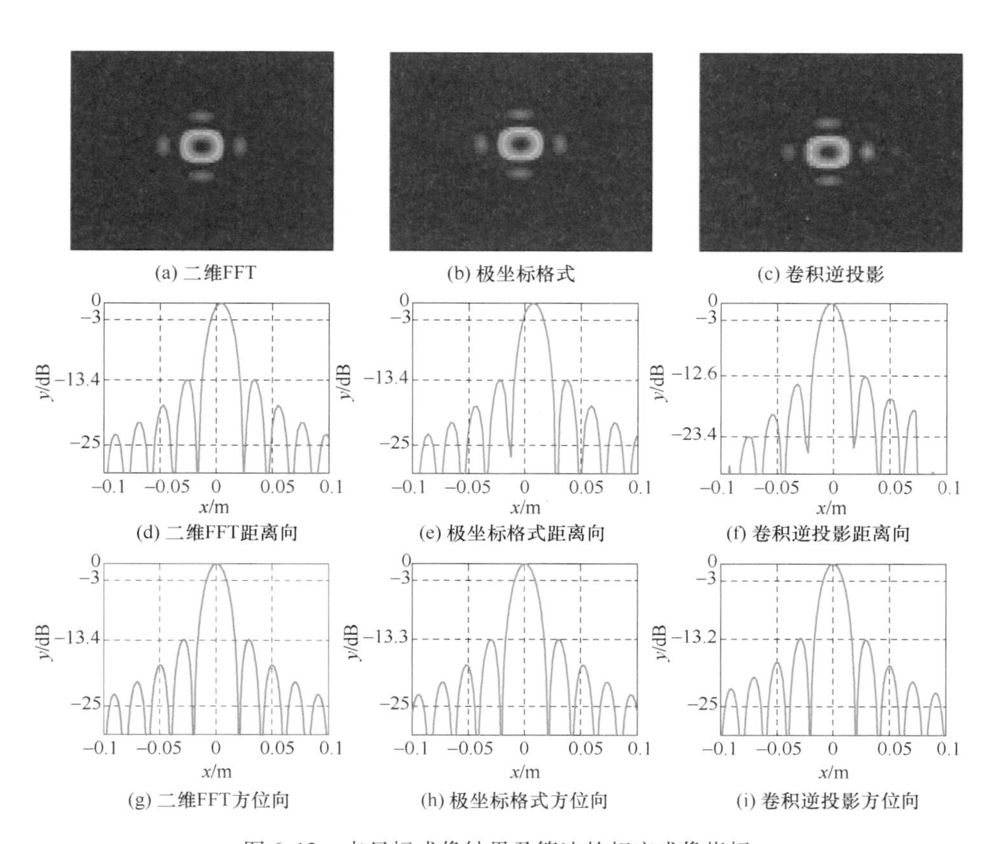

图 6. 12　点目标成像结果及算法的相应成像指标

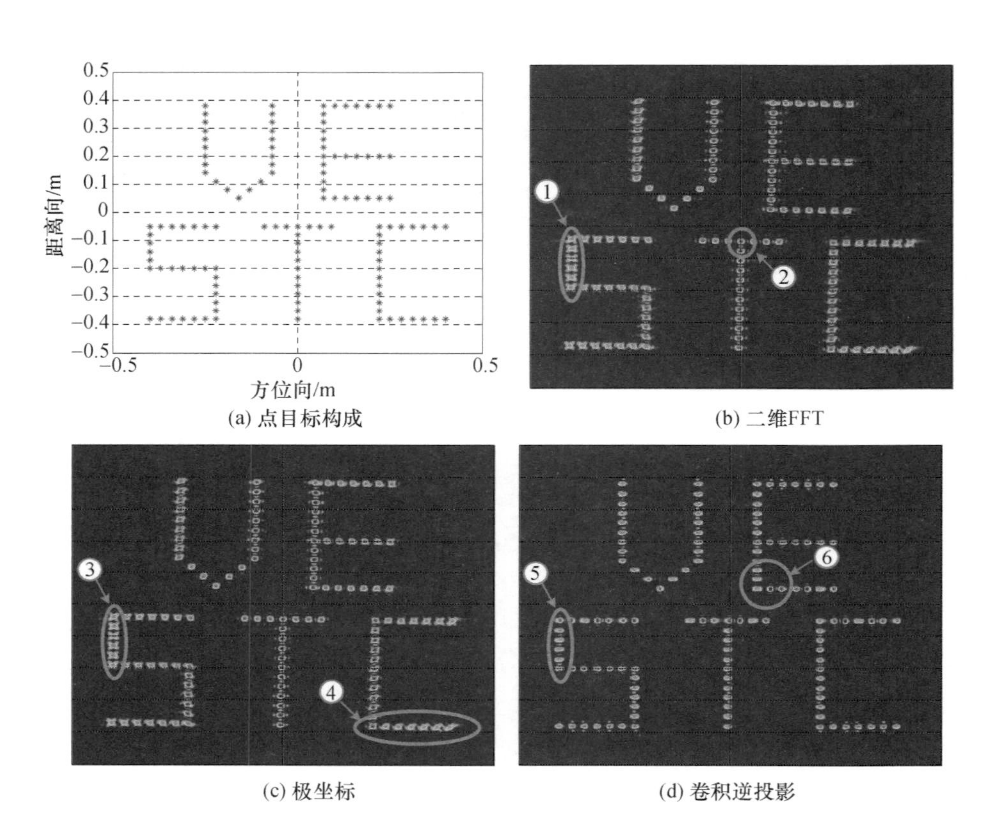

(a) 点目标构成
(b) 二维FFT
(c) 极坐标
(d) 卷积逆投影

图 6.14　点目标构成及算法成像结果

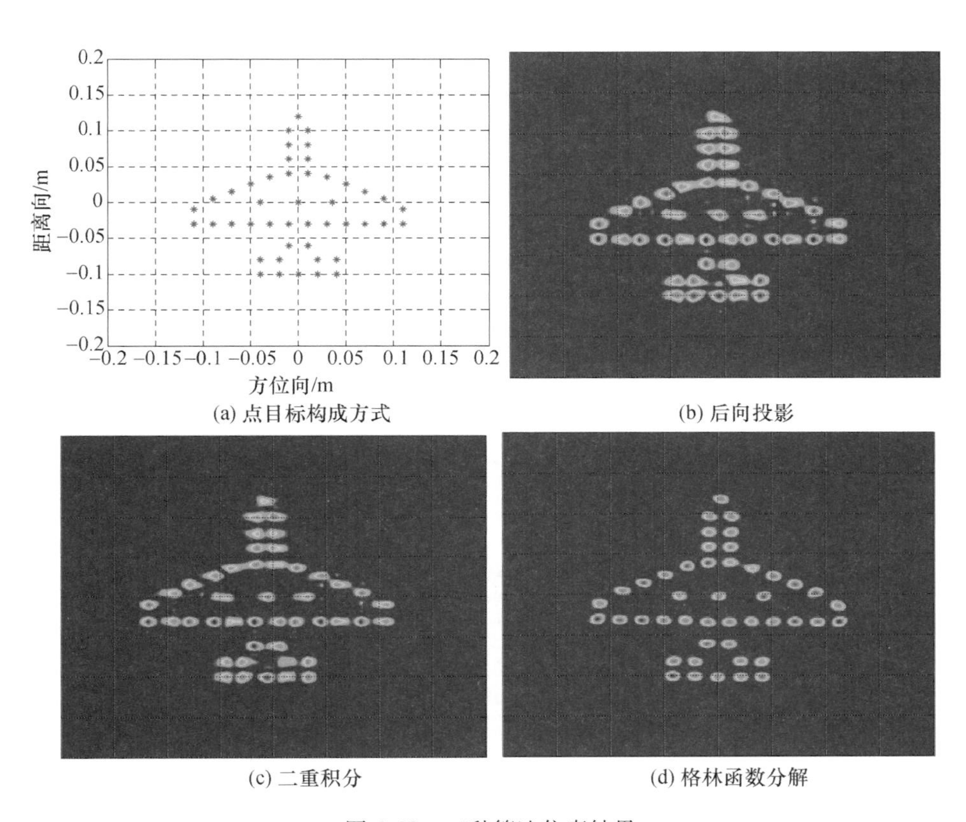

(a) 点目标构成方式

(b) 后向投影

(c) 二重积分

(d) 格林函数分解

图 6. 22　三种算法仿真结果

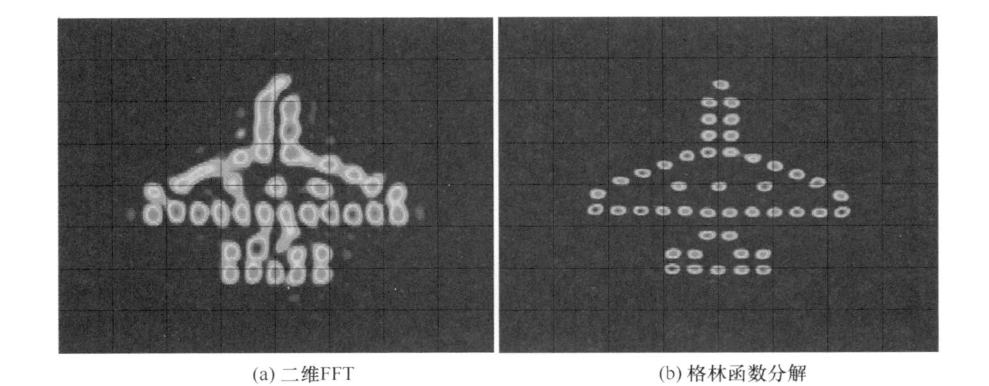
(a) 二维FFT

(b) 格林函数分解

图 6. 23　远场与近场算法成像结果对比

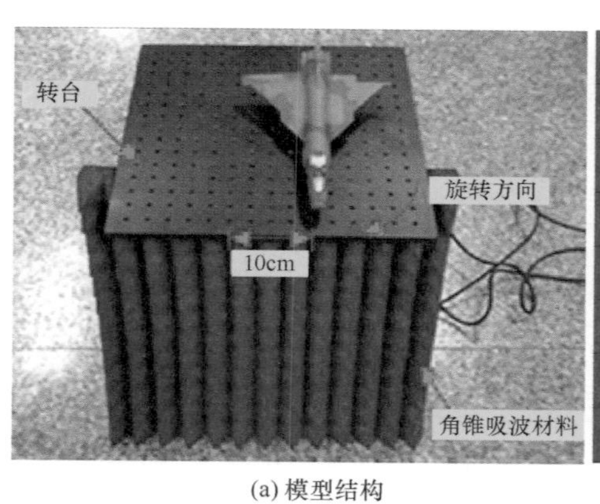

(a) 模型结构

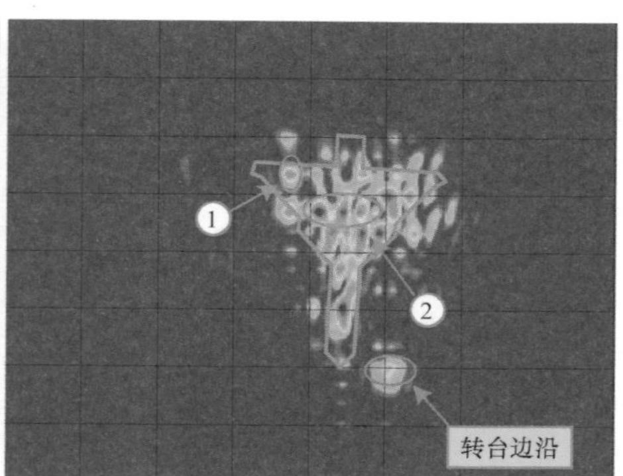

(b) 后向投影

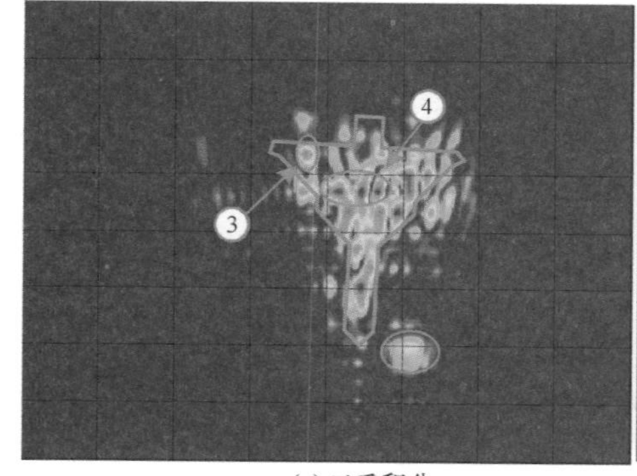

(c) 二重积分

(d) 格林函数分解

图 6.29　三种算法实测数据成像结果

(a) 铁块结构　(b) 轮毂结构

(c) 铁块成像结果　(d) 轮毂成像结果

图 6.30　目标成像结果

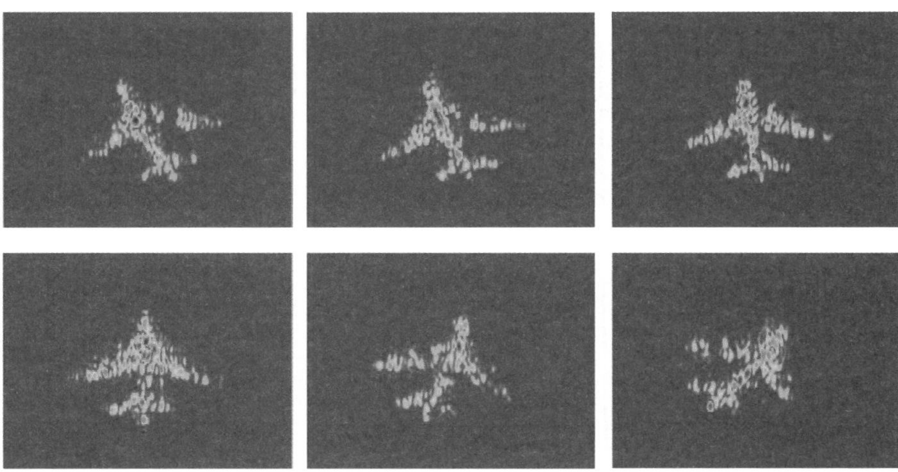

图 6.32　A380 飞机模型多角度成像结果

彩/14

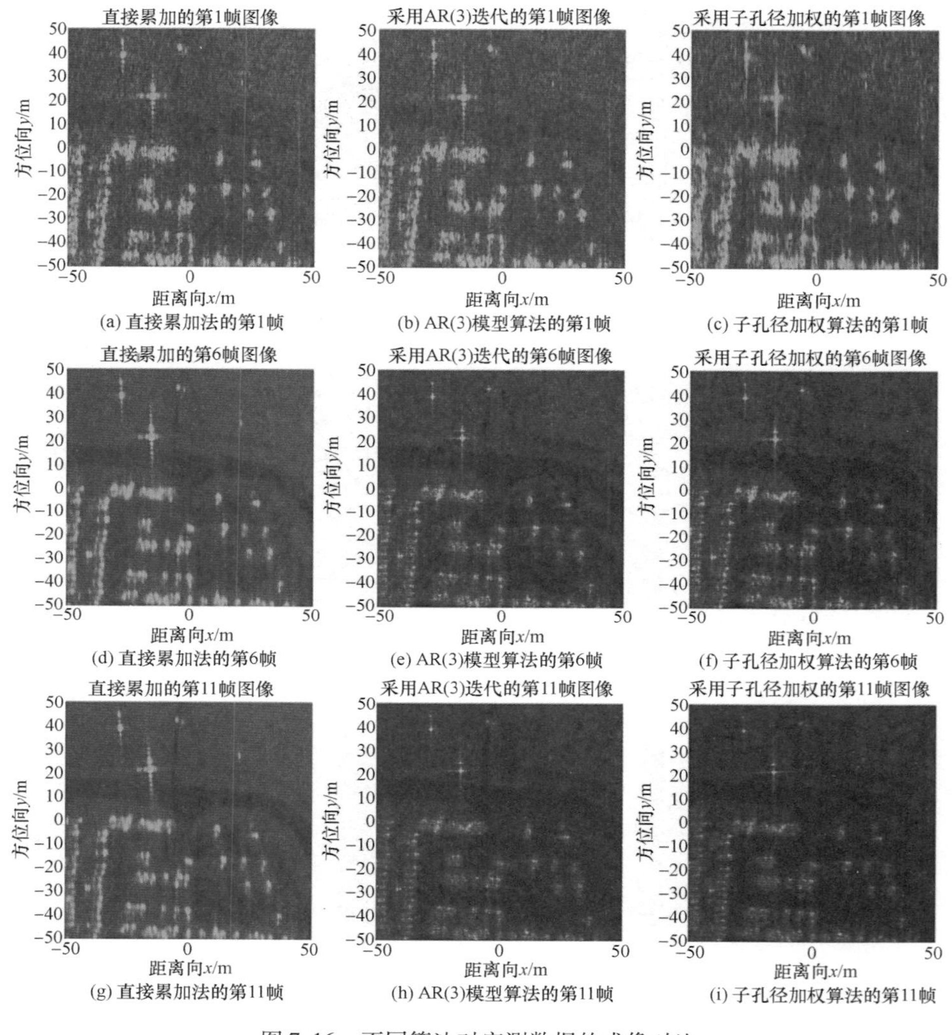

(a) 直接累加法的第1帧 (b) AR(3)模型算法的第1帧 (c) 子孔径加权算法的第1帧

(d) 直接累加法的第6帧 (e) AR(3)模型算法的第6帧 (f) 子孔径加权算法的第6帧

(g) 直接累加法的第11帧 (h) AR(3)模型算法的第11帧 (i) 子孔径加权算法的第11帧

图 7.16 不同算法对实测数据的成像对比

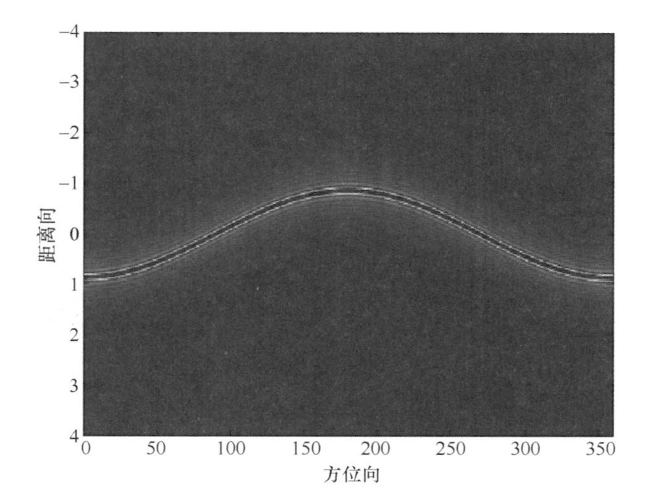

图 7. 19　圆周合成孔径模式下点目标脉压后数据形式

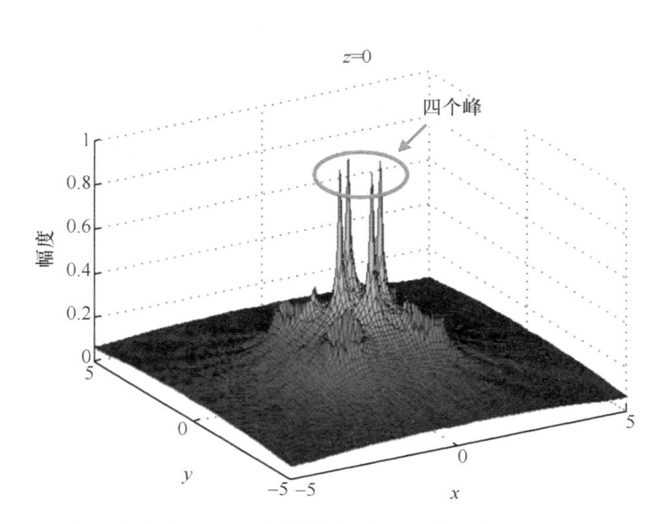

图 7. 21　位于零高度面的 4 个散射点脉压回波经广义 Radon 变换后结果

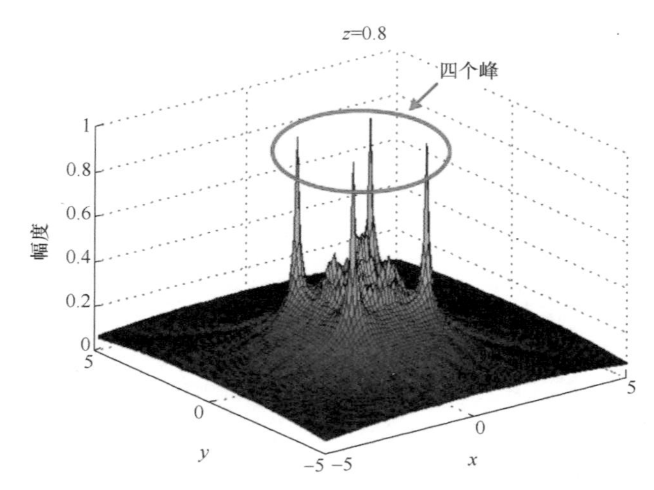

图 7.22　高度面为 0.8 的 4 个散射点脉压回波经广义 Radon 变换后结果

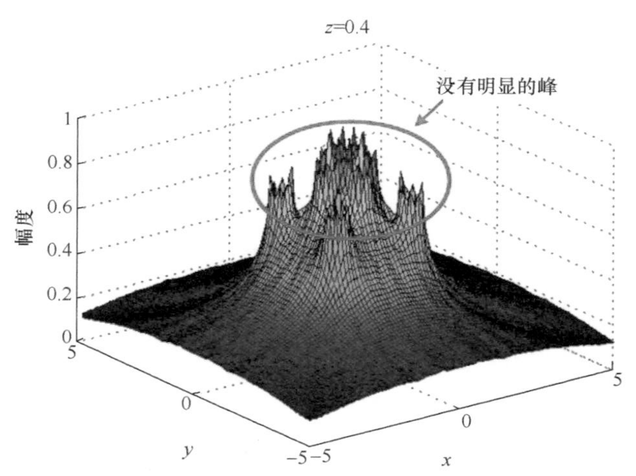

图 7.23　高度面为 0.4 的高度面经广义 Radon 变换后的结果

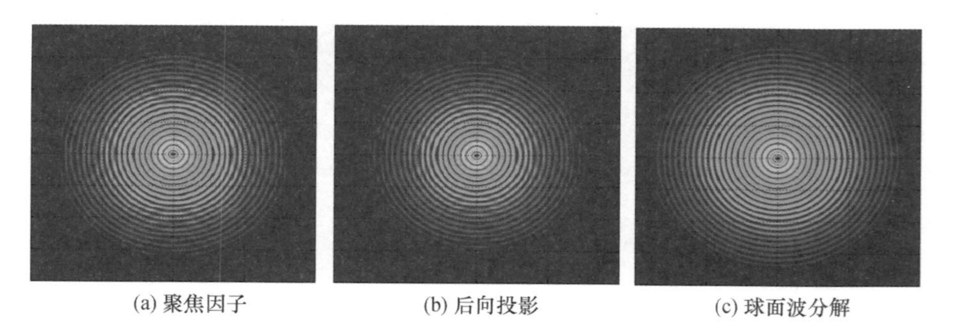

图 7.33　三种算法的点散布函数图